仿昆扑翼微飞行器概念设计及应用

Conceptual Design and Application of Insect Bioinspired Flapping Wing Micro Air Vehicle

张卫平　柯希俊　著

国防工業出版社

·北京·

图书在版编目(CIP)数据

仿昆扑翼微飞行器概念设计及应用/张卫平,柯希俊著.—北京:国防工业出版社,2021.9

ISBN 978-7-118-12341-8

Ⅰ.①仿… Ⅱ.①张… ②柯… Ⅲ.①飞行器—计算机仿真 Ⅳ.①V211.8

中国版本图书馆 CIP 数据核字(2021)第 128232 号

※

国防工业出版社出版发行

(北京市海淀区紫竹院南路 23 号 邮政编码 100048)

三河市腾飞印务有限公司印刷

新华书店经售

*

开本 710×1000 1/16 **印张** 20¾ **字数** 368 千字

2021 年 9 月第 1 版第 1 次印刷 **印数** 1—3000 册 **定价** 148.00 元

国防书店:(010)88540777 书店传真:(010)88540776

发行业务:(010)88540717 发行传真:(010)88540762

致　读　者

本书由中央军委装备发展部**国防科技图书出版基金**资助出版。

为了促进国防科技和武器装备发展，加强社会主义物质文明和精神文明建设，培养优秀科技人才，确保国防科技优秀图书的出版，原国防科工委于1988年初决定每年拨出专款，设立国防科技图书出版基金，成立评审委员会，扶持、审定出版国防科技优秀图书。这是一项具有深远意义的创举。

国防科技图书出版基金资助的对象是：

1. 在国防科学技术领域中，学术水平高，内容有创见，在学科上居领先地位的基础科学理论图书；在工程技术理论方面有突破的应用科学专著。

2. 学术思想新颖，内容具体、实用，对国防科技和武器装备发展具有较大推动作用的专著；密切结合国防现代化和武器装备现代化需要的高新技术内容的专著。

3. 有重要发展前景和有重大开拓使用价值，密切结合国防现代化和武器装备现代化需要的新工艺、新材料内容的专著。

4. 填补目前我国科技领域空白并具有军事应用前景的薄弱学科和边缘学科的科技图书。

国防科技图书出版基金评审委员会在中央军委装备发展部的领导下开展工作，负责掌握出版基金的使用方向，评审受理的图书选题，决定资助的图书选题和资助金额，以及决定中断或取消资助等。经评审给予资助的图书，由中央军委装备发展部国防工业出版社出版发行。

国防科技和武器装备发展已经取得了举世瞩目的成就，国防科技图书承担着记载和弘扬这些成就，积累和传播科技知识的使命。开展好评审工作，使有限的基金发挥出巨大的效能，需要不断摸索、认真总结和及时改进，更需要国防科技和武器装备建设战线广大科技工作者、专家、教授，以及社会各界朋友的热情支持。

让我们携起手来，为祖国昌盛、科技腾飞、出版繁荣而共同奋斗！

国防科技图书出版基金

评审委员会

国防科技图书出版基金
2018 年度评审委员会组成人员

前　言

仿昆扑翼微飞行器(Flapping Wing Micro Aerial Vehicle,FWMAV)是一类昆虫尺度的空中飞行机器人。通过模仿飞行昆虫的高频往复式变攻角扑翼翅运动模式,它能够实现与飞行昆虫相似的悬飞能力和机动性。该尺度的微小型扑翼飞行器具有众多较大尺度的扑翼飞行器无与伦比的优点,其个体小、重量轻、噪声低、功耗低、制造成本低、机动灵巧,能协同工作。其在未来的军民领域中拥有广阔的应用前景,如交通、环境监视和监管、狭窄空间的灾难搜救、农作物授粉、民用安防、军事侦察和定点投放以及干扰等,目前有关仿昆 FWMAV 的研究已成为国内外部分重要科研机构和研发单位的热门研究课题。

虽然仿昆 FWMAV 有众多优点,但因其研制涉及多学科的交叉和融合——即复合材料设计和微加工、功能材料驱动技术、微机电技术、低雷诺数三维非稳态空气动力学、先进的机器人自主控制技术(如智能控制理论、同步定位建图技术(Simultaneous Localization and Mapping,SLAM)、航迹规划技术)、电子工程学(如超大规模集成电路、低功耗电源电路、电子神经系统)、计算机科学(如协同算法、人工智能算法)等学科,所以其研制难度极具挑战性。针对仿昆 FWMAV 的研究势必带动并促进相关学科和关联技术的进步。

本书系统开展了有关仿昆 FWMAV 的悬飞气动力分析、气动参数的最优化设计、概念设计和样机微加工制造等科学与工程问题的论述和研究,以期为仿昆 FWMAV 的气动布局设计和系统级概念设计提供基础性理论框架;同时为仿昆 FWMAV 未来自主飞行姿态控制机制中涉及的翅拍动力学和翅膀被动扭转动力学问题提供一些见解。本书涉及的主要研究内容具有一定的理论原创性和实践性,可用于指导仿昆扑翼微飞行器的准稳态气动力的理论预测、翅运动轨迹的可调控策略设计、气动参数的最优化设计、概念设计、样机的微加工制造和装配以及测试。

本书共九章:第一章阐述了本书的研究背景和工程意义。随后叙述了双翅目类昆虫翅拍模型的研究概况和仿昆 FWMAV 的国内外研究现状,从中提炼出了本书在从事仿昆 FWMAV 的工程设计时将面临的重要工程问题和学术问题,即厘清了本书的研究动机和需解决的关键问题;第二章概述了当前流行的昆虫扑翼飞行的计算流体动力学(CFD)的建模理论和数值求解算法;第三章介绍了扑翼飞行气弹性噪声的研究现状,重点论述了不同扑翼飞行物种的发声机制和降噪机制。第五章和第六章分别开展了基于第四章提出和建立的扩展的准稳态气动力和惯性力及力矩模型的扑翼悬飞翅拍动力学问题和扑翼悬飞能耗最小时的翅膀几何学参数和运动学参数的单独或组合优化研究；第七章基于准稳态气动力模型和集总参数化线性模型建立了扑翼悬飞概念设计框架；第八章阐述了悬飞仿昆 FWMAV 的设计、制造和测试；第九章简述了本书的工作总结和主要研究内容以及对未来研究方向的展望。

扑翼微飞行器有不同的尺度，目前有关昆虫尺度 FWMAV 的研究在国外已经开展了近 20 年，而在国内，这个领域的研究仅仅在 10 年前开始，主要由上海交通大学开展预研工作。我们出版的这本学术专著将为从事仿昆 FWMAV 设计和研究的专业研究人员、航空专业和机械电子工程专业硕博士研究生以及高年级本科生和业余爱好者提供具有理论指导价值、实用性强和新颖的学习与参考素材。因此本书的出版将在一定意义上促进我国无人机学科仿昆 FWMAV 的理论研究和工程技术的进步，带动该领域工程类学生实践能力、培养水平和教学质量的提高。

本书的研究方法和思想源于近 20 年来国内外报道的最新研究成果，经过作者们的深入研究，形成了仿昆扑翼悬飞气动力分析理论、翅拍动力学建模方法、组合分析优化框架以及样机研制技术路线。本书的素材主要来源于柯希俊博士期间的研究成果以及课题组开展的与仿昆 FWMAV 相关项目的成果，也有部分内容源自国内外相关文献的理论提炼与技术梳理。本书叙述的是关于仿昆 FWMAV 的悬飞气动力理论分析及概念设计和样机研制的专著。本书的研究对象是目前见诸文献报道过的最小的昆虫尺度的扑翼微飞行器。国外已有生物流体力学专家出版过类似的昆虫扑翼飞行原理、动物运动动力学或者仿鸟振翅扑翼微飞行器方面的学术和工程专著，本书是针对仿昆 FWMAV 的学术专著。

本书涉及的主要扩展准稳态气动力模型的源程序、翅拍动力学模型和数值求解算法的源程序、气动参数组合优化的源代码、概念设计的软件和一些彩图的绘制程序均已经在分布式代码托管开源平台 Github 上共享（GitHub 网站链接为：https://github.com/xijunke/Conceptual-design-and-application-of-insect-bioinspired-FWMAV），方便仿昆扑翼飞行的相关研究人员进行应用研究。

仿昆 FWMAV 是当前微飞行器领域的前沿发展新方向，由于理论完善和技术进步日新月异，以及作者们从事该方向的研究时间、积淀和水平有限，所以本书难免存在不足之处以及一些疏漏，还请各位读者批评指正。

张卫平、柯希俊

2021 年 3 月

致　谢

诚挚地感谢中国教育部支撑预研基金(基金号:62501040303)以及相关部门预研基金(基金号:9140A26020313JW03371 和 9140A26020414JW03412)为我们开展本书所涉及的研究工作提供的经费支持。

衷心地感谢上海交通大学微系统集成研究所的陈文元老师、吴校生老师、崔峰老师和刘武老师对我们研究工作的宝贵支持。

在本书的撰写和整理期间,柯希俊博士已经就职中国电子科技集团公司第二十一研究所和中国电科特种机器人重点实验室担任研发工程师,并从事该所与上海交通大学自动化系合作的校企联合培养博士后研究工作。在工作期间能够抽出部分时间来整理出版此书,实属不易。这里要感谢中国电子科技集团公司第二十一研究所施进浩所长对此书出版工作的鼓励和大力支持!

此外,感谢上海交通大学微系统集成研究所的成宇翔、唐健、邹阳和周岁等博士一起交流科研心得,以及扑翼飞行器项目组历届硕士生邹才均、邵云立、柴双双、张伟、张正、陈畅、林杰等在课题研究中相互学习和共同进步。感谢硕士生楼星梁和张正在绘制二维动态动力学球棍图时提供的宝贵建议和部分技术支持。同时感谢箬正学者项目学生蔡雪飞和本书作者一起探究和讨论扑翼飞行低雷诺数准稳态气动力模型中的一些有趣的物理问题。感谢王佳豪和许常兵对部分参考文献数据的录入和个别错处的订正。

这里,还要感谢上海交通大学和千叶大学国际合作中心的刘浩老师的帮助,在采用 CFD 来获取设计 FWMAV 必需的有效气动参数的可行性方案提供的指导。此外,也谢谢该中心的梁夫友老师和李力军博士在实验设备方面提供的帮助。也非常感谢荷兰瓦赫宁根大学实验动物研究组的科学家 Florian T. Muijres 博士对其报道的实测果蝇稳态翅拍运动学和机械动态比例气动力和力矩数据的解释。

本书的出版得到了国防科技图书出版基金的支持,在此表示衷心感谢! 此外,感谢国防工业出版社编辑的诚挚帮助!

最后，怀着歉意对我们的家人表示感激，感谢他们在本书准备过程中的付出、理解和鼓励！

张卫平，教授/博导
上海交通大学微系统集成研究所
微米纳米加工技术国家级重点实验室

柯希俊，博士/高级系统集成设计师
中国电子科技集团公司第二十一研究所
机器人核心部件及系统工程中心
中国电科特种机器人重点实验室

目　录

Content

第一章　绪　　论

1.1　研究现状综述

人类对于飞行的研究源于对飞行生物的敬畏，以军事用途为背景的无人机(Unmanned Aerial Vehicle，UAV)的研究一直被各国的军事采购和计划部门所重视，这些无人机可以通过远程遥控或者自身的智能控制算法完成预定的飞行任务。近20年来，随着科学家们对于扑翼飞行空气动力学进一步的理解，工程师们对于微加工技术的探索，扑翼飞行器的设计又出现一种向小型化、微型化发展的趋势，使得仿昆扑翼微飞行器(Flapping Wing Micro Aerial Vehicle，FWMAV)成为现实。

微飞行器(Micro Aerial Vehicle，MAV)的概念第一次被提出要追溯到1992年，美国国防高级研究计划局(Defense Advanced Research Projects Agency，DARPA)举办了一个关于未来军事技术的研讨会。在接下来的几年，经过一系列研讨会，专家们认为MAV一般是指各向最大尺寸在15cm左右，重量在几十克至上百克，飞行速度最快可以达到60km/h，留空时间20～60min，有效载荷20g，航程可以达到1km以上。它还应具有重量轻、价格低廉、坚固耐用，并且便于携带；具备准确迅速确定地理位置的能力；能携带高分辨率的近距离成像系统，足以反映出探查区域的重要细节；良好的隐蔽性，不易被敌人探测到，也不会轻易暴露携带人员或者操作人员的位置等特点。DARPA又于2008年提出了纳米飞行器(Nano Air Vehicle，NAV)的概念，即一种翼展不超过7.5cm，重量低于10g的飞行器。更重要的是，还明确提出该飞行器能抵御2.5m/s的阵风，能悬停在空中，而且能承担2g的负载。

微飞行器通过机翼与周围空气的相互作用产生升力，从而实现飞行的目的。微飞行器的翼运动有固定翼、旋翼和扑翼等方式。当微飞行器的特征尺寸小于15cm，即对应小于10^5的雷诺数时，固定翼和旋翼的设计就会遇到低的升阻比与艰难的飞行控制等根本的挑战。在较小尺寸、较低雷诺数的情况下，扑翼的设计优点与挑战共存。扑翼微飞行器是一种全新的具有往复式高可变攻角翅运动模式的微系统平台。如果仿昆FWMAV的特征尺寸过大，机械扑动很容易产生疲劳断裂,因此,扑翼飞行模式适用于微小型飞行器这类平台。与前两种微型固定翼和旋翼飞行器相比,仿昆 FWMAV 因其质量轻、体积小、噪声低、隐蔽性能好、灵活性好、可低速飞行、盘旋能力优良、机动性好、能量消耗低等特点,既可以实现如同微型旋翼飞行器的垂直起降、空中悬停、倒飞、侧飞,还可以像微型固定翼飞行器那样实现快速高飞、长距离巡航等,是目前微型飞行器的研究热点。大部分自然界的飞行生物,包括昆虫、蝙蝠、鸟类工作时的雷诺数通常为 $10^4 \sim 10^5$ 或者更小,当代的一些研究让人们细致而深刻的认识到自然界飞行昆虫飞行方式是极为高效和巧妙的,因此仿昆 FWMAV 也就应运而生了。

1.1.1 研究背景和工程意义

1. 研究背景

作为一类厘米尺度的空中飞行机器人,仿昆 FWMAV 模仿飞行昆虫的扑翼翅运动模式,实现与飞行昆虫相似的悬飞能力和敏捷的机动性。当前,仿昆 FWMAV的研制已成为部分重要科研机构和研发单位的热门课题[1-12]。几种昆虫尺度的仿昆 FWMAV 已显现出有望实现最终的机载航电系统和电池的自主飞行前景。有代表性的为哈佛大学的微机械昆虫(见图 1-1)[3-5]。该微机器昆虫重量仅 60mg,翼展为 3cm。它模仿食蚜蝇的翅拍运动和翅膀形貌,并在如此小的微尺度上采用智能复合微加工制造和装配技术研制成功,它是该尺度实现起飞的首架微机器昆虫[3-5]。

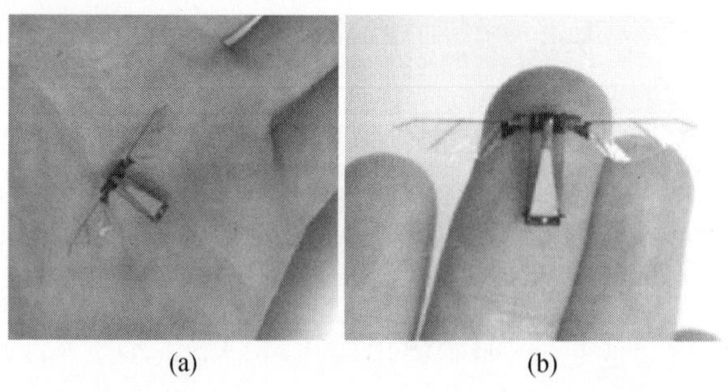

图 1-1 首次外接电源带线沿导轨的克服自身重量起飞的攀爬的微机械蜜蜂(Robee)[3-5]

(1)虽然仿昆 FWMAV 有众多优点,但因其研制涉及多学科的交叉和融合,所以其研制难度极具挑战性。例如,针对机械昆虫的重量预算要求的毫克级的驱动技术,当前主要地采取了高带宽低功耗高功率密度输出的压电驱动技术,其他驱动技术却由于众多问题未被突破,因而未被仿昆 FWMAV 的设计所采用。

(2)近 20 多年来,昆虫扑翼飞行时所涉及的低雷诺数非稳态空气动力学理论和飞行动力学理论雏形的日趋形成和完善,促进了仿昆 FWMAV 的研究的兴起。扑翼飞行昆虫高升力机理主要有:翅膀之间的拍合机制(Clap 和 Fling)、前缘涡机制、延迟失速、旋转环流、尾迹捕获、虚拟质量效应等[13-18]。而扑翼飞行动力学理论则涉及动不稳定性理论、平均理论、微分平坦理论以及高阶平均理论[16,18-22],此外气动力和力矩模型中有必要考虑翅体耦合产生气动反力和反力矩对气动力和气动力矩模型的修正[23-24]。众多科学家对已经报道的大量早期的实验工作和理论工作的总结,为深入地理解昆虫扑翼飞行的生物力学本质和从事仿昆 FWMAV 的研究提供了坚实的理论基础。

(3)近年来,关于仿昆 FWMAV 的低功耗高功率密度的压电驱动技术有所突破。美国加州伯克利大学和哈佛大学已经在 10 年前攻克的该技术的难题——压电驱动器输出的力、位移、能量或功率密度最优化的理论,以及相应的设计原则和制造工艺。这些理论和工艺技术都已经见诸相应的文献报道[25-26],这为仿昆 FWMAV 动力学系统的研究提供了驱动技术支撑。

(4)与此同时,在微纳制造技术方面,尤其是新颖的介观尺度微加工技术,也取得了日趋成熟的进步。微纳米加工技术,特别是智能复合微结构技术和微米尺度三维高精度激光加工技术、高精度微装配工艺技术(如微米尺度层压叠合折纸工艺)的不断推陈出新,直接促进了昆虫尺度仿昆 FWMAV 的研制。

2. 工程意义

仿昆 FWMAV 的研究涉及低雷诺数非稳态空气动力学、仿生学、结构动力学、复合材料力学、微机械电子学、控制工程学、计算机图形学等不同的领域,相关理论和基础科学问题的研究极具挑战性。仿昆 FWMAV 在未来和现在都有急切的应用需要,具有极强的工程应用价值。

本书通过仿昆 FWMAV 的悬飞气动力分析、气动参数优化设计、概念设计和样机研制进行阐述,以期为仿昆 FWMAV 的气动布局设计和系统级概念设计提供基础性理论框架;同时阐述仿昆 FWMAV 未来自主飞行姿态控制机制中涉及的翅拍动力学和翅膀被动扭转动力学。

1.1.2 双翅目昆虫翅拍模型的研究概况

既然本书研究的对象之一是仿昆 FWMAV,那么有必要介绍一下仿昆的概念。根据已经报道的文献提及,美国康涅狄格大学动物系的 Boetigger 和 Furshpan 在采用 CCl_4麻醉麻蝇属双翅目昆虫,研究观察该类昆虫的翅拍双稳定操作后,于 1952 年最先原创性地提出了"敲击机构"(Click Mechanism)[27](见图 1-2)。

该机构的提出是从双翅目昆虫肌肉的解剖生理学角度出发,尽管如此,它却蕴藏着丰富而又复杂的运动机构学,可以作为仿昆扑翼机构学研究的起点。根据该模型,间接飞行肌肉在上下冲两种模式之间触发和关闭双稳定的翅关节。在前盾片势能存储弹簧和肋膜弹簧允许翅拍平动过程产生之前,采用每个翅冲程开始阶段的盾片杠杠倾斜第一和第二腋生骨片时产生了翅膀的内旋和外旋逆转。

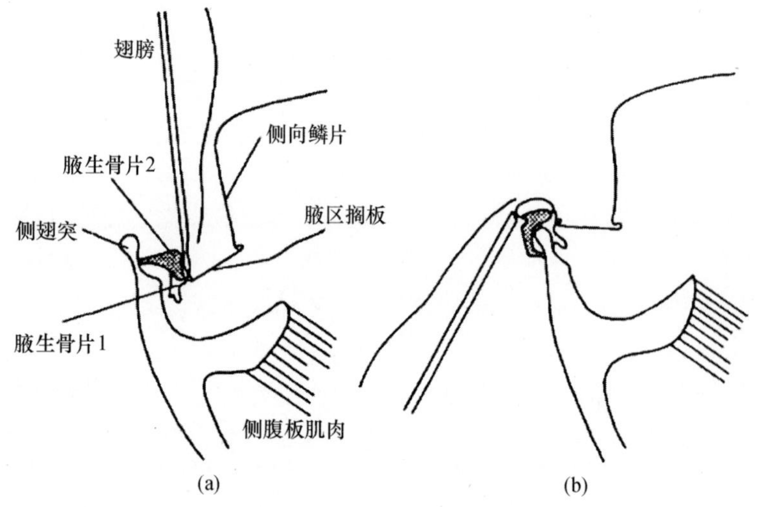

图 1-2　Boetigger 和 Furshpan 提出的“敲击机构”(Click Mechanism)[27]
(a)翅拍上冲程;(b)翅拍下冲程。

11 年之后,Pfau,H. K. 博士进一步阐明了“敲击机构”模型,同时他发现了翅近端的桡骨止挡块,它能够嵌合进肋膜侧壁上的凹槽,即侧翅突上[28]。他陈述到通过背侧肌肉的收缩能够在高频下增强下冲程的敲击,而止挡块能够维持在凹槽上防止翅结构的侧滑。同时,在该阶段第三腋生肌肉的收缩能够引起翅膀的内旋。

尽管如此,在双翅目飞行的运动记录实验中没有观察到“敲击机构”的证据,因此提倡该机构有优点的论调被众多学者质疑[28-36]。12 年之后,爱丁堡大学动物系的 Miyan 和 Ewing 博士挑战了“敲击机构”模型的双稳定机制,认为该机制是采用 CCl_4 麻醉麻蝇属双翅目昆虫后的人为干涉结果[30-31,37]。他们通过分析双翅目昆虫的形貌学,采用高速相机摄影以及通过动物飞行时采用液氮冻住昆虫的翅膀位置和关节构型之后,认为昆虫飞行时昆翅是平滑地上下运动的。1985 年报道的文献表明他们丢弃了“敲击机构”模型,提出了自己的模型[30-31,37]（见图1-3），该模型与前者有相同的元素构成，但包含三个主要的改进：第一，翅膀刚在水平以下时，桡骨止挡块才接触侧翅突；第二，大约同时第一腋生骨片的前腹侧杠杆臂接触腋区搁板迫使它向上，直接提起了鳞片，因而敲击进入更低稳定位置也被抑制了，该模型预测的腋区搁板的转动与前面的模型预测的是相反的；第三，冲程逆转时攻角的变化是由附着在翅膀后侧并随着盾片杠杆臂振动的第四腋生骨片的运动引起的，而不是由第一和第二腋生骨片引起。

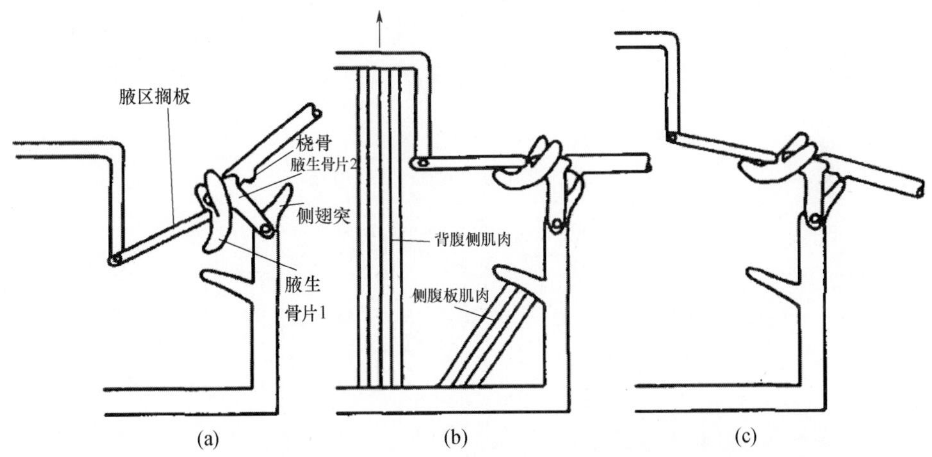

图1-3　爱丁堡大学动物系的Miyan和Ewing博士提出的Miyan & Ewing模型[30-31,37]
（a）翅拍向上某时刻；（b）翅拍中点某时刻；（c）翅拍向下某时刻。

随后，英国埃克塞特大学哈瑟利实验室的Ennos A. R. 博士从昆虫解剖生理学的角度出发[32]，采用液氮冰冻以及高速相机摄影悬飞昆虫的方法，系统地研究了有代表性的双翅目类昆虫：欧洲大蚊、蝎蛉和红头丽蝇（见图1-4）。并通过观察侧向盾片的重复运动于1987年发文提出了一种新的翅拍机构模型[32]（见图1-5），该模型中在昆虫飞行时翅骨片的关节不同于“敲击机构”模型和Miyan & Ewing模型[30-31,37]。翅膀在下冲程末尾停止阶段，翅膀近端的桡骨和肋膜侧壁上的侧翅突咬合在一起，起着缓冲减速和抑制过拍的发生，同时在该阶段，Ennos A. R. 博士认为翅膀的运动是非常快速的，动态力起着主导作用，尤其是逆转时间片段内，惯性力矩和弹性恢复力矩应该被考虑进去[32,38-39]。由图1-5可看出，背侧鳞片和侧向鳞片的上下运动和左右运动是产生翅拍机构运动的关键，尽管一系列腋生骨片、侧翅突、桡骨以及翅近端控制肌肉都在协同地起作用完成翅拍的往复式过程。图1-6所示为Ennos A. R. 博士抽象出的欧洲大蚊内胸腔的可能运动情况，背纵向肌肉的强直性收缩产生了背侧鳞片侧向的弓形张开(见图1-7),产生了翅拍下冲程运动,同时背腹侧肌肉被拉伸;背腹侧肌肉的强直性收缩产生了背侧鳞片的纵向伸直和侧向弓形收缩,产生了翅拍上冲程运动,同时被纵向肌肉被拉伸[32]。

图1-4 双翅目类昆虫
(a)欧洲大蚊;(b)蝎蛉;(c)红头丽蝇。

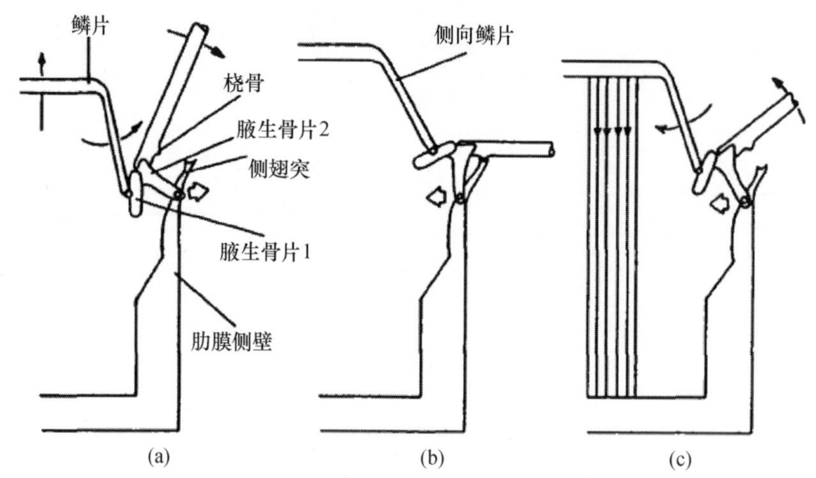

图1-5 英国埃克塞特大学哈瑟利实验室的EnnosA. R. 博士提出的翅拍新模型[32]
(a)翅拍向上某时刻;(b)翅拍中点某时刻;(c)翅拍向下某时刻。

这里值得提及的是,Ennos A. R. 博士在他的悬飞实验中没有观察到早期由Boetigger和Furshpan报道的认为翅根部骨片的大的角运动引起了攻角的变化[27];也没有观察到Miyan和Ewing假设的[30-31,37]第四腋生骨片的运动引起的攻角的变化。他推测攻角的变化很大可能是被动的[32,38-39]。由于翅近端桡骨的疲软,翅膀可以相对容易地扭转偏离它的近似水平的平衡位置。针对刚杀的昆虫的扭转测试表明翅膀可以外旋至水平向上近100°;弹性回复力偶与角位移成正比。尽管如此,由于第三腋生骨片阻止了桡骨后侧的提升,内旋仅产生低于水平的几度就停止了[32,38-39]。

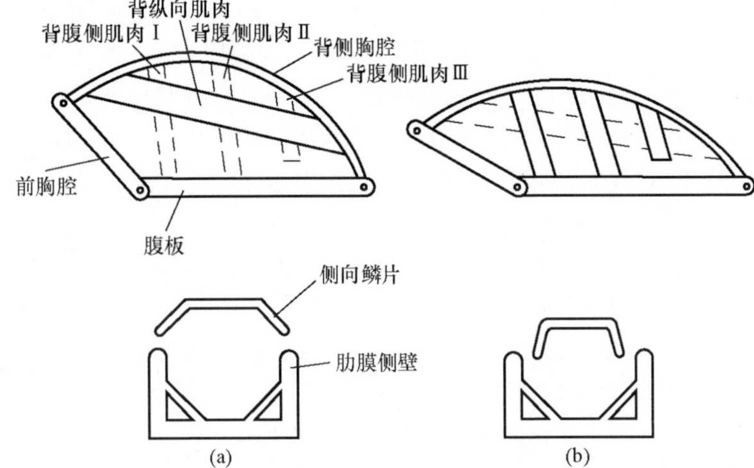

图1－6　Ennos A. R. 博士抽象出的欧洲大蚊内胸腔的可能运动情况[32]

(a)背纵向肌肉的强直性收缩产生了背侧鳞片侧向的弓形张开,同时背腹侧肌肉被拉伸;(b)背腹侧肌肉的强直性收缩产生了背侧鳞片的纵向伸直和侧向弓形收缩,同时被纵向肌肉被拉伸。

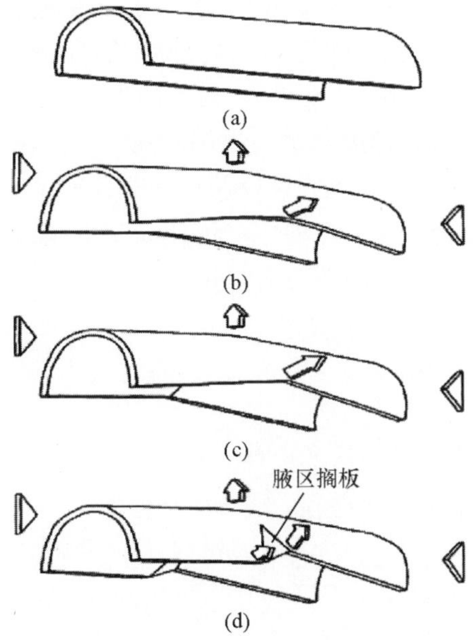

图1－7　Ennos A. R. 博士抽象出的双翅目昆虫的背纵向肌肉的强直性收缩产生了背侧鳞片侧向的弓形张开[32]

(a)下冲程发生之前;(b)蝎玲:背侧鳞片的向内受压引起了侧壁的向外屈曲;(c)欧洲大蚊:由于背侧鳞片上存在单根弯曲线,因而局部产生了扭曲;(d)红头丽蝇:由于背侧鳞片上存在连根弯曲线,因而局部产生扭曲,同时形成了翅膀近端的腋区搁板。

此外,Ennos A. R. 博士还针对翅膀的内外旋产生机制进行了分析[38-39]。气压作用在扭转中心线后侧,因此在下冲程时将内旋翅膀至由腋生骨片 3 设置的极限位置。随着翅膀在下冲程末端的减速,三个因素将引起它的外旋:①保持翅膀内旋的气动力矩消失,因此翅膀的弹性回复力矩将可以发起外旋;②由于翅膀质心位于扭转轴后面,翅膀的惯性力矩也将引起翅膀的耦合外旋;③翅膀的减速主要是由桡骨和侧翅突的相互接触咬合引起的。翅桡骨止挡块是位于桡骨根部关节后面的,因此反作用力可以产生绕翅根部的力矩,该力矩辅助了翅膀的外旋。弹性应变能将被存储在桡骨上,桡骨扭转偏离了其平衡位置,在上冲程期间,由于作用在扭转轴后面的气动力,翅膀将保持外旋。该课题组对欧洲大蚊的高速摄影视频分析表明外旋之后有稍微的回弹,这可能是由于翅膀惯性力使翅膀越过它的平衡位置上冲程攻角[32],发生在上冲程末尾的内旋是由弹性恢复力矩和惯性机制引起的。

随后 Ennos A. R. 博士还采用高速摄影运动捕捉技术和活体翅膀分片解剖法对双翅目昆虫翅膀翅拍运动进行了测试和惯性质量的研究,通过角动量守恒定理在冲程末尾构建了扭转角速度和平均相对扭转线速度的比值,并将其与实验测试的结果进行对比,统计数据发现,计算的比值恰好位于观察到的速度比范围之内[32]。因此 Ennos A. R. 博士认为,翅膀的惯性足够引起实验观察到的翅膀扭转速度(含角速度和线速度),因而翅根部的主动扭转是不需要激活的。尽管上面提到的机制可以用于被观察到翅膀扭转模式的计算,从而解释冲程逆转期间的俯仰角的改变;但是鉴于机动性,很明显双翅目昆虫必定采用某些主动控制机制,因为在扑翼飞行时翅膀扭转的时间点可被改变[32]。不过当时还不能完全知晓该主动扭转机制是如何产生的,Ennos A. R. 博士认为它可能是通过改变翅根部肌肉(比如第三和第四腋生骨片)的强直性收缩程度,从而来改变基本的翅运动模式[32]。

针对昆虫翅膀产生主动扭转的生理学机制,Dickinson 博士等开展深入的研究,并于 1997 年发文认为前面提到的翅拍机构模型争议的关键在于翅膀和胸腔的起决定作用的腹侧关节[35]。翅关节铰链机构表明胸腔飞行肌肉结构的功能非常重要(见图 1-8)。翅关节是一种动态机构,通过直接嵌套在翅骨片上或者位于翅骨片附近的控制肌肉(直接飞行肌肉,DFMs)的作用可以主动地转换这种机构布置。通过它们对关节的作用,这些肌肉可以控制翅关节如何将由功率肌肉(间接飞行肌肉,IFMs)产生的机械能转换成翅膀运动。这样,飞行马达系统类似于汽车的引擎和传动机构。如果有离合器作用,来自引擎的机械能仅驱动轮子的转动,从引擎到轮子的能量转换可以通过传动机构的构型来调节[35-36]。

这种类比性最近或多或少得到了牛津大学动物系 Walker 等实验上的验证[40]。

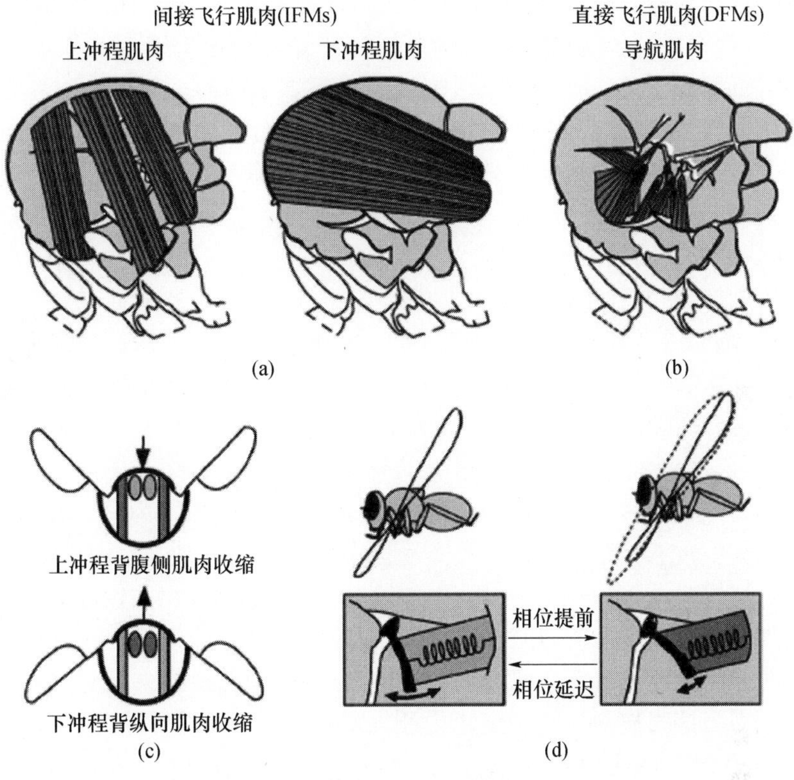

图 1-8　飞行肌肉的组织和功能

(a)强劲有力的间接飞行肌肉(IFMs)以两组对抗性的肌肉群分布;(b)微小的导航肌肉,即直接飞行肌肉直接嵌进翅膀关节根部;(c)间接飞行肌肉驱动了翅拍运动显而易见的模式;(d)导航肌肉的补充以及激励相位的改变产生翅冲程运动的微小变化[35-36]。

为了实现被动翅膀俯仰逆转机制定量的解释,2007 年 Bergou 等分别采用计算流体力学动力学和分析力学模型,从功率消耗的角度研究了蜻蜓前后翅某个展向片元(假设翅膀是刚性的)的二维被动翅膀俯仰逆转产生机理,理论模型分析发现翅膀俯仰逆转的被动性很大程度上是由虚拟质量力和转动环量效应决定的,而其他的机制起的作用都较小[41-42]。Bergou 等的分析模型中考虑了翅膀的惯性效应、虚拟质量效应、平动和转动环量效应以及黏性耗散效应,但是没有考虑翅关节的弹性恢复力矩。此外,平动和转动环量效应等所采用的气动力系数是事后对比计算流体力学动力学模型求解数据后校正的,因而缺乏严格的实验测试准确性,也没有考虑翅膀三维形貌学的影响[41-44]。

进一步地,考虑三维翅形貌,2010 年 Whitney 等首次设计昆虫尺度的实际翅膀实现被动扭转的实验,并采用高速相机运动捕捉技术对翅膀扭转角进行了测试。此外,他们还初步地建立了翅膀被动扭转模型预测被动扭转角[45]。值得注意的是,他们的准稳态片元法模型中的气动力系数采用的是 Dickinson 等的机械果蝇比例翅模型实验测试拟合的公式,没有考虑翅膀形貌对气动力系数的影响。虽然实测结果与理论预测基本趋势相似,但是并没有反映出足够的翅膀扭转细节。此外,其理论模型还欠缺一些考虑,比如翅膀前缘函数和扭转轴的严格界定,这对翅膀的气动效率优化是至关重要的。

众所周知,翅膀的扭转阶段发生在上下冲程过渡的翅膀俯仰逆转期间。在这个阶段,翅膀沿着展向转动轴经历了较大的角加速度。前缘涡从翅膀上表面脱落,新的涡在翅膀随后的下表面上产生。1999 年 Dickinson 等已证明了提前俯仰转动可以诱导可观的环量,从而增加升力和减小阻力[13]。最近 Desbiens 等的实验中,已经观察到提前和延迟被动扭转模式。他们给出了如下推测[46]:①在翅拍频率较低时,翅膀俯仰逆转通常提前于冲程逆转,因为铰链恢复力矩与惯性和气动力贡献相比起主导作用;②随着翅拍频率的增加,翅膀俯仰逆转渐渐地变成延迟模式,因为惯性效应开始主宰俯仰扭转运动;③增加铰链的刚度可以达到增加翅拍频率到合适的值,此时正好翅膀俯仰过零并且冲程逆转也同步发生。这些推测虽然是可能实现的,但是没有完整准确的模型去预测其具体的调控参数。因为这些预测意味着要求模型能够准确地找到最优的拍打频率和幅值,从而产生期望的翅拍运动学模式和最终获得最大的升力,甚至达到气动效率最优。

鉴于翅膀是否应该是主动扭转或被动扭转来实现攻角的调整和变换,引发了有关仿昆 FWMAV 设计与研究的两条分支。即通过设计含翅膀主动扭转机构和通过设计含被动铰链(含机械止挡块)的翅拍机构来研制仿昆 FWMAV。后面将详细地阐述这些机构的设计理念和控制实现模式。

1.1.3 国外仿昆 FWMAV 的研究近况

1. I. Shimoyama 教授首次开展的人工昆虫——硅微机器人的研究

1991 年日本东京大学 I. Shimoyama 教授首次开展了人工昆虫——硅微机器人的研究[47-48]。根据双翅目昆虫的翅拍机构模型(见图 1-9(b)),他们采用静电驱动原理,以硅片作衬底、磷硅玻璃(PSG)作为牺牲层、聚酰亚胺作为柔性层、铝为刚性层等二维组件构成昆虫胸腔必需的刚性板和弹性铰链,同时基于折纸理念,人为地将二维平面组件装配成了仿昆虫胸腔翅拍机构(见图 1-9(b)和

(c)),可以看出,该机构是一套很有创意的柔顺机构,并采用了当时较为先进的二维 MEMS 微加工技术,进一步地结合折纸理念,形成了三维可动结构。因此可简称平面多连杆仿昆硅微机器人。尽管 I. Shimoyama 后来继续以此推进了该设计和制造理念,并采用了电磁驱动原理设计和组装了新的含翅冲程限制块的翅拍机构,但是由于材料、工艺、驱动原理和昆虫飞行翅拍气动力原理的问题没能克服,他们设计的硅微机器人——人工昆虫没有飞起来。

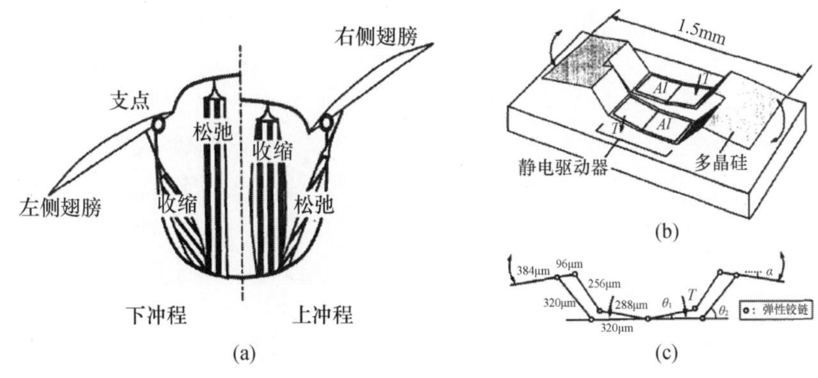

图 1-9　仿昆硅微机器人[47-48]

(a)双翅目昆虫的胸腔的截面图;(b)硅微机器昆虫的实物组件构造;(c)弹性铰接式翅拍机构模型。

2. Cox 和 Garcia 等设计的仿蜻蜓扑翼昆虫机

一般来说,压电驱动器比传统的驱动方式(比如电磁驱动、马达驱动)耗散更少的功率。此外,压电驱动器具有高的功率密度并且能够输出更大的力和不小的位移。1998 年范德比尔特大学 Cox 和 Garcia 等采用单片压电驱动器驱动柔顺机构,设计了仿蜻蜓的昆虫机(这里的仿蜻蜓指翅膀的翼展、翅拍频率和雷诺数参考了蜻蜓的数据,实际上该昆虫机仅一对翅膀)[49-51]。其动力学传动柔顺机构由聚甲基丙烯酸甲酯作为柔性铰链和镍作为刚性杆构成;机身由碳纤维构成;翅膀分别由碳纤维(见图 1-10(b))或者碳纤维杆刚化聚合物膜(见图 1-10(d))构成。针对单侧翅拍机构模型,Cox 和 Garcia 等设计的昆虫机有三种构型配置,即单压电单晶片驱动的四连杆机构(见图 1-10(a))、两个单压电单晶片驱动的四连杆机构(见图 1-10(d))和三个单压电片驱动的五连杆机构[49-51](见图 1-11)。从整机角度来说,它们可分别称为双驱平面四连杆机构、四驱平面四连杆机构、三驱平面五连杆机构。第一种和第二种机构中的压电驱动器采用纵向背离模式布置(见图 1-10(a)至(c));第三种机构中的压电驱动器采用正交模式布置(见图 1-11(a))。

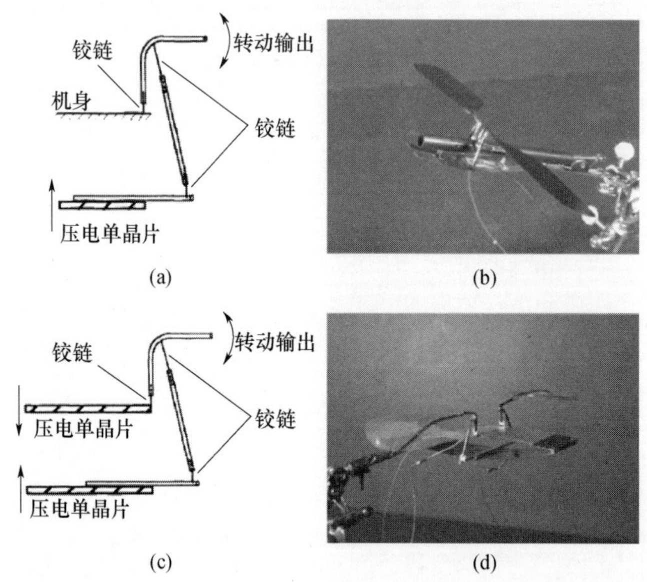

图 1-10 Cox 和 Garcia 等设计的四连杆昆虫机[49-51]

(a)针对单侧翅膀,单个压电单晶片驱动的四连杆机构;(b)具有碳纤维机身和碳纤维翅膀的单个压电单晶片驱动昆虫机;(c)针对单侧翅膀,两个单压电片的四连杆机构;(d)具有聚合物膜作翅膀的两个单压电片驱动的蛤壳型昆虫机。

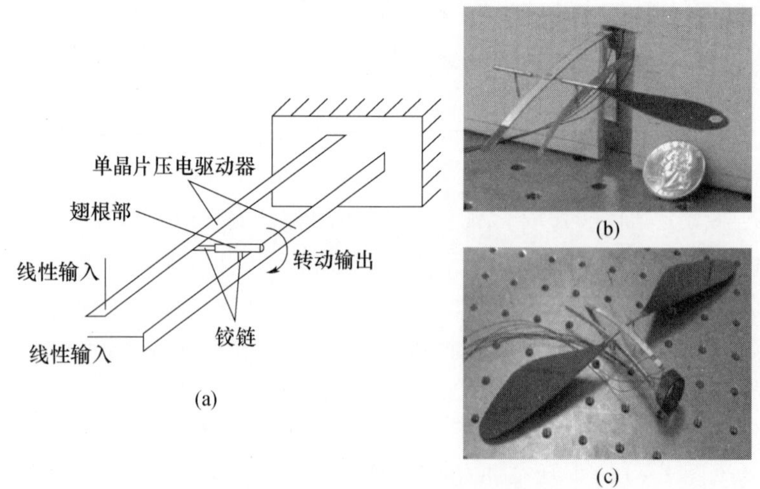

图 1-11 Cox 和 Garcia 等设计的三驱五连杆昆虫机[49-51]

(a)两个单压电驱动器驱动的单侧传动机构示意图;(b)集成的单片压电片驱动的拍打机构;(c)完整的两翅昆虫机。

这些机构的共同特点是采用柔顺机构作为传动机构、采用单压电片作为驱动器、采用碳纤维作为机身,因此具有很好的翅拍冲程幅值和共振频率的优化潜力。

基于实验测试和前人的分析,Cox 和 Garcia 等针对他们的昆虫机提出了"左右翅拍幅值差动控制"和"最小化驱动器控制的理念"[49-51];同时基于 Dickinson 等昆虫飞行气动效率强烈取决于翅膀运动平动和转动的相差的概念[13,52],提出了单自由度翅拍的飞行器应该由翅膀自身可以动态调节或者被动调节(比如气弹性地被动调节),从而在单自由度翅根部激励拍打下能提供期望的扭转运动,以获得合适的攻角[49-51]。为了实现这个目的,压电片驱动的系统被期望有一个主动自由度,并能获得通过被动动力学行为获得翅膀平动和扭转之间的相对相差。这样对翅膀设计提出很高的要求,即具有被动动力学性能以获得最大升力和气动效率。通过调节翅膀弯曲的一阶模态频率和翅膀扭转的一阶模态频率的比值可以根本上解决这个问题(假设这些模态是适当解耦的),即最后在给定的激励频率下实现了两种模态相对相差的调节。实验测试表明,在不同欠阻尼频率的激励下频率比为 2 时比频率比为 1 时的翅膀气动效率要好些,而频率比为 1 时能够取得最大的升力。尽管最后他们的昆虫机结构过于笨重、翅膀拍打幅值和拍打频率太低,各组件的设计没有优化,但是这些压电驱动器的动力驱动配置方式、柔顺机构设计和控制器设计理念为后来的扑翼微飞行器(仿昆 FWMAV)设计工程师们提供了前瞻性的设计思路。

3. UCB 的 Fearing 教授课题组设计的微扑翼昆虫

在有了较成熟的铰链表面微加工工艺工作基础上,结合 I. Shimoyama 教授的研究理念[47-48]以及 Cox 和 Garcia 等的压电驱动器驱动柔顺机构差动控制两个翅膀思路[49-51],2000 年加州伯克利大学机器人研究所的 Fearing 教授等设计了四个压电驱动器驱动四个串联四连杆机构的差动控制微扑翼昆虫[2,6](见图 1-12(a)和(b))。但与前面设计不同的是,他们对单个翅膀进行两个自由度的主动控制,即拍打角和扭转角,图 1-12(a)所示为单个翅膀动力学系统。这是借鉴了 Dickinson 等的主动扭转模式产生与拍打角的相位差,从而实现气动升力的调控,甚至气动力矩的控制。该设计可简称为四驱串联平面四连杆差动可控设计模式。

经过后续几年的设计、材料和制造工艺改进和优化,该微扑翼昆虫能够实现 275Hz 的翅拍频率,并获得 1400 μN 的升力。尽管如此,由于微型扑翼昆虫机构过于复杂、整体过于笨重,并没有看到该微扑翼昆虫成功举飞的视频。值得注意的是,该微扑翼昆虫融入了大部分昆虫飞行应该具备可控飞行的必要因素以及工程可设计实现和自主可控飞行的理念,为后续 Wood 博士的创新研究提供了重要的基础。

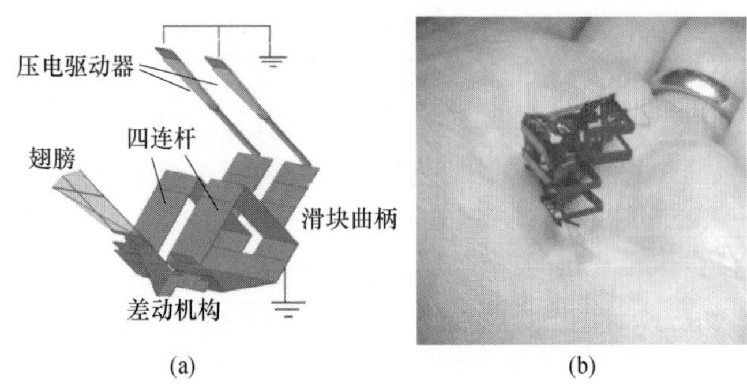

图 1-12 UCB 设计的微机械昆虫(MFI)[2,6]

(a)单个翅膀动力学系统,该系统由两个串联四连杆柔顺机构(即曲柄滑块机构—滑块曲柄机构)、差动机构、两个双晶片的压电驱动器、聚合物膜和碳纤维翅脉构成的翅膀和碳纤维机身等组成;(b)四个压电驱动器分别驱动四个串联四连杆机构的差动控制微机械昆虫。

4. Wood 博士设计的由单个压电驱动器驱动的仿昆 FWMAV

在有了研究四个压电驱动器分别驱动四个串联四连杆机构差动控制微机械昆虫的工作基础上,采用较为成熟的智能复合微结构(SCM,Smart Composite Microsfructures)工艺,同时基于 Ennos 等关于双翅目翅拍机构模型和翅膀有可能会通过被动扭转(含机械止挡块)来实现攻角的被动调整,从而获得气动升阻力和最终的气动力矩的假设和粗略性计算验证结论,即由气动力、惯性力和恢复力矩来调整攻角,2007 年哈佛大学的 R. J. Wood 博士设计了由单个压电驱动器驱动串联四连杆柔顺传动机构的仿昆 FWMAV(见图 1-13)。并首次实现了克服自身重量在垂直方向沿导轨攀升[3-5](见图 1-14)。该设计可简称为单驱串联平面四连杆不可控设计模式。

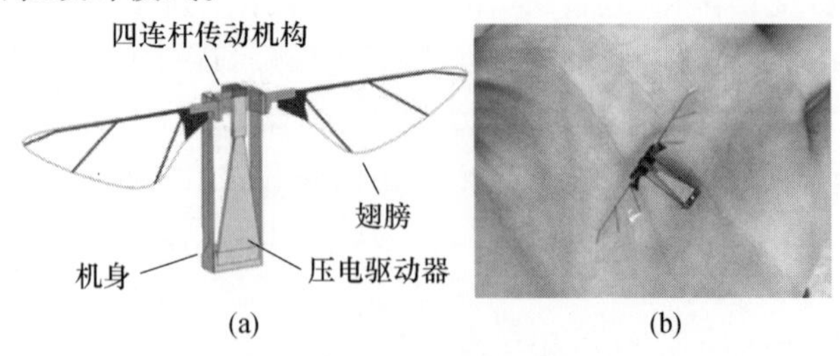

图 1-13 哈佛大学仿昆 FWMAV[3-5]

(a)单个压电驱动器驱动串联四连杆柔顺传动机构的示意图,该仿昆 FWMAV 由双晶片压电弯曲驱动器、串联曲柄滑块—滑块曲柄机动力学柔顺传动机构、聚酯膜和碳纤维构成翅膀和碳纤维机身四个组件组成;(b)仿昆 FWMAV 样机。

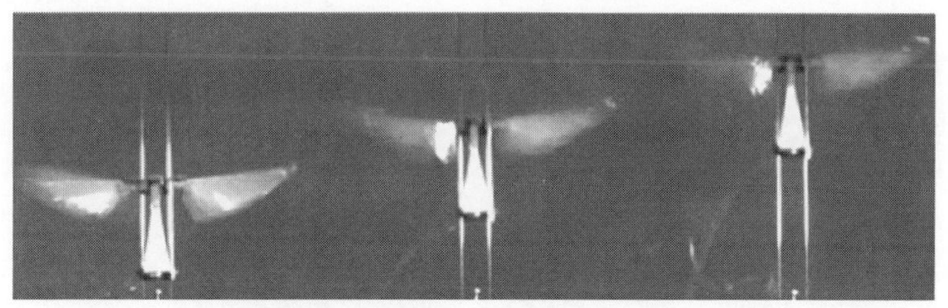

图 1-14 R. J. Wood 博士设计的仿昆 FWMAV 第一次导轨攀升飞行（翼展 3cm，质量 60mg，视频采样间隔约 100ms）[3-5]。

该仿昆 FWMAV 放弃了翅膀第二自由度的主动控制机构设计方式，翅膀采用被动铰链扭转模式，实现了机构设计的简洁性、驱动器数目减小和最终的仿昆 FWMAV 轻量化（60mg）；最大的挑战是微米尺度的柔顺机构高精度加工技术和装配技术，以及影响翅拍动力学系统共振频率的翅膀的惯性；最大的缺点是由于只采用单个压电驱动器同时驱动一对翅膀无法实现翅拍气动力矩的主动控制，从而无法实现仿昆 FWMAV 的自主控制。

5. Finio 博士设计的由三个压电驱动器驱动的仿昆 FWMAV

在考虑到最终需实现仿昆 FWMAV 的主动控制机动稳定性急转弯等要求，同时结合双翅目昆虫背侧鳞片存在弓形扩展和收缩的方式，2009 年 Finio 博士等将 2007 年 Wood 博士设计的仿昆 FWMAV 的机身改为压电驱动器延伸碳纤维的混合机身，该机身远端为用作控制肌肉的压电弯曲驱动器[53-54]（见图 1-15（a）至（d））。当两侧机身远端的控制肌肉没有输出时，该仿昆 FWMAV 仅由功率驱动器驱动翅拍机构实现翅膀的单自由度拍打，扭转仍然是被动的。这样就退化为 Wood 博士设计的仿昆 FWMAV 了。当两侧机身远端的控制肌肉有相同、相反、大小不同、频率不同等对称或不对称的输出时，即可调控两侧翅膀动力学传动机构的传动比变化，与功率驱动器的协同作用，即可分别独自控制每个翅膀的冲程角，从而实现气动升阻力的调控和最终气动力矩的调控。后来 Finio 博士等改进优化了机身设计以减轻重量（见图 1-15（c）），并对最终的三驱仿昆 FWMAV 样机进行了开环控制测试和气动力矩的测试（见图 1-15（d）），结果表明，气动力矩虽较小但是可用于悬飞后的俯仰-翻滚控制[53]。该设计为三驱平面串联四连杆半可控设计模式。该机构中的压电驱动器采用了正交模式布置（见图 1-15）。

2012 年，他们又提出了新的设计思路，即通过把机身两侧改进设计为两个小点的压电驱动器作为控制肌肉来对翅膀的第三自由度，即翅冲程平面内外的

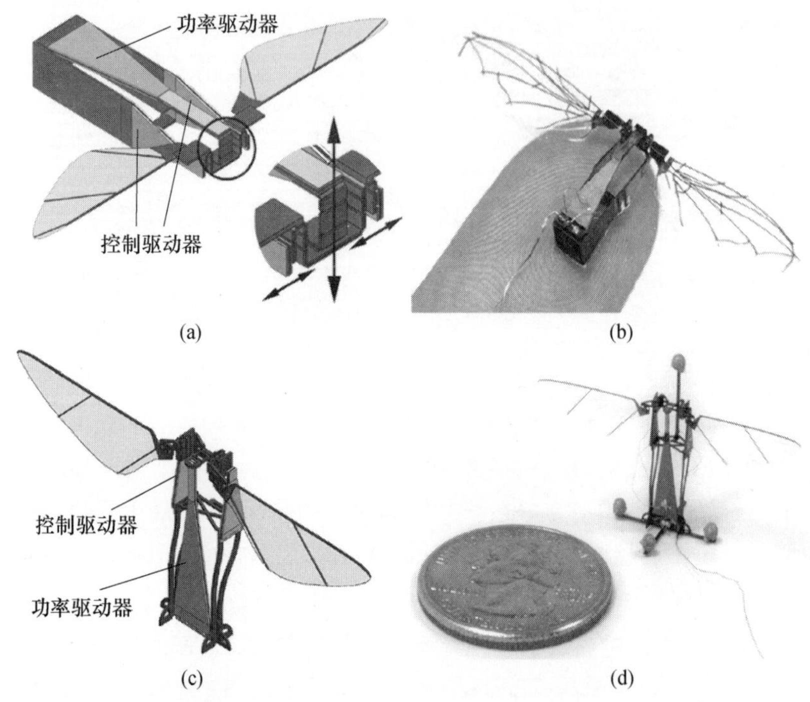

图 1-15　B. M. Finio 博士等设计的仿昆 FWMAV[55-56]

(a)三个压电驱动器驱动的仿昆 FWMAV 模型图(含一个功率驱动器和两个控制驱动器);(b)三个压电驱动器驱动的仿昆 FWMAV 样机;(c)改进优化机身设计后的三驱仿昆 FWMAV 模型图;(d)安装好四个用于运动跟踪测试的反光标记球后的三驱仿昆 FWMAV 样机。

摆动,进行主动控制,第二自由度翅膀的自身的扭转仍然通过设计柔性铰链由气动力和惯性力被动控制,第一自由度拍打仍然采用早期的柔性四连杆传动机构设计不变[56]。这样将实现翅膀的三自由度运动,仅扭转角是被动控制。尽管该设计比较独到,但是由于结构的复杂性给制造和装配带来了极高的难度,根据 Finio 博士等的报道[55],他们仅制造了单侧翅拍振动放大模型的样机进行试验测试,没有看到完整的样机被装配起来并实现举升悬飞。该设计为三驱三维串联四连杆设计模式。

6. Finio 博士设计的由混合型压电驱动器驱动的仿昆 FWMAV

与前面的三驱平面串联四连杆半可控设计模式相类似,为了实现两个翅膀拍打冲程角不同,2009 年 B. M. Finio 博士等还设计了功率—控制混合型(Hybrid)双弯曲驱动器用于驱动串联平面四连杆机构(见图 1-16(a))。2010 年他们又设计了功率—控制混合型弯曲—扭转驱动器也用于驱动串联平面四连杆机构[55](见图 1-16(b))。图 1-16(c)给出了他们设计的由功率—控制混合型弯曲驱动器驱动的实际仿昆 FWMAV 样机。这两种设计可简称为混驱串联平面四连杆可控设计模式。该机构中的混合型压电驱动器采用了正交模式和共面模式布置(见图 1-16)。

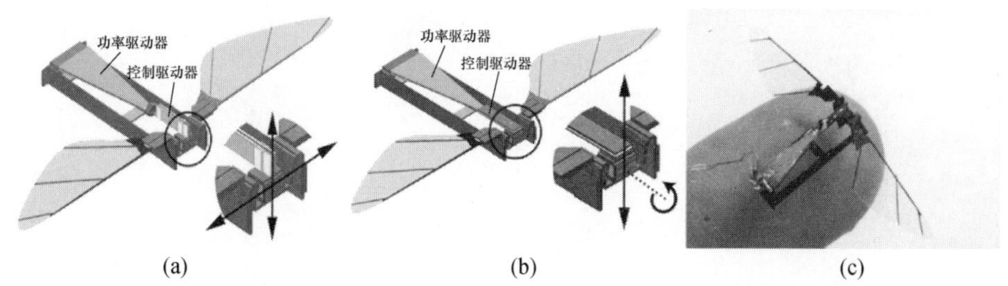

(a) (b) (c)

图 1-16 B. M. Finio 博士等设计的混合型压电驱动器驱动的仿昆 FWMAV[55]

(a)功率—控制混合型双弯曲驱动器驱动的仿昆 FWMAV 示意图;(b)功率—控制混合型弯曲—扭转驱动器驱动的仿昆 FWMAV 示意图;(c)功率—控制混合型双弯曲驱动器驱动的仿昆 FWMAV 样机。

这两种翅拍机构模型的功率驱动器和控制驱动器合二为一,但又分别由电信号激励,并且同时作用于第一级滑块曲柄机构,最终通过传动机构的位移放大作用实现拍打角。尽管这两种翅拍机构型式可以一起实现两个翅膀不同的冲程角运动,但是由于同一个传动机构运动和两翅的拍打运动存在强耦合,导致两翅运动的解耦、气动力和气动力矩的解耦很困难,这导致它们不适合于控制器的设计和最终仿昆 FWMAV 的解耦控制。

7. Hines 博士和 Arabagi 博士等设计了两个压电驱动器驱动的仿昆 FWMAV

2010 年卡内基·梅隆大学机器人研究所的 Hines 博士等则另辟蹊径,提出采用双压电驱动器单独驱动两套滑块曲柄串联球面四连杆柔顺传动机构的设计[7](见图 1-17)。与单一双晶压电驱动器驱动同时控制两个翅膀的冲程角的相比,该翅拍机构模型能够分别控制两个翅膀的拍打冲程角,进而实现每个翅膀气动力的单独调控和最终气动力矩的控制。该设计为双驱串联球面五连杆可控设计模式。该机构中的压电驱动器采用了对称肩并肩模式布置(见图 1-17)。

随后他们制造出 7cm 翼展的样机并进行了测试,但是未能实现翅拍克服自重的悬飞。在通过局部的改进工艺和参数优化后,又在原先样机的基础上重新制造了一个 1/2 倍原始尺寸的样机,升力测试结果表明举重比可达 3/8,这是一个不错的突破,尽管如此,由于制造工艺精度不够和机构过于冗余复杂,导致样机的两侧翅膀不够对称和整体质量过重,该样机未能实现成功举升。不过他们提出的在设计阶段应该考虑控制问题却是一个非常好的设计思路。

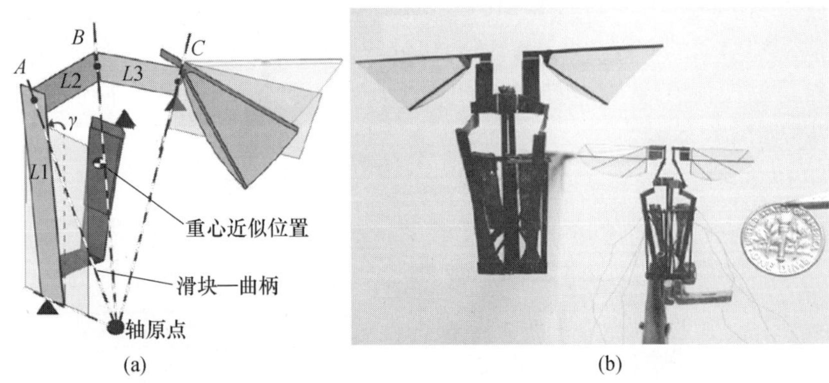

图 1-17　L. L. Hines 博士和 V. Arabagi 博士等设计的双驱式可控仿昆 FWMAV[7-8]

(a)针对单侧翅拍机构模型,单个压电驱动器驱动的串联球面五连杆机构,其中与球面五连杆机构串联滑块—曲柄机构起着传递压电驱动器的输出力;(b)7cm 翼展样机与 3.7cm 翼展样机的对比。

8. Doman 博士等设计了两个压电驱动器驱动的扑翼微飞行器

与此同时,2009 年美国空军研究实验室的 Doman 博士等也开展了两个压电驱动器分别单独驱动单个翅膀的扑翼微飞行器的控制性能的分析和模拟[57]。不同于 Hines 博士等[7]的双驱串联球面五连杆机构,他们还附加设计了一个压电驱动器用于驱动重量块以便调节重心,而且动力学柔顺传动机构仍然采用串联的曲柄滑块—滑块曲柄机构。该设计为三驱串联平面四连杆可控设计模式。该机构中的两个功率压电驱动器采用对称肩并肩模式布置(见图 1-18)。Doman 博士等只提出了这种以仿昆 FWMAV 控制为目的的翅拍机构模型,但是实际样机研制的情况未见诸文献报道[57-58]。

在图 1-18 中,每个翅膀由单个压电驱动器驱动。两个压电驱动器以肩并肩模式布置,其中较小的压电驱动器控制的虫体重量块用来调节俯仰力矩。

该三驱串联平面四连杆可控设计模式的核心理念是:①假设翅拍上下冲程的几何攻角恒定时,两个翅膀的拍打运动由单个压电驱动器单独控制。②每个压电驱动器的输出位移经串联平面四连杆柔顺机构位移放大后传递给翅膀拍打运动。该过程压电驱动信号采用周期恒定的谐波信号,其上下冲程在劈裂参数下可劈裂,并且频率也可调制,这样可以实现两侧翅膀分别在上下冲程拍打大小和快慢不一致,进而产生左右翅膀气动升阻力可控。相对于惯性坐标系和机体重心,这样可以实现纵向推力、航向升力、航向偏航力矩和纵向翻滚力矩分量的控制。③通过采用一个压电驱动器驱动重量块在纵向平面的运动,以便调节其重力相对于机体重心产生的横向力矩分量来与气动合升力相对于机体重心产生

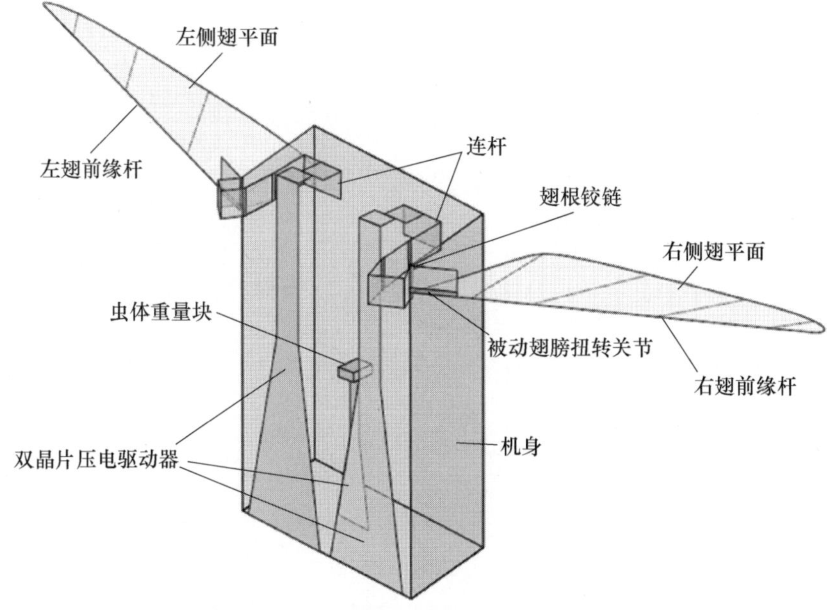

图 1－18　D. B. Doman 博士等设计的三驱式可控仿昆 FWMAV 的装配示意图[57]

的横向力矩分量的相平衡来调控俯仰力矩。这种控制策略也被 Doman 博士等称为冲程劈裂恒定周期频率调制—姿态控制设计模式。值得注意的是,最终仿昆 FWMAV 的所有被控变量是基于冲程平均效应来设计控制算法的,而且该控制策略只能实现 5 自由度的控制,侧向飞行需要通过掉转航向后前后飞行来实现。

9. Oppenheimer 博士等设计了两个压电驱动器驱动的仿昆 FWMAV

通过单个压电驱动器驱动重量块来产生横向力矩的方式,引入了新的载荷和控制策略难以实施的问题。为此,2010 年美国空军研究实验室的 Oppenheimer 博士等深入地开展了两个压电驱动器分别单独驱动翅膀的扑翼微飞行器的控制性能的分析和模拟[58],提出了双驱串联平面四连杆可控设计模式,该设计中的压电驱动器也采用了对称肩并肩模式布置(见图 1－19)。Oppenheimer 博士等提出的这种以仿昆 FWMAV 控制为目的的翅拍机构没有实际样机研制的报道。

双驱串联平面四连杆可控设计模式的核心理念与前面的三驱串联平面四连杆可控设计模式基本相同,只是抛弃单个压电驱动器驱动重量块的设计,并在控制策略的实现方式上有所不同。不同点为压电驱动信号附加了偏置项,该偏置项可以实现压电驱动器偏离平衡位置的振动,从而实现每个翅膀拍打运动偏离其横向平面,产生两翅膀合升力相对于机体重心的横向俯仰力矩分量。这种控

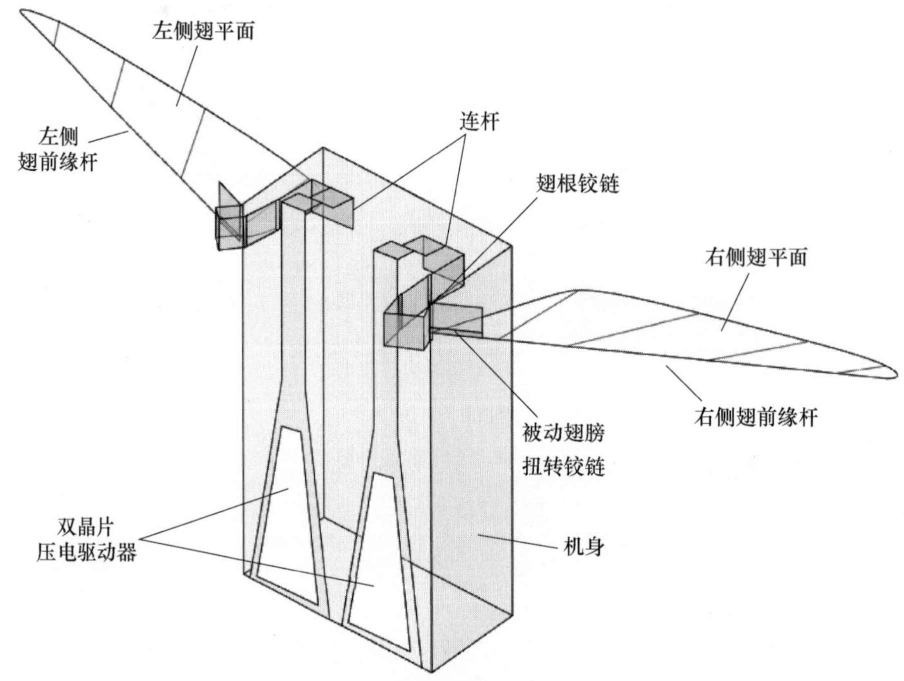

图 1－19　M. W. Oppenheimer 博士等设计的双驱式可控的仿昆 FWMAV 的装配示意图[58]
（其布置除了没有重量块与图 1－18 相同）

制策略被 Oppenheimer 博士等称为带翅膀偏置的冲程劈裂恒定周期频率调制—姿态控制设计模式。它实现了最小数目的驱动器与最多自由度控制的平衡，为实际仿昆 FWMAV 的设计带来灵感。

10. Anderson 博士等设计了两个压电驱动器驱动的仿昆 FWMAV

在 Oppenheimer 博士等设计的双驱串联平面四连杆翅拍传动机构模型的启发下，2011 年美国空军理工学院（AFIT）Anderson 博士等设计双驱球面四连杆柔顺传动机构[59]。该机构抛弃了压电驱动器与四连杆机构之间起转换作用的滑块曲柄机构，直接将压电驱动器看作转动输入曲柄。这种设计在能实现同样目标的情况下很大程度上简化了机构，同时也减轻了整机的重量。该设计可简称为双驱球面四连杆可控设计模式。Anderson 博士等将压电驱动器的转动输出类比作曲柄，在其设计的机构压电驱动器则首次采用了对称背靠背模式布置（见图 1－20），并抛弃了滑块曲柄中间机构，这很大程度上提高了仿昆 FWMAV 的翅拍机构传动效率。每个翅膀由单个压电驱动器单独驱动。两个压电驱动器以背靠背模式布置（单个翅膀长度是 40mm）。

图 1-20　M. L. Anderson 博士等设计的双驱式可控仿昆 FWMAV 样机[59]

值得注意的是，在研究压电驱动器的振动输出跟随期望的非谐波劈裂冲程波形时，他们发现期望的非谐波劈裂冲程波形中的高频分量会因为驱动器的动态效应被衰减掉。于是他们基于离散谐波被控对象补偿法提出了双谐波幅值偏置调制驱动模式，并在实际的样机翅拍实验中采用了该驱动模式，结果表明，能够产生期望冲程劈裂调制波形并且没有丢失高频分量。这对仿昆 FWMAV 在平衡能耗的情况下作高机动性飞行来说是非常重要的。在用于实际样机的阻力控制实验测试后表明，双谐波幅值偏置调制驱动模式能够匹配冲程劈裂恒定周期频率调制模式。因而这种控制策略则被 Oppenheimer 博士等称为双谐波幅值和偏置调制—姿态控制设计模式。

同样，由于制造工艺精度不够和翅膀过重导致了样机的两侧翅膀不够对称、整体质量过重以及共振频率过低，进而翅拍时未能获得足够的升力实现举升悬飞。不过该设计无论是在机构简洁性、还是驱动器最小数目，同时兼顾最高自由度的控制目的和最终的控制策略的可实现性上来说，都是非常有潜力的。

11. Mateti 博士等设计了两个压电驱动器驱动的仿昆 FWMAV

2012 年美国宾夕法尼亚州立大学的 Mateti 博士等设计了双压电驱动器分别单独驱动两套球面四连杆机构的翅拍机构[60]（见图 1-21(a)）。Mateti 博士等认为他们的机构是平面滑块摇杆机构，实际上压电驱动器输出的是弧形位移，因此该机构应该是三维，不过他们在机构的设计中并没有考虑到球面和共球心设计的必要性。该设计可简称为双驱球面四连杆可控设计模式。该机构中的压电驱动器也采用了对称背靠背模式布置[60-61]（见图 1-21(a)）。

该仿昆 FWMAV 的样机由压电驱动器、柔顺传动机构（由 SUEX 材料在不同波长紫外光下严格控制曝光剂量曝光获得不同的厚度层）、翅膀（光刻 SUEX 材

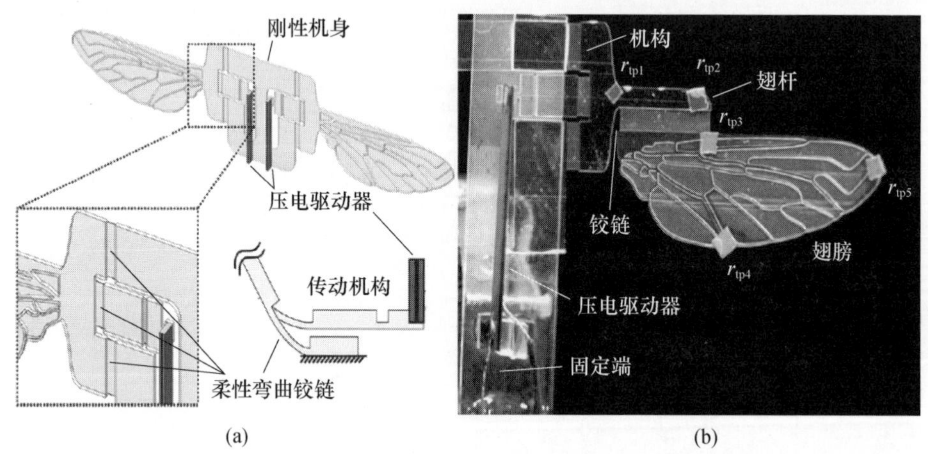

图 1-21　Mateti 博士等设计的双驱式可控仿昆 FWMAV[60-61]

(a)每个翅膀由单个双压电片驱动器单独地驱动，其中两个驱动器以背靠背模式布置；(b)局部放大显示了由压电驱动器、拍打机构，翅膀和机身等组装成的单侧翅拍机构的样机。

料获得，单个翅膀长度是 20mm）和机身（光刻 SUEX 材料获得）组成。Mateti 博士等选择了环氧基负胶 SUEX 干膜，可在不同波长紫外光下严格控制曝光剂量曝光获得刚性结构层和柔性铰链层，并采用单片集成光刻工艺制造并装配该仿昆 FWMAV[61]。样机测试结果表明，机构传动效率并不高，翅拍幅值和振动频率都较小，未能获得足够的升力实现举升悬飞。不过，这在仿昆 FWMAV 微加工工艺上仍是一次重大突破，证明可以采用聚合物光刻胶干膜，使用单片集成 MEMS 光刻工艺制造一体化刚柔性结合的三维机构。

12. Ma 博士等设计了两个压电驱动器驱动的仿昆 FWMAV

结合 Wood 博士早期单驱仿昆 FWMAV 成熟的 SCM 制造工艺和单片集成脚手架辅助装配工艺，以及前面众多仿昆 FWMAV 的双驱可控设计模式，2013 年 Ma 博士等设计了两个压电驱动器单独驱动两套球面四连杆机构的翅拍机构，并完成了样机的高精度制造和高对称性的装配[62-63]。该设计可简称为双驱球面四连杆可控设计模式。该机构中的压电驱动器也采用了对称背靠背模式布置（见图 1-22(a)）。

该设计在机构设计上与 Anderson 博士等设计的双驱球面四连杆机构和 Mateti 博士等设计的平面滑块摇杆机构没有本质区别。与 Anderson 博士等的设计的最大不同是采用更紧凑的机身布局，同时兼顾了各组件的严格匹配和高精度制造和装配；与 Mateti 博士等的设计的最大不同则是考虑了压电驱动器的转动输出,将四连杆机构各个铰链轴线的交点设计在驱动器的相对转动中心上,从而确保了四连杆机构球面传动的高效性,即要求柔顺动力学球面四连杆传动机构空间几何尺寸设计的高度匹配,此外采用的材料也不一样。因此不难发现,该仿昆FWMAV在设计上最大的成功是由两个单独驱动每个翅膀的压电片驱动器以背靠背模式与球面四连杆机构高精度高对称性的装配而成,这样可以实现沿着机身的三个直角坐标轴的力矩的准确控制。

该仿昆FWMAV采用的主要材料也是高模量碳纤维预浸料、聚酰亚胺膜、聚酯膜、PZT－5H压电陶瓷等,并批量制造(见图1－22(b))。样机闭环控制系统测试表明,该仿昆FWMAV在含高速运动跟踪系统的设定空间内不仅可以实现举升悬飞,而且可以实现侧飞和降落飞行(见图1－22(c))。此外,最新的研究报道显示,该仿昆FWMAV已经机载人工单眼传感器测试光流场作为闭环反馈控制信号实现了带供电导线的自由飞行(见图1－22(d))。

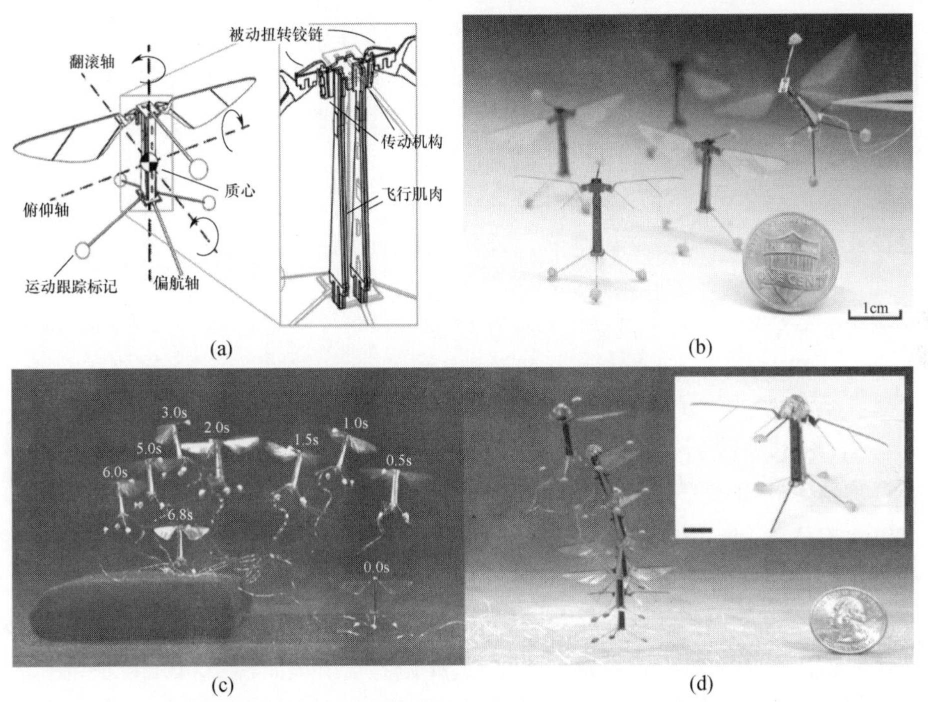

图1－22　K. Y. Ma博士等设计的双驱式可控仿昆FWMAV[62－65]

(a)该FWMAV的设计布置示意图,其中含坐标系的定义和背靠背布置的压电驱动器,以及球面四连杆传动机构和含被动铰链的翅膀;(b)该仿昆FWMAV样机可以批量制造;(c)该仿昆FWMAV样机在含高速运动跟踪系统的设定空间内作闭环的悬飞、侧飞和降落机动性动作;(d)该仿昆FWMAV已经机载人工单眼传感器实现了带供电导线的自由飞行[65]。

可见，Ma 博士等的工作代表了目前仿昆 FWMAV 设计、高精度微制造、高对称性微装配、机载传感器闭环测试与控制等最先进的技术。在微型化高能量密度的电池、高效率微型化电力电子电路、高精度光流传感器和微陀螺、高性能微控制器芯片、高清微型摄像头等定制产品成熟后，该仿昆 FWMAV 即可实现完全自主飞行。但是要实现高机动和高稳定性的飞行，可能还有众多理论和技术难题需要解决，比如抗干扰（抗阵风）、气弹耦合的三维非稳态非线性低雷诺数气动力理论应用于高度非线性系统的高性能优化设计等。

13. 国外仿昆 FWMAV 的研究总结

分析各种仿昆 FWMAV 的翅拍机构，不难发现以下几个特点：

（1）大多数设计都采用了压电驱动器驱动柔顺机构，除了首次由 I. Shimoyama 教授等设计的人工昆虫——硅微机器人采用了静电驱动方式。

（2）Cox 和 Garcia 等采用单片压电驱动器驱动柔顺机构设计了仿蜻蜓的昆虫机，开辟了压电驱动式仿昆 FWMAV 的研究之门。此外，他们设计的三种翅拍机构分别采用了双驱平面四连杆机构、四驱平面四连杆机构和三驱平面五连杆机构，以及驱动器之间的布置方式为后人的设计研究提供了设计参考。

（3）Fearing 教授等设计了四个压电驱动器驱动四个串联四连杆机构的差动控制微扑翼昆虫，这是仿昆 FWMAV 自主可控飞行的设计雏形。该设计的关键是要实现翅膀扭转角的主动调节，从而大幅度地调控气动力和气动力矩。也正因此，带来机构设计的冗余复杂性和最终样机的笨重。

（4）鉴于 Wood 博士设计的单驱仿昆 FWMAV 仅能实现单自由度的攀升，后人的设计都在设计阶段考虑控制的实现方式，即采用了三个或者两个压电驱动器驱动柔顺传动机构。

（5）Oppenheimer 博士等和 Anderson 博士等分别提出采用带翅膀偏置的冲程劈裂恒定周期频率调制和双谐波幅值和偏置调制的姿态控制双驱设计模式，可以实现仿昆 FWMAV 的 5 自由度控制。这直接确定了最小数目压电驱动器和最高可控自由度的矛盾平衡关系，为仿昆 FWMAV 闭环控制器设计指明了方向。此外，Anderson 博士等将压电驱动器的转动输出类比作曲柄，在设计机构压电驱动器时首次采用了对称背靠背模式布置，并抛弃了滑块曲柄中间机构，这很大程度上提高了仿昆 FWMAV 的翅拍机构传动效率。这一改进设计为仿昆 FWMAV 的翅拍机构优化、微工艺制造和高精度装配带来极大便利和简化。

（6）在 Wood 博士设计的由单个压电驱动器驱动的仿昆 FWMAV 首次采用被动铰链作为翅膀实现扭转角活动关节之后，很多仿昆 FWMAV 设计采用被动铰链的设计方式。这表明在不得已而为之的情况下被动铰链是一种成功的设计选择，但是这并不表明翅膀的扭转不可主动调控。

由上可知，针对目前昆虫尺度的仿昆 FWMAV 的研究绝大部分都采用了被动扭转模式来实现翅膀的第二自由度，然而却没有深入的有关该被动扭转机制的研究，尤其是针对被动扭转可调控的研究。

1.1.4 国内仿昆 FWMAV 的研究概况

国内在仿昆扑翼飞行气动机理和微飞行器机动稳定飞行方面已经开始了前期的研究，代表性的研究小组为北京航空航天大学大学的孙茂教授课题组、空军工程大学的魏瑞轩教授课题组和上海交通大学微系统集成研究所。

1. 孙茂等开展了关于昆虫飞行空气动力学和控制开展的研究

北京航空航天大学孙茂等已经在昆虫非稳态低雷诺数三维空气动力学和昆虫飞行稳定控制方面开展了深入广泛的研究，并在国际顶级期刊上发表了几十篇研究论文[20,66-67]，孙茂教授的昆虫高升力气动机理和昆虫飞行稳定控制的成果以及近年来关于昆虫柔性翅流固耦合研究的成果，为仿昆 FWMAV 的研究提供了可行的分析方法和设计理论。

2. 魏瑞轩等针对仿昆 FWMAV 开展了主动扭转控制机制方面的研究

基于 Dickinson 等关于翅膀主动扭转实现的三种不同模式，从而实现气动力和最终气动力矩的调控的报道[13,36,52]，空军工程大学魏瑞轩等也开展了仿昆 FWMAV 的空气动力学和飞行控制问题的研究，在仿昆 FWMAV 的机动稳定飞行控制方面已经积累较为成熟的技术并获得一些重要的成果[68-69]。他们针对仿昆 FWMAV 控制方面的研究主要聚焦于翅膀拍打角幅值、频率和扭转角三种模式的主动控制，这在实际的设计上也要求仿昆 FWMAV 具有扭转角主动控制的机构。这种翅膀二自由度运动的机构设计复杂，微加工困难。

3. 上海交通大学微系统集成课题组开展了仿昆 FWMAV 样机的研制

本课题组于 2009 年开始开展了仿昆 FWMAV 的研制，分别是电磁驱动器驱动的仿昆 FWMAV 和压电驱动器驱动的仿昆 FWMAV。

1）电磁驱动器驱动的仿昆 FWMAV

基于由电磁螺线管和永磁铁构成的电磁驱动器输出力和输出位移大等特点，我们设计了电磁驱动器驱动的两侧延伸端的平面超静定梁结构（见图 1-23（a）和（b）），本书称其为第一代电磁驱动器驱动的仿昆 FWMAV[70]。该仿昆 FWMAV 的结构部分，即机身、传动超静定梁、柔性铰链和翅膀均采用 MEMS（Micro Electromechanical System，微机电系统）工艺制造。机身刚性结构层和翅脉采用了 SU8 光刻胶；机身柔性层和翅膜采用了 7.5um 的聚酰亚胺膜；永磁体是 N50，线圈是铜线;翼展 3.5cm,样机重量 144mg。第一代样机,当永磁铁和螺线管构成的电磁驱动器加激励电信号后,两侧翅膀处于振动状态,振动幅值 $\phi_{max}=27°$,翅拍系统共振频率 $f\approx130$Hz。尽管第一代样机因设计不够合理未能获得足够的振动幅值从而实现举升悬飞,但该样机设计较为简洁,而且电磁驱动被验证是可行的,翅膀的扭转是通过设计好的被动铰链在气动力和惯性力的作用下实现的。

此外,我们还设计由电磁驱动器驱动平面四连杆柔顺传动机构的仿昆 FWMAV(见图 1-23(c)和(d))。我们称其为第二代电磁驱动器驱动的仿昆 FWMAV(翼展 6cm,样机重量 175mg)。该样机的各大组件分别是由永磁铁和螺线管组成的电磁驱动器、高模量碳纤维和聚酰亚胺膜叠合成的柔顺传动机构、碳纤维机身和由聚酯膜和碳纤维翅脉构成的翅膀。各组件采用了叠层复合微制造(SCM)工艺制造,最后手工装配。目前的第二代样机,加激励电信号后,两侧翅膀振动幅值为 $\phi_{max}=30°$,翅拍系统共振频率 $f\approx28$Hz。有关该样机的设计和工艺的优化工作正在进行中。

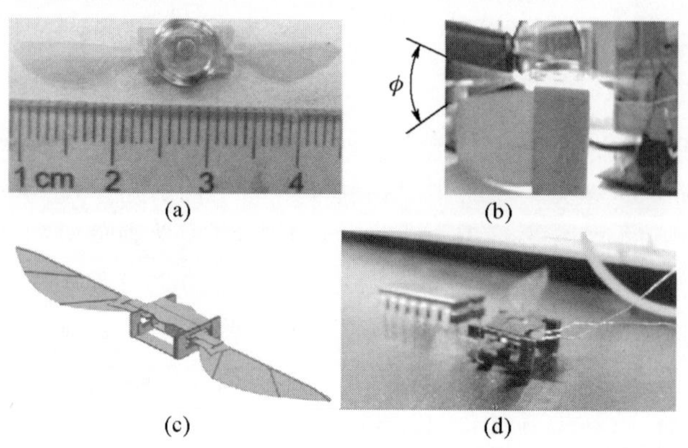

图 1-23 电磁驱动仿昆 FWMAV[70](电磁驱动器由圆柱形永磁铁和螺线管构成)

(a)装配好的第一代样机;(b)针对第一代样机,对电磁驱动器加激励电信号后,两侧翅膀处于振动状态;(c)装配好的第二代样机;(d)针对第二代样机,加激励电信号后,两侧翅膀处于振动状态。

2)单个压电驱动器驱动的仿昆 FWMAV

上海交通大学微系统集成研究所研制了单个压电驱动器驱动串联四连杆柔顺传动机构的仿昆 FWMAV(见图 1-24(a)和(b)),该样机的制造基本上采用 Wood 等较为成熟的 SCM 工艺。有关理论和实验等工作都证实了该样机是可以实现沿导轨攀升悬飞的,当前的样机研制和测试结果指标是振动幅值 $\phi_{max}=85°$,该样机翅拍系统的频率已接近 85Hz,有的样机甚至达到 120Hz,但是振动幅值确有待改善,这需要我们在设计、制造和装配工艺上进一步的优化和尝试。

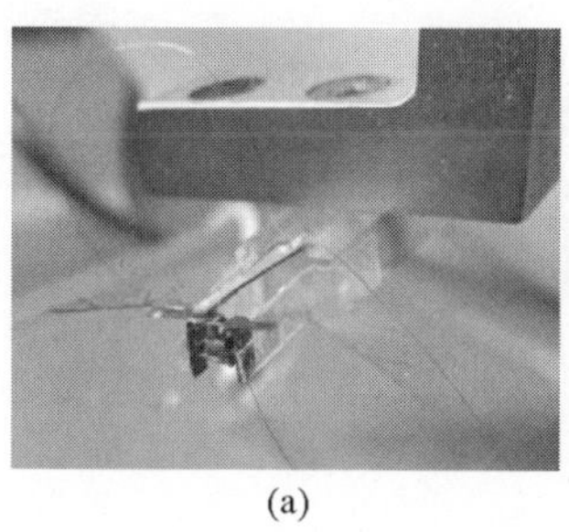
(a)

(b)

图 1-24 单个压电驱动器驱动的仿昆 FWMAV 样机

(a)装配好后的样机固定在夹具加载激励信号测试;(b)对压电弯曲执行器加高频高电压激励电信号后,两侧翅膀处于振动状态。

此外,早期清华大学曾理江教授等在昆虫翅拍过程中的翅冲程运动模式和飞行气动力的测试方面取得一系列成果;浙江大学和南京航空航天大学的相关研究小组也开展了仿昆扑翼飞行的低雷诺数三维非稳态流场气动力和柔性翅翼流固耦合问题的研究,并获得部分有价值的基础数据,为仿昆扑翼机的研究提供了有效的设计理论基础。从国内现有的研究情况和进展来分析,国内在仿昆 FWMAV 的样机实际研制方面还没有起步,与国外相比还有很大的差距,主要因其研制中涉及众多的核心技术难题——仿昆 FWMAV 悬飞下非稳态非线性低雷诺数气动力问题和仿昆 FWMAV 样机研制中涉及的动力驱动技术、微纳加工技术、高精度三维装配工艺、翅拍悬飞机载测试传感器、闭环控制系统设计等问题。本书将深入研究翅膀被动扭转动力学的调控机制,进而寻求攻角的调控的关键参变量,以便为新的控制策略提供可行性方案。

1.2 本书目标和内容

1.2.1 本书目标

本书致力于仿昆扑翼微飞行器(FWMAV)的悬飞气动力分析、优化设计、概念设计和制造研究。首先从仿生学角度,分析昆虫翅拍机构模型的工程化设计实现形式。然后在对目前各种仿昆 FWMAV 的设计案例进行对比分析,归纳出合理可行的仿昆 FWMAV 的可控设计模式。此外,通过对比现有文献报道的部分昆虫悬飞气动力模型应用于翅膀被动扭转动力学建模分析的有效性,优选并改进合理高效的气动力模型用于翅拍机构动力系统的建模、数值求解、设计参数的优化和概念设计,从而为仿昆 FWMAV 的气动布局设计、系统级概念设计和参数优化提供全面的基础性理论框架。进一步地,本书还重点探讨翅膀被动扭转产生的动力学机制,以便寻找出被动扭转可调控的方式或可控参变量,为仿昆FWMAV的自主飞行姿态控制机制的被动扭转动可调控问题提供更为深刻的见解。本书还开展了仿昆FWMAV的样机设计、制造、装配、驱动器性能指标和攀升悬飞翅拍运动幅值测试,以便为未来可自主自由飞行的仿昆FWMAV研究提供技术方案积累。

1.2.2 本书内容

本书分9章展开论述,下面分别对这些章节的研究内容进行概括性介绍:

第一章为绪论。该章一开始阐述了本著作的研究背景和工程意义。随后调研了仿生工程学中双翅目类昆虫翅拍模型的研究概况,针对昆虫翅拍模型和翅拍运动学规律的产生机理开展初步的研究。接着,综述了仿昆FWMAV的国内外研究现状,从中提炼出了本著作在从事仿昆FWMAV的工程设计时将面临的重要工程问题和学术问题,即厘清了本书的研究动机和需解决的关键问题。最后本章概括性地介绍了本书的目标和主要内容。

第二章对当前流行的昆虫扑翼飞行的计算流体动力学(Computational Fluid Dynamics,CFD)研究成果进行了论述。首先,介绍了扑翼飞行的计算流体动力学的研究简况。其次,概述了刘浩教授等基于有限体积法构建的控制方程,以及采用的相应数值计算方法。该团队是最早解决扑翼飞行三维流场的建模和数值求解的团队之一,基于这些先进的数值模型和算法,该团队在该领域取得了一系列具有重要参考价值和意义的成果。再次,基于翅膀的二维截面,Wang Zane J.教授等开展了二维流场的精细模拟和数值求解研究。他们采用的数值方法是浸入式界面法,数值求解获得气动升阻力系数与实验测试结果达到了很好的一致性。随后,论述了国内孙茂教授团队在昆虫扑翼飞行二维流场方面的控制方程构建过程和所采用的数值求解方法。紧接着,简述了Shyy Wei教授等针对仿昆刚性翅和柔性翅几何模型建立的三维无量纲控制方程和数值计算方法。之后,概述了国内陆希云教授等针对扑翼飞行二维流场构建的二维不可压缩纳维—斯托克斯方程,以及浸入式边界—格子玻耳兹曼法数值求解方法。此外,为了比较这些团队所采用的CFD模型和数值方法的不同点,列表对比了这些团队所采用的CFD解决方案。简而言之,该章的工作主要是为生物流体动力学研究人员和仿生设计工程师提供有关扑翼飞行CFD研究的建模理论和数值求解方法的概述性参考和进一步研究的依据。

第三章对扑翼飞行的气弹性噪声进行了概述。首先,论述了悬飞苍蝇周围的气动声音辐射实验研究。其次,介绍了熊蜂扑翼飞行时周围气动声音产生机制的数值模拟研究。再次,综述了一些经典的有关猫头鹰静音降噪飞行的研究工作。随后,描述了近期来自刘浩教授团队的仿猫头鹰梳齿状前缘的降噪研究成果。紧接着,较为全面地综述了蜂鸟飞行时羽毛和尾羽的气弹性发声机理,并分别从蜂鸟飞羽和尾羽发声机制、气弹性颤振发声机理、气弹性颤振的模态分析、鸟类飞行时羽毛气弹性颤振和非嗓音交流的演变几个方面对蜂鸟扑翼飞行发声原理和机制进行论述。之后,陈述了野鸽飞行时羽翼的气弹性发声机制。有关这些不同物种的发声机制和降噪机制的研究工作对仿昆 FWMAV 的仿生降噪工程设计具有重要的学术研究意义和实用性参考价值。

作为本著作后续研究内容开展的基础,第四章较全面地综述了当前扑翼悬飞气动力分析模型的研究概况,并对比分析了这些模型在应用方面的优势和劣势,重点论述了扩展的准稳态气动力和惯性力及力矩模型的建立过程和验证。本章首先简要地概述了当前扑翼悬飞气动力分析模型的研究情况以及所存在的问题。随后,分别建立了翅膀形貌学参数化描述和翅膀运动学描述。紧接着,基于现有的已报道的准稳态气动力模型和有经验公式可以用来描述有关气动力机制的气动力系数,通过引入有关环量气动力压心的时空变化规律的假设,作者建立了扩展的准稳态气动力和惯性力及力矩模型。最后通过与实验测试的结果对比,验证了当前提出的模型的适用性和有效性。

第五章深入地开展了针对扑翼悬飞时翅拍运动产生的动力学机制的研究。首先,简述了扑翼悬飞翅拍动力学问题的研究现状。随后,基于第四章的推导公式,简述了扩展准稳态气动力及力矩模型。之后,根据经典的欧拉动力学理论,建立了二自由度悬飞翅拍动力学模型。紧接着开展了二自由度高度非线性耦合的动力学模型方程组的数值求解。通过分别引入解耦和耦合求解的策略以及常微分方程求解算法、边界值问题数值解法和最小二乘优化算法,成功地给出翅膀拍打动力学方程和翅膀俯仰动力学方程以及其耦合的数值解,并试探猜测出了沿着拍打铰链轴线的谐波型驱动力矩的基本参数、铰链刚度系数以及被动俯仰铰链的刚度系数。此外,通过引入频率比这一参数,分析了翅膀被动俯仰可调控的机制,发现增加俯仰铰链刚度系数有望实现翅膀的提前俯仰。最后,本章还建立翅膀被动俯仰运动的集总参数化扭簧模型,以便进一步分析翅膀俯仰角相对于拍打角的相位可调控的关键设计参数。这为第八章开展的仿昆 FWMAV 的设计提供了基本设计参数的参考依据。

为了后面第八章的仿昆 FWMAV 的设计提供系统级和任务级的最优设计参数,第六章开展了扑翼悬飞能耗最小时翅膀形貌和运动参数的优化。首先,概述了扑翼悬飞能耗最小时的参数优化问题的研究现状以及存在的问题。其次,基于第四章的翅膀形貌学参数描述方式首次建立了动态比例可缩放翅膀的形貌学参数化。针对特殊的双翅目类翅膀,比如果蝇的翅膀,该形貌学参数化描述具有一致的无量纲化保形特征。这为翅膀几何学参数的优化提供了前提。再次,通过借鉴已报道的具有变波形特征的翅膀运动学模式,给出了二自由度翅膀运动学的参数化函数。随后,针对具有无量纲保形特征的动态比例可缩放翅膀,为了开展变几何形貌参数的优化,简述了扩展的准稳态气动力和力矩模型。之后,建立了用于优化分析的扑翼悬飞能耗——功率密度模型。通过在气动力模型中考虑平动气动力系数是否随着翅膀几何形貌学参数的变化而改变,分别进行了扑翼悬飞能耗最小时翅膀几何学或和运动学参数的最优化,获得一系列最优化参数,为第八章的仿昆 FWMAV 的设计提供了有效的参考依据和指南。

第七章对悬飞仿昆 FWMAV 进行了较为详细的概念设计研究,包括仿昆 FWMAV 的翅拍动力学二阶系统模型的建立和分析求解,功耗问题、航程和巡航时间以及各参数的设计极限的分析。首先,本章论述了开展悬飞仿昆 FWMAV 的概念设计的问题背景。其次,针对翅拍动力学系统,分别探究了两类集总参数化模型,即翅膀拍打运动的集总参数化模型和翅膀被动扭转运动的集总参数化扭转柔性模型。再次,为了预估扑翼悬飞的能耗和可望达到的巡航时间和航程,论述了悬飞能量模型的构建过程,并分别推导了压电驱动器的尺寸化公式、飞行时长和飞行速度以及范围。然后,简述了扑翼动力学的简化模型和翅膀结构—惯性效率因子对仿昆 FWMAV 设计和巡航时间的影响。紧接着,简述了基于前面几节的模型和公式开发的具有一定实用价值的扑翼悬飞概念设计软件。最后,本章针对具有不同重量的仿昆 FWMAV,分别开展了其悬飞和低速前飞时能达到最大航程和巡航时长的预测,并给出了一系列指导性的最优化的设计参数。

第八章论述了悬飞仿昆 FWMAV 的设计、制造和测试。通过借鉴已报道的较为成熟的驱动方式,针对仿昆 FWMAV,选择了具有较高响应带宽和能量密度的压电驱动器作为人工驱动肌肉。在昆虫翅拍机构模型的启发下,采用压电驱动器作为功率肌肉、高模量的碳纤维与聚酯膜设计柔顺动力学传动机构和翅膀以及机身,同时借鉴国外新颖的介观尺度叠层复合微加工和装配工艺理念,开展了仿昆 FWMAV 样机的设计、制造和测试。本章大篇幅地论述了压电驱动器的设计原理、制造工艺和测试;介绍了柔顺传动机构的设计和制造工艺的研究;阐述了仿昆翅膀的设计和制造工艺;描述了压电驱动仿昆 FWMAV 样机的装配及测试平台和实验测试的结果。

第九章总结了本书前面 8 章的主要研究内容以及主要的创新点。最后对未来急需开展的研究问题提出了浅薄的见解和思路。

第二章　昆虫扑翼飞行的计算流体动力学

昆虫的扑翼飞行是低雷诺数非稳态的气动行为，由于其翅膀具有三自由度往复式高可变攻角的运动模式，因而，它与空气的相互作用是高度非稳态非定常的涡量场交换过程。此外，由于翅膀的形貌与结构的固有物理属性，其在受到外在相互作用力时将产生柔性变形，因此，它与空气的相互作用过程涉及不容完全忽视的流固耦合效应。与当今高性能计算机技术同步更新的计算流体动力学（CFD）技术，则在处理这类复杂问题上具有先天的优势。不仅如此，CFD 还能精确地模拟这些复杂的流场行为，计算出可与实验测试结果有很好一致性的气动力系数、气动力矩系数、气动功耗以及速度场、压力场和涡量场等瞬时波动历程。为了论述该方法在昆虫扑翼飞行领域的研究概况和工程应用价值，本章从当前几个知名团队分别开展了概述。这些团队分别采用了不同建模理论和数值求解算法来解决他们各自关心的学术和工程问题。

本章的框架如下：首先，在 2.1 节中介绍了扑翼飞行的计算流体动力学的研究简况。其次，2.2 节概述了刘浩教授等基于有限体积法构建的控制方程，以及采用的相应数值计算方法。再次，2.3 节基于翅膀的二维截面，概述了 Wang Zane J. 教授等开展的二维流场的精细模拟和数值求解研究。随后，在 2.4 节论述了国内孙茂教授团队在昆虫扑翼飞行二维流场方面的控制方程构建过程和所采用的数值求解方法。在 2.5 节简述了 Shyy Wei 教授等针对仿昆刚性翅和柔性翅几何模型建立的三维无量纲控制方程和数值计算方法。之后，在 2.6 节概述了国内陆希云教授等针对扑翼飞行二维流场构建的二维不可压缩纳维—斯托克斯方程，以及所采用的数值求解方法。此外，在 2.7 节列表对比了这些团队分别采用的 CFD 模型和数值方法的不同点。最后，在 2.8 节对本章的内容进行了小结。

2.1　扑翼飞行的计算流体动力学研究简况

昆虫拍打飞行的问题可以通过 CFD 数值解决。CFD 方法在昆虫飞行空气动力学和动力学研究中的一个优点是，在某种飞行模式（如悬停）下，当代码在某种昆虫的计算中有效后，它可以很容易地用于其他昆虫的各种飞行模式。当昆虫从悬停转换到前飞或其他飞行模式时,只需要改变由翅膀运动确定的输入边界条件,这可以很容易地实现。当代码用于其他昆虫时,仅需改变翼形,从而改变计算网格和纳维—斯托克斯方程中的雷诺数。这两种情况都可以顺利实现[71]。第二个优点是 CFD 方法可以提供流动分析所需的任何物理量。例如,可以获得翅膀上的空气动力分布,因此,可以容易地获得总的气动力、围绕虫体质量的力矩(用于飞行平衡研究)和关于翅根的力矩(用于功率计算)。另一个例子是可以容易地看到流场中的流线型图案和漩涡。只要通过相关的测量方法获得详细的翅膀运动模式,它就可以很容易地用于研究各种飞行昆虫的飞行模式、飞行气动力、动力学及稳定性。结合三维高速摄像方法,CFD 方法可以成为未来昆虫飞行空气动力学和动力学研究的有力工具。

针对昆虫扑翼飞行的三维流场数值模拟,刘浩教授构建了一个具有多块面元网格几何结构的三维集成模型[72-73],用于评估在中间雷诺数范围内扑翼飞行的惯性和气动力、扭矩和消耗的功率,并通过案例研究验证了其有效性和准确性。

针对昆虫悬飞,Wang Zane J. 教授等使用一种专门开发的新的分析和数值相关方法研究了平板在二维幂律流中从静止到加速产生的空气动力[74]。在一组特定的前提下,他们提出了一种基于非定常涡旋升力和附加质量相结合的动态失速的机制。此外,他们针对昆虫悬飞时的二维翅膀模型建立了可以控制椭圆坐标中涡度的二维纳维—斯托克斯方程,围绕该二维翅膀模型附近流场的数值计算采用了以涡度—流函数公式表述的纳维—斯托克斯方程的四阶有限差分格式[75]。该格式在具有适当边界条件的椭圆坐标中实现,以便考虑翅膀运动。针对昆虫翅膀的典型参数,他们评估了通过涡旋理论预测的每单位跨度的气动力和力矩,并且发现数值模拟结果与实验测试结果有着很好的一致性。这证明二维数值模拟模型是可以充分用于预估昆虫扑翼悬飞的气动力和力矩的。此外,他们还获得了脱涡环量的估计和起始漩涡的大小,其结果被认为是昆虫悬飞的重要机制。

值得注意的是,基于计算涡量场和涡动力理论,2002 年北京航空航天大学孙茂教授等在惯性坐标系下建立了昆虫扑翼飞行的无量纲三维不可压缩非定常纳维—斯托克斯方程,采用计算流体动力学法数值计算了 Dickinson 博士 1999 年 Science 报道的机械果蝇翅的翅拍运动产生的流场[67,76]。在翅拍冲程开始和结束时出现的较大升力峰值可以用短时间内涡量的产生来解释。在这两阶段中涡量的快速产生分别是由翅膀的快速平动加速和快速俯仰向上转动引起的。孙茂教授等把它们分别称为:“快速加速机制”(Rapid Acceleration Mechanism);“快速俯仰向上转动机制”(Fast Pitching-up Rotation Mechanism)。2005 年孙茂教授在其综述里将非传统的高升力机制归纳为四种:①延迟失速;②快速加速;③快速俯仰向上转动;④尾迹捕获。他认为第一种机制是广泛被众多昆虫在高频翅拍悬飞时采用的高升力机制;后三种机制仅在冲程开始的加速阶段和接近冲程末尾的减速阶段才非常重要并且对升力的贡献非常大。

Wei Shyy 教授等则采用了具有恒定密度和黏度的非定常三维无量纲纳维—斯托克斯方程,建立了扑翼飞行不可压缩流体的控制方程[15,77-78]。采用 Loci-STREAM[79]求解了该控制方程组,这是一种采用 Loci 架构编写的三维非结构化压力基有限体积求解器。它采用隐式一阶或二阶时间步进,并使用二阶迎风格式处理对流项,使用二阶格式处理压力和黏性项。此外,他们使用基于密度的公式,并使用滤波技术处理与高阶(第六阶或第八阶)格式相关的数值不稳定性。他们获得的数值计算结果与实验测试结果也有很好的一致性。

此外,为了处理非定常力和流场结构,陆夕云教授等使用浸入式边界—格子玻耳兹曼法(IB-LBM)求解二维不可压缩纳维—斯托克斯方程[80-81],这可以方便地处理拍打翅膀的边界。在他们的研究中,使用了多块浸入式边界格子玻耳兹曼法来求解方程组。格子玻耳兹曼法提供了一种解决黏性流体流动的替代方法。

2.2　刘浩教授等采用的控制方程和数值计算方法

2.2.1　控制方程

针对飞行昆虫,刘浩教授等以质量和动量的强保守形式编写了扑翼流场的三维不可压缩非定常纳维—斯托克斯控制方程[72,82]。通过在连续性方程中加入压力的拟时间导数,使用了人工压缩性方法。对于任意可变形控制体积 $V(t)$,在局部翅根固定坐标系下的无量纲控制方程为

$$\int_{V(t)}\left(\frac{\partial \boldsymbol{Q}}{\partial t}+\frac{\partial \boldsymbol{q}}{\partial \tau}\right)\mathrm{d}V+\int_{V(t)}\left(\frac{\partial \boldsymbol{F}}{\partial x}+\frac{\partial \boldsymbol{G}}{\partial y}+\frac{\partial \boldsymbol{H}}{\partial z}+\frac{\partial \boldsymbol{F}_v}{\partial x}+\frac{\partial \boldsymbol{G}_v}{\partial y}+\frac{\partial \boldsymbol{H}_v}{\partial z}\right)\mathrm{d}V=0 \tag{2-1}$$

其中,

$$\boldsymbol{Q}=\begin{bmatrix}u\\v\\w\\0\end{bmatrix},\boldsymbol{q}=\begin{bmatrix}u\\v\\w\\p\end{bmatrix},\boldsymbol{F}=\begin{bmatrix}u^2+p\\uv\\uw\\\lambda u\end{bmatrix},\boldsymbol{G}=\begin{bmatrix}vu\\v^2+p\\vw\\\lambda v\end{bmatrix},\boldsymbol{H}=\begin{bmatrix}wu\\wv\\w^2+p\\\gamma w\end{bmatrix}$$

$$\boldsymbol{F}_v = -\frac{1}{Re}\begin{bmatrix} 2u_x \\ u_y + v_x \\ u_z + w_x \\ 0 \end{bmatrix}, \boldsymbol{G}_v = -\frac{1}{Re}\begin{bmatrix} v_x + u_y \\ 2v_y \\ v_z + w_y \\ 0 \end{bmatrix}, \boldsymbol{H}_v = -\frac{1}{Re}\begin{bmatrix} w_z + u_x \\ w_y + u_z \\ 2w_z \\ 0 \end{bmatrix} \tag{2-2}$$

式中：λ 为拟压缩系数；p 为压力；u，v 和 w 为笛卡儿坐标系 X，Y 和 Z 中的速度分量；t 为物理时间，而 τ 为拟计算时间；Re 为雷诺数。与拟时间相关联的项 $\boldsymbol{q}$ 被设计用于每个物理时间步的内迭代，通过引入广义雷诺输运定理并采用高斯积分定理，得到了一般曲线坐标系下的方程（2－1）的积分形式为

$$\int_{V(t)} \frac{\partial \boldsymbol{q}}{\partial \boldsymbol{\tau}} \mathrm{d}V + \frac{\partial}{\partial t}\int_{V(t)} \boldsymbol{Q} \mathrm{d}V + \oint_{S(t)} (\boldsymbol{f} - \boldsymbol{Q}u_{\mathrm{g}}) \cdot \boldsymbol{n} \mathrm{d}S = 0 \tag{2-3}$$

其中，$\boldsymbol{f} = (\boldsymbol{F} + \boldsymbol{F}_\nu, \boldsymbol{G} + \boldsymbol{G}_\nu, \boldsymbol{H} + \boldsymbol{H}_\nu)$ 表示进入和离开单胞边界表面的流动通量；$V(t)$ 表示单胞的体积（i,j,k），即由 8 个网格点构成的六面体；$S(t)$ 是控制体六个边界的表面，其单位向外法向矢量记为 $\boldsymbol{n}$，即 $\boldsymbol{n} = (n_{\mathrm{x}}, n_{\mathrm{y}}, n_{\mathrm{z}})$；$\boldsymbol{u}_{\mathrm{g}}$ 是移动单胞表面的局部速度，移动网格的影响归因于该速度。引入移动网格系统以使网格在每个物理时间步长处适合移动和变形的翅膀，并因此确保足够的网格密度以解决翅膀表面周围的黏性和非稳态流。对于结构化、边界拟合和以单元为中心的存储架构，我们可以进一步基于半离散形式改变上式，即

$$\frac{\partial}{\partial \boldsymbol{t}}[\boldsymbol{VQ}]_{ijk} + \boldsymbol{R}_{ijk} + \boldsymbol{V}_{ijk}\left(\frac{\partial \boldsymbol{q}}{\partial \boldsymbol{\tau}}\right)_{ijk} = 0 \tag{2-4}$$

其中，

$$\begin{aligned} \boldsymbol{R}_{ijk} = {} & (\hat{\boldsymbol{F}} + \hat{\boldsymbol{F}}_v)_{i+\frac{1}{2},j,k} - (\hat{\boldsymbol{F}} + \hat{\boldsymbol{F}}_v)_{i-\frac{1}{2},j,k} + (\hat{\boldsymbol{G}} + \hat{\boldsymbol{G}}_v)_{i,j+\frac{1}{2},k} \\ & - (\hat{\boldsymbol{G}} + \hat{\boldsymbol{G}}_v)_{i,j-\frac{1}{2},k} + (\hat{\boldsymbol{H}} + \hat{\boldsymbol{H}}_v)_{i,j,k+\frac{1}{2}} - (\hat{\boldsymbol{H}} + \hat{\boldsymbol{H}}_v)_{i,j,k-\frac{1}{2}} \end{aligned} \tag{2-5}$$

例如，

$$\begin{cases} \hat{\boldsymbol{F}} + \hat{\boldsymbol{F}}_v = (\boldsymbol{f} - \boldsymbol{Q}u_g) \cdot \boldsymbol{S}_n^{\xi}, \boldsymbol{n} = [S_{nx}^{\xi}, S_{ny}^{\xi}, S_{nz}^{\xi}]/S, \boldsymbol{S}_n^{\xi} = [S_{nx}^{\xi}, S_{ny}^{\xi}, S_{nz}^{\xi}] \\ S = \sqrt{S_{nx}^{\xi\ 2} + S_{ny}^{\xi\ 2} + S_{nz}^{\xi\ 2}} \end{cases} \tag{2-6}$$

其中，V_{ijk} 是单胞的体积，其中（i,j,k）表示单胞指数；使用单胞面的面积计算单位向外法矢量 $\boldsymbol{n}$，例如，在 ξ 方向 $\boldsymbol{S}_n^{\xi}$。无黏流量评估的详细描述（$\hat{\boldsymbol{F}}$；$\hat{\boldsymbol{G}}$；$\hat{\boldsymbol{H}}$）和黏性通量（$\hat{\boldsymbol{F}}_\nu$；$\hat{\boldsymbol{G}}_\nu$；$\hat{\boldsymbol{H}}_\nu$）可以在文献[72,82]中找到。不可压缩纳维—斯托克斯控制方程的时变解用有限体积法（FVM）以任意拉格朗日—欧拉（ALE）方式离散化表示，并使用拟压缩技术以时间推进的方式求解。通过引入内迭代来实

现控制方程的时变求解，以允许速度散度在每个物理时间步消失，并且动量方程中的时间导数使用一阶两点向后差分隐式格式来差分。这样可以在时间和空间上执行质量和动量的守恒计算。

2.2.2　强化求解算法

基于强化纳维—斯托克斯方法的求解算法是通过向纳维—斯托克斯方程添加强迫项来实现的，对于半离散形式，例如：

$$\frac{\partial}{\partial t}[VQ]_{ijk}+\boldsymbol{R}_{ijk}+V_{ijk}\left(\frac{\partial \boldsymbol{q}}{\partial \tau}\right)_{ijk}=\sigma(\boldsymbol{q}_f-\boldsymbol{q}) \tag{2-7}$$

其中，转换参数 σ 被设置为足够大，与该区域中的所有其他项相比，并且，其中从另一个块的子集方程导出的解$\boldsymbol{q}_f$ 是可用，并且在该区域外为零。对于 $\sigma \gg 1$ ，添加的源项仅仅是迫使 $\boldsymbol{q}=\boldsymbol{q}_f$；否则它将把 $\boldsymbol{q}$ 与$\boldsymbol{q}_f$ 混合。当 $\sigma=0$ 时，方程回到普通的纳维—斯托克斯方程。

针对时间积分，采用了 Padè 格式：

$$\frac{\partial}{\partial t}=\frac{1}{\Delta t}\frac{\Delta}{1+\theta\Delta} \tag{2-8}$$

其中，对于具有二阶时间精度的隐式欧拉格式，参数 θ 取 0.5；Δt 是时间增量；并且 Δ 是差分算子，$\Delta \boldsymbol{q}=\boldsymbol{q}^{(n+1)}-\boldsymbol{q}^{(n)}$ 。因此，式(2－7)可以通过用式(2－8)代替时间相关项来离散化，这样有

$$\begin{aligned}\Delta\left(\boldsymbol{VQ}\right)_{ijk}^{(n)}+\theta\Delta t\Delta\left[\boldsymbol{R}_{ijk}+\boldsymbol{V}_{ijk}\left(\frac{\partial \boldsymbol{q}}{\partial \tau}\right)_{ijk}-\sigma(\boldsymbol{q}_f-\boldsymbol{q})\right]^{(n)}=\\-\Delta t\left[\boldsymbol{R}_{ijk}+\boldsymbol{V}_{ijk}\left(\frac{\partial \boldsymbol{q}}{\partial \tau}\right)_{ijk}-\sigma(\boldsymbol{q}_f-\boldsymbol{q})\right]^{(n)}\end{aligned} \tag{2-9}$$

在作为两个网格之间重叠的区域中，σ 足够大，纳维—斯托克斯方程算法被关闭并简单地简化为 $\boldsymbol{q}^{(n=1)}=\boldsymbol{q}_f$，这样数值解也在该区域被强化。在 σ 设置为零的计算域中，我们将算法简化为标准算法。注意，该参数被隐含地添加到对角线项，如果采用足够大且正的 σ，这样处理能够增强算法的稳定性。更多细节可以在文献[72,82]中找到。

2.2.3　边界条件

扑翼飞行昆虫的多块嵌套网格的纳维—斯托克斯方程的求解需要适当的边界条件用于不同单个网格块，翅膀和虫体的移动壁面之间的重叠区域和远场外边界。对于单个网格块以及整个翅膀和虫体，我们使用纳维—斯托克斯方程的强化解，通过添加与矢量 $\boldsymbol{q}^*$ 的交换的强迫项，以提供两个网格的重叠区域中的

速度和压力的边界条件。除了孔和单个网格边界之外,强化方程在计算域内求解。针对果蝇的情况,每个时间步骤要求我们求解强化纳维—斯托克斯方程三次,每个网格单元块求解一次。在虫体表面,应用无滑动条件来计算速度分量,即流体粒子的速度等于该点处翅膀的速度。这意味着翅膀具有光滑的表面,尽管真正的昆虫翅膀的粗糙度可能导致一些差异。为了考虑由于振动体的加速/减速(移动或变形虫体表面)引起的动态效应,从局部动量方程中可导出表面模板处的压力散度条件,在开放边界模板处,为了满足动量守恒,针对速度分量采用了零梯度条件,这意味着局部流体可以自由地进入和离开计算域。在开放边界处压力是不可改变的。这样有

$$\begin{cases}(u,v,w) = (u_{\mathbf{body}},v_{\mathbf{body}},w_{\mathbf{body}}) \\ \partial p/\partial \boldsymbol{n} = -\boldsymbol{a}_0 \cdot \boldsymbol{n}\end{cases} \tag{2-10}$$

其中,在每个时间步骤使用虫体表面上的更新网格评估和更新实心壁面上的速度($u_{\mathrm{body}},v_{\mathrm{body}},w_{\mathrm{body}}$)和加速度($\boldsymbol{a}_0$)。对于昆虫体的背景网格,需要在外部边界定义适当的边界条件。考虑到,当昆虫以速度 $\boldsymbol{V}_{\mathrm{f}}$悬飞或向前飞行时,可以给出速度和压力的边界条件,例如:①在上游 $\boldsymbol{V}(u,v,w) = \boldsymbol{V}_{\mathrm{f}}$,压力 p 被设定为零;②在下游零梯度条件下采用速度和压力,即 $\partial(u,v,w,p)/\partial\boldsymbol{n} = 0$,其中,$\boldsymbol{n}$ 是外边界处的单位向外法矢量。

2.3 Wang Zane J. 教授等采用的控制方程和数值计算方法

2.3.1 控制方程和数值计算方法

在与实验中执行的相同运动学的情况下,Wang Zane J. 等采用的数值求解法模拟了具有椭圆形横截面的薄翅单元[74-75,83]。围绕该悬停翅膀流场的计算采用了以涡度—流函数公式表述的纳维—斯托克斯方程的四阶有限差分格式。该格式在具有适当边界条件的椭圆坐标中实现,以便考虑翅膀运动。控制椭圆坐标中涡度的二维纳维—斯托克斯方程具有以下形式:

$$\begin{cases}\dfrac{\partial(S\boldsymbol{\omega})}{\partial t} + (\sqrt{S}\boldsymbol{u} \cdot \nabla)\boldsymbol{\omega} = v\,\nabla^2\boldsymbol{\omega} \\ \nabla\cdot(\sqrt{S}\boldsymbol{u}) = 0\end{cases} \tag{2-11}$$

式中:$\boldsymbol{u}$ 为速度场;$\boldsymbol{\omega}$ 为涡度场;v 为运动黏度;S 为局部比例因子,$S(\mu,\theta) = \cosh^2\mu - \cos^2\theta S(\mu,\theta) = C_0^2(\cosh^2\mu - \cos^2\theta)$ 来自坐标变换。导数是关于椭圆坐标(μ,θ),其网格点自然地聚集在椭圆的尖端和主体周围以便分辨边界层。保

形变换由下式给出：$x + \mathrm{i}y = C_0\cosh(\mu + \mathrm{i}\theta)$ 。根据流函数 $\boldsymbol{\Psi}$ 表示涡度和速度是方便的：$\boldsymbol{u} = -\nabla \cdot \boldsymbol{\Psi}$ 和 $\boldsymbol{\omega} = \nabla^2 \boldsymbol{\Psi}$。针对流函数 $\boldsymbol{\Psi}$，保形变换产生了常系数泊松方程，它可以通过快速傅里叶变换（FFT）有效地求解[74-75,83]。

纳维—斯托克斯方程在翅膀固定坐标系下求解。在二维涡度流函数公式中，非惯性坐标系仅引入一个额外项，即翅膀的旋转加速度。其他非惯性项可以表示为势函数的梯度，因此，它们可以被吸收到压力项中。压力梯度的卷曲为零。虫体运动反映在远场边界条件中，并且通过涡度和流函数边界条件显示地在翅膀处施加无滑移边界条件。更具体地说，在翅膀上，我们设置 $\boldsymbol{\Psi} = c$，其中 c 是常数，以满足无穿透边界条件，并且 $\partial \boldsymbol{\Psi}/\partial \boldsymbol{n} = 0$ 以满足无滑移边界条件。在远场，我们设置 $\nabla \times \boldsymbol{\Psi} = -(\boldsymbol{U}_0 + \boldsymbol{r} \times \boldsymbol{\Omega}_0)$，其中 $\boldsymbol{U}_0$ 和 $\boldsymbol{\Omega}_0$ 分别是翅膀的平移和旋转速度，$\boldsymbol{r}$ 是相对于翅膀中心的位置，并且 $\boldsymbol{\omega} = 0$。通过两次求解泊松方程可以恢复关于流函数 $\boldsymbol{\Psi}$ 的精确边界条件。

四阶龙格—库塔格式用于时间迭代，这展示了该显式格式的稳定域。稳定性条件包括两个与网格尺寸上的对流和扩散时间尺度相关的 Courant - Friedrich - Levy（CFL）条件：

$$\begin{cases} \mathrm{d}t_1 = C_1 \mathrm{d}s^2 \sinh^2\mu_0/4v \\ \mathrm{d}t_2 = C_2 \mathrm{d}s\sinh\mu_0 \end{cases} \tag{2-12}$$

这里，$\mathrm{d}s = \min(\mathrm{d}\mu, \mathrm{d}\theta)$，椭圆处的 $\mu = \mu_0$，$C_1 = C_2 = 0.8$。时间步长选择为 $\min(\mathrm{d}t_1, \mathrm{d}t_2)$。每个计算步骤中的基本时间迭代涉及以下步骤：$\boldsymbol{\omega}^n \to \boldsymbol{\Psi}^{n+1} \to \boldsymbol{u}^{n+1} \to \boldsymbol{\omega}^{n+1}$，这里上标表示时间步长。为了求解流场，通常在边界层中沿径向需要 10 个网格点，并且在每个尖端周围的方位角方向上至少 30 个点，其长度尺度通过其曲率半径估计。下面计算在 Re 取 100 左右时，分辨率为 128×256。计算边界的半径通常是弦长的 10 倍。

椭圆上的力可以通过沿着身体积分应力张量来计算。在固定于翅膀上的坐标下写出纳维—斯托克斯方程为

$$\begin{cases} \dfrac{\partial \boldsymbol{u}}{\partial t} + (\boldsymbol{u} \cdot \nabla)\boldsymbol{u} = -\dfrac{\nabla p}{\rho} + v\Delta \boldsymbol{u} - \mathrm{d}U_0/\mathrm{d}t \\ -\left[\dfrac{\mathrm{d}\boldsymbol{\Omega}}{\mathrm{d}t} \times \boldsymbol{r} + 2\boldsymbol{\Omega} \times \boldsymbol{u} + \boldsymbol{\Omega} \times (\boldsymbol{\Omega} \times \boldsymbol{r})\right] \\ \nabla \cdot \boldsymbol{u} = 0 \\ \boldsymbol{u}\big|_{\text{wing}} = 0 \end{cases} \tag{2-13}$$

式中：$\boldsymbol{U}_0$ 和 $\boldsymbol{\Omega}$ 分别为翅膀的平移和旋转速度；p 为压力。最后三项对应于由于旋转加速度、科里奥利力和离心力引起的非惯性力。科里奥利力和离心力在二

维涡度方程中消失,因为它们可以根据势函数的梯度重构[74-75,83]。

在非惯性加速体坐标中求解速度和涡度,然后将其转换到惯性坐标系下。通过积分黏性应力在惯性系中计算力:

$$\begin{cases} \boldsymbol{F}_p = \rho v \int \dfrac{\partial \omega}{\partial \mathbf{r}}(y,\ -x)\,\mathbf{d}s + \rho A_w \dfrac{\mathbf{d}U_0}{\mathbf{d}t} \\ \boldsymbol{F}_v = \rho v \int \omega \hat{s}\,\mathbf{d}s \end{cases} \tag{2-14}$$

其中,$\boldsymbol{F}_p$ 和 $\boldsymbol{F}_v$ 分别为压力和黏性力;ρ 为流体密度;A_w为机翼的总面积;$\hat{s}$ 为沿椭圆的切线矢量,积分在椭圆的表面上进行。$\boldsymbol{F}_p$ 中的第二项类似于与静水压力相关的浮力,即流体以 $-(\mathrm{d}U_0/\mathrm{d}t)$ 加速。为了与翼型理论中的升力和阻力的传统定义一致,力被分解成阻力 F'_x(反平行于翅膀运动的力)和升力 F'_y(与翅膀运动正交)。

2.3.2 数值计算方法——浸入式界面法

我们通过使用浸入式界面法直接利用纳维—斯托克斯方程来求解气动力和力矩,如 Xu Sheng 等所述[84]。这是一种空间二阶精确方法,其中物体的边界由单一力表示,该力作为强迫项添加到式(2-15)中:

$$\frac{\partial \boldsymbol{v}}{\partial \boldsymbol{t}} + \nabla\cdot(\boldsymbol{v}\boldsymbol{v}) = -\nabla p + \frac{1}{Re}\Delta \boldsymbol{v} + \sum_{l=1}^{M} \boldsymbol{F}_l \tag{2-15}$$

式中:$\boldsymbol{v}$ 和 p 分别为速度和压力场;$\boldsymbol{F}_l$为来自物体 l 的单一力;Re 为雷诺数。本节中的方程以无量纲形式显示,其中,速度尺度和长度尺度分别由平均翅膀速度和拍打幅度确定。式(2-15)中的单一力计算为

$$\boldsymbol{F} = \oint_{\delta\Omega} \boldsymbol{f}(\alpha,t)\delta(x - X(\alpha,t))\delta(y - Y(\alpha,t))\,\mathrm{d}\alpha \tag{2-16}$$

式中:$\delta\Omega$ 为物体边界;X 和 Y 为边界的坐标;f 为单一力的密度;α 为无量纲拉格朗日参数。单一力导致在压力、压力导数和速度导数边界处出现跳跃。针对浸入式界面法跳跃积分的表达式是在 Xu Sheng 等报道的文献中得出的[84-85]。采用类似描述的弹簧模型可以计算执行翅膀规定运动所需的单一力密度。

纳维—斯托克斯方程以在压力泊松形式的 MAC 网格上的原始变量来求解。使用四阶龙格—库塔法完成前向时间积分。实际的蜻蜓翅膀运动发生在 $Re = O(10^3)$。然而,如 Pollin 等所述[74],空气动力学对 Re 高于 200 不敏感。对于这些模拟,将翅膀封装在一个 8×8 弦长的刚性箱子中,为此可以推导出足够精确的压力边界条件近似值[84-85]。翅膀被建模为 6∶1 纵横比的圆角矩形。定性结果表明:俯仰反转是被动的,与翅膀的特定形状无关。

我们广泛测试了算法以确保结果的准确性。我们进行了空间和时间收敛测

试,发现 256×256 网格的 $\mathrm{d}t = 5\times10^{-4}$ 足以解决流量问题。还发现域的截断不会显著影响结果。

关于翅膀几何中心的气动力为

$$\boldsymbol{F} = -\oint_{\delta\Omega} \boldsymbol{f}\mathrm{d}\alpha + S\frac{\mathrm{d}\boldsymbol{u}_T}{\mathrm{d}t} \tag{2-17}$$

式中:S 为由翅膀边界包围的区域;$\boldsymbol{u}_T$ 为翅膀的平移速度。翅膀上的流体做的功率可以计算为

$$P = \oint_{\delta\Omega} \boldsymbol{\sigma}_{ij}^{+} u_i n_j \mathrm{d}s \tag{2-18}$$

式中:$\boldsymbol{\sigma}_{ij}^{+}$ 为翅膀边界外表面上的应力张量;n_j 为向外指向的表面法线矢量。从力平衡[84-85]来看,应力张量的跳跃条件满足:

$$[\boldsymbol{\sigma}_{ij}]n_j = (\boldsymbol{\sigma}_{ij}^{+} - \boldsymbol{\sigma}_{ij}^{-})n_j = -\frac{f_i}{J} \tag{2-19}$$

式中:$J = \mathrm{d}s/\mathrm{d}\alpha$ 为雅可比行列式;$\boldsymbol{\sigma}_{ij}^{-}$ 为翅膀边界内表面的应力张量。注意到 $\mathrm{d}s = J\mathrm{d}\alpha$,可以将式(2-18)和式(2-19)联立起来:

$$\begin{aligned} p &= -\oint_{\delta\Omega} \boldsymbol{f}\cdot\boldsymbol{u}\mathrm{d}\alpha + \int_{\delta\Omega} \boldsymbol{\sigma}_{ij}^{-} u_i n_j \mathrm{d}s \\ &= -\oint_{\delta\Omega} \boldsymbol{f}\cdot\boldsymbol{u}\mathrm{d}\alpha + \frac{\mathrm{d}K}{\mathrm{d}t} + \frac{1}{Re}\int_{\Omega}\left(\frac{\partial u_i}{\partial x_j}\frac{\partial u_i}{\partial x_j} + \frac{\partial u_j}{\partial x_i}\frac{\partial u_i}{\partial x_j}\right)\mathrm{d}A \\ &\approx -\oint_{\delta\Omega} \boldsymbol{f}\cdot\boldsymbol{u}\mathrm{d}\alpha + \frac{\mathrm{d}K}{\mathrm{d}t} \end{aligned} \tag{2-20}$$

式中:K 为由翅膀边界包围的区域 Ω 中的总动能。和耗散相关的项与 $1/Re$ 成比例,并且被丢弃,因为对于我们的计算,它大约占其他项的 0.4%。围绕翅膀质心的扭矩可以采用与功率相似的方式计算:

$$\begin{aligned} \tau &= \oint_{\delta\Omega} \varepsilon_{ij} r_i \boldsymbol{\sigma}_{jk}^{+} n_k \mathrm{d}s \\ &= -\oint_{\delta\Omega} \varepsilon_{ij} r_i f_j \mathrm{d}\alpha + \frac{\mathrm{d}}{\mathrm{d}t}\int_{\Omega} \varepsilon_{ij} r_i u_j \mathrm{d}A \end{aligned} \tag{2-21}$$

式中:ε_{ij} 为二维 Levi-Civita 符号;r_i 为从翅膀质心到其边界的矢径。

2.4 孙茂教授等采用的控制方程和数值计算方法

为了获得空气动力和力矩,原则上只需计算翅膀和虫体周围的流量。但是在近似悬停时,由于虫体的速度非常小,因此与翅膀相比,虫体的空气动力和力矩可以忽略不计[67,76,86-88]。因此,我们只需计算翅膀周围的流量。此外,进一

步假设对称的一双翅膀不会在空气动力学上相互作用,虫体和翅膀也不会相互作用。孙茂等认为左侧翅膀和右侧翅膀之间的相互作用可以忽略不计,除非在“clap 和 fling”动作中[89]。Aono 等的研究表明,翅膀与虫体之间的相互作用可以忽略不计:有虫体—翅膀相互作用情况下的气动力与没有机翼相互作用情况下的作用力相差不到2%[90],上述假设是合理的。因此,在本流量计算中,忽略了虫体,并且左右翼周围的流场是被分开计算的。

为了计算非稳态运动物体周围的流场(例如当前的扑翼),一种方法是在虫体固定的非惯性参考系中写出并求解控制方程,其中的惯性力项添加到方程中。这种方法的一个优点是生成的虫体保形计算网格的坐标变换不需要随时间变化,并且网格仅生成一次。但是,在这种方法中,需要一些处理来解决虫体旋转时的远场边界条件(远场边界处的速度往往是无限的),这在方程中将引入额外项。另一种方法是在惯性参考系中编写和求解控制方程。通过使用时变的坐标变换以及惯性和非惯性参考系之间的关系,惯性参考系中的虫体保形计算网格(随时间变化)可以从虫体固定的非惯性参考系下的虫体保形计算网格上获得,该网格只需要生成一次。该方法不需要对远场边界条件进行特殊处理,而且,由于在方程中没有引入额外项,现有的数值方法可以直接应用于方程的求解。

2.4.1 控制方程和数值计算方法

在惯性坐标系下写出的无量纲三维不可压缩非定常纳维—斯托克斯方程如下:

$$\begin{cases}\nabla\cdot\boldsymbol{u}=0\\ \dfrac{\partial\boldsymbol{u}}{\partial t}+\boldsymbol{u}\cdot\nabla\boldsymbol{u}=-\nabla p+\dfrac{1}{Re}\nabla^2\boldsymbol{u}\end{cases}\tag{2-22}$$

式中:u,ν 和 w 分别为无量纲速度的三个分量,p 为无量纲压力。在无量纲中,U 是上面给出的恒定速度,Re 表示雷诺数并且定义为 $Re=cU/\nu$,其中 c 是机翼的平均弦长,ν 是空气的运动黏度。

将上面的控制方程组从笛卡儿坐标系(x,y,z,t)转换到曲线坐标系(ξ,η,ζ,τ)下,使用以下形式的一般时变坐标变换:

$$\boldsymbol{\xi}=\xi(x,y,z,t),\boldsymbol{\eta}=\eta(x,y,z,t),\boldsymbol{\zeta}=\zeta(x,y,z,t),\boldsymbol{\tau}=t\tag{2-23}$$

以保形方式书写的变换方程式如下:

$$\frac{\partial}{\partial\boldsymbol{\xi}}\left(\frac{A}{J}\right)+\frac{\partial}{\partial\boldsymbol{\eta}}\left(\frac{B}{J}\right)+\frac{\partial}{\partial\boldsymbol{\zeta}}\left(\frac{C}{J}\right)=0\tag{2-24}$$

$$\frac{\partial\boldsymbol{Q}}{\partial\tau}+\frac{\partial}{\partial\boldsymbol{\xi}}(e-e_v)+\frac{\partial}{\partial\boldsymbol{\eta}}(f-f_v)+\frac{\partial}{\partial\boldsymbol{\zeta}}(g-g_v)=0\tag{2-25}$$

其中,J 是变换的雅可比行列式,并且:

$$\boldsymbol{A} = \xi_x\boldsymbol{u} + \xi_y\boldsymbol{v} + \xi_z\boldsymbol{w} \tag{2-26}$$

$$\boldsymbol{B} = \eta_x\boldsymbol{u} + \eta_y\boldsymbol{v} + \eta_z\boldsymbol{w} \tag{2-27}$$

$$\boldsymbol{C} = \zeta_x\boldsymbol{u} + \zeta_y\boldsymbol{w} + \zeta_z\boldsymbol{w} \tag{2-28}$$

$$\boldsymbol{Q} = \frac{1}{J}[\boldsymbol{u} \quad \boldsymbol{v} \quad \boldsymbol{w}]^{\mathrm{T}} \tag{2-29}$$

$$\boldsymbol{e} = \frac{1}{J}\begin{bmatrix} \xi_x p + \boldsymbol{u}A + \xi_t\boldsymbol{u} \\ \xi_y p + \boldsymbol{v}A + \xi_t\boldsymbol{v} \\ \xi_z p + \boldsymbol{w}A + \xi_t\boldsymbol{w} \end{bmatrix} \tag{2-30}$$

$$\boldsymbol{f} = \frac{1}{J}\begin{bmatrix} \eta_x p + \boldsymbol{u}B + \eta_t\boldsymbol{u} \\ \eta_y p + \boldsymbol{v}B + \eta_t\boldsymbol{v} \\ \eta_z p + \boldsymbol{w}B + \eta_t\boldsymbol{w} \end{bmatrix} \tag{2-31}$$

$$\boldsymbol{g} = \frac{1}{J}\begin{bmatrix} \zeta_x p + \boldsymbol{u}C + \zeta_t\boldsymbol{u} \\ \zeta_y p + \boldsymbol{v}C + \zeta_t\boldsymbol{v} \\ \zeta_z p + \boldsymbol{w}C + \zeta_t\boldsymbol{w} \end{bmatrix} \tag{2-32}$$

$$\boldsymbol{e}_{\mathrm{v}} = \frac{1}{Re}\begin{bmatrix} (\nabla\xi\cdot\nabla\xi)u_\xi + (\nabla\xi\cdot\nabla\eta)u_\eta + (\nabla\xi\cdot\nabla\zeta)u_\zeta \\ (\nabla\xi\cdot\nabla\xi)v_\xi + (\nabla\xi\cdot\nabla\eta)v_\eta + (\nabla\xi\cdot\nabla\zeta)v_\zeta \\ (\nabla\xi\cdot\nabla\xi)w_\xi + (\nabla\xi\cdot\nabla\eta)w_\eta + (\nabla\xi\cdot\nabla\zeta)w_\zeta \end{bmatrix} \tag{2-33}$$

$$\boldsymbol{f}_{\mathrm{v}} = \frac{1}{Re}\begin{bmatrix} (\nabla\eta\cdot\nabla\xi)u_\xi + (\nabla\eta\cdot\nabla\eta)u_\eta + (\nabla\eta\cdot\nabla\zeta)u_\zeta \\ (\nabla\eta\cdot\nabla\xi)v_\xi + (\nabla\eta\cdot\nabla\eta)v_\eta + (\nabla\eta\cdot\nabla\zeta)v_\zeta \\ (\nabla\eta\cdot\nabla\xi)w_\xi + (\nabla\eta\cdot\nabla\eta)w_\eta + (\nabla\eta\cdot\nabla\zeta)w_\zeta \end{bmatrix} \tag{2-34}$$

$$\boldsymbol{g}_{\mathrm{v}} = \frac{1}{Re}\begin{bmatrix} (\nabla\zeta\cdot\nabla\xi)u_\xi + (\nabla\zeta\cdot\nabla\eta)u_\eta + (\nabla\zeta\cdot\nabla\zeta)u_\zeta \\ (\nabla\zeta\cdot\nabla\xi)v_\xi + (\nabla\zeta\cdot\nabla\eta)v_\eta + (\nabla\zeta\cdot\nabla\zeta)v_\zeta \\ (\nabla\zeta\cdot\nabla\xi)w_\xi + (\nabla\zeta\cdot\nabla\eta)w_\eta + (\nabla\zeta\cdot\nabla\zeta)w_\zeta \end{bmatrix} \tag{2-35}$$

其中,符号 ∇是梯度算子,速度梯度和变换的度量标记如下:

$$\frac{\partial \boldsymbol{u}}{\partial \boldsymbol{\xi}} = \boldsymbol{u}_\xi,\cdots \tag{2-36}$$

$$\frac{\partial \boldsymbol{\xi}}{\partial x} = \boldsymbol{\xi}_x,\cdots \tag{2-37}$$

针对单区域网格,使用 Rogers、Kwak 和 Rogers 等首次开发的算法求解了方程(2-24)和式(2-25)[91-92]。Rogers 和 Pulliam 等将其扩展到了移动嵌套网格[93]。该算法基于人工可压缩性的方法,将压力的拟时间导数引入连续性方程中,通过针对每个物理时间步长在拟时间中反复迭代来实现数值解中的时间精度。该算法对对流项使用三阶通量差分分裂技术,对黏性项使用二阶中心差分。动量方程中的时间导数使用二阶三点后向差分格式来差分。该算法是隐式的,具有二阶空间和时间精度。针对新时间层级的自由流速的散度,为了求解时间离散动量方程,将拟时间层级引入方程中,并将压力的拟时间导数除以人工压缩常数引入连续性方程中。生成的方程组以拟时间的方式迭代,直到压力的拟时间导数接近零;因此,新时间层级的速度散度接近于零。有关该算法的详细信息,请参阅 Rogers 和 Kwak 以及 Rogers 等[91-92]的相关论述。

2.4.2 边界条件和气动力评估

在入流边界处,速度分量被指定为自由流条件,而压力从内部推断。在出流边界处,将压力设定为等于自由流静压,并且从内部推断出速度。在翅膀表面,应用非渗透壁面和无滑移边界条件,并通过动量方程的正常分量获得了边界上的压力。使用泊松求解器生成虫体保形网格。使用的网格拓扑是 O-H 网格。在数值计算中,数值不确定性主要与时间离散化(即时间步长值)、空间分辨率和远场边界位置有关。

一旦获得纳维—斯托克斯方程的数值解,就可以得到每个时间步长的离散网格点处的速度分量和压力。作用在翅膀上的空气动力由沿翅膀表面的表面压力和黏性应力产生。在时间步长上将压力和黏性应力沿着翅膀表面积分,将给出在相应的时刻作用在翅膀上的总力。翅膀的升力(L)是垂直于平移速度的总力的分量,并且当它向上指向时是正的。阻力(D)是平行于平移速度的总力的分量,并且当指向与下冲程的平移速度的方向相反时是正的。由 C_L和 C_D分别表示的升力和阻力系数定义为 $C_L = L/0.5\rho U^2 S$ 和 $C_D = D/0.5\rho U^2 S$ 。

2.5 Wei Shyy 教授等采用的控制方程和数值计算方法

2.5.1 流体动力学控制方程

Wei shyy 教授等采用具有恒定密度和黏度的非定常三维无量纲纳维—斯托克斯方程,以建立不可压缩流体的最终控制方程:

$$\begin{cases} \nabla^* \cdot \boldsymbol{u}^* = 0 \\ \dfrac{k}{\pi} \dfrac{\partial \boldsymbol{u}^*}{\partial t^*} + \boldsymbol{u}^* \cdot \nabla^* \boldsymbol{u}^* = -\nabla^* p^* + \dfrac{1}{Re} \nabla^{*2} \boldsymbol{u}^* \end{cases} \tag{2-38}$$

式中：* 表示无量纲变量。缩减频率 $\boldsymbol{k}$ 是非稳态的度量，它将流动扰动的空间波长与弦进行了比较，其扩展定义详见文献[15]。对于悬飞，参考速度基于平均翼尖速度，因此，缩减频率与机翼的拍打幅度和展弦比成反比，并且与拍打频率无关。另外，基于前飞速度的缩减频率与拍打频率和平均弦长成比例，并且与飞行速度成反比。缩减频率的另一种解释是它给出了流体对流时间标度 $c_m = U_{\text{ref}}$ 与运动时标 $2\pi = \omega$ 之间的比率。雷诺数 Re 是流体中惯性力和黏性力之间的比率。对于悬飞，雷诺数与拍打幅度、拍打频率、平均弦长的平方和翅膀的展弦比成比例。对于生物飞行昆虫，拍打频率范围为 10 ~ 600Hz，翅膀长度在 0.3 ~ 600mm 变化，产生雷诺数从 $O(10^4)$ 到 $O(10^1)$[1,36]。在这种飞行状态下，非稳态效应、惯性、压力、内部和黏性力都很重要。

2.5.2　数值求解方法

上面的流体控制方程组采用 Loci - STREAM[79] 来求解，这是一种采用 Loci 架构编写的三维非结构化压力基有限体积求解器。它采用隐式一阶或二阶时间步进，并使用二阶迎风格式处理对流项，使用二阶格式处理压力和黏性项。由线性化动量方程获得的方程系统是快速收敛的，并用对称的高斯—塞德(Gauss - Seidel)求解器处理，它具有相对较低的存储器要求。压力校正方程收敛较慢，它用 PETSc Krylov 提供的具有雅可比预处理器的 GMRES 线性求解器或 Falgout&Yang 提供的 BoomerAMG 线性求解器求解[94-95]。

这里的 Loci 架构是由针对有限体积方法的基于规则的高度可并行的架构设计。请参阅 Luke 和 George[96] 了解有关基于规则的软件的更详细讨论。几何守恒定律也得到了满足，该定律是对在具有移动边界的计算域中的必要考虑[78,97]。此外，使用径向基函数插值实现了网格的变形。此外，他们还采用了 FDL3 - DI 求解器以处理数值不稳定性。FDL3 - DI 是高阶有限差分求解器[98-99]。它使用基于密度的公式，并使用滤波技术处理与高阶(第六阶或第八阶)格式相关的数值不稳定性。

2.6　陆夕云教授等采用的控制方程和数值计算方法

2.6.1　控制方程模型和数值方法

为了研究双翅昆虫悬飞时的空气动力学特征，陆希云教授等采用了不可压缩的纳维—斯托克斯方程[80-81]，并由下式给出：

$$\begin{cases}\dfrac{\partial \boldsymbol{u}}{\partial t} + \boldsymbol{u} \cdot \nabla \boldsymbol{u} = -\dfrac{1}{\rho} \nabla p + \nu \nabla^2 \boldsymbol{u} \\ \nabla \cdot \boldsymbol{u} = 0\end{cases} \tag{2-39}$$

式中:$\boldsymbol{u}$ 为速度;p 为压力;ρ 为流体的密度;ν 为运动黏度。为了处理非定常力和流场结构,使用浸入式边界—格子玻耳兹曼法求解二维不可压缩纳维—斯托克斯方程,这可以方便地处理拍打翅膀的边界。在他们的研究中,使用了多块浸入式边界—格子玻耳兹曼法来求解方程组。格子玻耳兹曼法提供了一种解决黏性流体流动的替代方法。基于介观运动模型,格子玻耳兹曼法避免了求解泊松方程,与传统的数值方案相比非常简单。它的优势包括高计算效率和低数值耗散,此外便于处理移动物体。另一方面,浸入式边界法通过向动量方程添加边界力来处理实体边界,已被成功应用于移动物体[100]。

格子—玻耳兹曼法是通过介观运动模型解决流体动力学问题的方法。格子玻耳兹曼法避免处理非线性对流项并求解压力泊松方程,这是基于不可压缩纳维—斯托克斯方程离散化的传统数值格式中通常需要的。

2.6.2 格子玻耳兹曼模型简介

为了求解控制方程组,采用具有 D2Q9 模型的格子玻耳兹曼方程[101]。该方程被证明了是二阶精度的用于恢复纳维—斯托克斯方程。它由下式给出:

$$f_i(\boldsymbol{x} + \boldsymbol{e}_i\Delta t, t + \Delta t) - f_i(\boldsymbol{x}, t) = -\frac{1}{\tau_{rt}}[f_i(\boldsymbol{x}, t) - f_i^{\mathrm{eq}}(\boldsymbol{x}, t)] \tag{2-40}$$

式中:$f_i(\boldsymbol{x}, t)$ 为位置 $\boldsymbol{x}$ 和时间 $\boldsymbol{t}$ 处具有速度为 $\boldsymbol{e}_i$ 的粒子的分布函数;Δt 为时间增量;τ_{rt} 为弛豫时间。LBE 通常通过以下两个步骤解决,即碰撞和流式传输:

$$\begin{cases}\tilde{f}_i(\boldsymbol{x}, t + \Delta t) = f_i(\boldsymbol{x}, t) - \dfrac{1}{\tau}[f_i(\boldsymbol{x}, t) - f_i^{\mathrm{eq}}(\boldsymbol{x}, t)] \\ f_i(\boldsymbol{x} + \boldsymbol{e}_i\Delta t, t + \Delta t) = \tilde{f}_i(\boldsymbol{x}, t + \Delta t)\end{cases} \tag{2-41}$$

这里,$\tilde{f}_i$ 表示分布函数的后碰撞状态。D2Q9 模型被用于这里的计算,均衡分布函数 f_i^{eq} 定义为

$$f_i^{\mathrm{eq}} = \omega_i\rho\left[1 + \frac{\boldsymbol{e} \cdot \boldsymbol{u}}{c_s^2} + \frac{\boldsymbol{uu} : (\boldsymbol{e}_i\boldsymbol{e}_i - c_s^2\boldsymbol{I})}{2c_s^4}\right] \tag{2-42}$$

式中:ω_i 为加权系数;c_s 为声速;ρ 和 $\boldsymbol{u}$ 分别为流体密度和速度,可以通过如下分布函数获得

$$\rho = \sum_i f_i \tag{2-43}$$

$$\rho\boldsymbol{u} = \sum_i \boldsymbol{e}_i f_i \tag{2-44}$$

为了获得由双翅拍打运动引起的非稳态流动行为的细节，采用网格细化技术，即多块格子玻耳兹曼法[102]，以获得拍打翅膀周围的精细网格分辨率。由于翅膀的拍打运动，一些边界节点（位于移动翅膀内的计算节点）将变为流体节点（位于流场中的计算节点）。在研究中，二阶精度外推策略被用于恰好这些边界节点转变为流体节点时定义分布函数。

由于考虑了昆虫悬飞的二维虚拟模式，因此使用垂直和水平力系数并分别定义为 $C_V = F_V/(0.5\,rUV^2c)$ 和 $C_H = F_H/(0.5\,rUV^2c)$，其中 F_V 和 F_H 是作用在拍打翅膀上的垂直和水平力。这里，F_V 和 F_H 是通过使用动量交换方法确定的。在上面提到的先前工作中详细描述了处理移动边界和确定空气动力的方法。在这里，为了检查网格收敛，对于没有地面效应的双翅拍打运动引起的非定常流动，进行了不同格子间距的计算。研究发现，通过不同的计算条件获得的结果彼此吻合良好，表明晶格间距和计算域尺寸的独立性。此外，基于广泛的收敛性研究，通过使用以下计算条件，最细的晶格间距 $\Delta x = 0.0125$，在 x 方向和 y 方向上分别具有计算域 $[-20,20]\times[0,30]$，这类数值模型和求解算法可以用于处理昆虫悬飞时存在地面效应影响的流场和气动力问题。

2.7　昆虫扑翼飞行数值研究的对比

通过理想的假设（比如，二维翅截面模型和刚性翅平面等）和设定合理的边界条件，上面介绍的几种针对昆虫扑翼飞行的计算流体动力学模型和数值方法都或高或低地取得了一定的成功。表 2-1 简单列出了一些目前文献报道的计算流体动力学模型、数值方法和边界条件以及网格处理方法等，以供研究人员深入跟踪和研究。

表 2-1　昆虫扑翼飞行的主要数值研究情况

作者，年份	流体控制方程	方法	移动边界跟踪
Smith 等 (1996)[103-104]	三维势流	面元法	时变的边界条件
刘浩等 (1998)[105-106]	体拟合坐标系下的三维纳维—斯托克斯方程	人工可压缩性	基于初始网格和翅膀运动学分析的网格重划分
Wang Z. J. 等 (2004)[75, 83]	椭圆坐标系下涡度的二维纳维—斯托克斯方程	有限差分	时变的边界条件
Mittal 等 (2002)[107]	二维纳维—斯托克斯方程	有限体积	固定笛卡儿网格上的浸入边界法

（续）

作者,年份	流体控制方程	方法	移动边界跟踪
Ramamurti 和 Sandberg (2002)[108-110]	任意拉格朗日—欧拉(ALE)公式中的三维纳维—斯托克斯方程	有限元	在非格式网格上的网格重划分弹簧比拟和平滑
孙茂等 (2002)[67,76,86-87]	体拟合坐标系下的三维纳维—斯托克斯方程	人工可压缩性	时变的坐标变换
孙茂等 (2004)[88,111]	体拟合坐标系下的三维纳维—斯托克斯方程	人工可压缩性	重叠嵌套移动网格
Gilmanov 和 Sotiropoulos (2005)[112]	三维纳维—斯托克斯方程	有限差分	固定笛卡儿网格上的浸入式边界法
Wei Shyy 等 (2006)[78-79,113]	三维无量纲纳维—斯托克斯方程	有限体积	多块结构化网格的重划分
陆希云等 (2009)[80-81]	二维不可压缩纳维—斯托克斯方程	格子玻耳兹曼法	浸入式边界法

2.8 小结

本章针对当前流行的几种昆虫扑翼飞行计算流体动力学问题的建模、数值求解算法以及获得的部分结果进行了阐述。这里提及的每一种模型既有优点,也有其局限性,详细的介绍参见前文。考虑到每个团队开展这方面研究的目的不同,以及为了达到相应效果的初衷也不一样,所以,他们分别采用了适用于其自身计算条件的建模方法和数值求解算法。然而,这些研究的最终目的都是为了获得扑翼飞行的精细流场模拟结果、相应扑翼飞行模型的气动升阻力、垂直气动力和水平气动力、气动力矩、启动功耗、相应目标下的最优气动布局设计参数等。鉴于此,研究人员和仿生流体动力学设计工程师可以参考这些不同的 CFD 建模方法和数值算法来解决不同的科学问题和工程设计技术路线问题。

第三章　扑翼飞行的气弹性噪声

昆虫翅膀的拍打运动对于生物学家、物理学家和工程师来说具有许多有趣的特征。在这方面,已经有很多学者开展了大量的实验和数值研究以了解昆虫飞行的高升力机制。相反,昆虫飞行的气动和气弹性声音受到的关注较少,然而其声学特征和相关的产生机制不仅对昆虫生理学和进化的基础研究,而且对它们的仿生应用均具有不可忽视的重要意义。仿生原理可以应用于飞行昆虫的声音研究中。例如,开发仿昆 FWMAV 将面临一些有趣的工程挑战,像如何通过其拍打翅膀产生的声音来进行回声定位?如何在与其他仿昆 FWMAV 共享的狭窄空间内进行机动飞行?对于这些研究,首先应该理解在飞行过程中如何产生扑翼声音或所谓的“嗡嗡”声。

尽管针对昆虫扑翼飞行的声学发声机制,已经有部分研究成果见诸文献,然而有关降噪方面的研究以及工程设计类实验研究工作则鲜有报道。猫头鹰以在复杂的自然湍流环境下进行静音扑翼飞行和无声滑翔而广为人知,由于其独特的羽翼形态,通常具有前缘梳齿羽毛,后缘条纹和天鹅绒般的表面,这表明它具有极佳的航空声学控制能力,从而实现了极低的噪声滑行和卓越的扑翼机动飞行。

值得注意的是,在扑翼飞行或求偶飞行期间,一些手掌尺度的雄性蜂鸟物种或野鸽往往使用可变形状的飞羽或尾羽产生不同的声音。一系列的研究发现这些声音是由流过羽毛的空气产生的,导致它出现气动弹性颤动并产生颤动诱发的声音。气弹性颤动是诸如羽毛之类的坚硬翼型所固有的,该机理可解释为鸟类飞行中常见的音调声音。几乎所有鸟类的飞行羽毛中的气动弹性颤动都可能被动地产生虚假的音调声音。反过来,通过探究这些蜂鸟以及野鸽的气弹性发声原理和机制,可以找到抑制或降低这些声音的方法和灵感。

本章的框架是如下组织的:在 3.1 节中论述了悬飞苍蝇周围的气动声音辐射实验研究。在 3.2 节中介绍了熊蜂扑翼飞行时周围气动声音产生机制的数值模拟研究。在 3.3 节中综述了一些经典的有关猫头鹰静音降噪飞行的研究工作。在 3.4 节中描述了近期来自刘浩教授团队的仿猫头鹰梳齿状前缘的降噪研究成果。在 3.5 节中较为全面地综述了蜂鸟飞行时羽毛和尾羽的气弹性发声机理。在该节中,分别从蜂鸟飞羽和尾羽发声机制、气弹性颤振发声机理、气弹性颤振的模态分析、鸟类飞行时羽毛气弹性颤振和非嗓音交流的演变几个方面对蜂鸟扑翼飞行发声原理和机制进行论述。在3.6节中阐述了野鸽飞行时羽翼的气弹性发声机制。在3.7节针对本章的内容进行了概括和小结。

3.1 悬飞苍蝇周围的气动声音辐射

许多昆虫在飞行期间产生声音。这些声发射源于翅膀在空气中的振荡。Sueur和Tuck等使用近距离声学录音装置记录了由系绳绿头苍蝇产生的声音定向辐射模式和频率组成[114]。扑翼产生了由一系列谐波组成的声波,一次谐波发生在190 Hz左右。在飞行的水平面中,一次谐波表示偶极子振幅分布,而二次谐波表示单极辐射图案。一次谐波频率分量在苍蝇的前面占优势,而二次谐波在两侧占主导地位。具有宽频率成分的声音(典型地由风产生的声音)也在苍蝇的背面被记录到。该声音属于伪声音,并且是由翅膀运动期间产生的涡旋引起的。频率和幅度特征可以由苍蝇在不同的行为环境中使用,例如性交流、竞争性通信或环境内的导航。

高等苍蝇(双翅目,Brachycera)可以通过两种不同的方式发出声音:在飞行过程中偶然地从翅拍中发声,或者在休息或行走时主动通过受控的翅膀振动主动地发声。一些研究人员报道了许多苍蝇家族都有受控的翅膀振动。并且受控的翅膀振动也在果蝇中得到了广泛的研究,它们在求偶行为中发挥了重要的作用。相比之下,尽管对昆虫飞行的空气动力学进行了广泛的研究,但是在飞行过程中产生的声音受到的关注较少。高等苍蝇的声音可能会引起更大的兴趣,Robert和Göpfert的研究表明,几种高等苍蝇的触角以与黑腹果蝇物理相似的方式对声音做出典型的反应,即果蝇的触须对声音的响应在物理上与其自身物种相似[115]。扑翼声音的频率特性也对昆虫的生存和求偶起着重要作用。在果蝇中,雄性求偶时翅膀振动引起了可以被触须接收到的空气粒子的位移。果蝇触须作为一个旋转的简谐振荡器,激活一个复杂的机械感觉器官——约翰斯顿器官[115]。短角亚目(Brachycera)有着广泛的触角听觉系统,这意味着更多物种都使用了声音,并且在更多情况下,比以前认为的更多。这些观察结果提供了一个明确的证据,即通过分析频率特性以及声音方向性,昆虫能够将自己的种类与其他种类区分开来,或者能够识别和逃避追捕者,比如鸟类有时可以感知来自它们最喜欢的猎物发出的信号。

为了研究飞行声音在高等苍蝇中的可能功能,需要有关声音辐射方向图和频率分量的更多信息,特别是在听觉接收器所在的苍蝇前方。Sueur和Tuck等详细分析了典型的高等绿头苍蝇飞行过程中声场的幅度和频率组成[114]。在无回声或消声和黑暗条件下,他们制作了高分辨率、近距离录音的微型压差麦克风,该麦克风围绕着系绳飞行个体旋转。选择麦克风的旋转平面以响应触角触须接收器的旋转平面。他们描述了苍蝇周围的幅度和频率变化,并表明翅拍的前两个频带不具有相同的辐射模式。实际上,一次谐波在苍蝇前面占优势,而二次谐波在两侧占主导地位。此外因涡流形成而产生的噪声扰乱了苍蝇后面的翅拍声。这些属性对于潜在的自动或分配通信可能很重要。

3.1.1　实验装置、材料与方法

1. 用于记录气动声音产生机制的绿头苍蝇

Sueur 和 Tuck 等采用的雄性绿头苍蝇(双翅目,Brachycera,Calliphoridae,Lucilia Sericata)取自布里斯托大学昆虫学研究实验室的培养物[114]。在使用之前,将动物保持在塑料笼(0.53m×0.22m×0.22m)中,并用糖和水喂养。将苍蝇用二氧化碳麻醉并将一小块刚性卡片(表面约 $20mm^2$)用蜡固定在胸部背面;然后让苍蝇至少恢复 2h。8 只雄性苍蝇在笼中的自由飞行行为不受系绳的影响,并且选择持续飞行超过 1min。

2. 气动噪声的录音装置设计和录音过程

所有记录均在隔音室的中心进行,其中环境温度保持在 25℃,相对湿度保持在 30%。为了避免任何可能改变飞行模式的视觉刺激,在黑暗中进行实验,计算机显示器被黑色织物屏蔽。设置中心的环境噪声水平为 31.3 dB SPL(相对于,20μPa)。

录音设置包括位于两个微型压差麦克风之间的飞行支架,Knowles NR－3158(Knowles Electronics Co,West Sussex,UK)作为粒子速度受体(Göpfert 和 Robert,2002)。将麦克风安装在旋转的叉形支架上(见图 3－1)。该支架的垂直轴由皮带驱动,由计算机控制电机(双极步进电机,Milford Instruments,Leeds,UK)。皮带机械地隔离了支架和电机振动的声学记录。两个麦克风记录了苍蝇两侧的声场,以验证和加倍扩充每个样本的数据。所使用的麦克风是高度定向的,具有典型的 8 字形方向性图案(针对 0°或 180°的声源角度有最大输入,而针对 90°或 270° 有最小输入,图 3－1)。因此,它们在每次旋转时都面对苍蝇。其频率响应在 0.1～2 kHz 是平坦的。

支架的旋转周期为(1.194±0.012)s(n＝200),表示误差为 1%。当旋转支架越过 0°位置时,即在苍蝇头部的正前方,触发标记一个完整旋转(时长＝0.1s,频率＝ 2.5kHz)的短暂声音。选择 2.5kHz 频率是因为它不会干扰苍蝇的飞行声音。使用 Vivanco EM－216 麦克风(Ahrensburg,Germany)录制参考声音。为了减少在采集过程中不规则飞行声音发射的影响,针对支架的 10 次

旋转,每个个体均被记录了一次,产生 320 个声音文件(16 个人 ×10 转 ×2 个麦克风)。

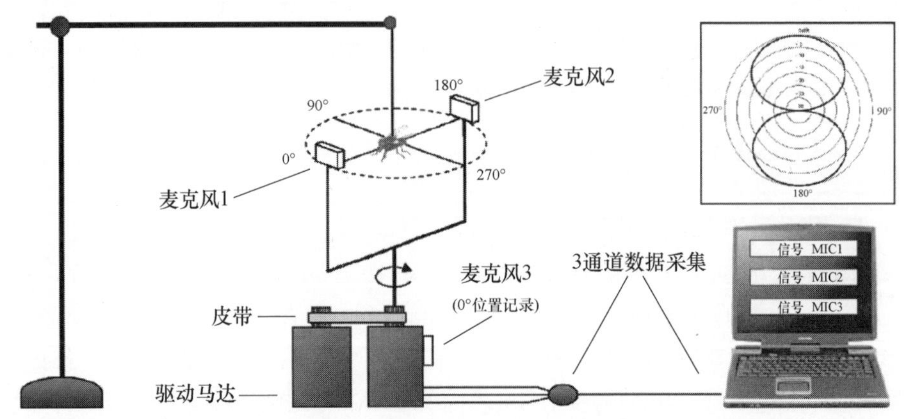

图 3-1 记录设置和数据采集系统图[114]

在图 3-1 中,两个麦克风相距 4cm,围绕着一只拴住的苍蝇旋转。用第二台计算机(未显示)控制电动机。使用皮带将麦克风支架与电动机的振动隔离。右上方的框显示了麦克风的方向性图案(来自 Knowles™说明书)。

三个麦克风通过定制放大器和四通道 Maya 44 USB 音频接口连接到第二台计算机。使用多通道录音软件 Sonar 2.2(http://www.cakewalk.com)以 44.1 kHz 的采样率和 16 位分辨率对声音进行数字化处理。它们存储为 .wav 文件而不进行数据压缩。

麦克风之间的距离为 4cm,苍蝇直接放置在两者之间。由于苍蝇和麦克风之间的距离远小于飞行声音波长($r/\lambda \leq 1$,其中 r 为距离声源的距离,λ 为波长),麦克风处于声学近场中。周围设置的任何反射和衍射都被认为是微不足道的,因为支架的宽度(0.01 m)远小于记录的声音波长(在 3.47 ~ 0.69m,对于 100 ~ 500Hz 的声音)。在周围的声场中不存在能够干扰记录的其他物体。

3. 声学幅度分析

使用 SYNTANA 软件包进行的初始光谱分析表明,连续的翅拍声音由谐波系列组成。一次(F1;大约 200Hz)和二次谐波(F2;大约 400Hz)交替地贡献了最多的能量。为了研究一次和二次谐波的幅度变化,独立应用了两个带通滤波器。滤波器通过快速傅里叶变换(FFT)计算,窗口为 4096 个点,频率精度为 1.22Hz。第一个滤波器的频率保持在 100 ~ 300Hz,第二个滤波器的频率保持在 300 ~ 500Hz。

为了补偿旋转周期中的 1% 误差并获得具有相同点数(5970)的文件,尽管持续时间不同，使用数字音频编辑器软件 Goldwave 5.6 在不同频率（5000 ± 48Hz，$n = 200$）下对信号进行欠采样。该过程不会影响我们想要分析的大幅度调制。从信号包络线估计了苍蝇周围的大幅度调制。使用希尔伯特变换生成包络线。我们对包络线进行归一化以获得 0 ~ 1 之间的值。从两个麦克风计算 10 个一次谐波 F1 和 10 个二次谐波 F2 包络线并对每个个体求平均值。这导致每个个体平均 4 个包络线。为了便于视觉比较，将归一化包络线转换为强度分贝（dB）标度（$a_i(\text{dB}) = \log_{10} a_i$）。

4. 声学频率分析

为了确定苍蝇周围的主导频率，将声音文件采样到相同的采样频率（5000Hz），并使用 1024 点（= 0.2s）的汉明窗口进行连续的傅里叶变换。该帧长度导致频率分辨率为 4Hz。每次旋转计算 90 个重叠的傅里叶变换，使空间分辨率达到 4°。由于谐波可以被认为是离散变量，我们计算了每个个体获得的 10 个频率调制的中值而不是平均值，并由此计算出平均频率。

5. 采集数据的统计分析

将来自两个麦克风的声音数据对准至 0°，并使用 Spearman 等级相关系数和 Mann – Whitney 检验比较包络线和主频率值[114]。包络线被认为是矢量，矢量长度（modulus）对应于幅度，矢量角度（argument）对应于苍蝇周围的麦克风位置。幅度方向性由平均矢量（L, θ）和循环标准偏差（ν）估算为

$$L = \frac{\sqrt{\left(\left(\sum_{i=1}^{i=n} a_i \cos\alpha_i\right)^2 + \left(\sum_{i=1}^{i=n} a_i \sin\alpha_i\right)^2\right)}}{n}, \quad (0 < L < 1) \tag{3-1}$$

$$\theta = \begin{cases} \arctan\left(\dfrac{\sum_{i=1}^{i=n} \sin\alpha_i}{\sum_{i=1}^{i=n} \cos\alpha_i}\right), & \sum_{i=1}^{i=n} \sin\alpha_i > 0, \sum_{i=1}^{i=n} \cos\alpha_i > 0 \\ 180 + \arctan\left(\dfrac{\sum_{i=1}^{i=n} \sin\alpha_i}{\sum_{i=1}^{i=n} \cos\alpha_i}\right), & \sum_{i=1}^{i=n} \cos\alpha_i > 0 \\ 360 + \arctan\left(\dfrac{\sum_{i=1}^{i=n} \sin\alpha_i}{\sum_{i=1}^{i=n} \cos\alpha_i}\right), & \sum_{i=1}^{i=n} \sin\alpha_i > 0, \sum_{i=1}^{i=n} \cos\alpha_i > 0 \end{cases} \tag{3-2}$$

$$\nu = \frac{180}{\pi}\sqrt{2(1-L)}, \quad (0 < \nu < 81.03^{\circ}) \tag{3-3}$$

由于扬声器显示出中心对称的幅度分布，即双峰，所得平均值的矢量将约为零，并且不能确定平均角度。当 $2\alpha_i < 360°$ 时，应用以下校正 $\alpha_i \to 2\alpha_i$ 计算平均矢量和角度，当 $2\alpha_i \geq 360°$ 时，应用 $\alpha_i \to 2\alpha_i 360°$。使用 Mann – Whitney 检验比较翅膀形态测量数据。这里统计使用了 SPSS 11.0 软件(SPSS Inc. ,Chicago,IL)计算。

3.1.2 雄性绿头苍蝇气动声音测试的结果分析

1. 声学幅值分析

图 3 – 2 中的频谱图显示出在飞行的绿头苍蝇周围记录的典型声音。信号的幅度围绕飞行进行调制，最大值出现在 180°左右。通过信号包络线计算获得的一次(F1)和二次谐波(F2)的幅度调制如图 3 – 3 所示。在所有情况下，平均矢量模数(L)非常小(<0.15)，表明较高的散布。对于 0° ~81°的刻度，角度散布(v)在 80°附近的高值证实了这一点。平均矢量(信号包络线构成的矢量)参数集中在苍蝇的后面($201° < \theta < 297°$)，除了由雄性产生的 F1，其中值为 300°左右。然而，低 L 和 ν 值，例如为雄性 F1 计算的值，表明平均矢量参数不是非常准确。

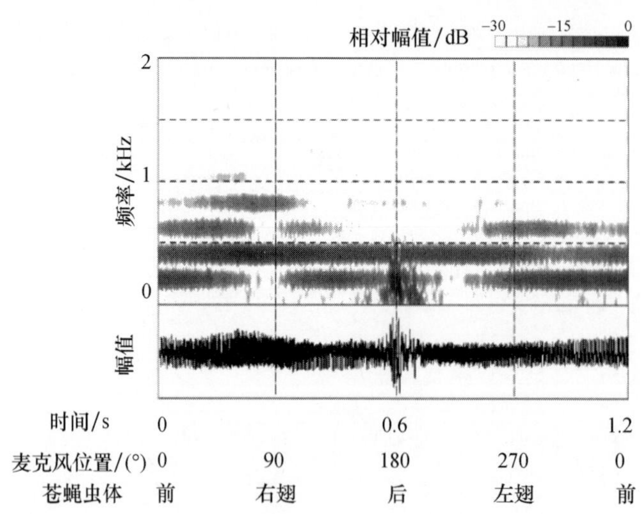

图 3 – 2　在雄性绿头苍蝇周围记录的典型声音的频谱图[114]

(快速傅里叶变换窗口长度 = 1024 点，频率分辨率 = 4.9Hz，重叠 = 98%，汉明窗口。1 灰度 = 2.5dB)

F1 的辐射方向图为 8 字形，最低振幅值为 100°和 260°，最高振幅为 0°和 180°(见图 3 – 3)。F2 的辐射表现出更圆的图案，在大约 100°和 260°的图像处具有更高的振幅（见图 3－3）。F1 和 F2 的辐射差异由负的低相关系数确定（－0.55，－0.50，$P<0.0001$）。

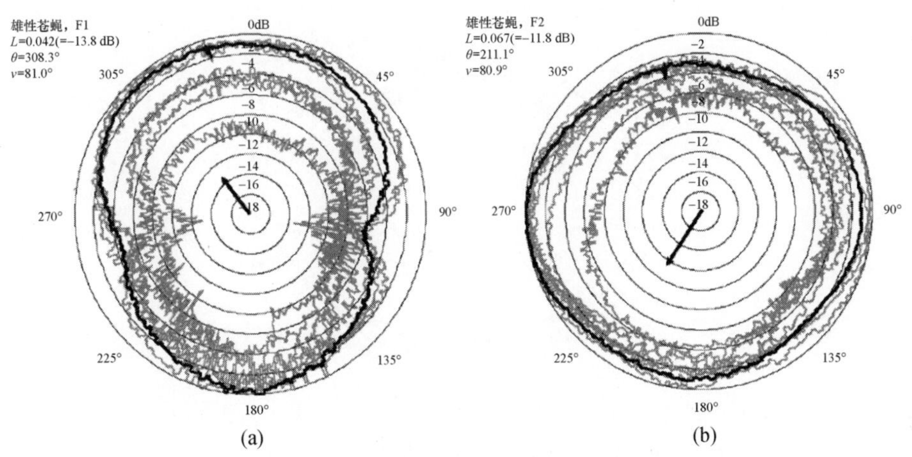

图 3－3 飞行系绳的雄性苍蝇周围条带的幅度变化[114]

（a）一次谐波（F1）；（b）二次谐波（F2）。

（灰线：围绕单个个体的 10 次旋转的均值。黑线：灰线的平均值。对于每个麦克风，幅度方向性由平均矢量（信号包络线构成的矢量）长度（L）、平均矢量方向（θ）和圆形标准偏差（ν）表征。数据仅针对一个麦克风显示，但两者都是典型的）

2. 声学频率分析

飞行苍蝇产生了一系列谐波，其中第一个（F1）约为 200 Hz，第二个（F2）也始终足够强烈适合被记录。麦克风 1 的雄性 F1 和 F2 值分别为（192 ±30）Hz 和（390 ±24）Hz，麦克风 2 的雄性 F1 和 F2 值分别为（189 ±22）Hz 和（391 ±16）Hz。在所有情况下，麦克风 1 和 2（$P>0.5$）之间的 F1 和 F2 值没有差异（Mann－Whitney 检验）。飞行个体周围典型记录的频谱图清楚地表明，F1 和 F2 的相对能量在苍蝇周围被调制了。F1 在 0°附近处具有最高能量（即支配地位），但几乎完全消失在 100°～260°之间，其中因 F2 增加而变为显性。此外，强烈的宽带噪声部分覆盖了 180°的 F1 和 F2。

为了证实这些观察结果，我们确定了苍蝇周围不同位置的主导频率（见图 3－4）。雄性两个麦克风的结果相似。F1 在前部（[305°－45°]）和后部（[125°－225°]）最频繁地占优势，而 F2 在两侧占优势（[45°－125°]），（[225° － 305°]）。对于单个个体，在 0°，90°，180°和 270°的单个傅里叶变换进一步说明了这种现象（见图 3－5）。在苍蝇的后部，谐波序列部分地由苍蝇产生的气流噪声覆盖，范围从 0 到大约 800Hz。

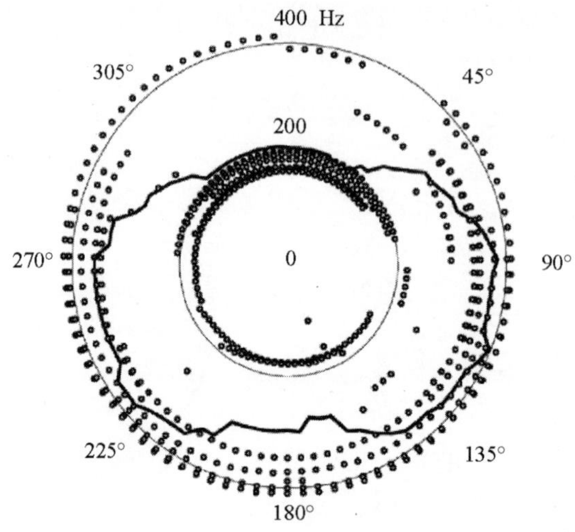

图 3-4　以雄性苍蝇中主频带的4°精度进行测量[114]

(每个点代表对应于围绕单个个体的10次旋转的10个度量的中值。结果的低变异性导致点叠加。黑线对应于点的中值。数据仅显示一个麦克风,但两者都是典型的)

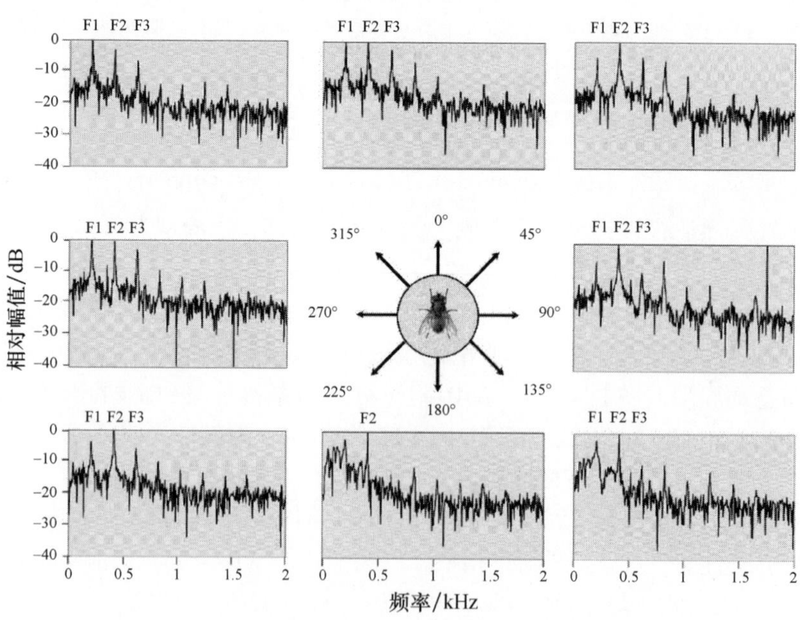

图 3-5　雄性绿头苍蝇在45°位置周围的记录的频谱[114]

(F1、F2和F3分别定位一次、二次和三次谐波频带。粗体字符表示主导频率。傅里叶变换窗口长度=1024点,频率分辨率=4.9Hz,汉明窗口。数据仅显示一个麦克风,但两者都是典型的)

3.1.3　气动声音的功能探讨

1. 声音和飞行

绿头苍蝇的飞行声音是不受影响的、单向的，并具有在虫体后面记录到的一系列谐波噪声。通常，一次谐波在前面是主要的，而二次谐波在两侧是主要的。一次谐波显示偶极子型，而二次谐波显示出更像圆形的包络线，就像单极子一样。

此外，主导频率在环绕苍蝇的不同位置上的第一和第二谐波频率之间切换变化也被观察到，这可能是翅尖的角度在不断地变化，翅膀的运动和相对速度取决于观察者在苍蝇周围的相对观察位置。在苍蝇的后方，谐波被大的声音掩盖，声音具有广泛的非结构化频率分量，类似于气流记录。这种非周期性波形可能是由涡旋引起的，涡旋是由翅膀形成并由翅膀摔脱的，落在飞行昆虫后面。由于这种“声音”是由气流的波动而不是周期性的空气振动引起，因此它应该更准确地描述为“伪声”[116]。在远场中，飞行声音和伪声将以不同的方式消散，声压和声速与到发射源的距离（$1/r$）成反比地减小，而伪声振幅至少随其平方（$1/r^2$）[116]而减小。在近场中，伪声衰减是未知的，但声压和声速被认为对于单极子分别降低了$1/r$和$1/r^2$，对于偶极子分别降低了$1/r^2$和$1/r^3$。那么，原则上，从飞行开始，谐波序列将比伪声更长，因此应该被记录。

谐波序列或伪声可能潜在地编码了与苍蝇相关的信息。然而，这里的结果表明，苍蝇的飞行声音不能非常有效地辐射。为了有效地产生声音，发射源尺寸必须高于波长的1/6（单极）或1/4（双极）。因此，发射器的大小（或者发射的质量）通常与产生声音的频率成反比。在这种情况下，苍蝇的翅膀远小于它们产生的声音的波长（1.8m）。反过来，从仿昆 FWMAV 的角度来设计具有降噪功能的翅膀等物理参数时，可以考虑采用合理的设计尺寸来消散声音和抑制声音的产生。

一些昆虫使用外部二级结构解决频率尺度问题，例如鳞甲挡板，这也可能有助于引导声音信号的传播。飞行的苍蝇没有任何明显的外部挡板，三个平均矢量分析表明，苍蝇的飞行声音仅微弱地指向200°左右。然而，与为苍蝇计算的包络线和平均矢量不同，对比没有证明这种矢状不对称性。这表明动物准备或实验环境中的不对称可能影响了苍蝇的飞行。声能的向后集中可能是由于背面的伪声。在雄性果蝇后面记录到较小的伪声可以解释为什么雄性的一次谐波的能量微弱地指向约300°。这表明在没有伪声的情况下，一次谐波的能量向前集中，而二次谐波的能量保持向后倾斜。

2. 飞行声音和听觉

Robert 和 Göpfert 等认为在几个高等果蝇的族系中触须接收声音是可能的。然而,从未报道过短角亚目(Brachycera)成员使用飞行声音进行交流。在静态果蝇(D. melanogaster)中,触须的谐振频率范围在 420Hz 附近达到峰值[115]。求偶声音检测通常用于解释这种触须调谐,这也与声学翅拍频率是一致的。对翅拍的潜在声学敏感性可能在飞行期间呈现感知问题。事实上,通过过度使用声学感觉器官产生大声和连续声音的动物冒着防卫自身的风险。“耳朵”保护可以通过主动改变听觉器官的特性来实现。Göpfert 和 Robert 等的研究表明,在果蝇中,当声音强度增加时,触须的共振频率发生偏移,因此,其声学灵敏度降低[115]。通过这里的研究不难发现,苍蝇的触角处于声场的声能集中在一次谐波上的位置,大约 200Hz。如果调谐到二次谐波而不是第一频带,那么苍蝇将被部分地保护免受其自身的声音,但仍然能够检测到同源物种在侧面产生的声音,这可以称为被动保护系统。

在飞行期间,如果苍蝇可以接收没有损坏的声音,它可以分别利用自生和同种飞行声音进行自动和同种通信。如前所述,苍蝇的飞行声音没有非常有效地辐射,因此更有可能在短距离通信中起作用。在这里提及的研究中,没有证据表明声场指向特定的接收器。然而,接收器的位置可能仍然很重要,因为频率分量在飞行中是可变的。

为了充分估计在飞行过程中声音可能会如何被使用,所获得的结果必须通过三维分析和触须接收机制分析来完成。还应进行行为实验,以测试这种特殊声发射的潜在作用。

3.2 熊蜂扑翼飞行时周围气动声音产生机制的数值模拟

Bae 和 Moon 等针对悬飞熊蜂,采用二维数值模型研究了其扑翼的非定常流动和声学特性[114, 117-119]。基于翅膀的最大平移速度和弦长的雷诺数 Re 为 8800,马赫数 Ma 为 0.0485。计算结果表明,扑翼声音是由两种不同的发声机制产生的。翅膀的横向运动在翅膀拍频处产生初级偶极音,而在切向运动期间通过涡旋边缘散射产生其他更高频率的偶极音。此外,由于翅膀的扭转运动,扑翼声音的主音调是定向的。为了提供有关扑翼声音的辐射方向图和声音产生机制的更全面的解释。对于熊蜂的二维翅拍流场和声场模型,他们采用了数值法研究了扑翼的非定常流动和声学特性。当然该研究的不足是没有考虑可添加到该研究的基本特征的其他因数,即三维流动物理和湍流、三维声学辐射以及翅膀柔性。

3.2.1 计算方法

通常,飞行昆虫的声音是由在非常低的马赫数下的弱压缩效应产生的,并且其直接计算有问题,因为流动和声学之间的尺度差异与马赫数成反比地增长。因此,考虑了采用流体动力学/声学分裂方法[117-118],其中流动和声场分别用两个不同的网格系统计算,但通过声源项(DP/Dt)耦合。在本节中,详细描述了计算方法,并且针对基准问题评估了本方法的计算准确度和效率。

1. 流体动力学/声学分裂方法

在流体动力学/声学分裂方法中,总流量变量被分解为不可压缩和扰动的可压缩变量,如:

$$\begin{cases}\boldsymbol{\rho}(\boldsymbol{x},t) = \boldsymbol{\rho}_0 + \boldsymbol{\rho}'(\boldsymbol{x},t) \\ \boldsymbol{u}(\boldsymbol{x},t) = \boldsymbol{U}(\boldsymbol{x},t) + \boldsymbol{u}'(\boldsymbol{x},t) \\ \boldsymbol{p}(\boldsymbol{x},t) = \boldsymbol{P}(\boldsymbol{x},t) + \boldsymbol{p}'(\boldsymbol{x},t)\end{cases} \tag{3-4}$$

不可压缩变量 $\boldsymbol{U}$ 和 $\boldsymbol{P}$ 表示流体动力学流场,而声波动和其他压缩效应由($'$)表示的扰动量求解。

这里,扑翼周围的流体动力学流场在计算上被建模为二维不可压缩层流,并通过求解不可压缩的纳维—斯托克斯方程(INS)来计算:

$$\begin{cases}\nabla\cdot \boldsymbol{U} = 0 \\ \dfrac{\partial \boldsymbol{U}}{\partial t} + (\boldsymbol{U}\cdot\nabla)\boldsymbol{U} = -\dfrac{1}{\rho_0}\nabla \boldsymbol{P} + \dfrac{\mu_0}{\rho_0}\nabla^2 \boldsymbol{U}\end{cases} \tag{3-5}$$

式中:ρ_0 和 μ_0 分别为流体的密度和动力黏度的恒定值。通过线性化扰动可压缩方程(LPCE)计算相应的声场:

$$\begin{cases}\dfrac{\partial \boldsymbol{\rho}'}{\partial t} + (\boldsymbol{U}\cdot\nabla)\boldsymbol{\rho}' + \boldsymbol{\rho}_0(\nabla\cdot \boldsymbol{u}') = 0 \\ \dfrac{\partial \boldsymbol{u}'}{\partial t} + \nabla(\boldsymbol{u}'\cdot \boldsymbol{U}) + \dfrac{1}{\boldsymbol{\rho}_0}\nabla \boldsymbol{p}' = 0 \\ \dfrac{\partial \boldsymbol{p}'}{\partial t} + (\boldsymbol{U}\cdot\nabla)\boldsymbol{p}' + \gamma \boldsymbol{P}(\nabla\cdot \boldsymbol{u}') + (\boldsymbol{u}'\cdot \boldsymbol{U})\boldsymbol{P} = -\dfrac{D\boldsymbol{P}}{Dt}\end{cases} \tag{3-6}$$

式中:$D\boldsymbol{P}/Dt = \partial \boldsymbol{P}/\partial t + (\boldsymbol{U}\cdot\nabla)\boldsymbol{P}$ 和 γ 为单位功率热比率。LPCE 的左侧表示声波在不稳定、不均匀流动中的传播和折射的影响,而右侧仅包含将从流体动力学数值解投射的声源项。对于非常低的马赫数流量,值得注意的是,流体动力压力 $D\boldsymbol{P}/Dt$ 的总变化被认为是唯一显示的噪声源项。有关线性化扰动可压缩方程(LPCE)的详细信息可以在文献[118-119]中找到。

考虑到周期性壁面运动的影响,在移动坐标系中求解控制方程。物理空间

(x,y,t) 和计算空间 (ξ,η,τ) 之间的变换矩阵的分量由下式定义：

$$\begin{cases}\xi_x = \dfrac{y_\eta}{J}, \xi_y = -\dfrac{x_\eta}{J}, \eta_x = -\dfrac{y_\xi}{J}, \eta_y = \dfrac{x_\xi}{J} \\ \xi_t = \dfrac{(-x_\tau y_\eta + x_\eta y_\tau)}{J}, \eta_t = \dfrac{(x_\tau y_\xi - x_\xi y_\tau)}{J}, \tau = t\end{cases} \tag{3-7}$$

式中：$J = x_\xi y_\eta - x_\eta y \xi$ 为坐标变换雅可比行列式，并且 x_τ 和 y_τ 表示使用二阶中心差分确定的每个控制表面处的移动速度。当在分裂方法中使用时，移动壁边界条件可以近似地分解为不可压缩和扰动变量，如

$$\boldsymbol{U}_w = \frac{\partial \boldsymbol{x}_w}{\partial \boldsymbol{\tau}}, \left.\frac{\partial \boldsymbol{P}}{\partial \boldsymbol{n}}\right|_w = 0 \tag{3-8}$$

$$\boldsymbol{u}'_w \cdot \boldsymbol{n} = 0, \left.\frac{\partial \boldsymbol{\rho}'}{\partial \boldsymbol{n}}\right|_w = 0, \left.\frac{\partial \boldsymbol{p}'}{\partial \boldsymbol{n}}\right|_w = 0 \tag{3-9}$$

式中：$\boldsymbol{n}$ 为单位法矢量。LPCE 以标准时间推进方式计算，而 INS 通过迭代分步法（流体动力压力的泊松方程）求解。INS 和 LPCE 都在一个虫体拟合移动网格系统中求解，并通过四阶龙格—库塔方法在时间上进行积分，并在空间上离散化为六阶紧致有限差分格式。每个迭代步也应用 10 阶空间滤波以抑制可能由网格不均匀性引起的高频误差。为了实现好的计算效率，利用不同的网格进行 INS 和 LPCE 的计算[117-118]，这样可以在空间中使用双线性形状函数将源项 DP/Dt 和流体动力学变量插入到声学网格上。当从精细网格到粗网格进行插值时，该方法保持足够的精度，并且在本研究中总是如此（流体动力网格，精细；声学网格，粗糙）。对于声学计算，使用具有缓冲区的能量传递和湮灭边界条件来消除远场边界处的出射波的任何反射[118]。

2. 计算效率

通过简单地比较每种方法的时间步长，可以近似估计本 INS/LPCE 方法的计算效率。根据数值稳定性条件，时间步长通常受特征速度以及最小网格间距的限制。DNS（或 LPCE）和 INS 的时间步长可分别写为 $\Delta t_{\text{DNS}} = \text{CFL} \times \Delta x_{\min}/(U_0 + c_0)$ 和 $\Delta t_{\text{INS}} = \text{CFL} \times \Delta x_{\min}/U_0$。对于低马赫数流量（$Ma < 0.1$），如果相同的网格大小和 CFL 编号用于 DNS 和 INS，则 DNS 允许的时间步长可以近似为 $\Delta t_{\text{DNS}} = M_0 \times \Delta t_{\text{INS}}$。另外，如果 LPCE 的最小网格间距是 INS 最小网格间距的 $1/M_0$ 倍，那么 LPCE 的时间步长可以与 INS 的时间步长相当。因此，分裂方法的计算效率与比率 $\Theta = \Delta x_{\min,\text{A}}/\Delta x_{\min,\text{H}}$ 成比例（A，声学；H，流体动力学）。为了考虑 LPCE 的空间精度，通常将 Θ 设置为 5，并且当前基准问题所需的计算时间（$Ma = 0.3$）仅为 DNS 的 $\frac{1}{6} \sim \frac{1}{9}$。关于分裂方法的计算效率的细节可以在文献[118,120]中找到。

3.2.2　翅膀运动模型

这里，计算了规定的扑翼运动的时间相关流场和声场，模拟了俯仰和起伏运动叠加所采用的真实机翼运动，有时称为8字形运动。图3－6所示为二维椭圆翼的拍打运动（弦长 c 和厚度 $d = 0.1c$）。

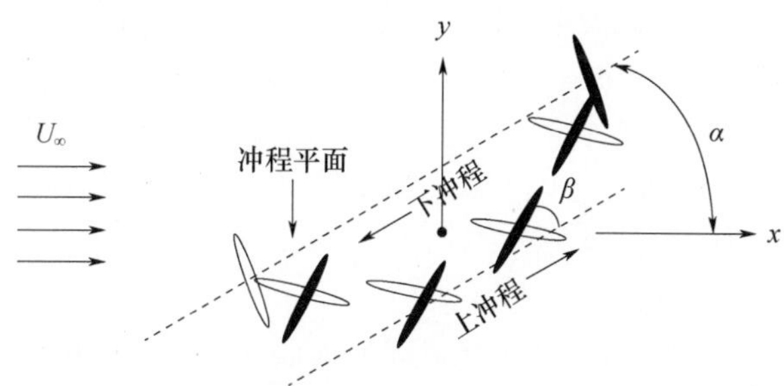

图3－6　椭圆形翅膀截面的拍打运动[114,117]

（下行程由空心椭圆表示，上行程由填充椭圆表示）

通过两个行程（向下和向上）的机翼运动来复制不稳定运动，并且每个行程由三个阶段（横向、切向和旋转运动）组成。行程平面设定为倾斜角度 α（或称为行程平面角度），而中心处的机翼运动由下式描述：

$$\begin{cases} x(t)/t = 0.4 + 2\cos(2\pi ft) \\ y(t)/c = 0.5 + 0.5\cos(4\pi ft) - 0.2\exp\left[-200\left(\dfrac{t}{T} - \dfrac{2}{3}\right)^2\right] \end{cases} \tag{3-10}$$

式中：f 为机翼拍频，$T(=1/f)$ 表示一个周期。扭转角 β，即行程平面与连接翼头和尖端的线之间的角度由下式确定：

$$\begin{cases} \beta(t) = 80 + 60\tanh(1.6/|4tf-1| - 1.6|4tf-1|) & \left(0 \leqslant t < \dfrac{T}{2}\right) \\ \beta(t) = 80 - 50\tanh(1.6/|4tf-3| - 1.6|4tf-3|) & \left(\dfrac{T}{2} \leqslant t < T\right) \end{cases} \tag{3-11}$$

在这里，扑翼的所有具体参数都是基于熊蜂[121－122]。弦长（c）为0.8 cm，翼展（R）是从机翼底部到尖端的距离为1.7cm，拍频（f）为170Hz，行程幅值（Φ）为150°，定义为平均行程平面中从背侧反转（下行程开始）到腹侧反转（上行程开始）的前沿扫出的角度。

3.2.3　扑翼气动噪声的数值求解结果

上述研究探讨了扑翼在悬停和前进飞行条件下的流动和声学特性[114, 117－119]。

圆的计算域扩展到 $r=500c$，并且无量纲拍频 $St=fc/c_s$ 被设置为0.004。INS计算使用移动的水动力网格（401×181）进行，以计算扑翼周围的流场。然后由LPCE在移动声学网格（251×91）上计算声场，最小网格间距是流体动力网格的5倍。INS和LPCE都通过声源项 DP/Dt 耦合并以相同的时间步长求解，从而避免INS和LPCE之间的时间插值。另外须注意，此处调查的所有变量均由声速 c_s、弦长 c 和空气密度 ρ_0 无量纲化。

首先，在悬停运动中计算扑翼的流场和声场。对于悬停，拍打角度设置为0，并且由飞行速度与机翼的平均拍打速度的比率 $J=U_\infty/(2\Phi fR)$ 定义的前进比也设置为0。雷诺数 $Re_c=U_{max}c/v_{air}$ 基于最大平移速度是8800，马赫数 $Ma=U_{max}/c_s$ 是0.0485，其中 c_s 是声速。

悬停运动中扑翼的计算声场如图3-7所示。结果表明，扑翼声音是由两种不同的基本机制产生的。首先，通过机翼的横向运动产生偶极声（图3-7（a）和（b））。由于偶极轴从下行程到上行程改变了方向，因此在翅膀拍频（$St=fc/c_0=0.004$）处产生阻力偶极子，而在 $2f$ 处产生升力偶极子（即 $St=0.008$），类似于阻力和升力系数。因此，翅膀拍打产生的声音是方向性的，如图3-8所示。对应于升力偶极子（$St=0.008$）的声压级（SPL）峰值在0°和180°时不存在或弱，而在90°和270°处翅拍频率（阻力偶极子）也不存在。在其他角度，阻力和升力偶极子都清楚地显示出它们的峰值。该结果类似于Sueur和Tuck等之前的观察，表明翅膀拍频在虫体前面是最主要的，而二次谐波在虫体侧面最明显。

另一声源与机翼的切向运动期间的涡旋边缘散射相关联。在图3-7（c）和（d）中，可以在距离中心 $150c\sim175c$ 处识别声波，其中在 $t/T=0.5$ 和 $t/T=1$ 处分别观察到波长（λ）为 $41c$ 和 $48c$。考虑到声速 c_s（$=340\text{m/s}=250c/T$），声速的传播时间估计为0.6~0.7（即 $\Delta t/T=150/250\sim175/250$）。可以看出，这些声波是在每个冲程的 $t/T=8/10\sim9/10$ 和 $3/10\sim4/10$ 期间产生的。现在，可以注意到，$t/T=9/10$ 和 $4/10$ 处的流场清楚地表现出旋涡结构，这是翅膀在切向运动期间产生偶极声的原因。剪切层中的涡流翅膀在后缘处从前缘散射发出，并产生垂直于翅膀辐射的波。还发现这些波的频率接近 $St(=fc/c_s=c/\lambda)=1/48\approx0.02$ 和 $1/41\approx0.024$。在后缘产生的偶极音的这些频率与剪切层不稳定性理论相当吻合：剪切层剥落的频率计算为0.021（$St=0.017M_L/\theta$）。例如这里 $M_L=0.044$ 是局部自由流马赫数，$\theta=0.035$ 是通过 $t/T=9/10$ 处的弦长归一化的动量厚度。最后，人们可以在频谱中注意到SPL峰值是翅膀拍频的倍数，具有相当的幅度（见图3-8）。这种频率成分非常类似于Sueur和Tuck等测量的苍蝇嗡嗡声。

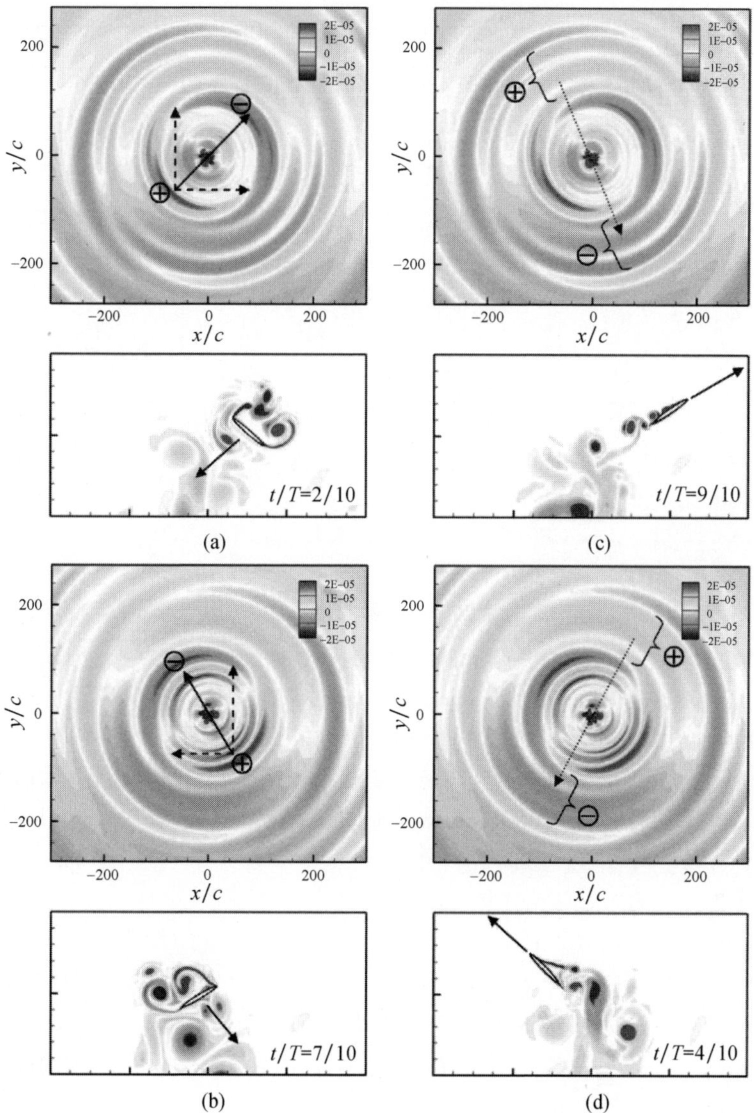

图 3-7　悬飞时翅膀周围的瞬时压力波动轮廓和相关声源流体动力学流场

(a)上部是 $t/T=0.5$ 时，悬飞时翅膀周围瞬时压力波动轮廓，下部是横向运动时声源流体动力学流场的涡旋边缘散射；(b)上部是 $t/T=1$ 时，悬飞时翅膀周围瞬时压力波动轮廓，下部是横向运动加载的翅膀的涡旋边缘散射；(c)上部是 $t/T=0.5$ 时，悬飞时翅膀周围瞬时压力波动轮廓，下部是切向运动加载的翅膀的涡旋边缘散射；(d)上部是 $t/T=1$ 时，悬飞时翅膀周围瞬时压力波动轮廓，下部是切向运动加载的翅膀的涡旋边缘散射；(a)~(d)的低部表示相关声源的流体动力学流场，椭圆形翅膀截面附近的黑色箭头表示其运动方向。

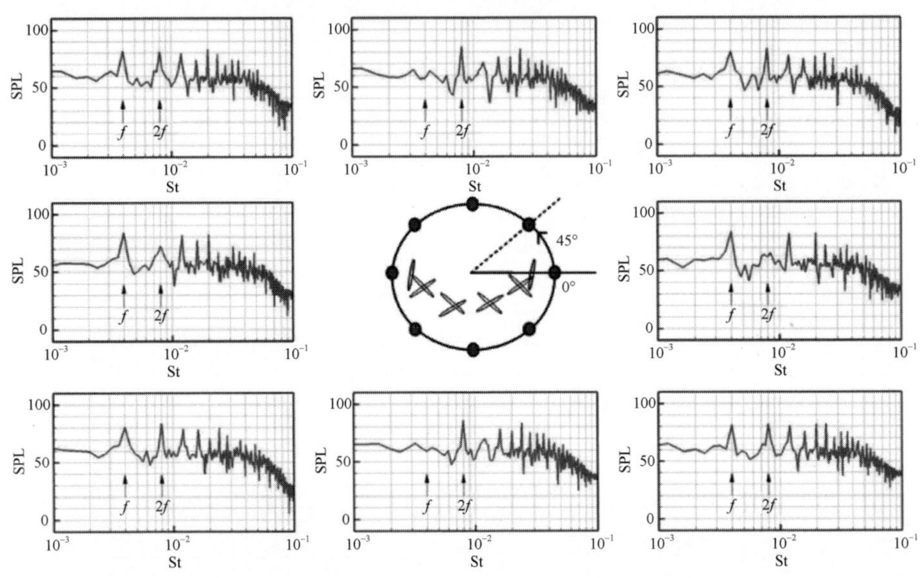

图 3-8 熊蜂在悬飞时周围的声压级(SPL)频谱
($\alpha=0°$和 $J=0$; $U_{\infty}=0\text{m/s}$),在 $r=100c$ 和每隔 45°位置采样[119]

此外,Bae 和 Moon 等还给出了熊蜂以一定的前进比前飞时周围的气动噪声数值模拟结果[119],如图 3-9 所示。通过比较图 3-9 中的声谱来研究向前飞行中扑翼的声场。与悬飞情况类似,双极轴的横向运动导致阻力($St=0.004$)和升力偶极子($St=0.008$)。然而,值得注意的是,方向性变化并不像悬飞时那样明显。主导频率没有显著变化,并且阻力和升力偶极子都表现出具有可比较幅度的峰值,而与方向无关。还可以注意到,在后缘产生的偶极音($St=0.02$ 和 0.024)并不像悬飞时那样明显(见图 3-8)。这主要是由于翅膀和涡流之间的突出相互作用被认为是悬飞和前飞之间声学特征的可辨别差异。这表明辐射模式和频率成分可随飞行条件而变化,并且预计这些可用作一些生物功能,例如通信、领土防御和回声定位。

3.2.4 扑翼气动噪声的数值模拟小结

本研究调查了熊蜂在悬停($\alpha=0°$和 $J=0$)和前飞($\alpha=40°$和 $J=0.3$)条件下的流动和声学特性。计算结果表明[119],在二维计算和刚翼假设的范围内,扑翼发声主要由机翼的横向和切向运动产生,具有不同的声发生机制。翅膀拍频的主要对偶极音由横向运动产生,而更高频率的其他对偶极音则在切向运动期间通过翅膀后缘处的涡旋散射产生。还发现,由于翅膀运动的扭转角,主要音调

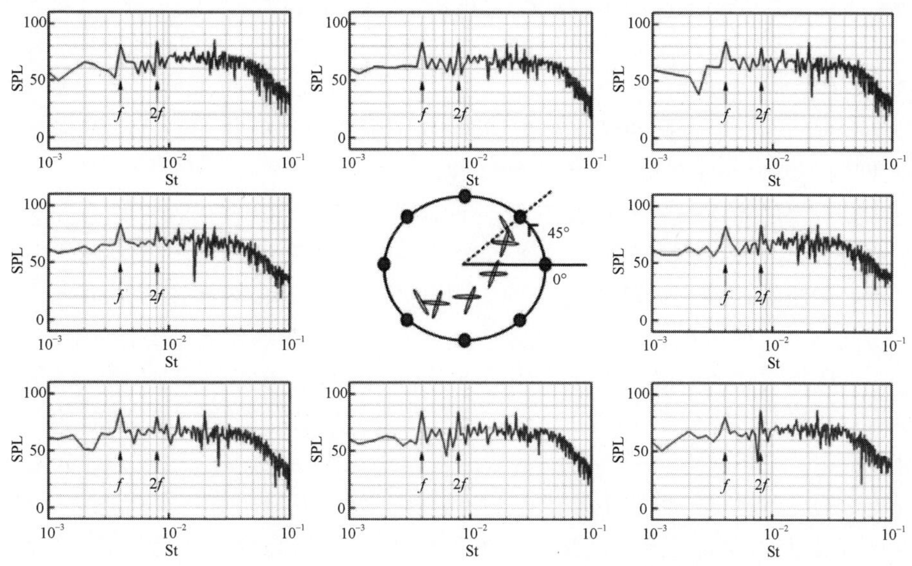

图 3-9 熊蜂在前飞时($\alpha = 40°$ 和 $J = 0.3$;$U_\infty = 4.5\text{m/s}$)扑翼翅膀周围的声压级(SPL)频谱,在 $r = 100c$ 和每隔 45°位置采样[119]

的频率成分随角度(阻力和升力对偶极子)而变化。该特征仅对于悬飞是独一无二的,而在前飞条件下,翅膀拍频的对偶极音不仅由横向运动产生,而且由上行程期间的翼—涡相互作用产生。这种前向飞行中的机翼—涡旋相互作用也使 SPL 频谱更加宽带。这是熊蜂悬飞和前飞时非常明显的声学特征,可用于阐明某种生物学功能。考虑到三维流动物理和湍流的影响以及机翼的灵活性,未来有必要对此进行更全面的探讨。

3.3 猫头鹰的静音降噪飞行

关于猫头鹰的安静飞行以及它们的翅膀和羽毛的特殊自适应性,已有一些研究见诸文献。早在 1904 年,Mascha 等[123]就考虑了鸟类羽毛的形态,并注意到猫头鹰的一些特殊自适应性是它们安静飞行的原因。这包括猫头鹰翅膀的第一主羽毛上的梳状结构,由倒钩的向上弯曲和猫头鹰羽毛的长远侧小羽枝(或钩状辐射)引起。这些小羽枝以所谓的钟摆的形式结束,它弯曲到羽毛的背侧。长而柔软的向上弯曲的羽翅可能导致由重叠羽毛之间的摩擦产生噪声减少。Graham 等[124]在 1934 年第一次系统报道了关于猫头鹰无声飞行以及对于猫头鹰羽毛的特殊自适应性是其安静飞行的原因。他们将无声飞行猫头鹰的翅膀和羽毛与属于不安静飞行的种属的猫头鹰(黄褐色的鱼猫头鹰)的翅膀和羽毛进行了比较。基于这种比较,他们确定了猫头鹰羽毛的3个特点,这些羽毛是其安静飞行的原因:前缘梳毛,后缘刘海毛和羽毛上表面的绒毛。他们还讨论了针对飞机进行消音羽毛改进的可能用途,并考虑了猫头鹰飞行与非静音飞行猛禽特征,即猫头鹰的低翅膀载荷和低飞行速度。

猫头鹰的无声飞行不仅是其低飞行速度的结果,而且也是其羽毛自适应性的直接结果,其抑制了正如其他鸟类中发现的飞行噪声的产生。为了支持这一被广泛接受的实验结果假设,Sarradj 和 Fritzschey 等在室外环境中进行了鸟类低空飞行噪声的研究[125]。他们开发了一个复杂的设置,包括一个92通道麦克风阵列和两个摄像机,并应用于低空飞行测量。在数据后处理方面,他们使用移动聚焦波束成形技术估计双摄像机记录的轨迹以及麦克风阵列测量,在时域中用波束成形算法处理声学数据。实验结果表明,猫头鹰和其他非安静飞行物种的飞行噪声产生的主要机制是不同的。针对几分贝噪声降低的猫头鹰,1.6kHz 以上频段的噪声明显较低。在6.3kHz 以上的高频率下,猫头鹰的噪声非常低,即使用麦克风阵列也无法测量。此外,Neuhaus 等[126]在大型健身房对黄褐色猫头鹰飞行噪声进行了测量(该类猫头鹰的飞行速度为6.9~8.3m/s)。通过这些实验测量,他们发现黄褐色猫头鹰的飞行噪声具有明显的低频特性,范围50Hz~1.5kHz,最大值为200~700Hz。黄褐色猫头鹰的滑翔飞行噪声低于其猎物的听力阈值,因为它的强度很低并且具有低频特征。Geyer 等[124]在开放式喷射风洞中进行雀鹰飞行的声学和空气动力学测量,实验结果表明,与其他鸟类相比,猫头鹰的安静飞行确实是特殊羽毛自适应性的结果,而不仅是其较低的飞行速度。

3.4 仿猫头鹰梳齿状前缘的降噪研究

猫头鹰以静音飞行而广为人知,由于其独特的机翼形态,通常具有前缘梳齿羽毛、后缘条纹和天鹅绒般的表面,从而实现了极低的噪声和扑翼飞行。然而,这些形态特征如何影响空气动力产生和声音抑制或降噪仍然不为人所知。刘浩教授等通过将大涡模拟(LES)与粒子图像测速(PIV)和低速风洞中的力测量结合起来,对具有和不具有前缘梳齿羽毛的猫头鹰风格单羽翼模型进行综合研究[127]。通过速度和压力谱分析,他们论证了前缘梳齿可以被动地控制上翼面($0° < AoA < 20°$范围内攻角的吸力面)上的层流—湍流过渡以抑制高频涡流从而抑制声音,因此在气动力和声音产生中起着关键作用。这种机制很可能是由前缘梳齿羽毛实现的,它作为流动过滤器将前缘涡流分解成多个小漩涡,从而抑

制分离剪切层内的开尔文—亥姆霍兹(KH)不稳定性,稳定由于层流—湍流转变引起的流动波动。他们发现在气动力产生和声音抑制之间存在权衡:与光溜的前缘相比,梳齿前缘在较低的 AoA <15°时降低了空气动力学性能,但是在较高的 AoA > 15°时能够实现猫头鹰的翅膀经常在飞行中达到的降噪和空气动力学性能。此外,结合压力频谱分析他们还发现,在大于 2kHz 的主声频率下可以可区分地减少后缘自噪声的声音幅度。该研究的结果表明,猫头鹰的前缘锯齿可能是用于风力涡轮机、飞机、多旋翼无人机以及其他流体机械的仿生转子设计中的气动声学控制的有用装置。

由于猫头鹰可以在复杂的自然湍流环境下进行无声滑翔和扑翼飞行,这表明它具有航空声学控制能力,从而实现卓越的机动。然而与前缘梳齿羽毛相关的阵风抑制的特征仍不清楚。刘浩教授等在猫头鹰的前缘梳齿羽毛上进行了基于大涡模拟的抗阵风气动力学鲁棒性研究[128]。通过在自由流流入的纵向波动(水平扰动)和以俯仰角跨越宽范围变化攻角($0° \leqslant \Phi \leqslant 20°$)的侧向波动(垂直扰动)来模拟两种概念性阵风模型(均为理想的正弦波动),该研究在光溜和梳齿状翅膀模型上得到了执行。

刘浩教授等的研究结果表明,与层流—湍流过渡相关的前缘梳齿羽毛的被动控制机制在扰动的流入和俯仰运动下仍然可以维持,表明前缘梳齿羽毛具有潜在的阵风波动抑制或空气动力学性能的鲁棒性。此外,该研究揭示了湍流控制(即气动声学抑制)与锯齿模型中的力产生之间的权衡不依赖于阵风环境:与光溜型模型相比,较低的 AoA 不依赖性较差,但在较高的 AoA >15°能够达到相同的空气动力学性能。①在正弦流入波动下,梳齿羽毛模型能够动态抑制湍流和气动力波动,但是在较低的 AoA =5°时要付出降低升力系数和升阻比的成本。在更高的 AoA >15°时,与光溜型模型相比,梳齿羽毛模型在实现等效空气动力学性能方面具有潜在的稳健性,并且振幅波动幅度大大减小。②在正弦俯仰波动下,证明了梳齿羽毛模型能够实现类似的空气动力学稳健性,同时抑制了气动力产生中的俯仰引起的波动特性。③梳齿羽毛模型中的湍流控制(即气动声学抑制)和力产生之间的折中妥协被证实不依赖于阵风条件。

值得注意的是,为了简单起见,在研究中,他们仅仅通过提出考虑水平和垂直方向波动的两个概念模型来理想化现实的阵风条件,而忽略了梳齿羽毛的逼真三维形状,以及其他形态特征,如后缘条纹和天鹅绒般的表面以及羽毛柔韧性,这些可能在阵风流动控制和阵风的气动声学抑制中起作用。该研究结果表明,仿猫头鹰前缘梳齿羽毛可以成为一种用于航空声学控制的强大微型装置,可望应用于各种流体机械的仿生转子设计中的不稳定和复杂的风环境。此外,“猫头鹰如何能够在现实的动荡环境下实现复杂的静音飞行?”仍有待进一步研究,这可能有必要建立猫头鹰翅膀经历实际拍打时的三维逼真模型来探究 von - Karman 涡旋尾迹中前缘梳齿羽毛的气动力稳健性。

3.5 蜂鸟飞行时羽毛和尾羽的气弹性发声机理

美国耶鲁大学的 Christopher J. Clark 等从实验测试到仿真振动模拟的角度对蜂鸟飞行时羽毛和尾羽产生的结构声音和气动声音进行了系统的研究[129-133]。

3.5.1 蜂鸟飞羽发声机制

在蜂鸟飞行过程中不断产生的声音可能在它们的通信中发挥重要作用,但这些声音背后的机制很少受到关注。Christopher J. Clark 于 2008 年报道了雄性寿带长尾蜂鸟翅膀的飞羽颤动产生飞行声音的机制[129, 134]。成年雄性寿带长尾红嘴蜂鸟(Trochilus polytmus,如图 3-10 所示)带有细长的尾巴飘带并产生独特的"呼呼"飞行声音,而未成年雄性和雌性则没有。这种平均频率为 858 Hz 的脉冲音的产生归因于这些独特的尾部飘带。然而,无尾寿带长尾蜂鸟仍然可以产生飞行声音。三条证据反过来暗示了翅膀可以产生声音的机制。首先,它是以与 29 Hz 的翼拍频率同步的脉冲音。其次,高速视频显示初级飞羽(P8)在每个下冲程中弯曲,这在初级飞羽(P8)和初级飞羽(P9)之间产生间隙。操纵 P8 或 P9 减少了飞行声音的产生。再次,实验测试结果表明,初级飞羽 P8 和 P9 都可以产生 700 ~ 900Hz 范围内的音调。最后,翅膀是通过对初级飞羽 P8 和 P9 结构的细微形态变化来产生独特的飞行声音。

图 3-10 成年雄性寿带长尾红嘴蜂鸟的翅膀[134]

3.5.2 蜂鸟尾羽发声机制

各种各样的鸟类显然用它们的羽毛产生机械声音(称为声音),这些声音往往非嗓音。雄性的安娜蜂鸟(Calypte anna)在炫耀性俯冲期间发出的响亮的高频啁啾声是一个有争议的例子[129]。Clark 和 Feo 等通过俯冲鸟的高速视频,对野生鸟类的实验操作和对单个羽毛的实验测试结果来表明俯冲声是由尾羽产生的[129]。高速视频显示,最外侧尾羽的尾部叶片颤动产生了声音,且羽毛形状的细微变化将调整羽毛产生的声音频率。该机制不是口哨噪音。

值得注意的是,在求偶飞行期间,一些雄性蜂鸟物种使用可变形状的尾羽产生不同的声音(见图3－11)。Clark 和 Elias 等发现这些声音是由流过羽毛的空气产生的,导致它出现气动弹性颤动并产生颤动诱发的声音[130]。针对不同大小和形状的单个羽毛,通过在风洞中采用扫描激光多普勒振动测量仪和高速摄像机,揭示了该实验可以产生一系列声频和谐波结构的多种振动模态。相邻的羽毛可以气动耦合并以相同的频率颤动,导致可增加响度的交感振动,或在不同频率,导致可听的相互作用频率。气弹性颤动是诸如羽毛之类的坚硬翼型所固有的,因此解释了在鸟类飞行中常见的音调声音。

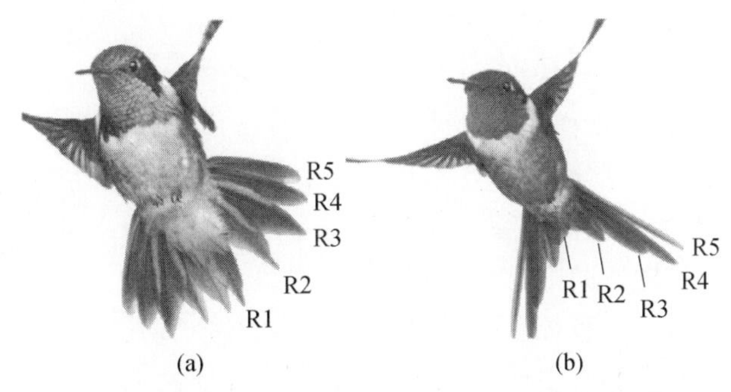

图3－11　两种雄性蜂鸟的五对尾羽分别由内向外标记为R1－R5

(a)火山蜂鸟(Volcano hummingbird);(b)紫喉蜂鸟(Purple－throated hummingbird)(这里的照片获得了《威尔逊鸟类学》杂志的许可)。

他们的工作还表明,熊蜂蜂鸟的尾部起到了一个声学器官的作用,通过颤动引起的声音,可以吸引雌性进行性选择,驱动雄性尾巴形态的多样性演变[130]。尾羽的形状是性二态的,每个物种的雄性都有独特的尾部形态。羽毛质量、刚度、大小和形状的微小变化会影响羽毛的固有共振频率,从而导致颤振模式、声频、谐波结构和羽毛产生声音的大幅变化。通过颤动诱导的通信声音,非线性羽毛—羽毛气动相互作用进一步扩展了鸟类可用的声学曲目,使得它们在许多方面可与嗓音多样性相匹敌。例如,俯冲的艾伦蜂鸟同时产生尾部引起的两个音调和翅膀引发的第三个声音,这是一个三音的例子(产生“三声”声音)。当特技移动的性选择导致偶然颤动引起的声音时,这些声音可能会首先产生,然后这些声音会受到新的配偶偏好的影响并被合并到炫耀性曲目中。这种蜂鸟进化枝的声学多样性是所有鸟类身上羽毛产生的声音的缩影。普通的飞行声音普遍存在于具有明显未改变羽毛的鸟类飞行中。鸟类飞行声音的产生可能是因为所有飞行羽毛都来自于坚硬扁平的翅膀,因此无论形态如何,它们都容易产生高于一定速度的气弹性颤振。被假设的由气弹性颤振产生的声学通信信号在鸟类中已经进化了很多个时代。大多数在飞行中产生羽毛声音的鸟类都有多个相邻形状改变了的羽毛,表明这里描述的相邻羽毛之间的气动耦合相互作用可能很常见。

3.5.3 蜂鸟飞羽和尾羽发声机理:气弹性颤振

为了探究蜂鸟羽毛发声是由气弹性颤振产生的,还是由涡旋诱导的振动产生的,Clark 和 Elias 等研究了风洞中一系列不同羽毛的颤振和声音产生的潜在机制[132]。所有受测试的羽毛都能够在 0.3 ~ 10kHz 的频率范围内颤动。在低空速时,羽毛颤振受到高度有阻尼的,但在达到阈值空速时,羽毛突然进入极限环振动并产生声音。在大多数但不是所有羽毛中,响度随着空速而增加。颤振的缩减频率变化了一个数量级,并随着所有羽毛中空速的增加而下降。伴随着强谐波的出现,多种颤振模式和其他几种非线性效应一起表明,颤振不是简单的涡旋诱导的振动,而且伴随的声音不是涡旋哨声。颤动是气动弹性的,其中羽毛的结构(惯性/弹性)特性与气动力不断地相互作用,产生不同的声学结果。

在羽毛气动弹性弯曲中气流和方向诱导性变化似乎极大地影响了一些羽毛声音产生的气动力。白腹林星蜂鸟是一个奇异的例子,其中气动弹性变形的变化导致产生声音的音调发生连续变化,而不是在其他羽毛中观察到的从模式到模式的离散跳跃。在一些呈现尖端模式的羽毛中存在羽毛气弹性变形作用的更微妙,特别是紫喉蜂鸟的内部褶皱。这些羽毛倾向于表现出相对较少的颤振模式,这似乎是由羽毛方向的变化引起的,这种变化导致气弹性弯曲的补偿性变化,使得羽毛的尖端具有与气流流经宽范围的方向和气动弹性变形大致相同的几何形状。结果,羽毛倾向于表现出相同的颤动模式,并且颤动的模式对于方向相对不敏感。他们假设如果可以控制气弹性弯曲和颤振模式,那么所有羽毛都会在空速和频率之间呈现正相关[132]。他们怀疑相反的情况是会出现空速变化引起羽毛气弹性变形的变化[132]。同样,对于许多羽毛而言,谐波的相对强度随着空速的变化而变化,这可能是由气弹性变形的微小变化引起的,这种变化略微改变了颤振的模态形状。

然而值得关注的是,他们在实验中使用的装置对于改变方向或量化气弹性弯曲并不理想,而且实验中的数据完全来自单一羽毛[132]。如果实验中添加第二条羽毛将为几何体引入几个额外的自由度。但羽毛相互作用可能很普遍,因为鸟类通常有多个相邻的羽毛具有可改变的形状,它们的相互作用会显著改变颤振产生的声音。此外,在他们的实验中,空气和羽毛都没有加速,而在飞鸟中很少会出现这种情况[132]。加速作用(由加速流体引起)和羽毛的惯性载荷(由羽毛加速引起)都可能导致羽毛动态变形,并采用静态测试中未观察到的几何形状,正如此处所做的那些。目前尚不清楚这种瞬变在颤振动力学和声音的产生中可能起什么作用。

3.5.4 蜂鸟飞羽和尾羽气弹性颤振的模态分析

为了探究蜂鸟尾羽如何通过在气流中颤动产生声音,Clark 和 Elias 等研究了蜂鸟尾羽结构共振和颤振模式[131]。假设这种颤动是气动弹性的,这是由气动力与一个或多个羽毛的内在结构性共振频率的耦合而产生的。他们分析了在风洞中测试的蜂鸟尾羽样本中颤振模式是如何变化的。使用扫描激光多普勒振动计直接在羽毛表面上约 100 个点测量了羽毛振动,作为空速的函数。大多数羽毛表现出多种离散的颤振模式,他们将其分类为包括尖端、尾羽和扭转模式的类型。给定模式下的振动行为通常是稳定的,但空速或方向等独立变量的变化有时会导致羽毛从一种模式突然“跳跃”到另一种模式。通过测量用振动器刺激并用扫描激光多普勒振动计记录的 64 根羽毛的自由响应,他们直接测得了结构性共振频率和模态形状。如气弹性颤振假设所预测的,颤振的模态形状(空间分布)是与羽毛的弯曲或扭转结构共振频率相对应的。然而,结构性共振模态和颤振模态之间的匹配对于尖端或扭转模态形状更好,而对于尾羽模态则更差。通常,第三弯曲结构谐波与颤振的表达模态匹配,而不是基模。他们得出结论,当气流激发羽毛的一个或多个结构共振频率时,就会发生颤动,最类似于振动的小提琴弦。

机械音提供了检查声音产生的演变和功能的机会。就像地面运动不可避免的副产品足迹一样,飞行固有地产生声音。然后,这些机械音可以演变成具有通信功能的声音,包括信号警报、求爱、领地互动。虽然嗓音包含大多数鸟类通信声音,但只能通过手术进入鸣管,因此某些类型的问题难以研究。相比之下,羽毛很容易进行野外操作,它们产生的声音可以在风洞中引出。对野鸟产生的声音进行微妙的操作似乎是可能的,例如添加少量质量(降低共振频率)或修剪掉一小部分羽毛(以增加共振频率)。这样的实验可以允许野鸟产生的音调稍微“调整”,从而在现场进行优雅的操纵实验以测试声音功能。

3.5.5 鸟类飞行时羽毛气弹性颤振和非嗓音交流的演变

普通的鸟类飞行和通信显示器中普遍存在非嗓音的音调。这些声音被假设可归因于飞行羽毛固有的气动力机制:气动弹性颤振。Clark 和 Prum 等在风洞中测试了来自 35 个分类群(来自 13 个种系)的单个翅膀和尾羽产生的音调飞行声音[133]。在风洞中,这些羽毛都会颤动并产生音调,这表明颤振的能力是飞行羽毛所固有的。这一结果意味着气弹性颤振的气动力机制可能在鸟类飞行中广泛存在。然而,这些羽毛在风洞中产生的声音仅仅复制了35个分类群中15个的实际飞行声音。在20个负面结果中,假设10个是假阴性,因为飞行声音的声学形式表明颤动仅是一种可能的声学机制。对于其他10个分类群,他们建议负风洞结果是正确的,并且这些物种不会通过颤振产生声音。这些声音似乎构成了我们称之为“翅膀呼呼声”的一种或多种机制,其物理声学原理仍然未知。他们的结果证明,飞行羽毛的气弹性颤动产生的非嗓音通信声音在鸟类中很普遍。在所有鸟类中,翅膀和尾部产生的通信声音的大多数进化起源可归因于三种机制:颤动、击打声和翅膀呼呼声。声音产生的其他机制,例如湍流引起的嗖嗖声,尽管它们固有地在正常飞行中普遍存在,但很少演变成通信声音。

Clark 和 Prum 等提供的数据支持达尔文的假设,即鸟类羽毛的声音最常通过两性选择或配偶选择进化[133]。在他们提出的69个独立的发声机制起源中有67个声音是第二性征,并且这些声音具有高度多样性的进化枝,包含具有特技炫耀的发情(lekking)物种。两个因素似乎促进了这种进化模式:炫耀的主动性使其偶然产生声音,和声音产生的某些机制是进化上不稳定的。求偶炫耀可以是动态的和主动的,这意味着在这些行为中偶然的运动声音是最有可能的或最响亮的,就像人类跑步比走路更响亮。三种机制——气弹性颤动、击打声和翅膀呼呼声,共同占据了鸟类中大多数非嗓音交流声音,可能是因为它们声学上不稳定,并且很容易从剧烈运动的副产品演变为新颖的声学刺激。相比之下,他们提出产生嘶嘶声和沙沙声的机制不适合达尔文的第二个标准,即形态或行为的简单变化很容易在声音的声学形式上产生显著变化。因此,可能存在用于选择以精细调制这些声音的减小的物理容量。正如在走廊中表演的踩踏树叶的摩擦声或脚步声那样,所有运动本质上都会产生声音。虽然运动诱发的陆地动物的声音随地质而变化,但空气的性质相对不变。因此,动物飞行的声学特征揭示了它们的翅膀和尾羽上的气动力学过程,例如湍流引起的嗖嗖声,气弹性颤动和相关的音调飞行声,以及很有必要探究的产生翅膀呼呼声的机制。颤动音调声的声学特征在许多鸟类的飞行中很普遍。羽毛颤动产生的声音也通过选择而进化,因为它的声学特性(音高,响度,谐波结构)很容易通过羽毛形态或行为的微小变化而改变。

由此可知,羽毛颤动在鸟类飞行中很普遍似乎对鸟类飞行的机制有潜在的含意。在飞机中,引发的颤振模式倾向于包含机翼的大部分,在阻力上产生大幅增加,并且经常会导致机翼发生灾难性破坏。相反,鸟翼由许多单独的羽毛组成,导致可能易于颤动的部分的结构隔离。因此,颤动的模式涉及鸟类中翼面的较小部分。羽毛可以承受高应变,但颤动也可能引起羽毛损伤。如果仅翅膀的一小部分区域颤动,则伴随的阻力增加也可能很小。对于在正常飞行中倾向于产生这些声音的诸如鸭子和鸽子等鸟类,由颤动引起的阻力可能造成小的气动力学损失,这不会抵消形态学的其他优点。

总之,许多雄性蜂鸟在求偶时都会用翅膀的飞羽和尾羽发出响亮的声音。Christopher J. Clark 研究了流过蜂鸟羽毛或翅膀的空气产生声音的物理机制,剖析了尾羽颤动产生声音的气动声学问题[129-133]。机制包括气动弹性颤振,其中尾羽以由其共振频率和气流设定的稳定频率振荡。使用扫描多普勒激光测振仪和高速摄像机,他们测量了风洞中一系列蜂鸟羽毛的振动,记录了作为羽毛大小、形状和空速的函数的羽毛是如何振动的。事实证明,羽毛可以产生各种各样的声音,包括频率、响度和谐波结构。有趣的是,颤振的羽毛也可以与其相邻的羽毛相互作用。如果羽毛以不同的频率颤动,这些相互作用可以放大声音,或者可以产生相互作用频率。

3.6　野鸽飞行时羽翼的气弹性发声机制

由于几乎所有鸟类的飞行羽毛中的气动弹性颤动,可能会被动地产生虚假的音调声音。最近 Niese 和 Tobalske 通过风洞、高速相机和高精度声学录音装置研究了野鸽飞行羽毛发声的机制[135],他们的研究动机:①确定可能适合声音产生而不是飞行的野鸽飞行羽毛的特征;②提供证据证明哪种羽毛形态是活体声音产生所必需的并足以复制活体产生的声音。他们的研究发现,在起飞期间每次下行程的后三分之二期间,鸽子会产生音调声音(700 ± 50)Hz。图 3 - 12 示意了野鸽羽翼上的羽毛位置和每根羽毛的测量值定义。当最外侧初级飞羽(P_{10})的内叶片上的一小块长弯曲倒刺气动弹性地颤动时,产生这些音调。当采用气溶胶固定剂或发胶固定羽毛上的倒刺来增加该区域羽毛的刚度以防止颤动时,声调在活鸟中静音了。当孤立的 P_{10} 羽毛在下行冲程以峰值角速度(53.9 ~ 60.3rad/s)旋转时,野鸽的 P_{10} 羽毛开始颤动(在内部叶片长度的 50% ~70%)并产生音调,这足以重现活体羽毛产生的声音(音调频率为 500Hz),但在平均下行速度(31.8rad/s)下不会颤动或也不产生音调,此外,实验结果发现野鸽的 P_9 和 P_1 羽毛(见图 3 - 12)从不产生的音调。这说明颤动主要发生在野鸽的 P_{10} 区域,且 P_{10} 羽毛仅产生高于临界速度的音调。值得注意的是,当 P_{10} 羽毛以峰值角速度下旋转时,它的合成气动力系数(C_R)明显低于以平均角速度旋转时产生的气动力系数值,这表明音调声音的产生会引发气动力的损失。P_9 和 P_1 羽毛在合成气动力系数中没有显示出这种差异。这些机械结果表明，P_{10}羽毛产生的音调声音不是偶然的，可能在通信中发挥作用。该项对野鸽中初级飞羽的形态学和功能性研究揭示了在逃生起飞期间产生音调型羽翼声音的微妙但极其重要的形态。假设独特的羽毛形态和声音产生之间是有关联的，特别是以牺牲空气动力学性能为代价的那种，由此可知该物种中的音调羽翼发声是非偶然的。

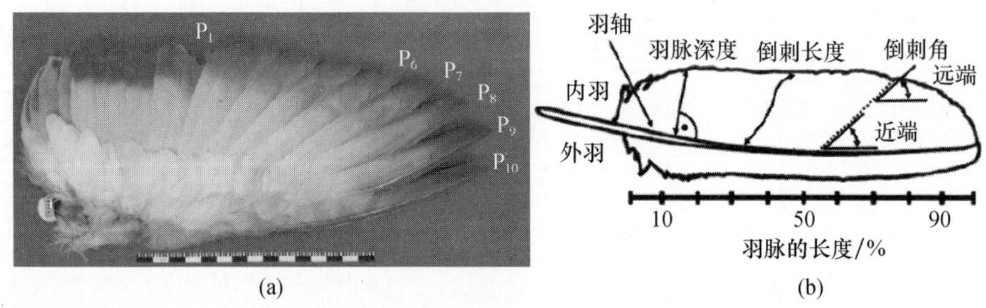

图 3-12　羽翼上的羽毛位置和每根羽毛的测量值定义[135]

(a)野鸽(Columba livia)的典型羽翼，编号 P_1、P_6 ~ P_{10} 显示了六枝初级飞羽；(b)羽毛测量类型的定义信息(在外羽和内羽上分别测量羽脉深度，而倒刺测量仅针对内羽。相对于羽轴线测量远端倒刺角度和近端倒刺角度，测量结果一样的)。

3.7　小结

正如本章前面描述和概括总结的那样，本章分别针对不同物种(昆虫类绿头苍蝇和熊蜂、低噪飞行的猫头鹰、蜂鸟、野鸽子等)的扑翼或翅飞行的气弹性发声机制和降噪机制进行了详细的阐述和讨论。这些不同物种的发声机制和降噪机制对仿昆 FWMAV 的仿生降噪工程设计具有重要的参考价值。

本章 3.1 节中论述了悬飞苍蝇周围的气动声音辐射实验研究。该研究源自 Sueur 和 Tuck 等的工作，他们使用近距离声学录音装置记录和描述了由系绳绿头苍蝇产生的声音的定向辐射模式和详细频率成分[114](Sueur, et al. 2005; Sueur, et al. 2005; Sueur, et al. 2005)。扑翼产生了由一系列谐波组成的声波，这些声发射源于翅膀在空气中的振荡。他们认为悬飞苍蝇周围产生的气动声音的频率和幅度特征可以被苍蝇在不同的行为环境中使用，例如性交流、竞争性通信或环境内的导航。

在 3.2 节中介绍了熊蜂扑翼飞行时周围气动声音产生机制的数值模拟研究。该研究源自 Bae 和 Moon 等的工作。针对悬飞熊蜂，他们采用二维翅拍流场和声场数值模型研究了熊蜂扑翼悬飞的非定常流动和声学特性。结果表明，扑翼声音是由两种不同的发声机制产生的。通过翅膀的横向运动在翅膀拍频处产生初级偶极音,而在切向运动期间通过涡旋边缘散射产生其他更高频率的偶极音。此外,由于翅膀的扭转角运动,主音调是定向的。然后,在 3. 3 节中综述了一些经典的有关猫头鹰静音降噪飞行的研究工作。

3. 4 节中描述了近期来自刘浩教授团队的仿猫头鹰梳齿状前缘的降噪研究成果。

在 3. 5 节中较为全面地综述了蜂鸟飞行时羽毛和尾羽的气弹性发声机理。这些研究结论大部分源自 Christopher J. Clark 等的工作。在该节中,分别从蜂鸟飞羽和尾羽发声机制、气弹性颤振发声机理、气弹性颤振的模态分析、鸟类飞行时羽毛气弹性颤振和非嗓音交流的演变几个方面对蜂鸟扑翼飞行发声原理和机制进行论述。为了探究蜂鸟羽毛发声是由气弹性颤振产生的,还是由涡旋诱导的振动产生的,Clark and Elias 等研究了风洞中一系列不同羽毛的颤振和声音产生的潜在机制。研究结果表明,蜂鸟飞羽和尾羽发声伴随着强谐波的颤振,多种颤振模式和其他几种非线性效应共同表明:①颤振不是简单的涡旋诱导的振动,其中伴随的声音不是涡旋哨声;②颤动是气动弹性的,其中羽毛的结构(惯性/弹性)特性与气动力不断地相互作用产生了不同的声学结果。

在 3. 6 节中陈述了野鸽飞行时羽翼的气弹性发声机制。为了确定可能适合声音产生而不是飞行的野鸽飞行羽毛的特征,以及证明哪种羽毛形态是活体声音产生所必需的并足以复制活体产生的声音,Niese 和 Tobalske 等通过风洞、高速相机和高精度声学录音装置研究了野鸽飞行羽毛发声的机制,他们的实验结果表明,野鸽的 P_9 和 P_1 羽毛从不产生的音调,颤动主要发生在野鸽羽毛的 P_{10} 区域,且 P_{10} 羽毛仅产生高于临界速度的音调。此外,当 P_{10} 羽毛以峰值角速度下旋转时,它的合成气动力系数(C_R)明显低于以平均角速度旋转时产生的气动力系数值,这表明音调声音的产生会引发气动力的损失。P_9 和 P_1 羽毛在合成气动力系数中没有显示出这种差异。这些结果表明,P_{10} 羽毛产生的音调声音不是偶然的,假设独特的羽毛形态和声音产生之间是有关联的的话,这些音调可能在通信中发挥作用。

总之,上述这些工作的研究目的是希望为昆虫学家、仿生流体动力学家、仿生扑翼微飞行器设计工程师提供参考思路和设计理念,以便进一步以此为依据开展更深入的研究。

第四章 扩展准稳态气动力和惯性力及力矩模型

为了给第五章的扑翼悬飞翅拍动力学问题、第六章扑翼悬飞能耗最小时的参数优化和第七章的仿昆 FWMAV 的设计提供更为准确的分析气动力预测模型,本章基于前人已报道的准稳态气动力模型建立了扩展的准稳态气动力和惯性力及力矩模型。在该模型中引入一个重要的假设,即假设平动环量和转动环量压心的弦向位置分布一致[285]。这样使得转动环量力矩的预测可以通过严格的数学公式来表达。此外,在该模型中还引入了不可或缺的沿着翅平面弦向轴线的气动阻尼力矩以及翅膀自身运动时产生的惯性力和力矩。合理的改进和扩展使得当前的准稳态模型预测的瞬时力和力矩的时间历程与实验测得的结果有很好的一致性,这进一步地验证当前的扩展的准稳态气动力和惯性力及力矩模型。

本章的框架组织为:在 4.1 节较全面地描述了现有的稳态、准稳态和非稳态气动力预测模型的建模机制,还介绍了虚拟质量力的预测模型,对比了各种准稳态或非稳态气动力模型预测的升阻力气动力系数随攻角变化的情况,简述了这些模型应用于仿昆 FWMAV 气动力预估和控制律推演和设计的优势或劣势。4.2 节针对扑翼飞行的果蝇翅膀,作者们建立了扑翼形貌学参数化的描述方法。针对扑翼悬飞果蝇,4.3 节建立其三自由度翅膀运动学的数学描述。4.4 节推导和建立了扩展的准稳态气动力和惯性力及力矩模型。4.5 节论述了气动力和气动力矩模型的验证和生效。最后,在 4.6 节概括了本章研究工作所获得的重要结论和贡献。

4.1 扑翼悬飞气动力分析模型的研究概况

针对扑翼飞行的气动力研究已经一个多世纪了。根据 1951 年美国 Osborne 的文献[136],可能是 Rayleigh 于 1883 年第一次给出了鸟翱翔飞行的满意解释。随后 1918 年,生物学家 R. Demoll 比较早地将昆虫飞行问题带入到传统的气动力研究领域;并认为针对昆虫的飞行问题,合理的升力系数是必需的,尽管如此,他当时仅仅只使用了昆虫的线性飞行速度去研究气动力系数,而忽略了翅膀的运动。几乎所有早期有关昆虫飞行的尝试性解释都激发了研究人员对非传统高升力(指比传统的稳态模型计算的升力大)机制存在的怀疑性思考。近 20 多年来,针对微飞行器的设计[1-3,5-6,47-48,61-64,137],扑翼气动力建模和模拟又引发生物力学家和机械工程师等十足的兴趣。仿昆 FWMAV 或昆虫的扑翼悬飞将产生低雷诺数下非稳态非线性的流场,该类流场采用了非稳态机制增强气动负载,从而保证了昆虫或仿昆 FWMAV 悬飞甚至前飞。

由于其计算效率,无黏边界元法的应用有相当吸引力。这一方法的难点是确定恰当的边界条件。扑翼运动具有大攻角和较高的转动速度。这些运动通常会导致边界层的大量分离、可能的重新附着、前后缘较强的涡脱落。虽然针对这些边界条件建立准确的模型是极为困难的,尝试去直接求解三维 NS(Navier - Stokes,纳维—斯托克斯)控制方程甚至有更大的挑战,1996 年美国普渡大学的 Smith 博士仍采用非稳态面元法(经典边界元法的一种)对细绳天蛾悬飞流场进行了详细的研究[103-104],并很好地捕获了尾迹涡;取得的气动力数据与后面提及的准稳态片元法分析出的气动力数据有很好的一致性。此外,Smith 博士还对早期流行的六种气动力计算方法进行的评论性综述[103-104];它们分别是动量、叶素片元法、混合动量(或者涡)、升力线、二维薄机翼、升力面(涡格法)[108-110]。有关这些方法的优缺点详见 Smith 和 Ramamurti 等的评论[103-104,110]。

随后,刘浩教授和孙茂教授等在这方面开展了深入的研究[15,18,20,22,66-67,72,82,138-139]。这一直接数值模拟需要复杂的网格切割单元法、重叠网格法、提前计算好的时变网格或者网格畸变法。获得针对一个翅膀外形和一种翅拍运动轨迹的结果可能要花费几天的超级计算的时间。二维计算相对没那么复杂,执行起来也更快些;但是自然地这样就排除了翼尖损耗、展向流和其他的三维效应的研究。Wang Z J 等对此开展的研究结果表明,二维 CFD 模拟的非稳态力能够很好地近似三维实验结果,即二维流场计算在不太多消耗计算时间的条件下能够取得非常不错的结果[140-142]。尽管这些 CFD 模拟能够捕捉整个流场或者局部流场的大部分物理现象,并提供大量的气动力和力矩等数据,但是计算成本过高或者计算时间不是足够快,也不适宜于动态模拟、优化和灵敏性分析。因此,在这里我们将主要关注应用稳态、准稳态和非稳态分析气动力模型解决仿昆 FWMAV 或昆虫的扑翼悬飞气动力问题分析。

4.1.1　常见的稳态、准稳态和非稳态气动力机制和模型

1. C. P. Ellingdon 教授将前缘涡效应用于解释昆虫悬飞高升力机制的解释

通过采用 PIV 法研究机械天蛾翅的相似律模型的翅拍运动时产生的三维流

场,1996 年剑桥大学动物系的 C. P. Ellingdon 教授在 *Nature* 上首次报道了昆虫是怎样利用前缘涡(LEV)作为高升力机制的[143]。前缘涡在大后掠角三角形机翼的飞机的升力产生中起着关键作用。前缘涡增加了翅表面上的边界涡,因此增加了升力。该现象类似于动态失速。动态失速时,机翼经历攻角的快速变化。然而与动态失速不同的是,昆虫悬飞形成的翅面上的前缘涡具有稳定的特征。其稳定归属于将前缘涡向翼尖对流的向外展向流的作用。在大后掠角三角形机翼的情况下,展向流是由平行于大后掠角前缘的自由流分量产生的。在昆虫悬飞中,类似于直升机和螺旋桨,旋转运动产生了展向速度梯度,反过来产生了压力梯度,进而产生了展向流。

2. Dickinson 等对昆虫悬飞高升力机制的发现

众所周知,前缘涡在昆虫悬飞气动力的产生中起着主要作用。基于这一概念,通过研究果蝇翅的相似律模型——动态机械放大模型在相似律下的矿物油中人为复现果蝇翅拍二自由度运动下产生的三维流场,1999 年美国的 M. H. Dickinson 博士在 *Science* 上报道了另一种其他的高升力机制,即旋转升力和尾迹捕获效应(Wake Capture Effect)[13]。

旋转升力是由于每个翅拍半冲程末尾阶段翅膀的大幅度扭转,为下一个半冲程调整了攻角,该机制可以用来解释半冲程末尾阶段出现的高升力峰值。值得注意的是,该阶段平动速度已开始渐趋于零,而且因为 $C_L-\alpha$ 的非线性关系,高攻角的出现将导致升力的降低。翅膀转动速度产生的转动环量为 $\Gamma_{rot}=\pi\dot{\eta}c^2(0.75-\hat{x}_0)$,该式可由势流准确预测。

另一方面,当前飞速度接近为零时,M. H. Dickinson 博士观察到了在半冲程开始时产生的升力峰值,该峰值不能用前面提及的两种机制来解释。M. H. Dickinson 博士将这些峰值与由前面半个冲程期间产生的逗留的尾迹(引起了有效流体速度的增加)关联起来,并假定它为尾迹捕获效应[13]。

此外,Dickinson 博士注意到翅膀的扭转增强了尾迹的逗留,并设置翅膀在合适的攻角来充分利用脱落的尾涡。因此他认为,旋转和尾迹捕获机制可以同步相互作用用于昆虫悬飞或者仿昆 FWMAV 机动性的气动力控制。Dickinson 博士还发现,尽管旋转和尾迹捕获机制在冲程周期中仅存在非常短的周期,它们却贡献了整个冲程内产生的总升力的 35%。如果转动提前 8% 的冲程周期时间,平均升力系数将有 40% 的增加[13]。基于这一数据,针对高机动性的仿昆 FWMAV 的研制,翅膀的主动扭转机构设计和控制器设计成为了后续 10 多年研究的热门课题。

3. 孙茂等对昆虫悬飞高升力机制的解读

值得注意的是,基于计算涡量场和涡动力理论,2002 年北京航空航天大学孙茂教授等采用 CFD 法数值计算了 Dickinson 博士 1999 年 *Science* 报道的机械果蝇翅的翅拍运动产生的流场。他们在翅拍冲程开始时和结束时出现的较大的升力峰值可以用短时间内涡量的产生来解释[66-67]。在这两阶段的涡量的快速产生分别是由翅膀的快速平动加速和快速俯仰向上转动引起的。孙茂教授等把它们分别称为:"快速加速机制"(Rapid Acceleration Mechanism);"快速俯仰向上转动机制"(Fast Pitching-up Rotation Mechanism)。

2005 年孙茂教授在其综述里将非传统的高升力机制归纳为四种:①延迟失速;②快速加速;③快速俯仰向上转动;④尾迹捕获。他认为第一种机制是广泛被众多昆虫在高频翅拍悬飞时采用的高升力机制;后三种机制仅在冲程开始的加速阶段和接近冲程末尾的减速阶段才非常重要并且对升力的贡献非常大。因此它们在许多昆虫的高机动飞行控制中可能起着重要作用[66-67]。

除了上面提及的非传统的高升力机制外,扑翼悬飞中非稳态气动力的作用也是相当重要的。其他的影响气动负载的流场观点还包含非环量力(比如虚拟质量力)和黏性摩擦力的贡献。但是,不考虑高成本的计算负担,很难建立一套能够准确捕捉这些现象的气动力模型。

考虑到扑翼悬飞流场的复杂性,用于研究扑翼悬飞动力学的气动力模型都是基于实验测试拟合的升阻力系数。现有的气动力模型可被分成准稳态和非稳态模型。

4. Dickinson 等的准稳态气动力模型

由于其模型为紧凑型,1999 年,M. H. Dickinson 博士在 *Science* 上给出的模型毫无疑问被广泛地用于仿昆 FWMAV 的动力学建模与控制器设计中[13]。该模型当时考虑了前缘涡效应和转动环量效应的计算,其中实验测试拟合得到的当地流场坐标系下的升阻力系数为

$$\begin{cases} C_{\mathrm{L}}(\alpha) = 0.225 + 1.58\sin(2.13\alpha - 7.20) \\ C_{\mathrm{D}}(\alpha) = 1.92 - 1.55\cos(2.04\alpha - 9.82) \end{cases} \tag{4-1}$$

在同一工作中,Dickinson 博士还强调了转动环量效应的重要性,通过研究冯元桢教授早期的著作中提及的颤振机翼转动环量的理论公式以及转动系数的理论公式(见式(4-2),式中 $\hat{x}_0$ 为扭转轴至前缘的无量纲距离),并结合标准库塔—茹科夫斯基理论下的小攻角约束下大攻角也成立的假设,关联起转动环量与转动气动力的计算公式:

$$C_{\mathrm{R}} = \pi(0.75 - \hat{x}_0) \tag{4-2}$$

2001 年,Sane 和 Dickinson 博士通过研究早期学者的文献给出虚拟质量效应对气动力贡献的公式(见式(4-3)),从而在改进版的准稳态气动力模型中包含了部分非环量机制的计算[44-45]。

$$F_{\text{add}} = \rho \frac{\pi}{4} R^2 \overline{C}^2 (\ddot{\phi}\sin\alpha + \dot{\phi}\dot{\alpha}\cos\alpha) \int_0^1 \hat{r}\hat{c}^2(\hat{r})\,\mathrm{d}\hat{r} - \ddot{\alpha}\rho \frac{\pi}{16} \overline{C}^3 R \int_0^1 \hat{c}^2(\hat{r})\,\mathrm{d}\hat{r} \tag{4-3}$$

式中:ρ 为空气密度;R 为单翅膀长度;$\overline{C}$ 为平均弦长;ϕ 为冲程角;α 为几何攻角;$\hat{r}=r/R$,r 为径向距离;$\hat{c}(\hat{r})=C(r)/\overline{c}$,$C(r)$ 为径向距离 r 处翅膀的弦长。

5. Walker 博士定义的非稳态气动力模型

值得关注的是,2002 年美国南缅因大学生物系的 Walker 博士质疑了转动环量效应升力机制。Dickinson 博士曾在 *Science* 上提出是一种不同于马格努斯效应的升力机制[146]。Walker 博士曾在 2000 年给出了一般的半经验非稳态叶素片元法模型(USBE),该模型包含两个分量:一个是虚拟质量惯性力;另一个是非稳态环量和附着涡的影响。在 USBE 模型中入射流的方向和入射攻角是颤振机翼的 Theodorsen 模型的大攻角一般化。Zbikowski 曾于 2002 年概括过 Theodorsen 模型和其相似模型,以及其应用于昆虫悬飞研究的情况[147-148]。USBE 模型独一无二的特点是其采用了由振动翅膀测得的经验气动力系数,而不是基于 Theodorsen 函数或其改进的理论系数。基于 Theodorsen 函数的非稳态系数不是时间的函数,但是却是非稳态的,因为它是缩减频率参数的函数[149-150]。Theodorsen 系数是一个针对低入射角和附着流的近似值。因此该系数针对悬飞昆虫的翅冲程期间的气动力研究是不适用的,因为在昆虫的翅冲程期间,具有入射角远大于冲程周期内失速角的特点。采用经验推导的系数的一个优点是它显式地考虑了当翅膀处于高于失速角时附着涡的增加效应。由于 $\boldsymbol{\Gamma}_r$ 增加的环量力被包含在模型中,由于 $\boldsymbol{\Gamma}_M$ 增加的马格努斯力却没有被包含。Walker 博士在其非稳态模型中也忽略了马格努斯力,因为它小到可以被忽略掉,而且不利于非稳态拟合结果与实验测试结果的对比,因其在翅膀扭转时产生了正的更大的峰值。由于 Dickinson 博士认为转动环量是由翅膀运动转动分量引起的,因而也是取决于入射流的,进而也是取决于最终的攻角。因此 Walker 博士认为转动环量与平动环量没有什么本质区别,它们都可被归结为环量附着涡机制。下面赘述了 Walker 博士提出的 USBE 模型[146]:

(1)翅坐标系下,片元上的气动升阻力为

$$\begin{cases} \mathrm{d}L(r,t) = \dfrac{1}{2}\rho v_{(r,t)}^2 C(r) \boldsymbol{\Phi}_{(r,t)} C_{\mathrm{L}}(\alpha)\,\mathrm{d}r \\ \mathrm{d}D(r,t) = \dfrac{1}{2}\rho v_{(r,t)}^2 C(r) \boldsymbol{\Phi}_{(r,t)} C_{\mathrm{D}}(\alpha)\,\mathrm{d}r \end{cases} \tag{4-4}$$

式中：$v^2_{(r,t)} = v^2_{n(r,t)} + v^2_{x(r,t)}$，即翅膀坐标系下法向速度和弦向速度的合成，$C_L(\alpha)$ 和 $C_D(\alpha)$ 取的是1999 年 Dickinson 在 $Re \approx 100$ 下测试果蝇相似律机械放大模型的矿物油中运动时拟合获得的实验测试升阻力系数；其中由 Garrick[150] 给出的瓦格纳函数 $\Phi_{(r,t)}$ 为

$$\Phi_{(r,t)} = 1 - \frac{2}{4 + \dfrac{v_{n(r,t)}t}{C(r)}} \tag{4-5}$$

式中　$v_{n(r,t)}$为翅膀法向速度；$C(r)$为翅膀在径向距离 r 处的弦长；t 为时间。

该函数考虑了冲程开始时起动涡和翅膀的相互作用，也正是由于这个函数使得该模型中的系数是非稳态的。翅膀与尾迹的相互作用时间历程远长于单独由于尾迹作用的过程（该过程没有被包含在模型中）。此外，Walker 博士也给出了非环量机制之一的虚拟质量力的计算公式[146]。

（2）翅坐标系下，片元上的虚拟质量力为

$$\mathrm{d}F_{\mathrm{add}(r,t)} = \frac{\pi}{4}\rho_{\mathrm{air}}C^2_{(r)}\dot{v}_{n(r,t)}\beta_n \mathrm{d}r \tag{4-6}$$

式中：β_n 为翅截面的虚拟质量系数，在其 USBE 模型中，$\beta_n = 1$，而针对不同的翅膀形貌参数，考虑边界层效应的话，该系数应该有所变化。

6. Khan 和 Agrawal 等的准稳态气动力模型

2005 年，美国特拉华大学机械工程系的 Khan 和 Agrawal 等通过测试机械扑翼翅在空气中翅拍运动时产生的气动力在假设当地流场速度为平动拍打速度和转动速度的合成的条件下建立了一套准稳态模型[151-152]。该模型包含了前缘涡效应、转动效应和虚拟质量效应的基于实验的准稳态气动力模型，可以用于任意的翅拍运动规律，但是不允许翅膀形状的改变。针对不同的翅膀外形需要重新实验测试其升阻力系数。此外，该模型中法向气动力系数与攻角（直至 90°）之间的函数关系是纯线性的（见式（4-7），其中 $d_0(r)$ 是前缘至扭转轴的无量纲弦向距离），这与 Dickinson 等和 Usherwood 和 Ellington 实验中发现的非线性关系是相互矛盾的。

$$\begin{cases} C_t(|\alpha|) = \dfrac{7}{\pi}|\alpha| \\ C_r = 0.75 - d_0(r) \end{cases} \tag{4-7}$$

此外，针对虚拟质量效应，他们仅考虑了与翅膀弦向垂直的加速度的作用。单位展向片元的虚拟质量是半径为半弦长的圆柱体体积内的空气质量。单位展向片元虚拟质量力的作用点在中弦位置。其虚拟质量模型公式为

$$\mathrm{d}F_{\mathrm{add}} = -\frac{\pi}{4}C_3\rho_{\mathrm{air}}C^2(r)(\dot{V}_{zw})\mathrm{d}r \tag{4-8}$$

他们根据机械翅拍实验，对 24 种翅拍模式进行了测试，比如在每个半冲程末尾时，平动效应消失，而虚拟质量力达到其最大值。给出了虚拟质量系数 C_3 的范围约在 0.5 ~ 1 之间变化。

7. Wang Jane Z. 等的准稳态气动力模型

2005 年，美国康奈尔大学的 Wang Jane Z. 等研究自由下落的纸板的气动力时建立一套准稳态气动力模型，该模型考虑环量机制、非环量机制和黏性耗散机制对气动力和气动力矩的影响[43-44]。附带提及，Dickinson 博士的实验表明针对悬飞仿昆 FWMAV 或者昆虫的雷诺数范围内（$Re \in [75, 4000]$）黏性效应可被给忽略[153]。模型中所使用的升阻力系数以及转动环量系数分别如下为

$$C_{\mathrm{L}}(\alpha) = A\sin(2\alpha) \tag{4-9}$$

针对颤振跌宕至稳态下落的卡片：

$$C_{\mathrm{D}}(\alpha) = B - C\cos(2\alpha) \tag{4-10}$$

针对颤振跌宕的下落纸板：

$$C_{\mathrm{D}}(\alpha) = C_{\mathrm{D}}(0)\cos^2\alpha + C_{\mathrm{D}}\left(\frac{\pi}{2}\right)\sin^2\alpha \tag{4-11}$$

这里系数 A、B、C、$C_{\mathrm{D}}(0)$ 和 $C_{\mathrm{D}}\left(\frac{\pi}{2}\right)$ 都是由实验测得的，与 Dickinson 测得的升阻力系数离散点拟合对应的参数有 $A = 1.1$，$B = 1.4$，$C = 1$；其中转动力系数 $C_{\mathrm{R}} = \pi$。

8. J. P. Whitney 博士修改了准稳态气动力模型中的气动力系数以适用被动扭转动力学问题的研究

2007 年，J. P. Whitney 博士在研究 FWMAV 的被动扭转扑翼气动力问题时采用了如下的当地流场坐标系下的升阻力系数[45]：

$$\begin{cases} C_{\mathrm{L}}(\alpha) = C_{\mathrm{L_{max}}}\sin(2\alpha) \\ C_{\mathrm{D}}(\alpha) = \left(\dfrac{C_{\mathrm{D_{max}}} + C_{\mathrm{D_0}}}{2}\right) - \left(\dfrac{C_{\mathrm{D_{max}}} - C_{\mathrm{D_0}}}{2}\right)\cos(2\alpha) \end{cases} \tag{4-12}$$

式中：系数 $C_{\mathrm{L_{max}}} = 1.8$；$C_{\mathrm{D_0}} = 0.4$；$C_{\mathrm{D_{max}}} = 3.4$，取的也是 1999 年 Dickinson 在 $Re \approx 100$ 下测试果蝇相似律机械放大模型的矿物油中运动时拟合获得的实验测试升阻力系数[13]，其中转动环量气动力系数取 $C_{\mathrm{R}} = 5$，部分系数调整了大小，以适应 FWMAV 的气动力模型计算（该仿昆 FWMAV 类似于食蚜蝇尺度）[45]。此外，J. P. Whitney 博士也基于早期学者的文献推导了虚拟质量气动力公式：

$$F_{\text{add}} = \frac{1}{4}\pi\rho R^2\overline{C}^2(\dot{\omega}_y - \omega_x\omega_z)\int_0^1 \hat{c}(\hat{r})^2(\hat{r} + \hat{x}_r)\mathrm{d}\hat{r} + \frac{1}{4}\pi\rho R\overline{C}^3\dot{\omega}_x\int_0^1 \hat{c}(\hat{r})^2\hat{y}_h(\hat{r})\mathrm{d}\hat{r} \tag{4-13}$$

式中：ω_x、ω_y 和 ω_z 分别为翅坐标系的角速度；$\hat{x}_r$ 和 $\hat{y}_h(\hat{r})$ 分别为翅根部到扭转轴的无量纲弦向距离和扭转轴到片元弦长中点的无量纲弦向距离。

9. 波尔豪森采用前缘吸力比拟法建立的升力系数计算模型

上面陈述的所有准稳态模型有两个基本问题。第一，没有考虑与扑翼悬飞有关的非稳态机制；第二，模型中描述气动力项的系数是由特定的实验数据拟合而得的，因此这些系数没有考虑任何翅膀形貌的变化。后面这个问题可以通过波尔豪森（Polhamus Ec）的工作给出最好的解释。波尔豪森通过前缘吸力比拟法第一次建立了前缘涡（LEV）对大后掠角三角型机翼气动力的贡献[154]。他辨识了两个升力分量，即具有零前缘吸力的势流升力 $\boldsymbol{C}_{\text{Lp}} = \boldsymbol{K}_{\text{p}}\sin\alpha\cos^2\alpha$ 和涡升力 $\boldsymbol{C}_{\text{Lv}} = \boldsymbol{K}_{\text{v}}\cos\alpha\sin^2\alpha$。$\boldsymbol{K}_{\text{p}}$ 和 $\boldsymbol{K}_{\text{v}}$ 是展弦比 AR 的函数。是 $\boldsymbol{K}_{\text{p}}$ 与 AR 有强的函数关系的。在小攻角的极限情况时 $\boldsymbol{K}_{\text{p}}$ 变成了升力曲线的斜率。既然波尔豪森模型建立了与前面的准稳态模型考虑的相似的前缘涡稳定附着的机制，那么这些准稳态模型中气动力系数对任意翅膀外形就不是有效的了，因为这些系数会随着展弦比 AR 的变化而改变。详见 6.4.1 节与 6.6.1 节的论述。

10. Nabawy 博士采用普朗特升力线理论建立的升力系数计算模型

2013 年，英国曼彻斯特大学的 Nabawy 博士通过小攻角极限的假设，在普朗特升力线理论背景下引入了三维机翼升力曲线的斜率 $C_{\text{L}\alpha}$（见式（4-14）），该表达式在展弦比大于 3 时可以给出好的结果，因而适用于昆虫翅膀升力系数问题的研究（昆翅展弦比 $\text{AR} \in (3,5)$）[45,155-156]，从而可获得考虑翅膀展弦比的稳态升力系数 $C_{\text{L}}(\alpha)$：

$$C_{\text{L}\alpha} = \frac{C_{\text{L}\alpha,2d}}{E + kC_{\text{L}\alpha,2d}/(\pi\text{AR})} \tag{4-14}$$

$$C_{\text{L}}(\alpha) = \left(\frac{0.5C_{\text{L}\alpha,2d}}{E + kC_{\text{L}\alpha,2d}/(\pi\text{AR})}\right)\sin 2\alpha \tag{4-15}$$

针对典型昆翅拍雷诺数下的平板翅，二维机翼升力曲线斜率 $C_{\text{L}\alpha,2d}$ 的理论值为 0.09/(°)；针对单个翅膀，展弦比 $\text{AR} = R^2/S$；E 是边缘修正因子，其值等于翅膀半周长除以其翅膀长度；k 是诱导功率因子。此外 Nabawy 博士还给出了波尔豪森模型的升力公式为：

$$C_{\text{L}}(\alpha) = \left(\frac{C_{\text{L}\alpha}}{2}\sin 2\alpha\right)\left(\cos\alpha + \left(1 - \frac{kC_{\text{L}\alpha}}{\pi\text{AR}}\right)\sin\alpha\right) \tag{4-16}$$

这里 $C_{L\alpha}$ 来自式(4－14),式(4－16)右边第一个括号内的项是用于计算稳态升力系数的,第二个括号内的项是附加乘子项,记为 $K_{Polhamus}$。通过与实验数据对比,Nabawy 博士发现式(4－16)与式(4－15)具有定性的一致性,但是式(4－16)高估了升力,因为它没有考虑附着涡的影响。此外,$K_{Polhamus}$ 随着展弦比的增加而增加,因而会进一步高估升力系数,因此针对大于 1.5 以上的展弦比的昆虫翅膀,该公式的使用需谨慎,较小的升力系数是合理的。该模型下的阻力系数 $C_D(\alpha) = C_L(\alpha)\tan\alpha$。

11. Taha 博士采用扩展升力线理论建立的升力系数计算模型

2014 年,美国弗吉尼亚理工学院暨州立大学的 Taha 博士也通过小攻角极限的假设,在扩展升力线理论背景下引入了三维机翼升力曲线的斜率($C_{L\alpha}$,见式(4－17))[157],注意 Nabawy 博士认为该系数更适用于较小展弦比的情况[155]。从而可获得考虑翅膀展弦比的稳态升力系数 $C_L(\alpha)$:

$$C_{L\alpha} = \frac{\pi AR}{1 + \sqrt{\left(\frac{\pi AR}{\alpha_0}\right)^2 + 1}} \tag{4-17}$$

$$C_L(\alpha) = \frac{\pi AR}{2\left(1 + \sqrt{\left(\frac{\pi AR}{\alpha_0}\right)^2 + 1}\right)}\sin 2\alpha \tag{4-18}$$

此外,Taha 博士还给出了波尔豪森模型的升力公式为

$$C_L(\alpha) = C_{L\alpha}\sin\alpha\cos^2\alpha + \left(C_{L\alpha} - C_{L\alpha}^2\frac{1}{\pi AR}\right)\sin^2\alpha\cos\alpha \tag{4-19}$$

其中,$C_{L\alpha}$ 来自式(4－17),同样地,式(4－18)与式(4－19)具有定性的一致性。但是式(4－19)高估了升力,因为它没有考虑附着涡的影响。此外,$K_{Polhamus}$ 随着展弦比的增加而增加,因而会进一步高估升力系数,其使用也需谨慎。

12. 现有文献报道的非稳态气动力分析模型的研究情况

值得注意的是,2005 年牛津大学动物系的 Taylor 教授等在实验研究蝗虫的纵向飞行动力学时,以时域傅里叶级数表示气动力和气动力矩建立基于实验的非稳态模型[158－159]。与准稳态模型相比,该模型产生了更严格表达形式的动力学系统(非线性时间周期)。尽管该模型是基于实验的非稳态气动力模型,由于傅里叶系数是由单次实验测定的,因此这一模型不能被一般化地用于任意运动和任意翅膀形貌的翅拍飞行动力学建模。

基于纯理论分析的非稳态气动力模型也被用于了仿昆 FWMAV 的飞行动力学

研究。针对耦合的气弹性飞行动力学模拟，Su 和 Cesnik 等使用了 Ansari 等给出的非稳态气动力模型[160-161]和 Peters 等的有限状态机翼理论[162-164]。Zbikowski 和 Ansari 等扩展了 Von Karman 和 Scars 的工作，包含了由翅膀前后缘脱落涡形成的前缘涡（Leading Edge Vortex，LEV）效应[148]。尽管前飞时（没有来自前缘脱落的涡作用），Peters 等的有限状态模型与 Ansari 等给出的非稳态气动力模型（不含由翅膀前后缘脱落涡形成的 LEV 效应时）匹配得很好。然而悬飞时，由于前缘涡在升力产生中起着主导作用，所以 Peters 等的有限状态入射流机翼模型没能捕获 LEV 效应；此外，Ansari 等的非稳态模型产生的流量具有非常高的频率分量。因此针对耦合的气弹性飞行动力学模拟，Su 和 Cesnik 等没能完成一个完整周期的模拟计算[161]。

值得关注的是，非稳态涡格法（或升力面法）也得到了广泛的应用。由于悬飞时涡量的积累，使用三维非稳态涡格法会导致大量的噪声流。此外，也有学者将二维非稳态涡格法用于昆虫的扑翼飞行流场研究，但是该法忽略了三维非稳态诱导效应。还有学者采用激励盘理论（Actuator disk theory）或者动量喷射法（Moment Jet）来研究扑翼非稳态流场[155]，该法能够很好估算下洗诱导速度，从而粗略估算气动力和功率消耗[161]。这一方法的缺点是它不能反映翅膀面积、展弦比、翅拍频率和截面几何形状或者运动规律的变化。而 Phlips 等建立的非稳态升力线理论则更适用于昆虫前飞气动力的研究[165]。

鉴于上面的讨论，Dickinson 等和 Wang 等的准稳态模型捕获了没有非稳态效应的非线性 LEV 效应的贡献。Ansari 等给出的非稳态气动力模型能够同时捕获非线性和非稳态机制，但是计算过于复杂（涉及两个非线性积分方程）且耗时，不利于实际仿昆 FWMAV 的气动布局设计、悬飞动态稳定性分析和控制器设计。上面提及的其他方法也或多或少地由于其存在的缺点[13-15, 18, 20, 22, 146-148, 151, 166-168]，在被应用于仿昆 FWMAV 和昆虫扑翼悬飞的气动力问题研究时需要谨慎对待。

13. Taha 博士采用状态空间描述法给出的非线性非稳态气动力模型

Taha 博士还将已经广泛应用于非稳态线性气动力研究的杜哈梅叠加原理拓展至任意非线性气动力流场，给出一套以常微分方程形式表达的非稳态气动升力分析计算模型，该模型考虑了非稳态翅拍运动和有关的流场非线性[157]。该方法使用了静态非线性升力曲线构建由于任意翅拍运动产生的非稳态升力。下面针对 Taha 博士给出的以状态空间形式表达的非稳态气动升力分析模型进行简介的介绍，该模型主要用于悬飞仿昆 FWMAV 的扑翼悬飞气动力建模。

假设翅拍扭转角在上下冲程是恒定，则有如下表达式：

$$\alpha(t) = \begin{cases} \eta,\ \dot{\varphi} > 0 \\ \pi - \eta,\ \dot{\varphi} < 0 \end{cases} \tag{4-20}$$

二维单位展向片元所受到气动升力为

$$\ell(r,t) = \ell_{NC}(r,t) + \rho r|\dot{\varphi}(t)|[(1 - A_1 - A_2)\Gamma_{QS}(r,t) + x_1(r,t) + x_2(r,t)] \tag{4-21}$$

式中非环量升力分量为

$$\ell_{NC}(r,t) = -\frac{\pi}{4}\rho C^2(r)[r(-\ddot{\varphi}(t)\sin\eta(t) - \dot{\varphi}(t)\dot{\eta}(t)\cos\eta(t))]\cos\eta(t) \tag{4-22}$$

式(4－21)中的准稳态环量为

$$\Gamma_{QS}(r,t) = \frac{1}{2}C(r)r\dot{\varphi}(t)C_{L,s}(\eta(t)) + \pi C^2(r)\left(\frac{3}{4} - \hat{x}_0\right)\dot{\eta}(t) \tag{4-23}$$

二维状态方程为

$$\dot{x}_i(r,t) = \frac{2b_i r|\dot{\varphi}(t)|}{C(r)}(-x_i(r,t) + A_i\Gamma_{QS}(r,t)),\ i = 1,2 \tag{4-24}$$

值得提及的是,当对翅膀沿展向进行积分后,将产生三维的四自由度状态方程。另外,式(4－23)中的升力系数为

$$C_{L,s}(\eta(t)) = \frac{\pi AR}{2\left(1 + \sqrt{\left(\frac{\pi AR}{\alpha_0}\right)^2 + 1}\right)}\sin 2\eta(t) \tag{4-25}$$

该模型与其他准稳态模型或者线性化的非稳态模型相比,具有很多优点,比如便于动态稳定性分析和控制器上的设计。此外,针对扑翼悬飞,该模型能够构建翅拍周期内的瞬时升力,同时捕获非线性 LEV 效应。因此可用于预测瞬时升力的构建,甚至包括伴随与非稳态流场的延迟和相移问题。

14. 虚拟质量力计算模型的研究情况

前面概述了部分文献中给出的准稳态模型的延迟失速和转动升力,或者附着涡机制各种气动力系数的表达式。尽管在一定的条件和场合以及一定的假设下,这些模型都能够捕捉最重要的气动力产生机制,但是鉴于非环量机制也对气动力有一定的贡献,因此有必要探索其重要性和可行的表达式。

1)Sedov 模型

基于 1965 年 Sedov 给出的无限二维薄平板在无黏流中运动时的虚拟质量力计算公式的近似模型[149],2001 年 Sane 和 Dickinson 博士一起给出了虚拟质量效应对气动力贡献的公式,见式(4－3),2007 年,J. P. Whitney 博士也基于 Sedov 模型给出了虚拟质量气动力公式,见式(4－13)。

2) Walker 虚拟质量力计算模型

Walker 博士也给出了一种虚拟质量力计算公式[146]，见式(4－6)，该公式中引入了翅截面虚拟质量系数 β_n，在其 USBE 模型中，$\beta_n=1$。

3) Khan 和 Agrawal 等的虚拟质量计算模型

针对虚拟质量效应，Khan 和 Agrawal 等仅考虑了与翅膀弦向垂直的加速度的作用[151－152]。单位展向片元的虚拟质量是半径为半弦长的圆柱体体积内的空气质量。单位展向片元虚拟质量力的作用点在中弦位置，见前面式(4－8)。虚拟质量系数 C_3 的范围大约在 0.5～1。

4) 刚性球阻力跳跃模型

2011 年，国内的颜幸尧博士在研究翅拍冲程开始阶段出现的升力峰值贡献时，发现虚拟质量效应很明显，当然尾迹捕获效应对峰值的增大也有贡献；此外他还发现，在每个冲程的开始加速阶段和冲程末尾的减速阶段可能存在增大虚拟质量效应和减少虚拟质量效应的未知机制[169－171]。基于刚性球的阻力系数在立即加速后出现瞬间跳跃可用于计算虚拟质量系数 C_{add}；他给出虚拟质量效应的计算模型为：

$$\Delta F_{\mathrm{add}}=\Delta F_{\mathrm{tran,rot}}=\frac{2}{3}C_{\mathrm{add}}\rho_{\mathrm{air}}TU\dot{U}\Delta r\Delta c \text{，作用在翅膀片元上的虚拟质量力} \tag{4-26}$$

$$F_{\mathrm{add}}=\frac{2}{3}C_{\mathrm{add}}\rho_{\mathrm{air}}T\int_{o}^{T}\mathrm{d}t\int_{C_{\mathrm{Le}}}^{C_{\mathrm{Tr}}}\mathrm{d}c\int_{R_{\mathrm{b}}(c)}^{R_{\mathrm{T}}(c)}U\dot{U}\mathrm{d}r \text{，作用在整个翅膀上的虚拟质量力} \tag{4-27}$$

式中：$R_{\mathrm{b}}(\mathrm{c})$ 和 $R_{\mathrm{T}}(\mathrm{c})$ 分别为由弦宽 c 表达的展向翅膀长度 r 的上下限函数；C_{Le} 和 C_{Tr} 分别为翅膀片元弦向的积分下限和上限；对于圆球体来说，虚拟质量系数 $C_{\mathrm{add}}=0.5$。实际上针对不同的翅膀形貌参数，考虑边界层效应的话，虚拟质量模型中应该引入系数，并且该系数应该有所变化，但如何根据实际情况调整该系数的大小是一个值得研究的问题，毕竟虚拟质量力在翅膀的被动扭转中起着重要的作用。

4.1.2 各种气动力模型的对比分析

大体上，大部分的准稳态模型和非稳态模型都考虑前缘涡机制(及延迟失速)、转动环量和虚拟质量；有些模型还考虑了黏性耗散力的影响，尽管 Dickinson 博士的实验表明，针对悬飞仿昆 FWMAV 或者昆虫的雷诺数范围内($Re\in[75,4000]$)黏性效应可被给忽略[153]。下面简要对比分析这些模型的特点和适用性。

在对比之前，为了对比已报道的平动气动升阻力系数之间的差异，如图 4-1 所示，这里绘制了见诸文献的不同学者给出的平动环量升阻力系数随着攻角变化的曲线图。

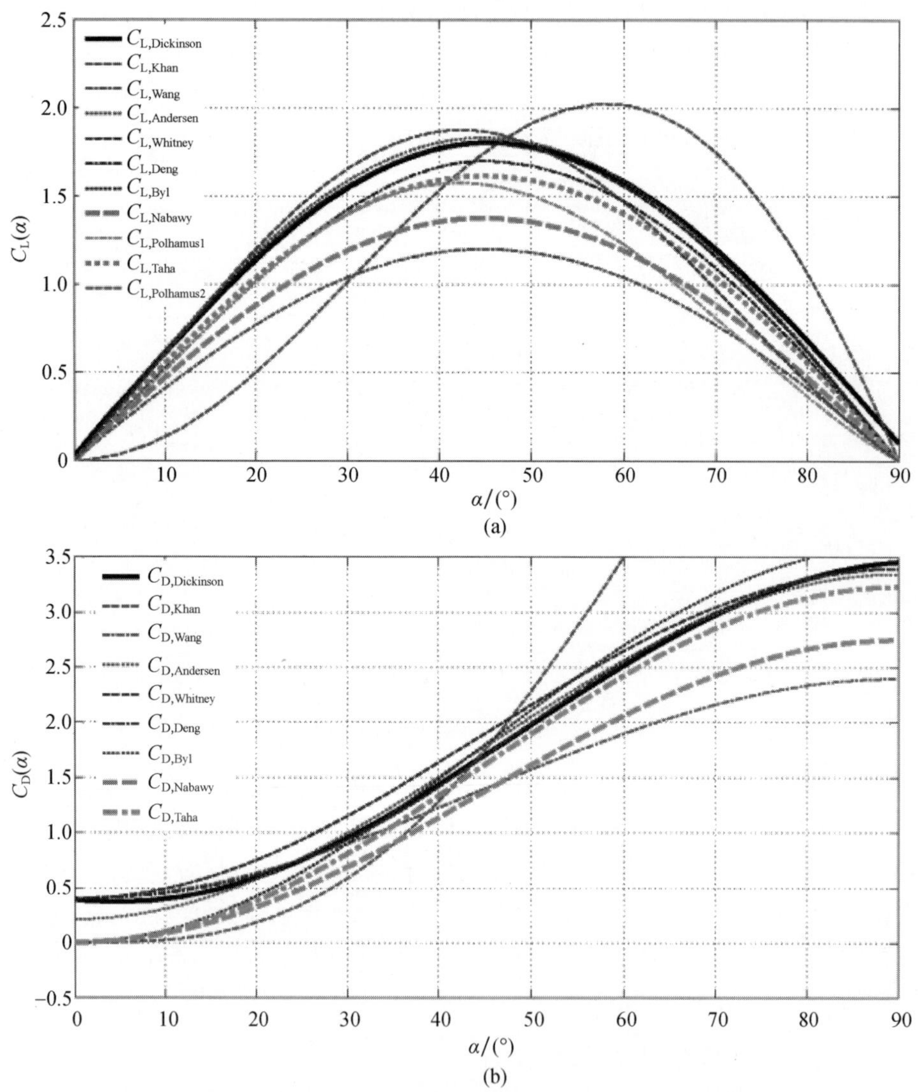

图 4-1　不同学者给出的平动环量升阻力系数随着攻角变化的结果对比
(a)平动升力系数随着攻角变化；(b)平动阻力系数随着攻角变化。

(1) Dickinson 等的准稳态气动力模型、Walker 博士定义的非稳态气动力模型、Khan 和 Agrawal 等的准稳态气动力模型以及 Wang Z. J. 等的准稳态气动力模型均是二维的。在刚性翅的假设下,准稳态模型同时假设翅膀展向各片元所受到的气动力等于以相同稳态速度和攻角运动的片元所产生的气动力。值得回顾的是,Dickinson 等的模型、Khan 和 Agrawal 等的模型以及 Wang Z. J. 等的模型均采用了实验测试拟合的气动升阻力系数。Walker 博士定义的非稳态气动力模型将平动环量和转动环量归结为环量附着涡机制,同时在其模型中引入了瓦格纳函数以考虑冲程开始时起动涡和翅膀的相互作用的非稳态机制,但是仍然采用 Dickinson 等实验拟合的气动升阻力系数。这些模型的共性是所采用的气动力模型中都没有考虑翅膀形貌对其影响,并且针对不同的实验场合,这些系数还需要被调整,比如 J. P. Whitney 博士修改了准稳态气动力模型中的气动力系数以适用被动扭转动力学问题的研究,然而怎样调整缺乏定性定量的结论。

(2)波尔豪森采用前缘吸力比拟法建立的升力系数计算模型也被粗略地被用于昆虫悬飞气动力问题的研究,但鉴于该模型是基于高扫掠角三角型机翼平动流场建立,因而无法准确适用于昆虫悬飞非稳态非线性气动力的构建。

(3)Nabawy 博士采用普朗特升力线理论建立的升力系数计算模型和 Taha 博士采用扩展升力线理论建立的升力系数计算模型都考虑翅膀形貌对气动升力系数的影响,因而是准三维的气动力模型。他们的不同点是静态升力系数的构建方法稍有不同,见前面详细介绍。值得关注的是,经过与实验数据的对比发现,Taha 博士采用状态空间描述法给出的非线性非稳态气动力模型是目前非常可靠的和有效的昆虫悬飞气动力模型。

(4)针对虚拟质量力计算模型的建立,有 Sedov 模型、Walker 虚拟质量力计算模型、Khan 和 Agrawal 等的虚拟质量计算模型以及刚性球阻力跳跃模型。这些模型最大的不同是虚拟质量系数根据实际应用情况有所改变,并且还有取值区间,然而如何调整该系数还没有准确的标准。

到此,本节概述了扑翼悬飞气动力分析模型的研究历程,这些模型既有经典的准稳态模型和改进的准稳态模型,也有非稳态模型。它们都分别基于不同的高升力气动机制和相应的气动力系数建立起来,但是都借助于叶素片元法来预测气动升阻力。有的模型相对简洁,有些模型则相对复杂,不管怎样简化,很多模型都或多或少忽略一些弱的气动力机制。同时,本节还概括了虚拟质量模型的研究情况,不同的学者采用不同的虚拟质量系数来预测相应的物理模型在不同流场中的虚拟附加质量力。相比于准稳态理论,非稳态非线性气动力模型能够更为准确地捕捉昆虫悬飞的气动力产生机制。然而,准稳态气动力模型因其紧凑性和简洁性更适用于扑翼微飞行器或者昆虫悬飞的翅拍运动优化、动态稳定性分析和控制器的设计。

4.2 扑翼形貌学参数化

值得注意的是,对于扑翼气动力的计算,气动压心的确定和惯性矩的计算,翅膀的形貌学参数化至关重要,因其最终影响着气动力矩和效率的计算。Whitney 和 Wood 已经建立了一种翅膀参数化的简洁方法,该方法假设翅膀是刚性薄的二维平面刚体,这样可以简化惯性张量的分析和翅膀运动角度的定义[45,172]。根据这一参数化方法,通过进一步地包含翅膀实际有限前缘轮廓的描述,翅膀俯仰扭转轴的定义,作者建立了果蝇翅膀形貌学的参数化描述[285-287]。这里翅膀的几何数据来自 Muijires 等针对实际黑腹果蝇的实验测试结果[173]。

4.2.1 翅膀形貌的描述

如图 4-2 所示,分别沿着 x 轴和 z 轴显示了展向片条和弦向微元单元。用黑色菱形表示质心。图中,x_0为扭转轴(x_p)和最大前缘点之间的投影垂直距离;$z_{le,maxp}$ 为翅膀平面的实际前缘轮廓上的最大点与 X_s 轴之间的投影距离;$C_{max,letotr}$ 为翅膀的实际前缘轮廓上的最大值点和实际后缘轮廓上的最小值点之间的距离。X_s 轴和 Z_s 轴的交点(O_s)可以称为翅肩部[45,172],因此称坐标系 $X_sO_sZ_s$ 为翅肩平面坐标系。翅根(O_r)相对于翅肩(O_s)存在一定的偏置距离,这个在工程上设计仿昆 FWMAV 时是很有必要考虑的一个参数,记为 x_r。值得注意的是,翅膀的俯仰轴的定义对于确定具有相似翅膀几何外形的实际有效前缘轮廓和后缘轮廓、压心的位置和有效力矩臂的位置至关重要。

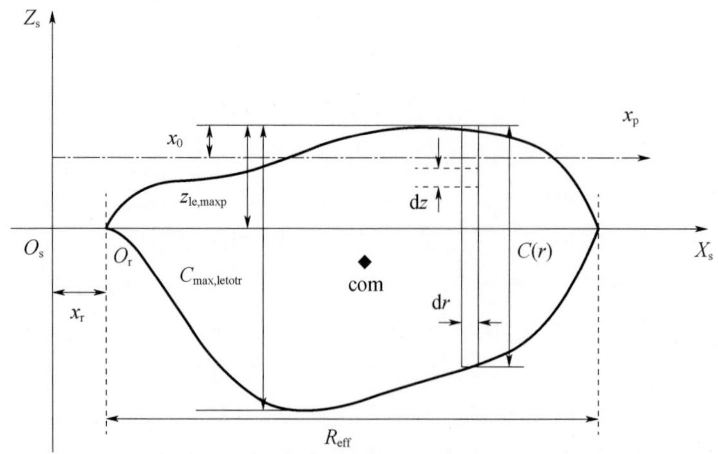

图 4-2 翅肩平面坐标系($X_sO_sZ_s$)的定义和果蝇翅膀平面基本尺寸

根据无量纲扭转轴的约定，即前缘对应无量纲位置0，后缘对应无量纲扭转轴位置1。无量纲值0.25用于动态比例果蝇翅膀模型是合适的[145]，这一处理方式被很多研究人员采纳用于定义翅平面的扭转运动和确定翅膀的几何参数[160,174-175]。作为研究的起点，这里选择了翅肩坐标系的 X_s 轴作为果蝇翅膀扭转轴(x_p)的位置，这个位置对应着相对于最大前缘点的0.36倍的一个无量纲的值($\hat{x}_0 = z_{le,maxp}/C_{max,letotr} = 0.36$)，即翅膀的前缘和后缘轮廓是基于该扭转轴位置而确定的。

针对果蝇翅膀，通过偏置和平移 Muijres 等测得的原始右侧果蝇翅膀的数据[173]，可获得翅膀的几何数据。确定俯仰扭转轴位置之后，通过采用多项式拟合坐标系 $X_sO_sZ_s$ 下的几何数据，可以获得实际的翅膀的前缘轮廓($z_{le}(r)$)和后缘轮廓($z_{tr}(r)$)(见图4-2和表4-1)。这里翅膀的其他形貌学参数列在表4-2中。

表4-1　果蝇翅膀的实际前缘轮廓($z_{le}(r)$)和后缘轮廓($z_{tr}(r)$)

	系数	a_0	a_1	a_2	a_3	a_4	a_5	a_6
($z_{le}(r)$)	值	-1.1879	5.674	-10.06	8.872	-4.04	0.9167	-0.08249
	$z_{le}(r) = a_0 + a_1 \cdot r + a_2 \cdot r^2 + a_3 \cdot r^3 + a_4 \cdot r^4 + a_5 \cdot r^5 + a_6 \cdot r^6$							
	系数	b_0	b_1	b_2	b_3	b_4	b_5	b_6
($z_{tr}(r)$)	值	-0.6467	3.739	-8.769	7.258	-2.795	0.504	-0.0333
	$z_{tr}(r) = b_0 + b_1 \cdot r + b_2 \cdot r^2 + b_3 \cdot r^3 + b_4 \cdot r^4 + b_5 \cdot r^5 + b_6 \cdot r^6$							

在翅肩坐标系下，前后缘之间的弦长记为 $C(r)$ 。翅膀的有效长度(R_{eff})定义为翅根和翅尖之间沿着 X_s轴的投影距离。A_w/R_{eff} 给出了平均弦长(C_{aver})。这里假设翅膀的质量是均匀各向同性分布的，并且其厚度非常薄，这样针对采用CAD软件构建的翅膀的三维几何模型，可以算得翅膀的质量(m_{wing})以及坐标系 $X_sO_sZ_s$ 下的质心(COM)位置（即，x_{com}和 z_{com}，见表4-2）。

表4-2　果蝇右侧翅膀的几何学参数和质量属性参数

项	值	项	值
R_{eff} /mm	3.004	ρ_{wing} ①/(mg/mm^3)	1.2
C_{aver} /mm	0.8854	m_{wing} *② /mg	0.002237
AR	3.4	I_{xx} */(mg · mm^2)	0.000267
x_r/mm	0.3289	I_{xz} */(mg · mm^2)	-0.000594
$\hat{r}_1$ *	0.5257	I_{yy} */(mg · mm^2)	0.009712
$\hat{r}_2$ *	0.5801	I_{zz} */(mg · mm^2)	0.009445
x_{com} * /mm	1.9202	z_{com} * /mm	-0.1498
①该数据来自文献[173]； ②该数据近似等于文献[66-67,176]中报道的值			

4.2.2 翅膀形貌的无量纲参数化

按照 Ellington 的无量纲方式[177]，分别通过沿着 X_s 轴和 Z_s 轴应用 R_{eff} 和 C_{aver} 作为长度尺度，可以给出翅膀几何形貌的无量纲形式。一系列无量纲参数可以获得，例如无量纲翅根偏置 $\hat{x}_r = x_r/R_{eff}$，无量纲径向距离 $\hat{r} = r/R_{eff}$，无量纲前缘轮廓 $\hat{z}_{le}(\hat{r}) = z_{le}(r)/C_{aver}$ 和无量纲后缘轮廓 $\hat{z}_{tr}(\hat{r}) = z_{tr}(r)/C_{aver}$，以及无量纲弦长 $\hat{c}(\hat{r}) = C(r)/C_{aver}$。根据针对单个翅膀的展弦比的习惯约定，单翅展弦比(AR)等于 R_{eff}/C_{aver}。最终，由 R_{eff}、C_{aver}、无量纲前缘轮廓（$\hat{z}_{le}(\hat{r})$）和无量纲后缘轮廓（$\hat{z}_{tr}(\hat{r})$）可以确定翅膀平面的参数。

4.3 翅膀运动学

这里，在右侧翅根参考坐标系下右翅相对于冲程平面的欧拉角由三个角度定义了，即拍打角(ϕ)、冲程面内外偏离角(θ)和俯仰角(ψ)（见图 4-3）。拍打角(ϕ)（前冲程对应着正值，沿着侧向的冲程中点被设置为初始值，即 $\phi = 0°$），冲程面内外偏离角(θ)（向上对应着负值）和扭转角(ψ)（沿着展向扭转俯仰轴的转动（这里的扭转轴为翅平面固定坐标系 $x_{rw}y_{rw}z_{rw}$ 下的 x_{rw} 轴），$\psi = 0°$ 对应着前后缘垂直于冲程平面，前缘始终向上，逆时针转动引起前缘向前）。三个欧拉角方向的确定服从右手法则。

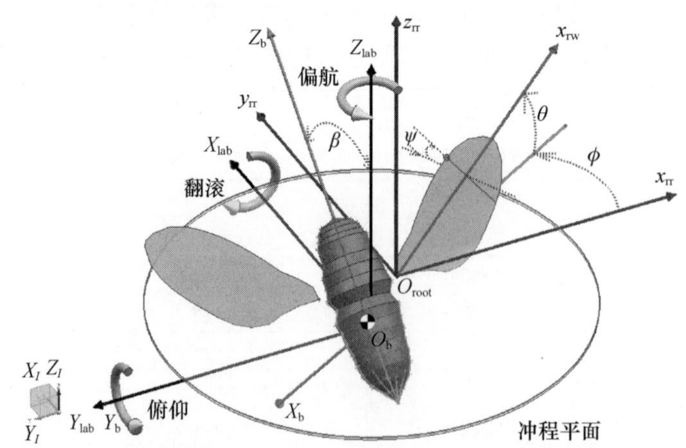

图 4-3 坐标系和右侧翅根坐标系（$x_{rr}y_{rr}z_{rr}$）下相对于冲程平面的右翅的欧拉角的定义

图 4-3 中清晰地给出了体参考坐标系（$X_bY_bZ_b$），实验参考坐标系（$X_{lab}Y_{lab}Z_{lab}$）和惯性参考坐标系（$X_IY_IZ_I$）。这里冲程平面是实验参考坐标系

($X_{lab}O_bY_{lab}$)的水平面。右侧翅根参考坐标系的坐标轴与实验参考坐标系的坐标轴重合,方向上沿着 Z_{lab}轴存在着90°差。在随后的力矩计算中忽略了 O_{root} 相对于 O_b的径向矢径。针对果蝇缓慢稳定飞行是纵向体轴(Z_b轴)相对于 Z_{lab}轴存在着47.5°的倾斜角[173]。考虑到工程上仿昆 FWMAV 的简洁性悬飞设计和简化优化分析[5, 63, 178],假设翅膀的面内外偏离角可以被忽略,因其幅值较小因而对气动力的影响很小。使用图 4 - 3 中呈现的坐标系统,从右侧翅根参考坐标系($x_{rr}y_{rr}z_{rr}$)到右翅平面固定参考坐标系($x_{rw}y_{rw}z_{rw}$)的完整的变换矩阵可表达为

$$
{}^{rw}_{rr}\boldsymbol{R} = \begin{bmatrix} \cos\phi & \sin\phi & 0 \\ -\cos\psi\sin\phi & \cos\psi\cos\phi & \sin\psi \\ \sin\psi\sin\phi & \sin\psi\cos\phi & \cos\psi \end{bmatrix} \tag{4-28}
$$

反之,从右侧翅平面固定参考坐标系到右翅翅根参考坐标系的逆变换矩阵可以表达成: ${}^{rr}_{rw}\boldsymbol{R} = {}^{rw}_{rr}\boldsymbol{R}^{-1}$ 。根据上面的变换和翅运动角度关于时间的导数,右侧翅平面固定参考坐标系下的翅膀角速率(${}^{rw}\boldsymbol{\omega}$)可以表达为

$$
{}^{rw}\boldsymbol{\omega} = \begin{bmatrix} \omega_x \\ \omega_y \\ \omega_z \end{bmatrix} = \begin{bmatrix} 1 & 0 & 0 \\ 0 & \cos\psi & \sin\psi \\ 0 & -\sin\psi & \cos\psi \end{bmatrix} \begin{bmatrix} 0 \\ 0 \\ \dot{\phi} \end{bmatrix} + \begin{bmatrix} \dot{\psi} \\ 0 \\ 0 \end{bmatrix} = \begin{bmatrix} \dot{\psi} \\ \dot{\phi}\sin\psi \\ \dot{\phi}\cos\psi \end{bmatrix} \tag{4-29}
$$

这里${}^{rw}\boldsymbol{\omega}$ 的左上角标注是右侧翅膀的缩写。进一步地,右侧翅平面固定参考坐标系下的角加速度为

$$
{}^{rw}\dot{\boldsymbol{\omega}} = \begin{bmatrix} \dot{\omega}_x \\ \dot{\omega}_y \\ \dot{\omega}_z \end{bmatrix} = \begin{bmatrix} \ddot{\psi} \\ \ddot{\phi}\sin\psi + \dot{\phi}\dot{\psi}\cos\psi \\ \ddot{\phi}\cos\psi - \dot{\phi}\dot{\psi}\sin\psi \end{bmatrix} \tag{4-30}
$$

根据翅平面固定坐标系($x_{rw}y_{rw}z_{rw}$)和翅肩坐标系(XOZ)之间的关系,翅平面固定坐标系下质心的位置可以写为

$$
{}^{rw}\boldsymbol{p}^{w}_{com} = \begin{bmatrix} x_{com} \\ 0 \\ z_{com} \end{bmatrix} \tag{4-31}
$$

因此翅平面质心处的线速度为

$$
{}^{rw}\boldsymbol{v}^{w}_{com} = {}^{rw}\boldsymbol{\omega} \times {}^{rw}\boldsymbol{P}^{w}_{com} = \begin{bmatrix} \omega_y z_{com} \\ \omega_z x_{com} - \omega_x z_{com} \\ -\omega_y x_{com} \end{bmatrix} \tag{4-32}
$$

考虑准稳态气动力模型的二维属性,线速度的径向分量($\omega_y z_{com}$)可被忽略

掉,因而翅平面质心处的平动线速度可以简写为

$$ {}^{\mathrm{rw}}\boldsymbol{v}_{\mathrm{com}}^{\mathrm{w}} = \boldsymbol{j}(\omega_z x_{\mathrm{com}} - \omega_x z_{\mathrm{com}}) + \boldsymbol{k}(-\omega_y x_{\mathrm{com}}) \tag{4-33} $$

然后,翅平面质心处的线加速度可以表达成:

$$ \begin{aligned} {}^{\mathrm{rw}}\dot{\boldsymbol{v}}_{\mathrm{com}}^{\mathrm{w}} &= \frac{\mathrm{d}^{\mathrm{rw}}\boldsymbol{\omega}}{\mathrm{d}t} \times {}^{\mathrm{rw}}\boldsymbol{p}_{\mathrm{com}}^{\mathrm{w}} + {}^{\mathrm{rw}}\boldsymbol{\omega} \times ({}^{\mathrm{rw}}\boldsymbol{\omega} \times {}^{\mathrm{rw}}\boldsymbol{p}_{\mathrm{com}}^{\mathrm{w}}) \\ &= {}^{\mathrm{rw}}\dot{\boldsymbol{\omega}} \times {}^{\mathrm{rw}}\boldsymbol{p}_{\mathrm{com}}^{\mathrm{w}} + {}^{\mathrm{rw}}\boldsymbol{\omega} \times {}^{\mathrm{rw}}\boldsymbol{v}_{\mathrm{com}}^{\mathrm{w}} \end{aligned} \tag{4-34} $$

将上面的 ${}^{\mathrm{rw}}\boldsymbol{\omega}$, ${}^{\mathrm{rw}}\dot{\boldsymbol{\omega}}$, ${}^{\mathrm{rw}}\boldsymbol{p}_{\mathrm{com}}^{\mathrm{w}}$ 和 ${}^{\mathrm{rw}}\boldsymbol{v}_{\mathrm{com}}^{\mathrm{w}}$,代入式(4-34),有

$$ {}^{\mathrm{rw}}\dot{\boldsymbol{v}}_{\mathrm{com}}^{\mathrm{w}} = \begin{bmatrix} \dot{\omega}_y z_{\mathrm{com}} - \omega_y^2 x_{\mathrm{com}} - \omega_z(\omega_z x_{\mathrm{com}} - \omega_x z_{\mathrm{com}}) \\ \dot{\omega}_z x_{\mathrm{com}} - \dot{\omega}_x z_{\mathrm{com}} + \omega_y(\omega_x x_{\mathrm{com}} + \omega_z z_{\mathrm{com}}) \\ -\dot{\omega}_y x_{\mathrm{com}} - \omega_y^2 z_{\mathrm{com}} + \omega_x(\omega_z x_{\mathrm{com}} - \omega_x z_{\mathrm{com}}) \end{bmatrix} \tag{4-35} $$

进一步地,将翅膀的角速度和角加速度代入式(4-35),可获得质心处的线加速度为

$$ {}^{\mathrm{rw}}\dot{\boldsymbol{v}}_{\mathrm{com}}^{\mathrm{w}} = \begin{bmatrix} (\ddot{\phi}\sin\psi + \dot{\phi}\dot{\psi}\cos\psi)z_{\mathrm{com}} - \dot{\phi}^2\sin^2\psi x_{\mathrm{com}} - \dot{\phi}\cos\psi(\dot{\phi}\cos\psi x_{\mathrm{com}} - \dot{\psi}z_{\mathrm{com}}) \\ (\ddot{\phi}\cos\psi - \dot{\phi}\dot{\psi}\sin\psi)x_{\mathrm{com}} - \ddot{\psi}z_{\mathrm{com}} + \dot{\phi}\sin\psi(\dot{\psi}x_{\mathrm{com}} + \dot{\phi}\cos\psi z_{\mathrm{com}}) \\ -(\ddot{\phi}\sin\psi + \dot{\phi}\dot{\psi}\cos\psi)x_{\mathrm{com}} - \dot{\phi}^2\sin^2\psi z_{\mathrm{com}} + \dot{\psi}(\dot{\phi}\cos\psi x_{\mathrm{com}} - \dot{\psi}z_{\mathrm{com}}) \end{bmatrix} \tag{4-36} $$

类似地,这里忽略了径向分量($\dot{\omega}_y z_{\mathrm{com}} - \omega_y^2 x_{\mathrm{com}} - \omega_z(\omega_z x_{\mathrm{com}} - \omega_x z_{\mathrm{com}})$),这样翅平面质心处的平动线加速度可以表达为:

$$ {}^{\mathrm{rw}}\dot{\boldsymbol{v}}_{\mathrm{com}}^{\mathrm{w}} = \begin{bmatrix} 0 \\ \ddot{\phi}\cos\psi x_{\mathrm{com}} - (\ddot{\psi} - \frac{1}{2}\dot{\phi}^2\sin 2\psi)z_{\mathrm{com}} \\ -\ddot{\phi}\sin\psi x_{\mathrm{com}} - (\dot{\psi}^2 + \dot{\phi}^2\sin^2\psi)z_{\mathrm{com}} \end{bmatrix} \tag{4-37} $$

4.4 扩展的准稳态气动和惯性力及力矩模型

我们假设扑翼果蝇始终能够保持悬飞。那么可以采用准稳态气动力模型来预测经过非稳态流场的扑翼薄板的气动力。该准稳态气动力模型使用了实验测试拟合而得的平动气动力系数和经验推导转动气动力系数公式来改进环量的计算[13,144-145,285-287]。关于采用叶素片元法实现准稳态气动力模型建立的适用性,Whitney 和 Wood 已经广泛地评论了它在准静态假设下预测二维准稳态气动力的有效性和在处理三维非稳态流场特征(比如尾迹捕获)的缺

陷[45]。如图 4－2 所示，叶素片元法假设作用在翅平面上的气动力是作用在每一个无穷小展向片条上的气动力的加和，而作用在每一个片条上的局部压阻力分布是作用在弦向微元上的法向压阻力的加和[41,42,45,144－145]。这里，考虑到简洁性和广泛的适用性，我们将采用 Whitney 的无量纲分析方法建立不同气动力和力矩的无量分析形式的公式。考虑到改进准稳态气动力模型的假设和适用性，采用雷诺数（Re）定义了后面能量最小化时优化翅膀几何参数和运动参数需用到的非线性约束：

$$Re = \frac{U_{\text{aver}} C_{\text{aver}}}{\nu} \tag{4-38}$$

式中：U_{aver} 为翅尖平均平动速率，可以表达成 $4\phi_{\text{m}} f R_{\text{eff}}$；$\nu$ 为空气的运动黏度（$1.48 \times 10^{-5}\,\text{m}^2/\text{s}$）。包含果蝇的扑翼昆虫悬飞时的雷诺数接近处于 100 ~ 3000 的范围之内[20, 45, 153]，在这一范围之内准稳态气动力模型已经被证明可以很好地预测实验测得的气动力数据[144－145]。在这部分，我们首先给出了翅平面固定坐标系下的气动力和力矩的公式，这些气动力和力矩源自平动环量、转动环量和气动阻尼力矩以及虚拟质量效应[285－286]。然后右翅翅根参考坐标下的水平力和垂直力以及力矩的表达式也依次给出了，以便验证当前的气动力和力矩模型，从而为随后的具有升重比约束的能量最小化的优化分析提供前提条件[286－287]。

4.4.1　源自平动环量的气动力和气动力矩

通过翅平面固定坐标系下相互正交的升阻力的矢量合成可以获得准稳态平动气动力。平动气动力的切向分量由于贡献小可以被忽略[155,179]。

针对这里采用的平动环量气动力机制，局部流场中二维准静态升阻力系数来自果蝇翅膀模型实测数据的简单谐波函数拟合关系式[13]，即

$$\begin{cases} C_{\text{L}}(\alpha) = 0.225 + 1.58\sin(2.13\alpha - 7.2) \\ C_{\text{D}}(\alpha) = 1.92 - 1.55\cos(2.04\alpha - 9.82) \end{cases} \tag{4-39}$$

式中：α 为以角度数表示的攻角，它遵守了 Whitney 和 Wood 给出的建议公式[45]，即 $\alpha = \text{atan2}(\omega_z, \omega_y)$。通过简单的平行四边形三角函数变换，可以获得法向平动气动力系数，$C_{\text{N}}(\alpha) = \cos\alpha C_{\text{L}}(\alpha) + \sin\alpha C_{\text{D}}(\alpha)$。

翅肩坐标系下作用在翅平面的每个微小片条的法向上平动气动力分量可以写为

$$F_{\text{trans},y} = \frac{1}{2}\rho {R_{\text{eff}}}^3 C_{\text{aver}} \hat{F}_{\text{trans}} C_N(\alpha) {\omega_{\text{pal}}}^2 \tag{4-40}$$

根据 Whitney 和 Wood 的约定[45]，这里 $\hat{F}_{\text{trans}} = \int_0^1 (\hat{r} + \hat{x}_{\text{r}})^2 \hat{c}(\hat{r}) \mathrm{d}\hat{r}$ 可以称为无量纲平动气动力。

沿着翅肩坐标系的 z - 轴的平动气动力矩可以表达为

$$M_{\text{trans},z} = \frac{1}{2}\rho R_{\text{eff}}^{\;4} C_{\text{aver}} \hat{M}_{\text{coeff},\text{trans},z} C_{\text{N}}(\alpha) \omega_{\text{pal}}^{\;2} \boldsymbol{e}_{z} \tag{4-41}$$

这里 $\hat{M}_{\text{coeff},\text{trans},z} = \int_0^1 (\hat{r} + \hat{x}_{\text{r}})^3 \hat{c}(\hat{r}) \mathrm{d}\hat{r}$ 可以称为沿着翅肩坐标系 z - 轴的无量纲平动气动力矩。

为了简化翅平面固定坐标下沿着俯仰轴（x - 轴）的气动力矩的分析计算，引入了平动环量气动力压心的展向特殊位置这一概念，即定义该气动力压心的展向特殊位置为翅平面固定坐标下沿着 z 轴的合气动力矩除以作用在整个翅平面上的法向合气动力[180]。因而针对平动环量气动力，不难发现压心相对于翅肩坐标系 z 轴的展向无量纲位置（$\hat{r}_{\text{spw},\text{cop},\text{trans}}$）可以由下式给出：

$$\hat{r}_{\text{spw},\text{cop},\text{trans}} = \frac{\underbrace{\int_0^1 (\hat{r} + \hat{x}_{\text{r}})^3 \hat{c}(\hat{r}) \mathrm{d}\hat{r}}_{\equiv \hat{M}_{\text{coeff},\text{trans},z}}}{\underbrace{\int_0^1 (\hat{r} + \hat{x}_{\text{r}})^2 \hat{c}(\hat{r}) \mathrm{d}\hat{r}}_{\equiv \hat{F}_{\text{trans}}}} \tag{4-42}$$

沿着翅肩坐标系的 x - 轴（也被称为翅平面的俯仰轴）的平动气动力矩也可以以积分的形式建立起来，即

$$M_{\text{trans},x} = \frac{1}{2}\rho \int_0^{R_{\text{eff}}} (r + x_{\text{r}})^2 z_{\text{cop}}(r) C(r) \mathrm{d}r C_{\text{N}}(\alpha) \omega_{\text{pal}}^{\;2} \tag{4-43}$$

针对每一个片条单元，这里 $z_{\text{cop}}(r)$ 是压心相对于翅平面俯仰轴线的弦向距离。现有的文献中已经报道过一些不同的简化方式或者假设用来确定压心的弦向位置分布[41-44, 174, 179, 181-184]。压心弦向位置分布的时空变化特征导致翅肩坐标系下沿着 x - 轴的平动环量气动力矩的计算相当复杂（见图 4-2）[45, 179, 182]。考虑到这种复杂性，为了简化气动力矩的计算，我们假设整个翅平面上的总法向合气动力集中作用在展向特殊压心位置上（$\hat{r}_{\text{spw},\text{cop},\text{trans}}$），也就是压心为某一特殊无穷小展向片条单元的中心线上的一系列随着时间沿着弦向移动的点[41-42]。关于动态比例可缩放果蝇翅膀平面，这里采用了压心弦向位置分布相对于攻角（α）的无量纲拟合公式[181-182]：

$$\hat{d}_{\text{cop}}(\alpha) = \frac{0.82}{\pi}|\alpha| + 0.05 \tag{4-44}$$

这里 $\hat{d}_{\mathrm{cop}}(\alpha)$ 是压心相对前缘的无量纲弦向位置分布[45]。在翅平面固定坐标系下，针对特殊展向压心所在的片条单元（$r_{\mathrm{spw,cop,trans}}$），压心的弦向位置分布为

$$z_{\mathrm{cop}}(r_{\mathrm{spw,cop,trans}}) = z_{\mathrm{le}}(r_{\mathrm{spw,cop,trans}}) - C(r_{\mathrm{spw,cop,trans}})\hat{d}_{\mathrm{cop}}(\alpha) \tag{4-45}$$

因此，翅肩坐标系下沿着 x 轴（也称为翅平面的俯仰轴线）的平动环量气动力矩可以表达成：

$$\begin{aligned} M_{\mathrm{trans},x} &= \frac{1}{2}\rho R_{\mathrm{eff}}{}^{3} C_{\mathrm{aver}}{}^{2}\int_{0}^{1}\hat{z}_{\mathrm{cp}}(\hat{r}_{\mathrm{spw,cop,trans}})(\hat{r}+\hat{x}_{\mathrm{r}})^{2}\hat{c}(\hat{r})\,\mathrm{d}\hat{r}\,C_{\mathrm{N}}(\alpha)\omega_{\mathrm{pal}}{}^{2} \\ &= \frac{1}{2}\rho R_{\mathrm{eff}}{}^{3} C_{\mathrm{aver}}{}^{2}\hat{F}_{\mathrm{trans}}\underbrace{\frac{\int_{0}^{1}\hat{z}_{\mathrm{cp}}(\hat{r}_{\mathrm{spw,cop,trans}})(\hat{r}+\hat{x}_{\mathrm{r}})^{2}\hat{c}(\hat{r})\,\mathrm{d}\hat{r}}{\hat{F}_{\mathrm{trans}}}}_{\equiv\hat{Z}_{\mathrm{cop,trans}}(\alpha)}C_{\mathrm{N}}(\alpha)\omega_{\mathrm{pal}}{}^{2} \\ &= \frac{1}{2}\rho R_{\mathrm{eff}}{}^{3} C_{\mathrm{aver}}{}^{2}\hat{F}_{\mathrm{trans}}\hat{Z}_{\mathrm{cop,trans}}(\alpha)C_{\mathrm{N}}(\alpha)\omega_{\mathrm{pal}}{}^{2} \end{aligned} \tag{4-46}$$

这样，针对特殊展向压心所在的片条单元的无量纲展向位置（$\hat{r}_{\mathrm{spw,cop,trans}}$），平动气动力压心相对于俯仰轴线的无量纲弦向位置分布（$\hat{z}_{\mathrm{cop}}(\hat{r}_{\mathrm{spw,cop,trans}})$）可以表达为

$$\hat{z}_{\mathrm{cop}}(\hat{r}_{\mathrm{spw,cop,trans}}) = \hat{z}_{\mathrm{le}}(\hat{r}_{\mathrm{spw,cop,trans}}) - \hat{\Delta} - \hat{c}(\hat{r}_{\mathrm{spw,cop,trans}})\hat{d}_{\mathrm{cop}}(\alpha) \tag{4-47}$$

式中：$\hat{d}_{\mathrm{cop}}(\alpha)$ 为压心关于攻角的无量纲弦向位置分布。并且引入 $\hat{\Delta} = \hat{z}_{\mathrm{le,maxp}} - \hat{x}_0$ 来考虑俯仰轴线相对于前缘最高点的无量纲位置（$\hat{x}_0$）对压心沿着展向特殊片条单元的无量纲弦向位置变化增量。其中 $\hat{z}_{\mathrm{le,maxp}} = z_{\mathrm{le,maxp}}/C_{\mathrm{max,letotr}}$。$z_{\mathrm{le,maxp}}$ 是初始果蝇翅膀的实际前缘轮廓最高点与翅肩坐标系的 X_{s} 轴的投影距离（见图4－2），它的无量纲形式为 $\hat{z}_{\mathrm{le,maxp}}$。$C_{\mathrm{max,letotr}}$ 是初始果蝇翅膀的实际前缘轮廓最高点与实际后缘轮廓最低点的投影距离（见图4－2）。因此针对压心所在的特殊展向片条单元，在某一攻角（α）时压心的无量纲弦向位置为

$$\hat{Z}_{\mathrm{cop,trans}}(\alpha) = \frac{\int_{0}^{1}[\hat{z}_{\mathrm{le}}(\hat{r}_{\mathrm{spw,cop,trans}}) - \hat{\Delta} - \hat{c}(\hat{r}_{\mathrm{spw,cop,trans}})\hat{d}_{\mathrm{cop}}(\alpha)](\hat{r}+\hat{x}_{\mathrm{r}})^{2}\hat{c}(\hat{r})\,\mathrm{d}\hat{r}}{\hat{F}_{\mathrm{trans}}} \tag{4-48}$$

考虑到力矩的矢量特点，通过引入符号函数（sign），最终的沿着 x 轴的平动环量气动力矩分量可以表达为

$$M_{\mathrm{trans},x} = -\operatorname{sign}(\alpha)\frac{1}{2}\rho R_{\mathrm{eff}}{}^{3} C_{\mathrm{aver}}{}^{2}\hat{F}_{\mathrm{trans}}\hat{Z}_{\mathrm{cop,trans}}(\alpha)C_{\mathrm{N}}(\alpha)\omega_{\mathrm{pal}}{}^{2}\boldsymbol{e}_{x} \tag{4-49}$$

没有上面提及的合适的假设和针对整个翅平面的准确数值积分，该力矩的计算是不容易实现的。因为沿着翅平面的俯仰轴的力矩对压心的弦向位置分布变化非常敏感[45,183]。

4.4.2 源自转动环量的气动力和气动力矩

前面介绍的平动环量气动力不能捕获快速俯仰逆反期间高转动角速率变化引起的环量的影响。相对于平动环量的幅值，该转动环量的幅值在俯仰逆反期间相当大。根据针对翅膀俯仰引起的气动力的准稳态处理方式[66-67,177]，作用在整个翅平面上的法向转动环量气动力为

$$F_{\mathrm{rot},y} = \frac{1}{2}\rho R_{\mathrm{eff}}{}^{2} C_{\mathrm{aver}}{}^{2} \hat{F}_{\mathrm{rot}} C_{\mathrm{R}} \omega_{x} \omega_{\mathrm{pal}} \tag{4-50}$$

类似地，这里 $\hat{F}_{\mathrm{rot}} = \int_0^1 (\hat{r} + \hat{x}_{\mathrm{r}})\hat{c}(\hat{r})^2 \mathrm{d}\hat{r}$ 可以称为无量纲转动气动力。此外我们选择了 $C_{\mathrm{R}} = \pi(0.75 - \hat{x}_0)$，该式是转动环量气动力系数的理论表达式[66-67,177]，这里考虑了俯仰轴相对于前缘最高点的无量纲位置（$\hat{x}_0$），以便实现涉及翅膀几何参数的优化。

翅肩坐标系下沿着 z 轴的转动气动力矩可以写为

$$M_{\mathrm{rot},z} = \frac{1}{2}\rho C_{\mathrm{aver}}{}^{2} R_{\mathrm{eff}}{}^{3} \hat{M}_{\mathrm{coeff,rot},z} C_{\mathrm{R}} \omega_{x} \omega_{\mathrm{pal}} \boldsymbol{e}_{\mathrm{z}} \tag{4-51}$$

类似地，这里 $\hat{M}_{\mathrm{coeff,rot},z} = \int_0^1 (\hat{r} + \hat{x}_{\mathrm{r}})^2 \hat{c}(\hat{r})^2 \mathrm{d}\hat{r}$ 可以称为翅肩坐标系下沿着 z 轴的无量纲转动气动力矩。

同样地，为了简化翅肩坐标系下沿着 x 轴（俯仰轴线）的转动环量气动力矩的计算，引入转动环量气动力压心的展向特殊位置这一概念，即定义该气动力压心的展向特殊位置为翅平面固定坐标下沿着 z 轴的合气动力矩除以作用在整个翅平面上的法向合气动力。因而针对转动环量气动力，不难发现压心相对于翅肩坐标系 z 轴的展向无量纲位置为

$$\hat{r}_{\mathrm{spw,cop,rot}} = \frac{\underbrace{\int_0^1 (\hat{r} + \hat{x}_{\mathrm{r}})^2 \hat{c}(\hat{r})^2 \mathrm{d}\hat{r}}_{\equiv \hat{M}_{\mathrm{coeff,rot},z}}}{\underbrace{\int_0^1 (\hat{r} + \hat{x}_{\mathrm{r}})\hat{c}(\hat{r})^2 \mathrm{d}\hat{r}}_{\equiv \hat{F}_{\mathrm{rot}}}} \tag{4-52}$$

这里，通过对比积分结果不难发现，$\hat{r}_{\mathrm{spw,cop,rot}}$ 的值要比 $\hat{r}_{\mathrm{spw,cop,trans}}$ 的值小些。这最终表现为平动环量气动力和转动环量气动力分别在翅肩坐标系的 z-轴产生的

气动力矩的幅值分布是不一致的，相似的结果已经被 Arabagi Veaceslay 等报道过[185]。

关于转动环量法向气动力的弦向压心的分布，考虑到平动环量和转动环量可能来源于同一种环量附着涡升力机制[146]，我们假设转动环量气动力的压心的弦向位置分布与平动环量气动力的压心的弦向位置分布（$\hat{d}_{\text{cop}}(\alpha)$）是一致的。这样关于转动环量气动力，针对压心所在的特殊展向无量纲位置（$\hat{r}_{\text{spw,cop,rot}}$），其压心的弦向无量纲位置分布可以表达为

$$\hat{z}_{\text{cop}}(\hat{r}_{\text{spw,cop,rot}}) = \hat{z}_{\text{le}}(\hat{r}_{\text{spw,cop,rot}}) - \hat{\Delta} - \hat{c}(\hat{r}_{\text{spw,cop,rot}})\hat{d}_{\text{cop}}(\alpha) \tag{4-53}$$

如此一来，可以将翅肩坐标系下沿着 x 轴的转动环量气动力矩写成：

$$\begin{aligned}
M_{\text{rot},x} &= \frac{1}{2}\rho C_{\text{aver}}{}^3 R_{\text{eff}}{}^2 \int_0^1 \hat{z}_{\text{cop}}(\hat{r}_{\text{spw,cop,rot}})(\hat{r}+\hat{x}_{\text{r}})\hat{c}(\hat{r})^2 \mathrm{d}\hat{r} C_{\text{R}}\omega_x\omega_{\text{pal}} \\
&= \frac{1}{2}\rho C_{\text{aver}}{}^3 R_{\text{eff}}{}^2 \hat{F}_{\text{rot}} \underbrace{\frac{\int_0^1 \hat{z}_{\text{cop}}(\hat{r}_{\text{spw,cop,rot}})(\hat{r}+\hat{x}_{\text{r}})\hat{c}(\hat{r})^2 \mathrm{d}\hat{r}}{\hat{F}_{\text{rot}}}}_{\equiv \hat{Z}_{\text{cop,rot}}(\alpha)} C_{\text{R}}\omega_x\omega_{\text{pal}} \\
&= \frac{1}{2}\rho C_{\text{aver}}{}^3 R_{\text{eff}}{}^2 \hat{F}_{\text{rot}} \hat{Z}_{\text{cop,rot}}(\alpha) C_{\text{R}}\omega_x\omega_{\text{pal}}
\end{aligned} \tag{4-54}$$

其中，针对特殊展向压心所在的片条单元的无量纲展向位置（$\hat{r}_{\text{spw,cop,rot}}$），$\hat{z}_{\text{cop}}(\hat{r}_{\text{spw,cop,rot}})$ 是压心相对于俯仰轴线的无量纲弦向位置分布。因此针对压心所在的特殊展向片条单元，在某一攻角时压心的无量纲弦向位置为

$$\hat{Z}_{\text{cop,rot}}(\alpha) = \frac{\int_0^1 [\hat{z}_{\text{le}}(\hat{r}_{\text{spw,cop,rot}}) - \hat{\Delta} - \hat{c}(\hat{r}_{\text{spw,cop,rot}})\hat{d}_{\text{cop}}(\alpha)](\hat{r}+\hat{x}_{\text{r}})\hat{c}(\hat{r})^2 \mathrm{d}\hat{r}}{\hat{F}_{\text{rot}}} \tag{4-55}$$

这里同样引入了 $\hat{\Delta} = \hat{z}_{\text{le,maxp}} - \hat{x}_0$ 来考虑俯仰轴线相对于前缘最高点的无量纲位置（$\hat{x}_0$）对压心沿着展向特殊片条单元的无量纲弦向位置变化增量。

类似地，考虑到力矩的矢量特点，通过引入绝对值符号限定方向，最终的沿着 x 轴的转动环量气动力矩分量可以表达为

$$M_{\text{rot,x}} = \frac{1}{2}\rho C_{\text{aver}}{}^3 R_{\text{eff}}{}^2 \hat{F}_{\text{rot}} \hat{Z}_{\text{cop,rot}}(\alpha) C_{\text{R}}\omega_x |\omega_{\text{pal}}| \boldsymbol{e}_x \tag{4-56}$$

该力矩的计算与沿着 x 轴的平动环量气动力矩分量的计算一样复杂，因此对式(4-55)的积分需要深入仔细核对。

4.4.3 气动阻尼力矩

所有前面讨论的气动力矩的预测是基于准静态假设,即整个翅平面的展向片条单元经历平动环量和额外的转动环量引发的一致来流。该假设没有考虑由每一片条的弦向无穷小微元的俯仰速度梯度差引起的耗散阻尼效应(即每一片条的俯仰转动会引发法向速度差,从而出现压阻力的差值诱发差动阻尼力矩)[43-45]。在一定程度上,耗散阻尼力矩模拟了一些未知气动机制的力矩,这些力矩无法被平动环量或转动环量气动力预测到,但是在翅膀的俯仰逆反运动的发挥着不可缺少的作用[41-45,172,183-184,186]。这里我们采用 Whitney 和 Wood 的方式再次建立了阻尼力矩模型。

4.4.3.1 翅肩坐标系下沿着 x 轴的气动阻尼力矩

针对翅肩坐标系下沿着 x 轴的气动阻尼力矩,首先考虑针对每一展向片条单元的差动阻尼力矩。由于每一片条的俯仰转动会引发法向速度差,从而出现压阻力的差值诱发差动阻尼力矩。关于每一展向片条单元的阻尼力矩可以写为

$$\mathrm{d}(\delta M_{\mathrm{rd},x}) = -\frac{1}{2}\rho C_{\mathrm{rd}}\,|\omega_x|\,\omega_x\,|z|\,z^2\,\mathrm{d}z\mathrm{d}r \tag{4-57}$$

式中:$\mathrm{d}z\mathrm{d}r$ 为每一个展向片条的弦向无穷小微元(见图4-2);C_{rd} 为转动阻尼力矩系数。为了预测翅膀的被动俯仰动力学产生力学机制,Whitney 和 Wood 还评论了一些有关 C_{rd} 的其他的可选值[45]。这里我们参考 Andersen 等的数据[43-44],采用了 $C_{\mathrm{rd}}=2$。将式(4-57)沿着每一个展向片条的弦长方向(即翅肩坐标系的 z 轴方向)进行积分,可以获得针对每一个展向片条的关于 x_{p} 轴的阻尼力矩为

$$\begin{aligned}\delta M_{\mathrm{rd},x} &= -\frac{1}{2}\rho\int_{z_{\mathrm{tr}}(r)}^{z_{\mathrm{le}}(r)}|z|\,z^2\,\mathrm{d}z\mathrm{d}r C_{\mathrm{rd}}\,|\omega_x|\,\omega_x\\ &= -\frac{1}{2}\rho\underbrace{\frac{1}{4}\left[\,|z_{\mathrm{le}}(r)|\,z_{\mathrm{le}}(r)^3-|z_{\mathrm{tr}}(r)|\,z_{\mathrm{tr}}(r)^3\right]}_{\equiv z_{\mathrm{rd}}(r)}\mathrm{d}r C_{\mathrm{rd}}\,|\omega_x|\,\omega_x\\ &= -\frac{1}{2}\rho z_{\mathrm{rd}}(r)\,\mathrm{d}r C_{\mathrm{rd}}\,|\omega_x|\,\omega_x\end{aligned} \tag{4-58}$$

其中,

$$z_{\mathrm{rd}}(r) = \frac{1}{4}\left[\,|z_{\mathrm{le}}(r)|\,z_{\mathrm{le}}(r)^3-|z_{\mathrm{tr}}(r)|\,z_{\mathrm{tr}}(r)^3\right] \tag{4-59}$$

式中:$z_{\mathrm{le}}(r)$ 和 $z_{\mathrm{tr}}(r)$ 为翅肩坐标系下的翅膀的前后缘轮廓。式(4-58)的无量

纲形式为

$$\delta M_{\mathrm{rd},x} = -\frac{1}{2}\rho C_{\mathrm{aver}}{}^{4}R_{\mathrm{eff}}\hat{z}_{\mathrm{rd}}(\hat{r})\mathrm{d}rC_{\mathrm{rd}}|\omega_x|\omega_x \tag{4-60}$$

翅肩坐标系下沿着 x 轴的总阻尼力矩可以表达为

$$M_{\mathrm{rd},x} = -\frac{1}{2}\rho C_{\mathrm{aver}}{}^{4}R_{\mathrm{eff}}\hat{M}_{\mathrm{coeff,rd},x}C_{\mathrm{rd}}\boldsymbol{\omega}_x|\boldsymbol{\omega}_x|\boldsymbol{e}_x \tag{4-61}$$

式中：$\hat{M}_{\mathrm{coeff,rd,x}} = \int_0^1 \hat{z}_{\mathrm{rd}}(\hat{r})\mathrm{d}\hat{r}$ 为翅肩坐标系下沿着 x 轴无量纲转动阻尼系数。针对翅平面的整个展向片条，$\hat{z}_{\mathrm{rd}}(\hat{r})$ 为阻尼有效力臂相对于俯仰轴的无量纲相对距离。它的完整形式为

$$\hat{z}_{\mathrm{rd}}(\hat{r}) = \frac{1}{4}\left[|\hat{z}_{\mathrm{le}}(\hat{r}) - \hat{\Delta}|(\hat{z}_{\mathrm{le}}(\hat{r}) - \hat{\Delta})^3 - |\hat{z}_{\mathrm{le}}(\hat{r}) - \hat{\Delta} - \hat{c}(\hat{r})|(\hat{z}_{\mathrm{le}}(\hat{r}) - \hat{\Delta} - \hat{c}(\hat{r}))^3\right] \tag{4-62}$$

4.4.3.2　翅肩坐标系下沿着 z 轴的气动阻尼力矩

类似地，针对翅肩坐标系下沿着 z 轴的气动阻尼力矩，首先考虑针对每一展向片条单元的法向差动阻尼力。由于每一片条的俯仰转动会引发法向速度差，从而出现差动压阻力。关于每一展向片条单元的差动压阻力可以写为

$$d(\delta F_{\mathrm{rd},y}) = -\frac{1}{2}\rho C_{\mathrm{rd}}\omega_x|\omega_x|z^2\mathrm{d}z\mathrm{d}r \tag{4-63}$$

同样地，这里 $\mathrm{d}z\mathrm{d}r$ 是每一个展向片条的弦向无穷小微元（见图 4－2）。将式（4－63）沿着每一个展向片条的弦长方向（即翅肩坐标系的 z 轴方向）进行积分，我们可以获得针对每一个展向片条的法向差动压阻尼力为

$$\delta F_{\mathrm{rd},y} = -\frac{1}{2}\rho C_{\mathrm{rd}}\int_{z_{\mathrm{tr}}(r)}^{z_{\mathrm{le}}(r)} z^2\mathrm{d}z\mathrm{d}r\omega_x|\omega_x| = -\frac{1}{6}\rho C_{\mathrm{rd}}C(r)^3\mathrm{d}r\omega_x|\omega_x| \tag{4-64}$$

考虑到计算的复杂性和贡献较小，Whitney 和 Wood 等忽略了阻尼力对总气动力的贡献[45]。

针对翅肩坐标系下沿着 z 轴的每一展向片条单元产生的气动阻尼力矩，很容易构建如下公式：

$$\delta M_{\mathrm{rd},z} = (x_{\mathrm{r}} + r)\delta F_{\mathrm{rd},y} = -\frac{1}{6}\rho C_{\mathrm{rd}}C(r)^3(x_{\mathrm{r}} + r)\mathrm{d}r\omega_x|\omega_x| \tag{4-65}$$

将式（4－65）转换成无量纲形式，有如下表达式：

$$\delta M_{\mathrm{rd},z} = -\frac{1}{6}\rho C_{\mathrm{aver}}{}^{3}R_{\mathrm{eff}}{}^{2}\hat{c}(\hat{r})^3(\hat{x}_{\mathrm{r}} + \hat{r})\mathrm{d}\hat{r}C_{\mathrm{rd}}\omega_x|\omega_x| \tag{4-66}$$

这样翅肩坐标系下沿着 z 轴的总气动阻尼力矩可以表达为

$$M_{\mathrm{rd},z} = -\frac{1}{6}\rho C_{\mathrm{aver}}{}^{3}R_{\mathrm{eff}}{}^{2}\hat{M}_{\mathrm{coeff,rd,z}}C_{\mathrm{rd}}\boldsymbol{\omega}_x\,|\boldsymbol{\omega}_x|\,\boldsymbol{e}_z \tag{4-67}$$

其中，$\hat{M}_{\mathrm{coeff,rd,z}} = \int_0^1 \hat{c}(\hat{r})^3(\hat{x}_{\mathrm{r}} + \hat{r})\mathrm{d}\hat{r}$ 可以称为翅肩坐标系下沿着 z 轴的无量纲转动阻尼力矩系数。耗散阻尼力矩的方向总是与转动环量引起力矩分量的方向是相同的。

4.4.4 虚拟质量力和力矩

针对无限薄的二维平板在无黏无旋流中经历二维运动时，基于 Sedov 建立的近似公式[149]，一些学者已经在准稳态气动力理论中推导了虚拟质量效应产生力和力矩的公式[41-45, 144]。

这里，我们采用 Whitney 和 Wood 建议的方法分别推导了作用在翅平面上的法向虚拟质量力和翅肩坐标系下沿着 z 轴的虚拟质量力矩的公式[45]。

针对无限薄二维平板的展向片条单元，作用在片条单元表面上的法向虚拟质量力($\mathrm{d}F_{\mathrm{add},y}$)和沿着翅平面俯仰轴线的虚拟质量力矩($\mathrm{d}M_{\mathrm{add,pal},x}$)可以由下式给出：

$$\begin{cases} \mathrm{d}F_{\mathrm{add},y} = -m_{\mathrm{add,mid},y}\dot{U}_{\mathrm{pal},y} - m_{\mathrm{add,pal},y}\dot{\omega}_x \\ \mathrm{d}M_{\mathrm{add,pal},x} = -m_{\mathrm{add,pal},y}\dot{U}_{\mathrm{pal},y} - I_{\mathrm{add,pal},x}\dot{\omega}_x \end{cases} \tag{4-68}$$

式中：$\dot{U}_{\mathrm{pal},y}$ 为俯仰轴线与某一片条单元交点处的法向线加速度，它可以被表达成 $\dot{U}_{\mathrm{pal},y} = -(r + x_{\mathrm{r}})(\dot{\omega}_z + \omega_x\omega_y)$ 。$m_{\mathrm{add,mid},y}$ 和 $m_{\mathrm{add,pal},y}$ 分别为片条中弦点处的法向虚拟质量系数和由于沿着片条俯仰轴线方向的俯仰角加速度导致的俯仰轴线与片条单元的交点处的法向虚拟质量系数。$I_{\mathrm{add,pal},x}$ 指由于沿着片条俯仰轴线方向的俯仰角加速度导致的俯仰轴线与片条单元的交点处的虚拟质量惯量系数。考虑到表述的简洁性，重复的下标删除了，比如 'xx'，'yy' 和 'zz'。

针对翅平面的无限薄的二维展向片条单元，虚拟质量系数可以由下式给出，即

$$\begin{cases} m_{\mathrm{add,mid},y} = \dfrac{1}{4}\pi\rho C(r)^2 \\ m_{\mathrm{add,pal},y} = -\dfrac{1}{4}\pi\rho C(r)^2 z_{\mathrm{h}} \\ I_{\mathrm{add,pal},x} = \dfrac{1}{4}\pi\rho C(r)^2 z_{\mathrm{h}}{}^2 + \dfrac{1}{128}\pi\rho C(r)^4 \end{cases} \tag{4-69}$$

式中：z_{h} 是俯仰轴线与某一片条单元中点之间的偏置距离（见图 4-2），它的无量纲形式为

$$\hat{z}_{\mathrm{h}}(\hat{r}) = \frac{1}{2}\hat{c}(\hat{r}) - (\hat{z}_{\mathrm{le}}(\hat{r}) - \hat{\Delta}) \tag{4-70}$$

像前面使用的那样,式(4-70)引入了 $\hat{\Delta} = \hat{z}_{\mathrm{le,maxp}} - \hat{x}_0$ 。

这里,采用 Whitney 和 Wood 的方式[45],我们重新推导了与虚拟质量效应有关的公式,并额外地包含了作用在整个翅平面的法向虚拟质量力和沿着翅肩坐标系的 z 轴的虚拟质量力矩分量。作用在整个翅平面上的法向总虚拟质量力可以表达为

$$F_{\mathrm{add},y} = \frac{\pi}{4}\rho C_{\mathrm{aver}}{}^2 R_{\mathrm{eff}}{}^2 \hat{F}_{\mathrm{rot}}(\dot{\omega}_z + \omega_x\omega_y) + \frac{\pi}{4}\rho C_{\mathrm{aver}}{}^3 R_{\mathrm{eff}} \hat{F}_{\mathrm{coeff,add,y,1}}\dot{\omega}_x \tag{4-71}$$

类似地,这里 $\hat{F}_{\mathrm{coeff,add,y,1}} = \int_0^1 \hat{c}(\hat{r})^2 \hat{z}_{\mathrm{h}} \mathrm{d}\hat{r}$ 可以称为无量纲转动虚拟质量力。

沿着翅肩坐标系的 x 轴的虚拟质量力矩可以表达为

$$\begin{aligned} M_{\mathrm{add},x} &= -\Bigg(\frac{\pi}{4}\rho C_{\mathrm{aver}}{}^3 R_{\mathrm{eff}}{}^2 \underbrace{\int_0^1 (\hat{r} + \hat{x}_{\mathrm{r}})\hat{c}(\hat{r})^2 \hat{z}_{\mathrm{h}}(\hat{r})\mathrm{d}\hat{r}}_{\equiv \hat{I}_{xz,\mathrm{am}}}\Bigg)(\dot{\omega}_z + \omega_x\omega_y) \\ &\quad - \Bigg(\frac{\pi}{4}\rho C_{\mathrm{aver}}{}^4 R_{\mathrm{eff}} \underbrace{\int_0^1 \hat{c}(\hat{r})^2 \left(\hat{z}_{\mathrm{h}}(\hat{r})^2 + \frac{1}{32}\hat{c}(\hat{r})^2\right)\mathrm{d}\hat{r}}_{\equiv \hat{I}_{xx,\mathrm{am}}}\Bigg)\dot{\omega}_x \\ &= \left(-\frac{\pi}{4}\rho C_{\mathrm{aver}}{}^3 R_{\mathrm{eff}}{}^2 \hat{I}_{xz,\mathrm{am}}(\dot{\omega}_z + \omega_x\omega_y) - \frac{\pi}{4}\rho C_{\mathrm{aver}}{}^4 R_{\mathrm{eff}} \hat{I}_{xx,\mathrm{am}}\dot{\omega}_x\right)\boldsymbol{e}_x \end{aligned} \tag{4-72}$$

沿着翅肩坐标系的 z 轴的虚拟质量力矩为

$$\begin{aligned} M_{\mathrm{add},z} &= \frac{\pi}{4}\rho C_{\mathrm{aver}}{}^2 R_{\mathrm{eff}}{}^3 \underbrace{\int_0^1 \hat{c}(\hat{r})^2 (\hat{r} + \hat{x}_{\mathrm{r}})^2 \mathrm{d}\hat{r}}_{\equiv \hat{M}_{\mathrm{coeff,add,z,1}}}(\dot{\omega}_z + \omega_x\omega_y) \\ &\quad + \frac{\pi}{4}\rho C_{\mathrm{aver}}{}^3 R_{\mathrm{eff}}{}^2 \underbrace{\int_0^1 \hat{c}(\hat{r})^2 \hat{z}_{\mathrm{h}}(\hat{r})(\hat{r} + \hat{x}_{\mathrm{r}})\mathrm{d}\hat{r}}_{\equiv \hat{I}_{xz,\mathrm{am}}}\dot{\omega}_x \\ &= \left(\frac{\pi}{4}\rho C_{\mathrm{aver}}{}^2 R_{\mathrm{eff}}{}^3 \hat{M}_{\mathrm{coeff,add,z,1}}(\dot{\omega}_z + \omega_x\omega_y) + \frac{\pi}{4}\rho C_{\mathrm{aver}}{}^3 R_{\mathrm{eff}}{}^2 \hat{I}_{xz,\mathrm{am}}\dot{\omega}_x\right)\boldsymbol{e}_z \end{aligned} \tag{4-73}$$

总之,扩展的准稳态气动力和力矩模型是由改进的准稳态气动力模型推导而来的[13,45,144-145],但是它与后者有两点不同。第一个不同点是扩展的准稳态模型包含了沿着翅肩坐标系的 z 轴的气动阻尼力矩。该力矩是翅膀俯仰

运动时每个片条上的弦向微元的速度梯度差引起的压阻力。在早期的文献中很少考虑该力矩[41-42,45]。第二个不同点是引入了关于平动环量和转动环量压心的弦向位置分布一致的假设(注意:这里压心所在的展向特殊片条的中心线的位置是不同的)来简化转动环量气动力矩的计算。由于直接测试转动力矩的困难性和缺乏对转动环量气动力机制的压心的可能弦向位置的探究[41-42,181-182],转动环量气动力矩的计算要么被忽略[45]或要么有意识地采用了源于平动环量和转动环量机制的压心的弦向位置分布是一致的假设,并且该位置位于每个片条单元的中弦点,因而转动环量力的力臂为中弦点到俯仰轴之间的距离[41-42]。

4.4.5 作用在翅平面上的总的法向气动力

根据扑翼悬飞准稳态模型[13,144-145],翅平面固定坐标系下作用在翅平面上的法向总瞬时气动力可以表达成三项力分量的加和,即

$$F_{\text{aero},y} = F_{\text{trans},y} + F_{\text{rot},y} + F_{\text{add},y} \tag{4-74}$$

很明显,这里针对扑翼悬飞的准稳态模型没有包含非稳态效应,比如由静止起动加速引起的起动涡效应[187],发生在高攻角时的脱涡效应[140],在往复式运动中翅平面截获自身尾迹的尾迹捕获效应[13],取决于翅膀尺寸和形状的诱导流效应[155-156,184]。尽管如此,随后的预测结果和实验结果的对比证实,准稳态气动力模型在预测扑翼悬飞气动力时不应该被低估(Compromise),也即可以较为准确预估悬飞气动力。这里提及的是由于实验测得的瞬时力排除了翅膀自身重力和惯性力的影响[173,188-189],此外,与气动力分量对总瞬时力的贡献的对比,翅膀自身的重力和惯性力对总瞬时力的贡献可以忽略。因此作用在翅平面上的法向瞬时力近似等于瞬时气动力:

$$^{\text{rw}}F_{\text{total},y} = F_{\text{aero},y} \tag{4-75}$$

4.4.6 翅平面固定坐标系下的合气动力矩

基于前面提及的来自各种不同气动力机制的气动力矩,自然而然地可以在翅平面固定坐标系下建立总气动力矩的表达式。针对单个翅膀,沿着坐标系 $x_3y_3z_3$ 的展向俯仰轴(x_3)和弦向轴(z_3)的总气动力矩可以表达为

$$\begin{cases} \boldsymbol{M}_{\text{aero},x} = \boldsymbol{M}_{\text{trans},y} + \boldsymbol{M}_{\text{rot},y} + \boldsymbol{M}_{\text{rd},y} + \boldsymbol{M}_{\text{add},x} \\ \boldsymbol{M}_{\text{aero},z} = \boldsymbol{M}_{\text{trans},z} + \boldsymbol{M}_{\text{rot},z} + \boldsymbol{M}_{\text{rd},z} + \boldsymbol{M}_{\text{add},z} \end{cases} \tag{4-76}$$

式(4-76)构成了矢量: $^3\boldsymbol{M}_{\text{aero}} = [\boldsymbol{M}_{\text{aero},x} \quad \boldsymbol{M}_{\text{aero},y} \quad \boldsymbol{M}_{\text{aero},z}]^{\text{T}}$,其中 $\boldsymbol{M}_{\text{aero},y}$ 为零,即忽略了翅平面的摩擦力等产生的法向气动力矩。

4.4.7　惯性力和力矩

根据针对扑翼悬飞气动力的实际尺度的实验测试研究[45,144-145]，分离翅平面质心处较高的角加速度引起的惯性力在气动力的测试中起着重要作用，尤其是在翅膀俯仰逆反的附近时间段，惯性力的幅值几乎和附加质量力的幅值接近了，如图 4-4 所示。因此考虑惯性力对总的瞬时力的贡献是很有必要的[38]。在翅平面固定坐标系下惯性力可以由下式给出：

$$F_{\text{inert},y} = -m_{\text{wing}} \cdot {}^{\text{rw}}\dot{v}^{\text{w}}_{\text{com},y} = -m_{\text{wing}}\left(\ddot{\phi}\cos\psi x_{\text{com}} - \left(\ddot{\psi} - \frac{1}{2}\dot{\phi}^2\sin 2\psi\right)z_{\text{com}}\right) \tag{4-77}$$

$$F_{\text{inert},z} = -m_{\text{wing}} \cdot {}^{\text{rw}}\dot{v}^{\text{w}}_{\text{com},z} = -m_{\text{wing}}\left(-\ddot{\phi}\sin\psi x_{\text{com}} - (\dot{\psi}^2 + \dot{\phi}^2\sin^2\psi)z_{\text{com}}\right) \tag{4-78}$$

式中：m_{wing} 为翅平面的质量；${}^{\text{rw}}\dot{v}^{\text{w}}_{\text{com},y}$ 和 ${}^{\text{rw}}\dot{v}^{\text{w}}_{\text{com},z}$ 为翅平面固定坐标系下的翅平面质心处的线加速度。然后，翅平面固定坐标系下的惯性力矩可以通过叉乘操作计算如下：

$${}^{\text{rw}}\boldsymbol{M}_{\text{inert}} = {}^{\text{rw}}\boldsymbol{p}^{\text{w}}_{\text{com}} \times {}^{\text{rw}}\boldsymbol{F}_{\text{inertial}} = \begin{bmatrix} x_{\text{com}} \\ 0 \\ z_{\text{com}} \end{bmatrix} \times \begin{bmatrix} 0 \\ {}^{\text{rw}}\boldsymbol{F}_{\text{inert},y} \\ {}^{\text{rw}}\boldsymbol{F}_{\text{inert},z} \end{bmatrix} = \begin{bmatrix} -z_{\text{com}}F_{\text{inert},y} \\ x_{\text{com}}F_{\text{inert},z} \\ -x_{\text{com}}F_{\text{inert},y} \end{bmatrix} \tag{4-79}$$

惯性力矩可以按照下面的分量形式来表达：

$${}^{\text{rw}}\boldsymbol{M}_{\text{inert}} = [\,{}^{\text{rw}}\boldsymbol{M}_{\text{inert},x} \quad {}^{\text{rw}}\boldsymbol{M}_{\text{inert},y} \quad {}^{\text{rw}}\boldsymbol{M}_{\text{inert},z}\,]^{\text{T}} \tag{4-80}$$

其中，${}^{\text{rw}}\boldsymbol{M}_{\text{inert}}$ 的分量可以被写为

$$\begin{cases} {}^{\text{rw}}\boldsymbol{M}_{\text{inert},x} = -z_{\text{com}}m_{\text{wing}}\left(\ddot{\phi}\cos\psi x_{\text{com}} - \left(\ddot{\psi} - \frac{1}{2}\dot{\phi}^2\sin 2\psi\right)z_{\text{com}}\right) \\ {}^{\text{rw}}\boldsymbol{M}_{\text{inert},y} = x_{\text{com}}m_{\text{wing}}\left(-\ddot{\phi}\sin\psi x_{\text{com}} - (\dot{\psi}^2 + \dot{\phi}^2\sin^2\psi)z_{\text{com}}\right) \\ {}^{\text{rw}}\boldsymbol{M}_{\text{inert},z} = -x_{\text{com}}m_{\text{wing}}\left(\ddot{\phi}\cos\psi x_{\text{com}} - \left(\ddot{\psi} - \frac{1}{2}\dot{\phi}^2\sin 2\psi\right)z_{\text{com}}\right) \end{cases} \tag{4-81}$$

4.4.8　翅平面固定坐标系下的气动力和惯性力/力矩的数值预测

一旦建立起前面提及的气动力和力矩分量的表达式，针对果蝇，已知翅膀形貌学几何参数，实验测得的翅拍运动学角度，我们可以预测这些力和力矩。针对果蝇，其翅膀形貌学几何参数（见表 4-2），实际前缘（$z_{\text{le}}(r)$）和后缘（$z_{\text{tr}}(r)$）（详见表 4-1）可以用来计算有关的无量纲气动力和力矩参数。

如图4-4所示,我们绘制了近似稳态悬飞果蝇的翅拍运动和理论预测的翅平面坐标系下的瞬时气动力、惯性力和力矩。图4-4(a)绘制了实验测得的拍打角、扭转角和面内外偏离角分别采用粗实线、点划线和虚线显示。这些翅拍运动学数据来自Muijres等拟合实测果蝇翅拍运动数据获得的近似稳态翅拍运动公式(详见Muijres等论文的补充材料[173])。针对果蝇的近似稳态翅拍运动,与拍打角和俯仰角相比,面内外偏离角的幅值是相对小的。这里考虑到具有近似水平冲程平面的果蝇的悬飞翅拍运动和在工程上简化仿昆FWMAV的设计,我们仅仅聚焦于具有二自由度近似稳态悬飞翅拍运动输入的准稳态气动力/力矩和惯性力/力矩的预测,而忽略了冲程平面的面内外摆动角。在图4-4(b)中,为了对比,分别绘制了来自平动环量、转动环量和附加质量效应的翅平面的法向力(它们分别采用粗实线,虚线和点划线绘制),此外,翅平面坐标系下沿着y轴和z轴的惯性力分量也分别采用不同灰度点划线绘制;在图4-4(c)和(d)中,分别采用不同灰度的虚线、粗实线,绘制的来自四种气动力机制的瞬时气动力矩和沿着翅平面固定坐标系的x轴和z轴的惯性力矩。正如图4-4(b)所示不难发现,由于在向前冲程一开始时右翅具有逆时针方向的相对大的俯仰减速度和相对低的平动速度,瞬时附加质量力的幅值远大于其他瞬时环量力的幅值。在这个阶段,瞬时转动环量力对升力起负贡献。随着平动的发起和攻角由大向小的变化,平动环量力对升力起正贡献,而附加质量力对升力起负贡献。在这个阶段,由于平动加速诱发了较大的平动速度和起破坏作用的俯仰减速作用(此刻伴随着第一俯仰逆反点的出现,详见图4-4(a)),前者的幅值主宰了后者的幅值。随后右侧翅膀沿着顺时针俯仰逆反,紧随其后的出现了第二个次级的俯仰逆反点,正如图4-4(a)中观察到的俯仰角的驼峰。这种现象可以在针对果蝇的所有实测俯仰角运动曲线中观察到[187, 190-193]。这个区间段几乎跨越了向前冲程的中点附近的一半的半冲程的范围。这看起来似乎是翅平面的俯仰运动是由平动环量力和转动环量力在相对低的攻角时压心弦向位置向前缘移动而被动促使的,同时伴随着由脉冲肌肉力诱发了逆时针俯仰加速运动导致负的附加质量力而主动调控的。在翅膀俯仰逆反区间内,转动环量力和附加质量力对总的瞬时气动力具有不可忽略的贡献。因此我们断言:针对果蝇翅平面,俯仰运动和俯仰逆反运动是由于平动和转动环量力、附加质量力、脉冲肌肉力和翅平面自身的惯性力在不同时刻的协同作用而产生和维持[194-195],目的是调整翅平面的弦向截面来获得最佳的攻角。随着平动减速的向前推进和攻角由小向大的变化,在中冲程附近的很大一部分范围内,瞬时平动环量力的幅值主宰了瞬时附加质量力的幅值,这是由于在该阶段出现了相对大的平动速度和相对低的俯仰加速度。在向前冲程的末尾,瞬时附加质量力的幅值主宰了瞬时环量力的幅值,这是由于在该阶段出现了相对较大的俯仰角加速度、平动减速度以及相对较低的平动速度。同样地,在向后冲程中,瞬时环量力和附加质量力的幅值在不同时刻相互主宰彼此。

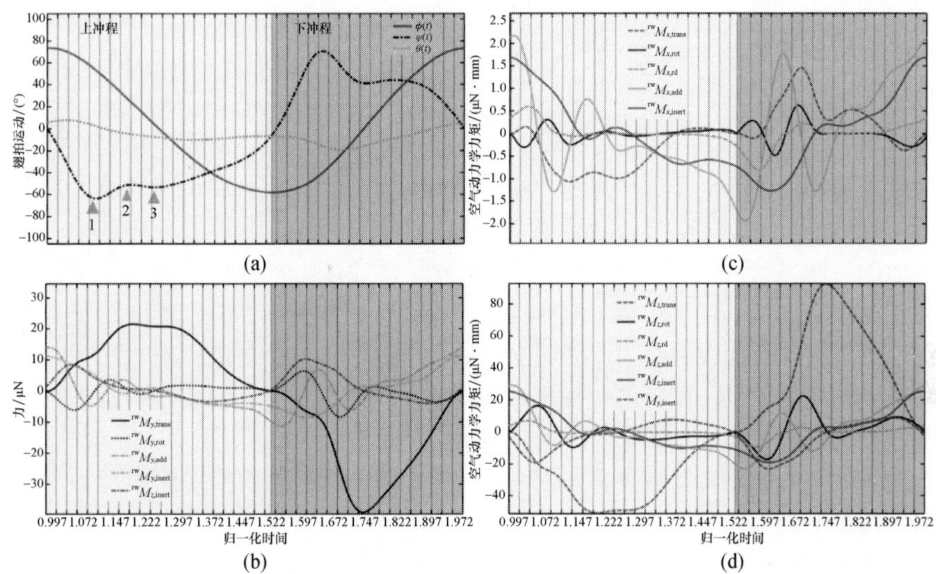

图 4-4 针对近似稳态悬飞果蝇的翅拍运动和理论预测的翅平面坐标系下的瞬时气动力、惯性力和力矩

(a)翅拍运动;(b)瞬时气动力;(c)惯性力;(d)力矩。

在图 4-4(c)和(d)中,绘制了理论预测的翅平面固定坐标系下的瞬时气动力矩。由图可知,沿着 x 轴和 z 轴的瞬时气动力矩的时间历程几乎相似,只是具有不同的幅值。类似地,采用果蝇翅膀形貌学几何参数和实验测得近似稳态翅拍运动作为输入,理论预测的惯性力矩的时间历程也在图 4-4(c)和(d)中被绘制。由图可知,沿着 x 轴和 z 轴的瞬时惯性力矩与附加质量力矩几乎具有相似的特征,尽管具有稍微不同的幅值分布。为了对比不同力矩的幅值分布,沿着 y 轴的瞬时惯性力矩也被绘制在图 4-4(d)中了。如图 4-4 所示,在半冲程的中点附近的区间段,平动环量气动力矩的幅值主宰了所有的其他力矩分量的幅值。而在冲程逆反点和俯仰逆反点附近的区间段。附加质量力矩的幅值主宰了其他力矩的幅值,次要的主宰力矩属于惯性力矩,转动环量气动力矩和气动阻尼力矩。值得提及的是,气动阻尼力矩对总力矩的贡献虽小,但是在翅膀俯仰运动的平滑实现中发挥着不可忽视的作用[41-42,45]。此外,图 4-4(b)和(d)中所观察到的瞬时气动力和力矩的幅值在一个冲程周期内的不对称性是由于果蝇的近似稳态翅拍运动在前后冲程内消耗了不同的劈裂时间所导致的。尽管如此,针对果蝇,具有不对称冲程的稳态翅拍运动可能在其执行机动性飞行的快速发起时有用,因为单个冲程内出现劈裂不对称的半冲程易产生不对称的力矩[64]。

4.5 气动力和气动力矩模型的验证

坦率地说,由 Sane 等[144-145,196]及 Whitney 和 Wood[45]等模型演化过来的前面介绍的扩展的准稳态气动力和力矩模型的可靠性在一定程度上已经被他们的工作验证过,这些工作包括完整的实验设计和准确的数据分析去证实准稳态模型的适用性,尽管该准稳态模型忽略了部分黏性耗散阻尼力矩的贡献。该阻尼力矩是由翅平面某展向片条上的弦向无穷小微元的速度梯度差引起的压阻力差诱发的。尽管如此,在建立优化问题的描述之前,当前的扩展准稳态气动力和力矩模型的预测结果与由动态比例机械果蝇翅膀复现果蝇悬飞稳态翅拍运动产生的气动力和力矩实测结果[173]的一致性有待验证。

为了更好地与实验结果进行对比,采用了果蝇右侧翅膀的实际刚性翅平面的形貌学参数,实际前缘轮廓($z_{le}(r)$)和后缘轮廓($z_{tr}(r)$)来计算有关的气动力和气动力矩参数(见表 4-1 和表 4-2)。翅运动输入采用了提取自 Muijres 等文献补充材料里面傅里叶形式的稳态翅拍运动公式[173],忽略了冲程平面的面内外摆动角。

4.5.1 右翅翅根参考坐标系下的水平方向的力和垂直方向的力

首先,采用变换矩阵 ${}^{rr}_{rw}\boldsymbol{R}$,可以将作用于翅平面上的法向瞬时力(${}^{rw}F_{total,y}$)进一步地变换到右侧翅根参考坐标系($x_{rr}y_{rr}z_{rr}$)下,有

$$
{}^{rr}\boldsymbol{F}_{body} = \begin{bmatrix} {}^{rr}F_{lateral,x} \\ {}^{rr}F_{horizontal,y} \\ {}^{rr}F_{vertical,z} \end{bmatrix} = {}^{rr}_{rw}\boldsymbol{R} \cdot {}^{rw}F_{total,y}\vec{\boldsymbol{j}} = \begin{bmatrix} -\sin\phi \cdot \cos\psi \cdot {}^{rw}F_{total,y} \\ \cos\phi \cdot \cos\psi \cdot {}^{rw}F_{total,y} \\ -\mathrm{sign}(\alpha) \cdot \sin\psi \cdot {}^{rw}F_{total,y} \end{bmatrix} \tag{4-82}
$$

这里引入攻角 α 的符号函数来保持垂直方向的力(${}^{rr}F_{vertical,z}$)始终向上。由于拍打冲程三维对称性,在整个周期内侧向力(${}^{rr}F_{lateral,x}$)的平均值为零。

4.5.2 右翅翅根参考坐标下的力矩

进一步地,沿着翅平面固定坐标系($x_{rw}y_{rw}z_{rw}$)的展向俯仰轴和弦向轴的包

含惯性力矩的总力矩可以写为

$$\begin{cases} {}^{\mathrm{rw}}\boldsymbol{M}_{\mathrm{total},x}^{\mathrm{pitch}} = {}^{\mathrm{rw}}\boldsymbol{M}_{\mathrm{aero},x} + {}^{\mathrm{rw}}\boldsymbol{M}_{\mathrm{inert},x} \\ {}^{\mathrm{rw}}\boldsymbol{M}_{\mathrm{total},z} = {}^{\mathrm{rw}}\boldsymbol{M}_{\mathrm{aero},z} + {}^{\mathrm{rw}}\boldsymbol{M}_{\mathrm{inert},z} \end{cases} \tag{4-83}$$

这构成了矢量形式的总力矩：${}^{\mathrm{rw}}\boldsymbol{M}_{\mathrm{total}} = [\,{}^{\mathrm{rw}}\boldsymbol{M}_{\mathrm{total},x}^{\mathrm{pitch}} \quad {}^{\mathrm{rw}}\boldsymbol{M}_{\mathrm{inert},y} \quad {}^{\mathrm{rw}}\boldsymbol{M}_{\mathrm{total},z}\,]^{\mathrm{T}}$。针对单个翅膀，变换矩阵（${}^{\mathrm{rr}}_{\mathrm{rw}}\boldsymbol{R}$）用来将总力矩变换到右翅翅根参考坐标系（$x_{\mathrm{rr}}y_{\mathrm{rr}}z_{\mathrm{rr}}$）下的力矩（记为 ${}^{\mathrm{rr}}\boldsymbol{M}$）：

$${}^{\mathrm{rr}}\boldsymbol{M} = {}^{\mathrm{rr}}_{\mathrm{rw}}\boldsymbol{R} \cdot {}^{\mathrm{rw}}\boldsymbol{M}_{\mathrm{total}} = \begin{bmatrix} \cos\phi \cdot {}^{\mathrm{rw}}M_{\mathrm{total},x}^{\mathrm{pitch}} - \sin\phi \cdot \sin\psi \cdot {}^{\mathrm{rw}}M_{\mathrm{total},z} \\ \sin\phi \cdot {}^{\mathrm{rw}}M_{\mathrm{total},x}^{\mathrm{pitch}} + \cos\phi \cdot \sin\psi \cdot {}^{\mathrm{rw}}M_{\mathrm{total},z} \\ \cos\psi \cdot {}^{\mathrm{rw}}M_{\mathrm{total},z} \end{bmatrix} \tag{4-84}$$

这里力矩 ${}^{\mathrm{rr}}\boldsymbol{M}$ 是 z 轴分量，它是沿着右翅翅根参考坐标系的 z_{rr} 轴的（即拍打轴线所在的轴），所以该力矩可以记为 ${}^{\mathrm{rr}}M_z^{\mathrm{stroke}}$。通过加和针对左右翅平面的力矩分量，可以获得针对双翅的总气动力矩。该力矩（${}^{\mathrm{rr}}\boldsymbol{M}$）的三个分量可以分别成为俯仰、翻滚和偏航气动力矩。

4.5.3 效果和验证

为了与实验结果进行对比，采用惯性坐标系下针对两个翅膀的垂直方向力和水平方向力（来自式（4－82）的 ${}^{\mathrm{rr}}F_{\mathrm{horizontal,y}}$ 和 ${}^{\mathrm{rr}}F_{\mathrm{vertical},z}$）以及俯仰力矩（${}^{\mathrm{rr}}M_{\mathrm{pitch,x}}$，等于式（4－84）中的 ${}^{\mathrm{rr}}M_x$）。忽略了偏航力矩和翻滚力矩的对比，因为偏航力矩和翻滚力矩是来自一对翅膀的反向的共同贡献。针对两个翅膀的双侧对称性运动，在一个完整的周期内，任何时刻左右翅膀偏航或翻滚力矩分量的加和是等于零的[196]。

如图 4－5 所示，垂直方向力和水平方向力以及俯仰力矩的幅值和随时间变化的趋势与采用动态比例机械果蝇翅膀测得的实验结果[173]呈现出适度的一致性。但是仔细检查图 4－5 可以发现，理论预测的垂直方向力和水平方向力的峰值比实测值稍微低点，而理论预测的俯仰力矩的峰值比实测值要稍微高点，这可能是因为在当前的准稳态气动力和力矩预测模型中忽略了面内外摆动角对预测结果的影响，而实验测试时动态机械比例果蝇翅膀却复现了果蝇稳态悬飞时的三自由度翅膀运动模式[173,188－189]。此外，前面讨论的一些非稳态气动力机制可能也证实了当前的扩展准稳态气动力和力矩模型的不足，能够显式地确定转动环量气动力系数，由虚拟质量效应产生的力，各种气动力矩的弦向压心位置分布的实验有待执行，以便更好地预测这些异常的峰值差。

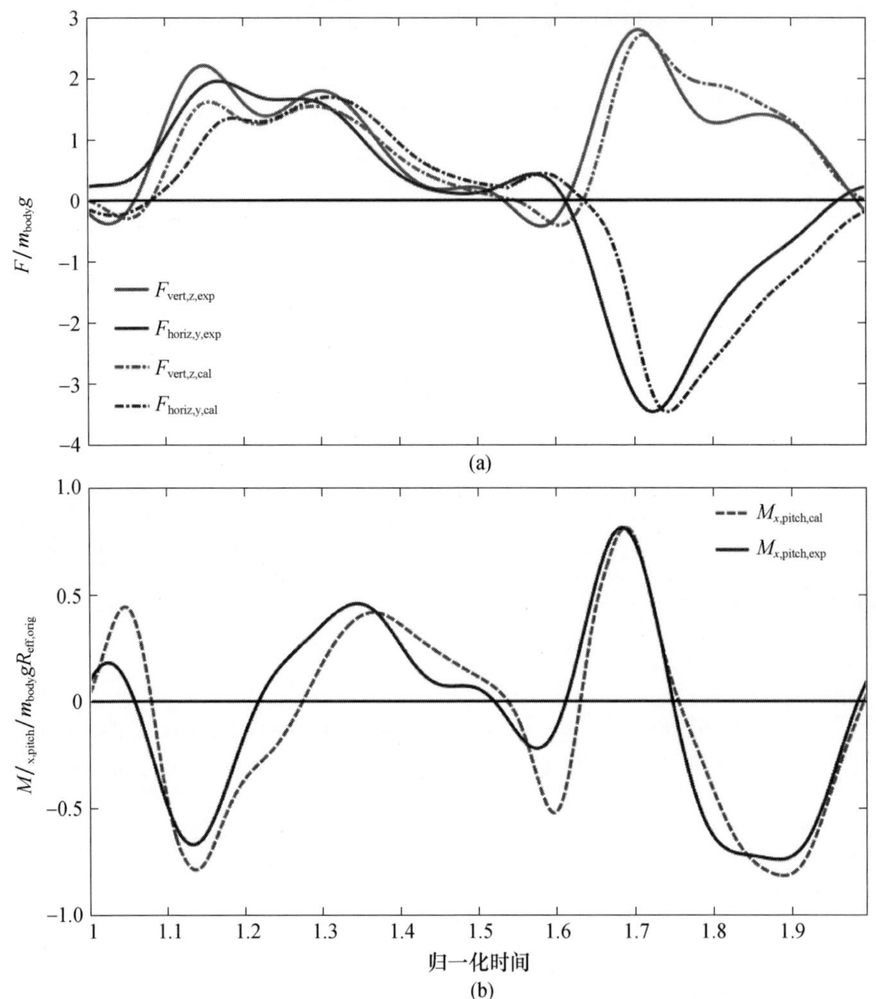

图 4-5　计算结果(点划线和虚线)与实验测试结果(实线)的对比
(a)归一化的力;(b)力矩的归一化时间历程(黑色粗实线表示零值)

4.6　小结

本章概述了扑翼悬飞气动力分析模型的研究历程,这些模型既有经典的准稳态模型和改进的准稳态模型,也有非稳态模型。它们分别基于不同的高升力气动机制和相应的气动力系数建立起来,但是都借助于叶素片元法来实现气动升阻力的预测。有的模型相对简洁,却也能反映一些重要的稳态气动机制;有些模型则相对复杂，比如 Taha 博士采用状态空间描述法给出的非线性非稳态气动力模型，该模型在设计时存在过于复杂的微分方程积分，所以不便应用于仿昆 FWMAV 的设计时需用到的气动力数据的快速预测。还有很多模型都或多或少存在着忽略一些弱的气动力机制，详见前面的 4.1 节。该节还初步概括了虚拟质量模型的研究情况，不同的学者采用不同的虚拟质量系数来预测相应的物理模型在不同流场中的虚拟附加质量力。随后针对该节中大部分准稳态气动力模型中所采用的平动气动升阻力系数随攻角的变化情况进行了可视化对比，以便表明这些模型所采用的平动气动力系数相对于实验测试拟合的曲线的差异。由此为仿昆 FWMAV 设计人员提供了选用这些模型的参考依据。选择较为准确的平动气动力系数和气动力模型，还是选择相对简便但是平动气动力系数不那么准确的预测模型，这是个值得权衡的问题。

为了后面建立较为准确的同时又便捷实现的气动力模型提供翅膀气动参数，本章 4.2 节对典型的双翅目果蝇的翅膀进行了形貌学参数化。根据已报道针对果蝇翅膀和其动态比例缩放机械模型翅的数据，在初步地确定翅膀的俯仰轴位置之后，建立了翅膀的前后缘无量纲轮廓的描述。这两个参变量结合翅膀平均弦长和翅膀的有效长度完整地建立了翅膀无量纲形貌学参数化描述。这些参变量不仅为气动力模型的建立提供了基本输入参数，也为后续开展悬飞能耗最小化时的翅膀几何学和翅膀运动学参数的组合优化提供了依据。随后针对实测的果蝇近似稳态悬飞时的翅拍运动模式，建立了完整的翅膀运动学的参数化描述，目的是为气动力模型的建立提供运动学的输入参变量。

本章基于现有文献报道的气动力模型，建立了扩展准稳态气动力和惯性力以及力矩模型。该模型与早期的改进准稳态模型有三点不同：①包含了沿着翅肩坐标系的 z 轴的气动阻尼力矩（该力矩是翅膀俯仰运动时每个片条上的弦向微元的速度梯度差引起的压阻力）；②引入了关于平动环量和转动环量压心的弦向位置分布一致的假设（注意，这里压心所在的展向特殊片条的中心线的位置是不同的）来简化转动环量气动力矩的计算；③包含了翅膀自身运动时产生的惯性力和力矩。在已知果蝇的翅膀形貌学参数和近似稳态悬飞时的翅拍运动学参数作为扩展准稳态模型的输入的情况下，分别对各种机制的瞬时气动力和气动力矩，以及惯性力和力矩进行了预测和可视化，结果表明：惯性力和惯性力矩在翅膀快速俯仰逆反区间段不可被忽略，并且幅值接近虚拟附加质量力和力矩。

最后，本章针对当前建立的扩展准稳态气动和惯性力及力矩模型进行了验证。将理论预测数据与实验测得气动力和气动力矩数据进行对比发现，当前的扩展准稳态气动和惯性力以及力矩模型能够近似较好地拟合实测数据，这反过来验证了当前的扩展准稳态模型在预测悬飞扑翼气动力方面的有效性和适用性。

第五章　仿昆 FWMAV 悬飞翅拍动力学分析

作者们在本章解决了悬飞果蝇的翅膀拍打和俯仰动力学问题,找到了该问题内在的动态产生和维持机制[285]。基于扩展的准稳态气动和惯性力以及力矩模型,作者们建立和推导了针对扑翼悬飞的完整的翅拍动力学微分方程(ODEs),采用由常规常微分方程数值求解算法,针对非线性 ODEs 的边界值问题数值求解格式和非线性信赖域反射最小二乘优化算法构成的常规的数值求解算法解决了高度耦合的非线性翅拍动力学微分方程组。数值模拟结果与实验测得的结果有很好的一致性,这反过来证实了当前的扩展准稳态气动和惯性力/力矩模型的适用性和所采用的数值求解算法和优化算法的有效性。此外,我们还首次获得了最优的驱动力矩参数、翅膀拍打和俯仰铰链刚度系数。

本章的框架组织:首先,在 5.2 节简介性地给出了扩展的准稳态气动力和力矩模型;其次,针对悬飞果蝇,两自由度的非线性翅拍动力学 ODE 在 5.3 节被建立起来了;再次,5.4 节陈述了采用解耦或者耦合策略执行的针对这些 ODEs 的数值求解方法和过程以及取得结果;最后,在 5.5 节概括了重要的结论和贡献。

5.1　引言

在自然界中,双翅目昆虫经历了百万年的进化才实现完美的飞行。它们源于往复式翅拍运动模式和高攻角变化模式的前所未有的机动性和稳定性已经激发了仿生流体力学学者的极大研究兴趣。近来,随着高速相机、微机械加工和微系统集成技术的进步,仿昆 FWMAV 的研制已经获得了仿生工程师的热情关注[63, 197-199]。这是由于具有小尺寸、便携性和隐蔽性的仿昆 FWMAV 有望在有限的民用和军用空间内广泛应用于受限侦察、定点观察和监管。在双翅目昆虫的翅拍运动模式中,翅膀的扭转运动直接决定了气动有利的攻角的获得,因此影响着气动力和力矩的产生以及昆虫最终的自主飞行可控性。考虑到翅膀运动模式的重要意义,本章深入地探讨扑翼悬飞果蝇的二自由度(DOF)翅拍运动的产生机制和翅膀扭转俯仰运动的可调控规律,以便为仿昆 FWMAV 的仿生设计提供灵感。

关于翅膀扭转俯仰动力学问题,许多早期的工作表明在翅膀俯仰逆反区间内翅膀的快速有推力的俯仰运动在很大程度上是由起主宰作用的翅膀自身的惯性力矩[200-202]和附加质量诱导的力矩[203-204]，起次要作用的转动环量气动力矩[203-204]、转动阻尼力矩[204-205]和柔性铰链的弹性恢复力矩[205-209]协同作用被动执行的。而在每个半冲程的中间附近的很大一部分区间内，翅膀的慢变俯仰运动是由起主宰作用的平动环量气动力矩[204-205]和转动阻尼力矩[204-205]与起次要作用的转动环量气动力矩[203-204]和柔性铰链弹性恢复力矩[205-210]的协同作用被动维持的。

为了获得高可变攻角，受翅膀俯仰扭转运动的被动性启发，Wood 等设计了一系列毫米尺度的压电驱动的仿昆 FWMAV[63,205,211-212]，这些仿昆 FWMAV 具有被动柔性俯仰扭转铰链，这种设计大大简化了机械设计的复杂性。通过配备运动跟踪摄像机，这些样机可以在受限的空间内成功实现悬飞和自主可控飞行[63,211,213-214]。类似地，考虑到翅膀俯仰柔性铰链的被动扭转性，Roll 等设计了厘米尺度电磁驱动的仿昆 FWMAV，这些仿昆 FWMAV 也可以沿着垂直的导轨攀爬悬飞[199]。

尽管如此，扑翼双翅目（像果蝇）和悬飞红玉喉北蜂鸟可能通过在关键时刻（比如逃避机动性和捕食时）调节直接飞行导航肌肉或者其他的翅膀腋生骨片的变形和翅根肌肉骨骼系统的驱动来主动地发起翅膀的快速俯仰逆反或者半冲程中部的向上俯仰运动[173,215-218]。

考虑到位于狭窄的肩部和短的根部区域的翅膀腋生骨片或者关节的高度扭转柔性，针对一些双翅目昆虫，通过把翅膀平面看作刚性平板和把整个翅膀的弦向柔性简化为扭转弹簧，Ishihara 等构建了集总扭转柔性模型。通过使用由动态比例翅膀实验测试和非线性有限元法构成的流固耦合分析法，他们研究了与翅膀俯仰扭转运动伴随的高攻角的动态维持机制[206-207,209]。发现翅膀的俯仰运动是由翅膀俯仰柔性铰链的弹性回复力矩和气动力矩的相对平衡来被动控制的，并由翅膀平面自身的惯性力来加强的。尽管如此，他们也得出结论，即表示翅平面相对于动压的柔性的柯西数和拍打频率与俯仰自然频率之间的频率比是影响被动俯仰角相对于拍打角的相位偏置的至关重要的参数[206-207,209]。张杰等通过使用计算流体力学的方法在研究拍打板的运动时探究了相位偏置和频率比之间的相似关系[208]。

针对具有被动柔性铰链的仿昆 FWMAV，一些研究组进行了有关翅膀被动俯仰的实验测试及简单的理论分析和数值模拟[219-221]。他们发现翅膀的被动俯仰角对于拍打角的相位偏置可以通过增加翅膀俯仰铰链刚度系数诱导产生。针对双翅目果蝇的物理比例模型和理想的拍打平板，不管是从实验测试的角度，还是从数值计算流体动力学的角度，所有这些工作仅仅定性地表明翅膀俯仰铰链刚度系数的增加将导致翅膀俯仰出现提前相位，反之亦然。

由于可以通过调节夹在刚性结构层之间的柔性聚合物中间层的几何尺寸和材料属性来控制俯仰铰链的刚度系数,最近一些智能复合材料结构被用来形成刚柔组合的柔顺铰链的中间层[222]。这些相互夹杂的智能复合材料结构主要由三种材料来实现,即压电聚合物、电流变液体和静电软化材料。由这些智能聚合物材料构成的中间层的结构属性(阻尼和刚度)可被主动地改变[222]。这些工作也表明翅膀的俯仰运动可以通过调节俯仰铰链的刚度系数来人为地调控。

改变铰链结构属性的解决方案可以看作半被动或者可控被动的简化设计,以便获得翅膀俯仰运动的控制。这一方法在一定程度上为设计具有可控被动柔顺铰链的新型仿昆 FWMAV 的设计打开了一扇新的大门。尽管如此,为了获得翅膀俯仰运动的可控性,需要执行翅膀俯仰动力学的准确建模和分析计算。

针对翅膀被动俯仰动力学问题,假设平动和转动环量气动力的压心位于每一个无穷小的弦向的片条单元,Bergou 等使用由刚性薄板的自由下落动力学构建的准稳态气动力模型,深入地研究了悬飞蜻蜓翅膀的俯仰逆反动力学问题。他们发现,在翅膀的外旋和内旋俯仰逆反期间,附加质量力主宰了其他的气动力,由转动环量贡献的力起着次要作用,而剩下的力发挥着很少的但是可识别的作用[204]。为了设计可以像食蚜蝇那样悬飞在空中的微机器人,Finio 和 Wood 等研究了压电驱动器驱动的人工翅膀的俯仰动力学[197,205,212,223-224]。采用数值求解算法,求解了由简单的准稳态气动力模型构建的解耦后的俯仰非线性微分方程(ODE)。在其所采用的准稳态气动力模型中,由于转动环量气动力的压心(COP)不易处理,他们忽略了该力的贡献。数值模拟获得俯仰角与由高速相机测得的俯仰角有近似的一致性。他们发现翅膀的俯仰铰链刚度在翅膀的被动俯仰动力学中发挥着重要的作用。此外,Arabagi 等也尝试解决在仿昆 FWMAV 的实际设计中遇到的翅膀俯仰动力学问题[185,225-226]。由于使用过度简化的准稳态气动力模型构建的悬飞翅拍动力学模型,尽管他们也完成了两自由度耦合的 ODEs 的数值求解,然而拍打角和俯仰角的数值预测结果与实验测得的结果并没有呈现出很好的一致性。最近,在电磁马达驱动的仿昆 FWMAV 的仿生设计中,Roll 等也探究了翅拍俯仰动力学问题[199]。通过假设由简单的准稳态气动力模型(该模型忽略了转动环量气动力的贡献)构建的二自由度耦合的翅拍动力学 ODE 可以相互解耦(即把其中一个自由度当作另外一个自由度 ODE 的已知输入),他们采用分析和数值法分别执行了拍打 ODE 和俯仰 ODE 的求解。由多时间尺度法获得的翅拍幅值和共振频率以及由数值法获得的拍打角和俯仰角也与实验测得的结构有近似的一致性。此外,通过假设给翅膀俯仰角的峰值应用一个运动约束以便模拟由翅膀机械阻挡器施加的转动限制,他们还进行了二自由度翅拍动力学 ODE 的耦合数值求解。在数值模拟中，当俯仰角的幅值达到或者即将超过最大极限时，翅膀俯仰角和角速度将被设为最大极限值和零值[199]。

至此，前面概述了扑翼悬飞翅拍动力学问题的研究现状，简介了当前有关此问题的解决思路和取得结果的准确性。为了剖析翅拍动力学的动力学产生和维持机制，为了探究一般翅膀俯仰运动的实际产生机制，在解决翅拍动力学方程的数值求解或者分析求解时，上述提及的研究工作所采用的假设并不总是有效的。由于复杂的外力作用，翅膀的俯仰运动可能是主动或者被动实现和维持的。为了简化仿昆 FWMAV 的设计计算，所有这些工作仅采用了简单的准稳态气动力模型，即或多或少地忽略了惯性力、气动力以及其压心位置的变化等协同作用[285]。因而在使用一般的数值或者分析方法来求解这些准稳态模型构建的悬飞翅拍动力学方程时，所获得的翅膀拍打角和俯仰角与实验测得的结果有相当大的差异。这些工作几乎没有深入地探究翅拍运动的可能动态实现机制，也没有探究为了获得近似稳态的悬飞翅拍运动需要输入多大的驱动力矩。

5.2　扩展的准稳态气动力和力矩模型简述

5.2.1　翅平面固定参考坐标下的气动力

翅平面固定参考坐标下的气动力，它由平动环量，转动环量和虚拟质量效应产生，可以表达为

$$F_{\mathrm{trans},y} = \frac{1}{2}\rho R_{\mathrm{eff}}{}^{3} C_{\mathrm{aver}} \hat{F}_{\mathrm{trans}} C_{\mathrm{N}}(\alpha)\omega_{\mathrm{pal}}{}^{2} \tag{5-1}$$

$$F_{\mathrm{rot},y} = \frac{1}{2}\rho R_{\mathrm{eff}}{}^{2} C_{\mathrm{aver}}{}^{2} \hat{F}_{\mathrm{rot}} C_{\mathrm{R}} \omega_{x}\omega_{\mathrm{pal}} \tag{5-2}$$

$$F_{\mathrm{add},y} = \frac{\pi}{4}\rho C_{\mathrm{aver}}{}^{2} R_{\mathrm{eff}}{}^{2} \hat{F}_{\mathrm{rot}}(\dot{\omega}_{z} + \omega_{x}\omega_{y}) + \frac{\pi}{4}\rho C_{\mathrm{aver}}{}^{3} R_{\mathrm{eff}} \hat{F}_{\mathrm{coeff,add,y}}\dot{\omega}_{x} \tag{5-3}$$

式中：$C_{\mathrm{N}}(\alpha)$ 为由升阻力系数经三角函数合成法则获得的法向平动气动力系数(详见前一章)；C_{R} 为理论转动气动力系数，$C_{\mathrm{R}} = \pi(0.75 - \hat{x}_0)$；$\omega_{\mathrm{pal}}$ 为翅平面俯仰轴线的角速率，它等于 $\dot{\phi}$；根据 Whitney 和 Wood 的约定[45]，$\hat{F}_{\mathrm{trans}}$ 和 $\hat{F}_{\mathrm{rot}}$ 分别为无量纲平动和转动气动力(见表 5 - 1)。类似地，$\hat{F}_{\mathrm{coeff,add,y}}$ 可以称为无量纲转动虚拟质量力系数(见表 5 - 1)。式(5 - 1)至式(5 - 3)的完整的推导已经在前面一章中详细地给出了。

5.2.2 翅平面固定参考坐标下的气动力矩

同样,在翅平面固定坐标系下,源自平动环量、转动环量、气动阻尼力矩和虚拟质量效应的气动力矩可以写成如下形式:

$$\boldsymbol{M}_{\text{trans},z} = M_{z,\text{T,P}}\text{sign}(\alpha)C_{\text{N}}(\alpha)\dot{\phi}^2\boldsymbol{e}_z \tag{5-4}$$

$$\boldsymbol{M}_{\text{trans},x} = M_{x,\text{T,P}}\text{sign}(\alpha)\hat{Z}_{\text{cop,trans}}(\alpha)C_{\text{N}}(\alpha)\dot{\phi}^2\boldsymbol{e}_x \tag{5-5}$$

$$\boldsymbol{M}_{\text{rot},z} = -M_{z,\text{R,P}}C_{\text{R}}\dot{\psi}\,|\dot{\phi}|\,\boldsymbol{e}_z \tag{5-6}$$

$$\boldsymbol{M}_{\text{rot},x} = -M_{x,\text{R,P}}C_{\text{R}}\hat{Z}_{\text{cop,rot}}(\alpha)\dot{\psi}\,|\dot{\phi}|\,\boldsymbol{e}_x \tag{5-7}$$

$$\boldsymbol{M}_{\text{rd},x} = -M_{x,\text{Rd,P}}C_{\text{rd}}\dot{\psi}\,|\dot{\psi}|\,\boldsymbol{e}_x \tag{5-8}$$

$$\boldsymbol{M}_{\text{rd},z} = -M_{z,\text{Rd,P}}C_{\text{rd}}\dot{\psi}\,|\dot{\psi}|\,\boldsymbol{e}_z \tag{5-9}$$

$$\boldsymbol{M}_{\text{add},x} = (-I_{xz,\text{am,P}}(\ddot{\phi}\cos\psi) - I_{xx,\text{am,P}}\ddot{\psi})\boldsymbol{e}_x \tag{5-10}$$

$$\boldsymbol{M}_{\text{add},z} = \left(-\frac{\pi}{2}M_{z,\text{R,P}}(\ddot{\phi}\cos\psi) - I_{xz,\text{am,P}}\ddot{\psi}\right)\boldsymbol{e}_z \tag{5-11}$$

式(5-4)至式(5-11)完整的推导已经在补充材料的前一章中详细地给出了。这里式(5-4)和式(5-6)中的 $M_{z,\text{T,P}}$ 和 $M_{z,\text{R,P}}$ 分别为平动和转动气动力矩系数(详见表5-1)。在翅平面的平滑俯仰转动时起着重要作用的气动阻尼力矩 $M_{\text{rd,x}}$ 也被引入到俯仰轴气动力矩中了[45]。此外,还引入了沿着 z 轴的气动阻尼力矩 $M_{\text{rd,z}}$,该力矩是因翅平面的俯仰转动引起单个片条上沿着弦向的微元的速度梯度差而产生的差动压阻力力矩[41-45]。因而式(5-8)和式(5-9)中的 $M_{x,\text{Rd,P}}$ 和 $M_{z,\text{Rd,P}}$ 分别为沿着 x 轴和 z 轴的转动阻尼力矩系数(见表5-1)。式(5-10)和式(5-11)中的 $I_{xz,\text{am,P}}$, $I_{xx,\text{am,P}}$ 和 $M_{z,\text{R,P}}$ 分别为虚拟质量力矩系数(见表5-1)。关于源自转动环量项的翅平面的俯仰力矩,很有必要解决转动法向气动力的弦向作用点的分布问题,因为它可能在翅平面的俯仰逆反动力学的被动转动与否中起着增强或者抵制的作用[41]。这里考虑到直接测量转动力矩的困难性,并且转动环量和平动环量可能源自同一种环量附着涡力产生机制[146, 184],我们假设其压心的弦向位置分布与平动法向气动力的压心($\hat{d}_{\text{cop}}(\alpha)$)的分布是相同的。针对法向平动和转动气动力集中作用的特殊片条,在某一攻角(α)下压心的无量纲弦向位置可以简化成式(5-5)和式(5-7)中的 $\hat{Z}_{\text{cop,trans}}(\alpha)$ 和 $\hat{Z}_{\text{cop,rot}}(\alpha)$,如下面的推导表达式:

$$\hat{Z}_{\text{cop,trans}}(\alpha) = \frac{\int_0^1 \hat{z}_{\text{cp}}(\hat{r}_{\text{spw,cop,trans}})(\hat{r}+\hat{x}_{\text{r}})^2\hat{c}(\hat{r})\,\mathrm{d}\hat{r}}{\hat{F}_{\text{trans}}} \tag{5-12}$$

$$\hat{Z}_{\text{cop,rot}}(\alpha) = \frac{\int_0^1 \hat{z}_{\text{cop}}(\hat{r}_{\text{spw,cop,rot}})(\hat{r} + \hat{x}_{\text{r}})\hat{c}(\hat{r})^2 \mathrm{d}\hat{r}}{\hat{F}_{\text{rot}}} \tag{5-13}$$

式中：$\hat{r}_{\text{spw,cop,trans}}$ 和 $\hat{r}_{\text{spw,cop,rot}}$ 分别为相对于翅平面固定坐标系的 z 轴的针对平动气动力和转动气动力压心的无量纲展向位置(其表达式已经列在表 5－1 中)。针对平动气动力的作用点，展向特殊片条($\hat{r}_{\text{spw,cop,trans}}$)上的弦向压心距离俯仰轴的无量纲距离可以由下式给出：

$$\hat{z}_{\text{cop}}(\hat{r}_{\text{spw,cop,trans}}) = \hat{z}_{\text{le,orig}}(\hat{r}_{\text{spw,cop,trans}}) - \hat{c}(\hat{r}_{\text{spw,cop,trans}})\hat{d}_{\text{cop}}(\alpha) \tag{5-14}$$

式中：$\hat{d}_{\text{cop}}(\alpha)$ 为相对于前缘的无量纲弦向压心的位置分布关于攻角的函数。针对当前的果蝇翅膀形貌，由于所选定的俯仰轴有相对于后缘的偏移，因而根据相似律，由动态等比例果蝇翅平面测试拟合获得的弦向压心的无量纲公式[45,181－182]有必要在其常数项进行稍微的增加(增加 0.11)。调整后的弦向压心的无量纲公式可以表达成下式：

$$\hat{d}_{\text{cop}}(\alpha) = \frac{0.82}{\pi}|\alpha| + 0.16 \tag{5-15}$$

类似地，针对转动气动力的作用点，展向特殊片条($\hat{r}_{\text{spw,cop,rot}}$)上的弦向压心距离俯仰轴的无量纲距离可以由下式给出：

$$\hat{z}_{\text{cop}}(\hat{r}_{\text{spw,cop,rot}}) = \hat{z}_{\text{le}}(\hat{r}_{\text{spw,cop,rot}}) - \hat{c}(\hat{r}_{\text{spw,cop,rot}})\hat{d}_{\text{cop}}(\alpha) \tag{5-16}$$

表 5－1　针对不同气动力分量的无量纲气动力参数[285]

气动力分量	缩写	计算公式
平动分量	$\hat{F}_{\text{trans}}$	$\hat{F}_{\text{trans}} = \int_0^1 (\hat{r} + \hat{x}_{\text{r}})^2 \hat{c}(\hat{r})\mathrm{d}\hat{r}$
	$\hat{M}_{\text{coeff,trans},z}$	$\hat{M}_{\text{coeff,trans},z} = \int_0^1 (\hat{r} + \hat{x}_{\text{r}})^3 \hat{c}(\hat{r})\mathrm{d}\hat{r}$
	$M_{z,\text{T,P}}$	$M_{z,\text{T,P}} = \frac{1}{2}\rho R_{\text{eff}}^4 C_{\text{aver}} \hat{M}_{\text{coeff,trans},z}$
	$\hat{r}_{\text{spw,cop,trans}}$	$\hat{r}_{\text{spw,cop,trans}} = \frac{\hat{M}_{\text{coeff,trans},z}}{\hat{F}_{\text{trans}}}$
	$M_{x,\text{T,P}}$	$M_{x,\text{T,P}} = \frac{1}{2}\rho R_{\text{eff}}^3 C_{\text{aver}}^2 \hat{F}_{\text{trans}}$

（续）

气动力分量	缩写	计算公式
转动分量	$\hat{F}_{\mathrm{rot}}$	$\hat{F}_{\mathrm{rot}}=\int_0^1(\hat{r}+\hat{x}_{\mathrm{r}})\hat{c}(\hat{r})^2\mathrm{d}\hat{r}$
	$\hat{M}_{\mathrm{coeff,rot,z}}$	$\hat{M}_{\mathrm{coeff,rot,z}}=\int_0^1(\hat{r}+\hat{x}_{\mathrm{r}})^2\hat{c}(\hat{r})^2\mathrm{d}\hat{r}$
	$M_{z,\mathrm{R,P}}$	$M_{z,\mathrm{R,P}}=\frac{1}{2}\rho C_{\mathrm{aver}}{}^2R_{\mathrm{eff}}{}^3\hat{M}_{\mathrm{coeff,rot,z}}$
	$\hat{r}_{\mathrm{spw,cop,rot}}$	$\hat{r}_{\mathrm{spw,cop,rot}}=\frac{\hat{M}_{\mathrm{coeff,rot,z}}}{\hat{F}_{\mathrm{rot}}}$
	$M_{x,\mathrm{R,P}}$	$M_{x,\mathrm{R,P}}=\frac{1}{2}\rho C_{\mathrm{aver}}{}^3R_{\mathrm{eff}}{}^2\hat{F}_{\mathrm{rot}}$
气动阻尼分量	$\hat{M}_{\mathrm{coeff,rd},x}$	① $\hat{M}_{\mathrm{coeff,rd},x}=\int_0^1\hat{z}_{\mathrm{rd}}(\hat{r})\mathrm{d}\hat{r}$
	$M_{x,\mathrm{Rd,P}}$	$M_{x,\mathrm{Rd,P}}=\frac{1}{2}\rho C_{\mathrm{aver}}{}^4R_{\mathrm{eff}}\hat{M}_{\mathrm{coeff,rd},x}$
	$\hat{M}_{\mathrm{coeff,rd,z}}$	$\hat{M}_{\mathrm{coeff,rd,z}}=\int_0^1\hat{c}(\hat{r})^3(\hat{x}_{\mathrm{r}}+\hat{r})\mathrm{d}\hat{r}$
	$M_{z,\mathrm{Rd,P}}$	$M_{z,\mathrm{Rd,P}}=\frac{1}{6}\rho C_{\mathrm{aver}}{}^3R_{\mathrm{eff}}{}^2\hat{M}_{\mathrm{coeff,rd,z}}$
虚质量分量	$\hat{F}_{\mathrm{coeff,add,y}}$	② $\hat{F}_{\mathrm{coeff,add,y}}=\int_0^1\hat{c}(\hat{r})^2\hat{z}_{\mathrm{h}}\mathrm{d}\hat{r}$
	$\hat{M}_{\mathrm{coeff,add,z,1}}$	$\hat{M}_{\mathrm{coeff,add,z,1}}=\int_0^1\hat{c}(\hat{r})^2(\hat{r}+\hat{x}_{\mathrm{r}})^2\mathrm{d}\hat{r}$
	$\hat{I}_{xx,\mathrm{am}}$	② $\hat{I}_{xx,\mathrm{am}}=\int_0^1\hat{c}(\hat{r})^2\left(\hat{z}_{\mathrm{h}}(\hat{r})^2+\frac{1}{32}\hat{c}(\hat{r})^2\right)\mathrm{d}\hat{r}$
	$I_{xx,\mathrm{am,P}}$	$I_{xx,\mathrm{am,P}}=\frac{\pi}{4}\rho C_{\mathrm{aver}}{}^4R_{\mathrm{eff}}\hat{I}_{xx,\mathrm{am}}$
	$\hat{I}_{xz,\mathrm{am}}$	② $\hat{I}_{xz,\mathrm{am}}=\int_0^1(\hat{r}+\hat{x}_{\mathrm{r}})\hat{c}(\hat{r})^2\hat{z}_{\mathrm{h}}(\hat{r})\mathrm{d}\hat{r}$
	$I_{xz,\mathrm{am,P}}$	$I_{xz,\mathrm{am,P}}=\frac{\pi}{4}\rho C_{\mathrm{aver}}{}^3R_{\mathrm{eff}}{}^2\hat{I}_{xz,\mathrm{am}}$
	$M_{z,\mathrm{R,P}}$	$M_{z,\mathrm{R,P}}=\frac{\pi}{4}\rho C_{\mathrm{aver}}{}^2R_{\mathrm{eff}}{}^3\hat{M}_{\mathrm{coeff,add,z,1}}$

① $\hat{z}_{\mathrm{rd}}(\hat{r})=\frac{1}{4}[\,|\hat{z}_{\mathrm{le}}(\hat{r})|(\hat{z}_{\mathrm{le}}(\hat{r}))^3-|\hat{z}_{\mathrm{le}}(\hat{r})-\hat{c}(\hat{r})|(\hat{z}_{\mathrm{le}}(\hat{r})-\hat{c}(\hat{r}))^3\,]$；

② $\hat{z}_{\mathrm{h}}(\hat{r})=\frac{1}{2}\hat{c}(\hat{r})-\hat{z}_{\mathrm{le}}(\hat{r})$

5.2.3　右翅翅根参考坐标系下的力矩

根据源于上面提起的不同气动力机制的气动力矩,可以建立起翅平面固定坐标系下的总气动力矩。因此,针对单个翅平面,沿着翅平面固定坐标系($x_{rw}y_{rw}z_{rw}$)的展向俯仰轴和弦向轴的总气动力矩可以表达成下式:

$$\begin{cases} {}^{rw}\boldsymbol{M}_{aero,x} = \boldsymbol{M}_{trans,x} + \boldsymbol{M}_{rot,x} + \boldsymbol{M}_{rd,x} + \boldsymbol{M}_{add,x} \\ {}^{rw}\boldsymbol{M}_{aero,z} = \boldsymbol{M}_{trans,z} + \boldsymbol{M}_{rot,z} + \boldsymbol{M}_{rd,z} + \boldsymbol{M}_{add,z} \end{cases} \tag{5-17}$$

将来自平动分量、转动分量、气动阻尼分量和虚质量分量的气动力矩分量代入式(5-17),有

$${}^{rw}\boldsymbol{M}_{aero,x} = \begin{bmatrix} M_{x,T,P}\mathrm{sign}(\alpha)\hat{Z}_{cop,trans}(\alpha)C_N(\alpha)\dot{\phi}^2 - M_{x,R,P}C_R\hat{Z}_{cop,rot}(\alpha)\dot{\psi}\,|\dot{\phi}| \\ -M_{x,Rd,P}C_{rd}\dot{\psi}\,|\dot{\psi}| - I_{xz,am,P}(\ddot{\phi}\cos\psi) - I_{xx,am,P}\ddot{\psi} \end{bmatrix}\boldsymbol{e}_x \tag{5-18}$$

$${}^{rw}\boldsymbol{M}_{aero,z} = \begin{bmatrix} M_{z,T,P}\mathrm{sign}(\alpha)C_N(\alpha)\dot{\phi}^2 - M_{z,R,P}C_R\dot{\psi}\,|\dot{\phi}| \\ -M_{z,Rd,P}C_{rd}\dot{\psi}\,|\dot{\psi}| - \frac{\pi}{2}M_{z,R,P}(\ddot{\phi}\cos\psi) - I_{xz,am,P}\ddot{\psi} \end{bmatrix}\boldsymbol{e}_z \tag{5-19}$$

沿着翅平面固定坐标系($x_{rw}y_{rw}z_{rw}$)的展向俯仰轴和弦向轴的包含惯性力矩(详见前面章节的介绍)的总力矩可以写为

$$\begin{cases} {}^{rw}\boldsymbol{M}^{pitch}_{total,x} = {}^{rw}\boldsymbol{M}_{aero,x} + {}^{rw}\boldsymbol{M}_{inert,x} \\ {}^{rw}\boldsymbol{M}_{total,z} = {}^{rw}\boldsymbol{M}_{aero,z} + {}^{rw}\boldsymbol{M}_{inert,z} \end{cases} \tag{5-20}$$

这构成了矢量形式的总力矩: ${}^{rw}\boldsymbol{M}_{total} = [\,{}^{rw}\boldsymbol{M}^{pitch}_{total,x} \quad {}^{rw}\boldsymbol{M}_{inert,y} \quad {}^{rw}\boldsymbol{M}_{total,z}\,]^{T}$ 。变换矩阵(${}^{rr}_{rw}R$)可用来将总力矩变换到右翅翅根参考坐标系($x_{rr}y_{rr}z_{rr}$)下:

$${}^{rr}\boldsymbol{M} = {}^{rr}_{rw}\boldsymbol{R}\cdot{}^{rw}\boldsymbol{M}_{total} = \begin{bmatrix} \cos\phi\cdot{}^{rw}\boldsymbol{M}^{pitch}_{total,x} - \sin\phi\cdot\sin\psi\cdot{}^{rw}\boldsymbol{M}_{total,z} \\ \sin\phi\cdot{}^{rw}\boldsymbol{M}^{pitch}_{total,x} + \cos\phi\cdot\sin\psi\cdot{}^{rw}\boldsymbol{M}_{total,z} \\ \cos\psi\cdot{}^{rw}\boldsymbol{M}_{total,z} \end{bmatrix} \tag{5-21}$$

沿着右翅翅根参考坐标系($x_{rr}y_{rr}z_{rr}$)的 z 轴(即翅肩拍打轴线方向)的分量(${}^{rr}\boldsymbol{M}_z$)可以记为 ${}^{rr}\boldsymbol{M}^{stroke}_z$,它的分析表达式如下:

$$\begin{aligned} {}^{rr}\boldsymbol{M}^{stroke}_z &= \cos(\psi)\cdot{}^{rw}\boldsymbol{M}_{total,z} \\ &= \cos(\psi)\cdot(\boldsymbol{M}_{trans,z} + \boldsymbol{M}_{rot,z} + \boldsymbol{M}_{rd,z} + \boldsymbol{M}_{add,z} + {}^{rw}\boldsymbol{M}_{inert,z}) \end{aligned} \tag{5-22}$$

最后,值得注意的是,一旦通过将来自左右翅平面的力矩贡献加和可获得两个翅膀的总气动力矩。根据欧拉角的约定,该总力矩(${}^{\mathrm{rr}}\boldsymbol{M}$)的三个分量可以分别称为俯仰、翻滚和偏航力矩。

5.3 悬飞翅拍动力学的建模

为了设计能够产生足够气动力维持其自身停空悬飞的仿昆 FWMAV,有必要解决悬飞翅拍动力学问题。

这里,我们将探讨悬飞翅拍运动的可能动态实现机制,并探究果蝇为了实现近似的稳态悬飞翅拍运动需要输入多大的驱动力矩。基于前面提及的扩展准稳态气动力和惯性力及力矩模型,我们推导了针对悬飞翅拍动力学问题的二自由度非线性 ODE。针对悬飞翅拍动力学模型,总是期望获得可以产生足够气动升力的最佳的翅膀运动输出。根据经典的动力学理论,翅平面固定坐标系下角动量的惯性时间导数可以表达成下式:

$$
{}^{\mathrm{rw}}\dot{\boldsymbol{L}}_{\mathrm{w}}=\begin{bmatrix}\boldsymbol{I}_{xx}(\dot{\omega}_x-\omega_y\omega_z)+\boldsymbol{I}_{xz}(\dot{\omega}_z+\omega_x\omega_y)\\ \boldsymbol{I}_{xx}(\omega_x\omega_z+\dot{\omega}_y)+\boldsymbol{I}_{xz}(\omega_z^2-\omega_x^2)+\boldsymbol{I}_{zz}(\dot{\omega}_y-\omega_x\omega_z)\\ \boldsymbol{I}_{xz}(\dot{\omega}_x-\omega_y\omega_z)+\boldsymbol{I}_{zz}(\dot{\omega}_z+\omega_x\omega_y)\end{bmatrix}\tag{5-23}
$$

惯性张量($\boldsymbol{I}_{ij}$)已经列在表 4-2 中,将翅膀的角速度和角加速度代入式(5-23)中,有

$$
{}^{\mathrm{rw}}\dot{\boldsymbol{L}}_{\mathrm{w}}=\begin{bmatrix}\boldsymbol{I}_{xx}\ddot{\psi}+\boldsymbol{I}_{xz}\cos\psi\ddot{\phi}-\dfrac{1}{2}\boldsymbol{I}_{xx}\sin2\psi\dot{\phi}^2\\ \boldsymbol{I}_{yy}\sin\psi\ddot{\phi}+\boldsymbol{I}_{xz}\cos^2\psi\dot{\phi}^2-\boldsymbol{I}_{zx}\dot{\psi}^2+2\boldsymbol{I}_{xx}\cos\psi\dot{\phi}\dot{\psi}\\ \boldsymbol{I}_{zx}\ddot{\psi}+\boldsymbol{I}_{zz}\cos\psi\ddot{\phi}-\dfrac{1}{2}\boldsymbol{I}_{xz}\sin2\psi\dot{\phi}^2\end{bmatrix}\tag{5-24}
$$

施加在翅膀拍打关节和俯仰轴线上的负载力矩包含气动力矩、惯性力矩和翅膀平面自身的重力矩。在翅平面固定坐标下,外力矩可以写成下式:

$$
{}^{\mathrm{rw}}\boldsymbol{M}_{\mathrm{w}}={}^{\mathrm{rw}}\boldsymbol{M}_{\mathrm{aero}}+{}^{\mathrm{rw}}\boldsymbol{M}_{\mathrm{inert}}+{}^{\mathrm{rw}}_{2}\boldsymbol{R}_{x,-\psi}({}^{\mathrm{rr}}\boldsymbol{M}_{\mathrm{act}}+k_{\mathrm{s},\phi}\phi\,\boldsymbol{k}_2)-k_{\mathrm{s},\psi}\psi\,\boldsymbol{i}_3+{}^{\mathrm{rw}}\boldsymbol{M}_{\mathrm{g}}\tag{5-25}
$$

这里第一项: ${}^{\mathrm{rw}}\boldsymbol{M}_{\mathrm{aero}}=[{}^{\mathrm{rw}}\boldsymbol{M}_{\mathrm{aero},x}\quad 0\quad {}^{\mathrm{rw}}\boldsymbol{M}_{\mathrm{aero},z}]^{\mathrm{T}}$ 是驱动力矩分量。第二项: ${}^{\mathrm{rw}}\boldsymbol{M}_{\mathrm{inert}}=[{}^{\mathrm{rw}}\boldsymbol{M}_{\mathrm{inert},x}\quad {}^{\mathrm{rw}}\boldsymbol{M}_{\mathrm{inert},y}\quad {}^{\mathrm{rw}}\boldsymbol{M}_{\mathrm{inert},z}]^{\mathrm{T}}$ 是由于翅膀平面质心的加减速作用引起的惯性力矩分量,详见第 2 章的推导。第三项可以写成如下形式:

$$
{}_{2}^{\mathrm{rw}}\boldsymbol{R}_{x,\psi}\cdot({}^{\mathrm{rr}}\boldsymbol{M}_{\mathrm{act}}+k_{\mathrm{s},\phi}\phi\,\boldsymbol{k}_2)=\begin{bmatrix}1&0&0\\0&\cos\psi&\sin\psi\\0&-\sin\psi&\cos\psi\end{bmatrix}\begin{bmatrix}0\\0\\M_{\mathrm{act}}-k_{\mathrm{s},\phi}\phi\end{bmatrix}=\begin{bmatrix}0\\(M_{\mathrm{act}}+k_{\mathrm{s},\phi}\phi)\sin\psi\\(M_{\mathrm{act}}+k_{\mathrm{s},\phi}\phi)\cos\psi\end{bmatrix}\tag{5-26}
$$

式中：${}^{\mathrm{rr}}M_{\mathrm{act}}$ 是沿着拍打角铰链轴线的驱动力矩，可假设它具有周期性激励幅值，因而可以表达成谐波形式：$M_{\mathrm{act}}=A\cos(\omega t+\delta_{\mathrm{act}})+\eta$。$k_{s,\phi}$ 是沿着拍打轴线的铰链刚度系数。式(5-26)中的第四项 $k_{s,\psi}$ 是沿着翅膀俯仰轴线的俯仰铰链刚度系数。引入这两个铰链刚度系数是为了建立翅膀腋生骨片关节的扭簧模型，以便考虑弹性应变能的可能存储情况[201-202,217]。式(5-26)中的第五项是翅平面坐标系下的翅膀自身的重力矩，它可以写成如下形式：

$$
{}^{\mathrm{rw}}\boldsymbol{M}_{\mathrm{g}}=(r_{\mathrm{cg}}\,\boldsymbol{i}_{\mathrm{rw}}+0\,\boldsymbol{j}_{\mathrm{rw}}-d\,\boldsymbol{k}_{\mathrm{rw}})\times{}_{2}^{\mathrm{rw}}\boldsymbol{R}_{\psi,x}(0\,\boldsymbol{i}_{\mathrm{rr}}+0\,\boldsymbol{j}_{\mathrm{rr}}-m_{\mathrm{w}}g\,\boldsymbol{k}_{\mathrm{rr}})\tag{5-27}
$$

式中：$r_{\mathrm{cg}}=x_{\mathrm{com}}$，$d=-z_{\mathrm{com}}$（见表 4-2），式(5-27)可以展开为

$$
{}^{\mathrm{rw}}\boldsymbol{M}_{g}=\begin{bmatrix}r_{\mathrm{cg}}\\0\\-d\end{bmatrix}\times\begin{bmatrix}1&0&0\\0&\cos\psi&\sin\psi\\0&-\sin\psi&\cos\psi\end{bmatrix}\begin{bmatrix}0\\0\\-m_{\mathrm{w}}g\end{bmatrix}=\begin{bmatrix}r_{\mathrm{cg}}\\0\\-d\end{bmatrix}\times\begin{bmatrix}0\\-m_{\mathrm{w}}g\sin\psi\\-m_{\mathrm{w}}g\cos\psi\end{bmatrix}=\begin{bmatrix}-m_{\mathrm{w}}gd\sin\psi\\m_{\mathrm{w}}gr_{\mathrm{cg}}\cos\psi\\-m_{\mathrm{w}}gr_{\mathrm{cg}}\sin\psi\end{bmatrix}\tag{5-28}
$$

因此最终的外力矩：

$$
{}^{\mathrm{rw}}\boldsymbol{M}_{\mathrm{w}}=\begin{bmatrix}{}^{\mathrm{rw}}\boldsymbol{M}_{\mathrm{aero},x}+{}^{\mathrm{rw}}\boldsymbol{M}_{\mathrm{inert},x}-k_{\mathrm{s},\psi}\psi\,\boldsymbol{i}_{\mathrm{rw}}-m_{\mathrm{w}}gd\sin\psi\,\boldsymbol{i}_{\mathrm{rw}}\\{}^{\mathrm{rw}}\boldsymbol{M}_{\mathrm{inert},y}+({}^{\mathrm{rr}}\boldsymbol{M}_{\mathrm{act}}+k_{\mathrm{s},\phi}\phi\,\boldsymbol{k}_{\mathrm{rr}})\sin\psi\,\boldsymbol{j}_{\mathrm{rw}}+m_{\mathrm{w}}gr_{\mathrm{cg}}\cos\psi\,\boldsymbol{j}_{\mathrm{rw}}\\{}^{\mathrm{rw}}\boldsymbol{M}_{\mathrm{aero},z}+{}^{\mathrm{rw}}\boldsymbol{M}_{\mathrm{inert},z}+({}^{\mathrm{rr}}\boldsymbol{M}_{\mathrm{act}}+k_{\mathrm{s},\phi}\phi\,\boldsymbol{k}_{\mathrm{rr}})\cos\psi\,\boldsymbol{k}_{\mathrm{rw}}-m_{\mathrm{w}}gr_{\mathrm{cg}}\sin\psi\,\boldsymbol{k}_{\mathrm{rw}}\end{bmatrix}\tag{5-29}
$$

在翅平面固定坐标下，根据虚功率原理可知：

$$
({}^{\mathrm{rw}}\dot{\boldsymbol{L}}_{w}-{}^{\mathrm{rw}}\boldsymbol{M}_{w})\cdot\frac{\partial\,{}^{\mathrm{rw}}\omega}{\partial\dot{q}_i}=0;\ (\boldsymbol{i}=1,2)\tag{5-30}
$$

式中：q_i表示广义坐标（ϕ 和 ψ）；$\dfrac{\partial\,{}^{\mathrm{rw}}\omega}{\partial\dot{\phi}}=(0\quad\sin\psi\quad\cos\psi)^{\mathrm{T}}$；$\dfrac{\partial\,{}^{\mathrm{rw}}\omega}{\partial\dot{\psi}}=(1\quad0\quad0)^{\mathrm{T}}$。

当 $i=1$ 时，即 $q=\phi$，通过进一步简化式(5-30)，所谓的拍打动力学方程为

$$(I_{yy}\sin^2\psi + I_{zz}\cos^2\psi)\ddot{\phi} + I_{xx}\sin2\psi\dot{\phi}\dot{\psi} + I_{zx}(-\sin\psi\dot{\psi}^2 + \cos\psi\ddot{\psi})$$
$$= {}^{\text{rw}}M_{\text{inert},y}\sin\psi + ({}^{\text{rw}}M_{\text{aero},z} + {}^{\text{rw}}M_{\text{inert},z})\cos\psi + A\cos(\omega t + \delta_{\text{act}}) + \eta + k_{\text{s},\phi}\phi \tag{5-31}$$

当 $i = 2$ 时,即 $q = \psi$,通过相似的简化式(5-30),所谓的俯仰动力学方程为

$$I_{xx}\ddot{\psi} + I_{xz}\cos\psi\ddot{\phi} - \frac{1}{2}I_{xx}\sin2\psi\dot{\phi}^2 = ({}^{\text{rw}}M_{\text{aero},x} + {}^{\text{rw}}M_{\text{inert},x}) - k_{\text{s},\psi}\psi - m_{\text{w}}gd\sin\psi \tag{5-32}$$

分别将来自前面一章中的气动力矩和惯性力矩代入式(5-31)和式(5-32),能够获得高度耦合的二自由度非线性动力学 ODE(Ordinary Differential Equation,常微分方程)组,即

$$\left[(I_{yy} + m_{\text{wing}}x_{\text{com}}^2)\sin^2\psi + \left(I_{zz} + \frac{\pi}{2}M_{z,\text{R,P}} + m_{\text{wing}}x_{\text{com}}^2\right)\cos^2\psi\right]\ddot{\phi}$$
$$+ [(I_{zx} + I_{xz,\text{am,P}} - m_{\text{wing}}x_{\text{com}}z_{\text{com}})\cos\psi]\ddot{\psi}$$
$$= (I_{zx} - m_{\text{wing}}x_{\text{com}}z_{\text{com}})\sin\psi\dot{\psi}^2 - M_{z,\text{Rd,P}}C_{\text{rd}}\cos\psi\dot{\psi}\,|\dot{\psi}|$$
$$+ \left(M_{z,\text{T,P}}\text{sign}(\alpha)C_{\text{N}}(\alpha)\cos\psi - m_{\text{wing}}x_{\text{com}}z_{\text{com}}\left(\sin^3\psi - \frac{1}{2}\sin2\psi\cos\psi\right)\right)\dot{\phi}^2$$
$$- M_{z,\text{R,P}}C_{\text{R}}\cos\psi\dot{\psi}\,|\dot{\phi}| - I_{xx}\sin2\psi\dot{\psi}\dot{\phi} + A\cos(\omega t + \delta_{\text{act}}) + \eta + k_{\text{s},\phi}\phi \tag{5-33}$$

$$(I_{xx} + I_{xx,\text{am,P}} - m_{\text{wing}}z_{\text{com}}^2)\ddot{\psi} + [(I_{xz} + I_{xz,\text{am,P}} + m_{\text{wing}}z_{\text{com}}x_{\text{com}})\cos\psi]\ddot{\phi}$$
$$= \left[\frac{1}{2}(I_{xx} - m_{\text{wing}}z_{\text{com}}^2)\sin2\psi + M_{x,\text{T,P}}\text{sign}(\alpha)\hat{Z}_{\text{cop,trans}}(\alpha)C_{\text{N}}(\alpha)\right]\dot{\phi}^2$$
$$- M_{x,\text{R,P}}C_{\text{R}}\hat{Z}_{\text{cop,rot}}(\alpha)\dot{\psi}\,|\dot{\phi}| - M_{x,\text{Rd,P}}C_{\text{rd}}\dot{\psi}\,|\dot{\psi}| - k_{\text{s},\psi}\psi - m_{\text{wing}}gd_{\text{com}}\sin\psi \tag{5-34}$$

这些高度耦合的非线性 ODE,由于其复杂性,要想获得它们的分析解是极其棘手的。在下一节中,一种由常用的数值求解算法和优化算法构成的新颖有效的求解策略用来预测这些 ODE 的数值解。

5.4 二自由度非线性翅拍 ODE 的数值求解

5.4.1 分别对两个耦合的翅拍动力学方程进行数值求解

针对两个耦合的翅拍动力学方程,为了更便利地进行数值求解,我们将对

式(5－33)和式(5－34)做如下的简化,即

$$I_{\mathrm{fm,aug},1}(\psi)=(I_{yy}+m_{\mathrm{wing}}x_{\mathrm{com}}^{2})\sin^{2}\psi+\left(I_{zz}+\frac{\pi}{2}M_{z,\mathrm{R,P}}+m_{\mathrm{wing}}x_{\mathrm{com}}^{2}\right)\cos^{2}\psi \tag{5-35}$$

$$I_{\mathrm{pm,aug},1}(\psi)=(I_{zx}+I_{xz,\mathrm{am,P}}-m_{\mathrm{wing}}x_{\mathrm{com}}z_{\mathrm{com}})\cos\psi \tag{5-36}$$

$$I_{\mathrm{fm,aug},2}(\psi)=M_{z,\mathrm{T,P}}\mathrm{sign}(\alpha)C_{\mathrm{N}}(\alpha)\cos\psi-m_{\mathrm{wing}}x_{\mathrm{com}}z_{\mathrm{com}}\left(\sin^{3}\psi-\frac{1}{2}\sin2\psi\cos\psi\right) \tag{5-37}$$

式中:$\alpha=\mathrm{atan2}({}^{3}v_{y},{}^{3}v_{z})=\mathrm{atan2}(r\omega_{z},-r\omega_{y})=\mathrm{atan2}(\cos\psi,-\sin\psi)$。类似地,令

$$I_{\mathrm{pm,aug},2}(\psi)=(I_{zx}-m_{\mathrm{wing}}x_{\mathrm{com}}z_{\mathrm{com}})\sin\psi \tag{5-38}$$

$$I_{\mathrm{pm,aug},3}=I_{xx}+I_{xx,\mathrm{am,P}}-m_{\mathrm{wing}}z_{\mathrm{com}}^{2} \tag{5-39}$$

$$I_{\mathrm{fm,aug},3}(\psi)=(I_{xz}+I_{xz,\mathrm{am,P}}+m_{\mathrm{wing}}z_{\mathrm{com}}x_{\mathrm{com}})\cos\psi \tag{5-40}$$

$$I_{\mathrm{fm,aug},4}(\psi)=\begin{bmatrix}\frac{1}{2}(I_{xx}-m_{\mathrm{wing}}z_{\mathrm{com}}^{2})\sin2\psi\\+M_{x,\mathrm{T,P}}\mathrm{sign}(\alpha)\hat{Z}_{\mathrm{cop,trans}}(\alpha)C_{\mathrm{N}}(\alpha)\end{bmatrix} \tag{5-41}$$

然后式(5－33)和式(5－34)可以按照如下的方式来表达:

$$\begin{aligned}I_{\mathrm{fm,aug},1}(\psi)\ddot{\phi}+I_{\mathrm{pm,aug},1}(\psi)\ddot{\psi}&=I_{\mathrm{fm,aug},2}(\psi)\dot{\phi}^{2}+I_{\mathrm{pm,aug},2}(\psi)\dot{\psi}^{2}\\&\quad-M_{z,\mathrm{Rd,P}}C_{\mathrm{rd}}\cos\psi\dot{\psi}|\dot{\psi}|-M_{z,\mathrm{R,P}}C_{\mathrm{R}}\cos\psi\dot{\psi}|\dot{\phi}|\\&\quad-I_{xx}\sin2\psi\dot{\psi}\dot{\phi}+A\cos(\omega t+\delta_{\mathrm{act}})+\eta+k_{\mathrm{s},\phi}\phi\end{aligned} \tag{5-42}$$

$$\begin{aligned}I_{\mathrm{fm,aug},3}(\psi)\ddot{\phi}+I_{\mathrm{pm,aug},3}\ddot{\psi}&=I_{\mathrm{fm,aug},4}(\psi)\dot{\phi}^{2}-M_{x,\mathrm{R,P}}C_{\mathrm{R}}\hat{Z}_{\mathrm{cop,rot}}(\alpha)\dot{\psi}|\dot{\phi}|\\&\quad-M_{x,\mathrm{Rd,P}}C_{\mathrm{rd}}\dot{\psi}|\dot{\psi}|-k_{\mathrm{s},\psi}\psi-m_{\mathrm{wing}}gd_{\mathrm{com}}\sin\psi\end{aligned} \tag{5-43}$$

进一步地,令

$$\begin{aligned}Q_{1}(\phi,\psi,\dot{\phi},\dot{\psi},A,\delta_{\mathrm{act}},\eta,k_{\mathrm{s},\phi})&=I_{\mathrm{fm,aug},2}(\psi)\dot{\phi}^{2}+I_{\mathrm{pm,aug},2}(\psi)\dot{\psi}^{2}\\&\quad-(M_{z,\mathrm{Rd,P}}C_{\mathrm{rd}}\cos\psi)\dot{\psi}|\dot{\psi}|-(M_{z,\mathrm{R,P}}C_{\mathrm{R}}\cos\psi)\dot{\psi}|\dot{\phi}|\\&\quad-I_{xx}\sin2\psi\dot{\psi}\dot{\phi}+A\cos(\omega t+\delta_{\mathrm{act}})+\eta+k_{\mathrm{s},\phi}\phi\end{aligned} \tag{5-44}$$

$$\begin{aligned}Q_{2}(\psi,\dot{\phi},\dot{\psi},k_{\mathrm{s},\psi})&=I_{\mathrm{fm,aug},4}(\psi)\dot{\phi}^{2}-(M_{x,\mathrm{R,P}}C_{\mathrm{R}}\hat{Z}_{\mathrm{cop,rot}}(\alpha))\dot{\psi}|\dot{\phi}|\\&\quad-(M_{x,\mathrm{Rd,P}}C_{\mathrm{rd}})\dot{\psi}|\dot{\psi}|-k_{\mathrm{s},\psi}\psi-m_{\mathrm{wing}}gd_{\mathrm{com}}\sin\psi\end{aligned} \tag{5-45}$$

这样,非线性 ODEs 式(5－42)和式(5－43)可以简化为

$$\begin{cases} I_{\mathrm{fm,aug},1}(\psi)\ddot{\phi} + I_{\mathrm{pm,aug},1}(\psi)\ddot{\psi} = Q_1(\phi,\psi,\dot{\phi},\dot{\psi},A,\delta_{\mathrm{act}},\eta,k_{\mathrm{s},\phi}) \\ I_{\mathrm{fm,aug},3}(\psi)\ddot{\phi} + I_{\mathrm{pm,aug},3}\ddot{\psi} = Q_2(\psi,\dot{\phi},\dot{\psi},k_{\mathrm{s},\psi}) \end{cases} \tag{5-46}$$

相比于昆虫体的质量,翅膀自身的质量较小,因而翅膀平面自身的重力矩对总力矩的贡献较小,所以翅膀平面自身的重力矩(即式(5－45)中的 $m_{\mathrm{wing}}gd_{\mathrm{com}}\sin(\psi)$)被忽略了。根据拟合自实验测得数据的近似稳态翅拍运动公式,$t=0$ 时刻的边界条件有 $x_1(0)=6.5669\times10^{-10}$, $x_2(0)=-1.8709\times10^{-3}$, $x_3(0)=1.2814$, $x_4(0)=45.2845$。一旦给定果蝇翅膀几何参数,针对一些来自驱动力矩表达式、拍打角铰链和俯仰角铰链的刚度系数的未知参数(即 A, δ_{act}, η, $k_{s,\phi}$ 和 $k_{s,\psi}$),在规定它们的合适的初始值后,微分方程组(5－46)的可解条件将得到满足。为了实现微分方程组(5－46)的初步数值求解,根据针对仿昆 FWMAV 报道的数据[212, 227]试探性地规定这些参数的可能初始值。针对驱动力矩参数,它的幅值(A)可假设等于驱动力的峰值(F_{act})除以传动比($T_{\mathrm{tran,ratio}}$),根据 Finio 和 Wood 等报道的数据[197,212,227],我们选择了 $F_{\mathrm{act}}=56\times10^3\mathrm{uN}$ 和 $T_{\mathrm{tran,ratio}}=3.0\times10^{-3}\mathrm{rad}\cdot\mu\mathrm{m}^{-1}$,因此可以获得 $A=F_{\mathrm{act}}/T_{\mathrm{tran,ratio}}=1.8667\times10^7\mathrm{uN}\cdot\mu\mathrm{m}$。在随后的数值求解中,考虑到果蝇的驱动力矩和昆虫尺度的仿昆 FWMAV 的驱动力矩之间存在着强度差,引入了一个比例系数($k_{z,\mathrm{act}}$)来计算驱动力的幅值(A),即 $A=k_{z,\mathrm{act}}\cdot F_{\mathrm{act}}/T_{\mathrm{tran,ratio}}$。而一开始时驱动力矩的相位($\delta_{\mathrm{act}}$)和偏置项($\eta,\mu\mathrm{N}\cdot\mu\mathrm{m}$)则被设为零(见表 5－2)。通过对比数值预测的拍打角输出和实验测得的结果,可确定这些驱动力矩的未知参数(见下文和表 5－2)。

针对沿着翅膀俯仰轴线的铰链刚度系数($k_{s,\psi}$),参考具有被动俯仰铰链和最佳的扭转角的仿昆 FWMAV 的最优设计值[205, 228],可以确定它的初始值。被动俯仰铰链由刚性高模量的碳纤维复合材料层和柔性聚酰亚胺层构成,如图 5－1 所示。根据线弹性梁模型可以预测这类铰链的转动刚度。线弹性梁在外力矩作用易产生弯曲变形[205, 228],与这类铰链的工况是很相似的。因而这类铰链的刚度可以由下式给出:

$$k_{\mathrm{s},\psi} = k_x\frac{E_{\mathrm{h}}t_{\mathrm{h}}^3w_{\mathrm{h}}}{12L_{\mathrm{h}}} \tag{5-47}$$

式中:L_{h}, w_{h} 和 t_{h} 分别为中间柔性聚酰亚胺片层的长、宽、高;E_{h} 是弹性模量。类似地,比例系数(k_x)被引入进来考虑果蝇翅膀的俯仰腋生骨片关节和实际昆虫尺度仿昆 FWMAV 的被动铰链的柔性差值[201－202,215－218]。参考已报道的最优设计值[205,228],可以选择 $L_{\mathrm{h}}=70\mu\mathrm{m}$, $w_{\mathrm{h}}=1800\mu\mathrm{m}$, $t_{\mathrm{h}}=7.6\mu\mathrm{m}$ 和 $E_{\mathrm{h}}=2.5\times10^9\mathrm{pa}$

来计算翅膀俯仰铰链刚度系数($k_{s,\psi}$)的初始值,当 $k_x=1$ 时,它等于 $2.3517\times10^3\mu N\cdot\mu m\cdot rad^{-1}$ (见表 5-2)。

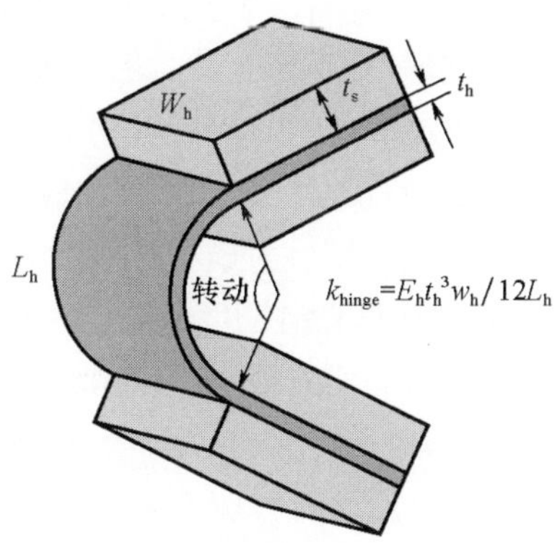

图 5-1 柔顺铰链的三维三明治几何模型,由刚性结构层(浅色)和柔性中间层(深色)构成)

针对昆虫尺度的仿昆 FWMAV[227],沿着拍打轴线的铰链刚度系数($k_{s,\phi}$)的初始值可被设为:

$$k_{s,\phi}=k_z\frac{k_{eq}-k_{act}}{T_{tran,ratio}^{2}} \tag{5-48}$$

式中:k_{act}为驱动器的线弹簧刚度系数;k_{eq}为仿昆 FWMAV 的翅拍动力系统的等效弹簧常数,该翅拍动力系统由驱动器,传动机构和翅膀平面构成。类似地,比例系数(k_z)被引入进来考虑果蝇翅膀的功率肌肉关节和实际昆虫尺度仿昆 FWMAV 的翅拍打铰链的柔性差值[201-202,215-216]。参考已报道的数据[227],我们选择了 $k_{eq}=344.8\mu N\cdot\mu m^{-1}$ 和 $k_{act}=300\mu N\cdot\mu m^{-1}$ 来计算铰链刚度系数($k_{s,\phi}$)的初始值,当 $k_z=1$ 时,它等于 $4.9778\mu N\cdot\mu m\cdot rad^{-1}$ (见表 5-2)。

一旦规定了这五个参数(A , δ_{act} , η , $k_{s,\phi}$ 和 $k_{s,\psi}$)的初始值,似乎前面提及的二自由度翅拍动力学 ODE 可以采用数值法求解了。尽管如此,由于二自由度翅拍动力学 ODE 是高度非线性和相互耦合的,并且针对真实的悬飞果蝇上面提及的五个初始值是不确定的,因而这些来自式(5-46)的 ODE 的数值求解仍然不易成功实现。针对果蝇尺度的腋生骨片关节和功率肌肉,为了获得其物理简化模型的五个未知参数的初始值,我们采用了解耦策略来分别进行这两个 ODE 的数值求解。在数值求解中,使用了常用的 ODE 数值求解算法,针对非线性 ODE 的边界值求解格式[229]和最小二乘优化算法[173,215-217]。在解耦策略中,假设将两个自由度中的一个自由度的角运动数据作为另外一个自由度的动力学非线性 ODE 的已知输入，这样这两个耦合的 ODEs 可以被分别进行数值求解[197,199,205,212,223-224,227]。

针对所谓的翅膀俯仰动力学非线性方程(5-43)，或者方程组(5-46)中的第二式，已知翅膀几何参数、其他的气动参数和前面提及的翅膀俯仰铰链刚度系数的初始值，将实验测得的拍打角(ϕ_{exp})作为额外的已知输入，可以采用五阶隐式龙格—库塔格式(即来自 MATLAB 的 ode45 函数[230])来数值求解翅膀俯仰 ODE。在数值求解程序中，嵌套了非线性信赖域反射最小二乘法优化算法(即来自 MATLAB 的 lsqnonlin 函数)来搜索最优的俯仰铰链刚度系数($k_{s,\psi}$)，以便最小化数值预测的俯仰角(ψ_{sim})和实验测得值(ψ_{exp})的均方根误差(RMSE)[217]。当 RMSE 达到默认的停止容限(10^{-6})时，优化过程终止。最终，当 ψ_{sim} 和 ψ_{exp} 之间的 RMSE 在停止容限下到达 0.1731 时(见表 5-2)，此时对应着 $k_x = 1.11$，获得了最优的翅膀俯仰铰链刚度系数($k_{s,\psi}$)，它等于 $2.6 \times 10^3 \mu N \cdot \mu m/rad$[231-232]。如图 5-2(a)所示，数值预测的俯仰角与实验测得的值有很好的一致性，此外，针对 $\dot{\psi}_{sim}(t)$ 和 $\psi_{sim}(t)$ 的相图也在图 5-2(b)中做了可视化，以便用来显示解的稳定性。这一结果在一定程度上间接地证实了当前的扩展准稳态气动力和惯性力/力矩模型用来预测翅膀俯仰运动的动态时间历程的有效性。该俯仰动力学非线性 ODE 的准确解耦求解(其数值求解步骤已经在图 5-3(a)中用图解法表示了)也证实了翅膀的俯仰运动很有可能是由于气动力矩(主要是附加质量力矩)，翅膀俯仰铰链的弹性回复力矩，源于翅膀转动惯量的惯性力矩和翅平面自身的质心加减速运动引起的惯性力矩的协同作用而被动维持和实现的。

针对所谓的翅膀拍打动力学非线性方程(5-42)，或者方程组(5-46)中的第一式，同样地将实验测得的俯仰角(ψ_{exp})作为已知输入，已知翅膀几何参数、其他的气动参数和前面提及的翅膀拍打铰链刚度系数的初始值，可以采用针对非线性 ODE 的边界值求解格式(即来自 MATLAB 的 bvp4c 函数[230])来数值求解翅膀拍打 ODE。类似地，在数值求解程序中，嵌套了非线性信赖域反射最小二乘法优化算法来搜索最优的拍打铰链刚度系数($k_{s,\phi}$)，以便最小化数值预测的俯仰角(ϕ_{sim})和实验测得值(ϕ_{exp})的均方根误差(RMSE)[217]。同样地，当 RMSE 达到默认的停止容限(10^{-6})时，优化过程终止。最终，当 ϕ_{sim} 和 ϕ_{exp} 之间的 RMSE 在停止容限下到达 0.1705 时(见表 5-2)，此时对应着 $k_z = 8.14 \times 10^3$，获得了最优的翅膀拍打铰链刚度系数($k_{s,\phi}$)，它等于 $4.05 \times 10^4 \mu N \cdot \mu m/rad$[231-232]。此外，在边界值求解格式的猜测能力的帮助下，当 $k_{z,act} = 7.9854 \times 10^{-4}$ 时，我们获得了驱动力矩的三个参数的最优值(即：$A = 1.496 \times 10^4 \mu N \cdot \mu m$，$\delta_{act} = -0.06$；$\eta = 1.176 \times 10^4 \mu N \cdot \mu m$)。完整的数值求解步骤已经在图 5-3(b)中用图解法表示了。如图 5-2(c)所示,数值预测的拍打角与实验测得的值有很好的一致性,尽管在负的最小幅值上有微小差值,这可能是由于解耦假设的失真和当前的翅拍动力学模型中忽略了翅运动的冲程平面的面内外摆动角。此外,针对 $\dot{\phi}_{sim}(t)$ 和 $\phi_{sim}(t)$ 的相图也在图 5-2(d)中做了可视化,以便用来显示解的稳定性。

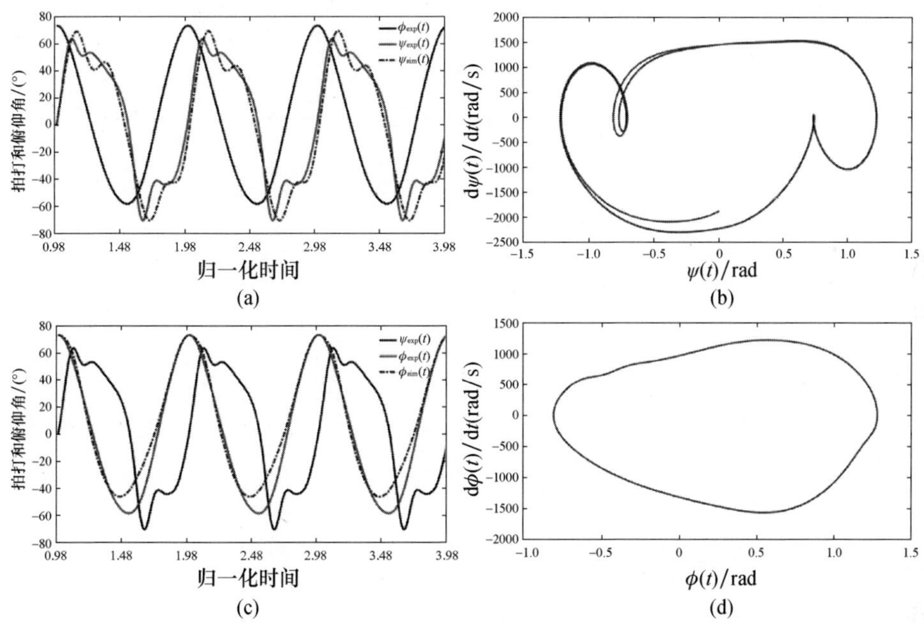

图 5-2　通过解耦求解策略获得数值模拟结果与实验测试结果的对比

(a)给定实测的拍打角作为已知输入,数值模拟获得俯仰角和实测的俯仰角;(b)针对 $\dot{\psi}_{sim}(t)$ 和 $\psi_{sim}(t)$ 的相图;(c)给定实测的俯仰角作为已知输入,数值模拟获得的拍打角与实测的拍打角;(d)针对 $\dot{\phi}_{sim}(t)$ 和 $\phi_{sim}(t)$ 相图。

表 5-2　驱动力矩参数,俯仰铰链和拍打铰链刚度系数以及均方根误差(RMSE)

项目	$k_{s,\psi}$/(μN·μm/rad)	$k_{s,\phi}$/(μN·μm/rad)	A/(μN·μm)	δ_{act}	η/(μN·μm)	RMSE
初始规定值	2.3517×10^3 @ $k_x=1$	4.9778 @ $k_z=1$	1.8667×10^7 @ $k_{z,act}=1$	0	0	—
针对俯仰 ODE	2.61×10^3 @ $k_x=1.11$	—	—	—	—	0.1731

（续）

项目	$k_{s,\psi}$/（μN·μm/rad）	$k_{s,\phi}$/（μN·μm/rad）	A/（μN·μm）	δ_{act}	η/（μN·μm）	RMSE
针对拍打 ODE	—	4.052×10^4 @ $k_z=8.14\times10^3$	1.496×10^4 @ $k_{z,act}=7.9854\times10^{-4}$	−0.06	1.176×10^4	0.1705
针对耦合的 ODEs	1.1112×10^3 @ $k_x=0.4725$	-5.4885×10^4 @ $k_z=1.1\times10^4$	-1.4933×10^4 @ $k_{z,act}=8.0\times10^{-4}$	2.1	0	0.1522

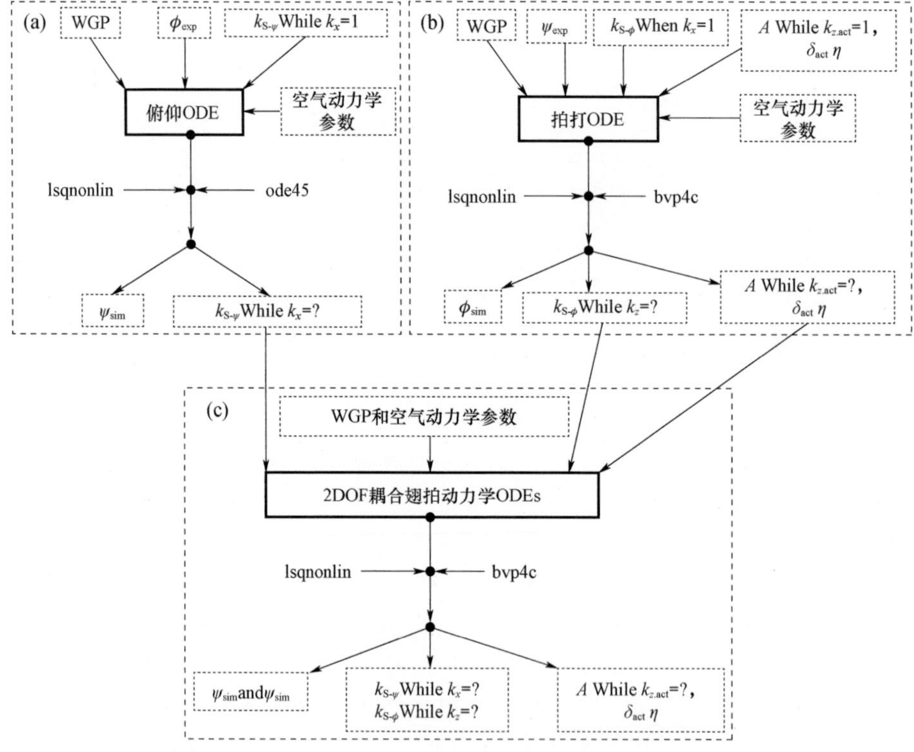

图 5－3　两个耦合翅拍动力学非线性 ODEs 的数值求解步骤
（WGP 是翅膀几何参数的缩写）

5.4.2　两个耦合的翅拍动力学方程的耦合数值求解

一旦获得了五个来自驱动力矩参数，拍打铰链和俯仰铰链刚度系数（由

$k_{z,\mathrm{act}}$ 调控的 A，δ_{act}，η，由 k_z 调控的 $k_{s,\phi}$ 和由 k_x 调控的 $k_{s,\psi}$）的初始值后，采用 ODE 数值求解算法或者边界值求解格式，二自由度耦合的翅拍动力学微分方程组(5－46)的耦合数值求解将变得更加可行。在进行数值求解之前，微分方程组(5－46)需要进一步简化。针对微分方程组(5－46)进行简单的替代消元之后，可以获得下式：

$$\ddot{\phi} = \frac{I_{\mathrm{pm,aug},3}Q_1(\phi,\psi,\dot{\phi},\dot{\psi},A,\delta_{\mathrm{act}},\eta,k_{s,\phi}) - I_{\mathrm{pm,aug},1}(\psi)Q_2(\psi,\dot{\phi},\dot{\psi},k_{s,\psi})}{(I_{\mathrm{fm,aug},1}(\psi)I_{\mathrm{pm,aug},3} - I_{\mathrm{pm,aug},1}(\psi)I_{\mathrm{fm,aug},3}(\psi))} \tag{5-49}$$

$$\begin{aligned}\ddot{\psi} &= \frac{Q_1(\phi,\psi,\dot{\phi},\dot{\psi},A,\delta_{\mathrm{act}},\eta,k_{s,\phi}) - I_{\mathrm{fm,aug},1}(\psi)\ddot{\phi}}{I_{\mathrm{pm,aug},1}(\psi)}\\ &= \frac{Q_1(\phi,\psi,\dot{\phi},\dot{\psi},A,\delta_{\mathrm{act}},\eta,k_{s,\phi})}{I_{\mathrm{pm,aug},1}(\psi)} - \frac{I_{\mathrm{fm,aug},1}(\psi)}{I_{\mathrm{pm,aug},1}(\psi)}\\ &\quad\left[\frac{I_{\mathrm{pm,aug},3}Q_1(\phi,\psi,\dot{\phi},\dot{\psi},A,\delta_{\mathrm{act}},\eta,k_{s,\phi}) - I_{\mathrm{pm,aug},1}(\psi)Q_2(\psi,\dot{\phi},\dot{\psi},k_{s,\psi})}{(I_{\mathrm{fm,aug},1}(\psi)I_{\mathrm{pm,aug},3} - I_{\mathrm{pm,aug},1}(\psi)I_{\mathrm{fm,aug},3}(\psi))}\right]\end{aligned} \tag{5-50}$$

为了便利地进行这两个 ODE 的数值求解，假设：

$$\begin{cases} x_1 = \psi;\ x_2 = \dot{\psi} = \dfrac{\mathrm{d}x_1}{\mathrm{d}t} \\ x_3 = \phi;\ x_4 = \dot{\phi} = \dfrac{\mathrm{d}x_3}{\mathrm{d}t} \end{cases} \tag{5-51}$$

因此可以获得四个一阶微分方程：

$$\begin{cases} \dfrac{\mathrm{d}x_1}{\mathrm{d}t} = \dfrac{\mathrm{d}\psi}{\mathrm{d}t} = x_2 \\ \dfrac{\mathrm{d}x_2}{\mathrm{d}t} = \dfrac{\mathrm{d}^2\psi}{\mathrm{d}t^2} = \ddot{\psi} = \dfrac{Q_1(\phi,\psi,\dot{\phi},\dot{\psi},A,\delta_{\mathrm{act}},\eta,k_{s,\phi})}{I_{\mathrm{pm,aug},1}(\psi)} - \dfrac{I_{\mathrm{fm,aug},1}(\psi)}{I_{\mathrm{pm,aug},1}(\psi)}\left[\dfrac{I_{\mathrm{pm,aug},3}Q_1(\phi,\psi,\dot{\phi},\dot{\psi},A,\delta_{\mathrm{act}},\eta,k_{s,\phi}) - I_{\mathrm{pm,aug},1}(\psi)Q_2(\psi,\dot{\phi},\dot{\psi},k_{s,\psi})}{(I_{\mathrm{fm,aug},1}(\psi)I_{\mathrm{pm,aug},3} - I_{\mathrm{pm,aug},1}(\psi)I_{\mathrm{fm,aug},3}(\psi))}\right] \\ \dfrac{\mathrm{d}x_3}{\mathrm{d}t} = \dfrac{\mathrm{d}\phi}{\mathrm{d}t} = x_4 \\ \dfrac{\mathrm{d}x_4}{\mathrm{d}t} = \dfrac{\mathrm{d}^2\phi}{\mathrm{d}t^2} = \ddot{\phi} = \dfrac{I_{\mathrm{pm,aug},3}Q_1(\phi,\psi,\dot{\phi},\dot{\psi},A,\delta_{\mathrm{act}},\eta,k_{s,\phi}) - I_{\mathrm{pm,aug},1}(\psi)Q_2(\psi,\dot{\phi},\dot{\psi},k_{s,\psi})}{(I_{\mathrm{fm,aug},1}(\psi)I_{\mathrm{pm,aug},3} - I_{\mathrm{pm,aug},1}(\psi)I_{\mathrm{fm,aug},3}(\psi))} \end{cases} \tag{5-52}$$

它们在 $t=0$ 时的边界值与微分方程组(5－46)是一样的。针对这一非线性 ODE 系统，由前面两节提到的数值解耦求解策略获得的五个未知参数（$k_{z,\mathrm{act}}$，δ_{act}，η，k_z 和 k_x）可以当作初步的输入参数，而这里的拍打角和俯仰角均是未知的输出（图 5－3(c)中用图解法给出了完整的耦合数值求解的步骤）。由于边界值求解格式在求解具有未知参数的高度非线性微分方程方面很有效[229],同样,这里也采用了边界值求解格式来求解一阶非线性 ODEs(5－49)。同样,在数值求解程序中,嵌套了非线性信赖域反射最小二乘法优化算法来搜索最优的参数值($k_{z,\mathrm{act}}$, δ_{act}, η, k_z 和 k_x),以便使理论预测值 ϕ_{sim} 和实测值 ϕ_{exp} 之间的 RMSE 与理论预测值 ψ_{sim} 和实测值 ψ_{exp} 之间的 RMSE 的总和在默认的终止容限(10^{-6})下达到最小。当这两个自由度的输出与实测值的 RMSE 的总和在终止极限下达到 0.1522 时,获得了最优的翅膀拍打铰链刚度系数($k_{s,\phi} = -5.4885 \times 10^4 \mu\mathrm{N} \cdot \mu\mathrm{m/rad}$ 当 $k_z = 1.1026 \times 10^4$ 时)和俯仰铰链刚度系数($k_{s,\psi} = 1.1112 \times 10^3 \mu\mathrm{N} \cdot \mu\mathrm{m/rad}$ 当 $k_x = 0.4725$ 时)(见表 5－2)。此外,还获得了三个驱动力矩参数的的最优值(即:当 $k_{z,\mathrm{act}} = 8.0 \times 10^{-4}$ 时 $A = -1.4933 \times 10^4 \mu\mathrm{N} \cdot \mu\mathrm{m}$, $\delta_{\mathrm{act}} = 2.1$; $\eta = 0 \mu\mathrm{N} \cdot \mu\mathrm{m}$)。瞬时驱动力矩的时间历程如图 5－4 所示。数值预测获得的拍打角和俯仰角与实验测得的结果有很好的一致性,尽管在幅值和相位上有稍许的差异(见图 5－5(a))。这可能是由于在当前的翅拍动力学模型中未能包含尾迹捕获等一些非稳态气动力机制和翅运动的冲程平面内外摆动角被忽略了。尽管如此,这高度准确的一致性反过来证实了当前扩展的准稳态气动力和惯性力/力矩模型的适用性和所用的数值求解算法和优化算法的有效性。此外,针对 $\dot{\psi}_{\mathrm{sim}}(t)$ 和 $\psi_{\mathrm{sim}}(t)$ 的相图在图 5－5(b)中作了可视化,而针对 $\dot{\phi}_{\mathrm{sim}}(t)$ 和 $\phi_{\mathrm{sim}}(t)$ 的相图则在图 5－5(c)中作了可视化。

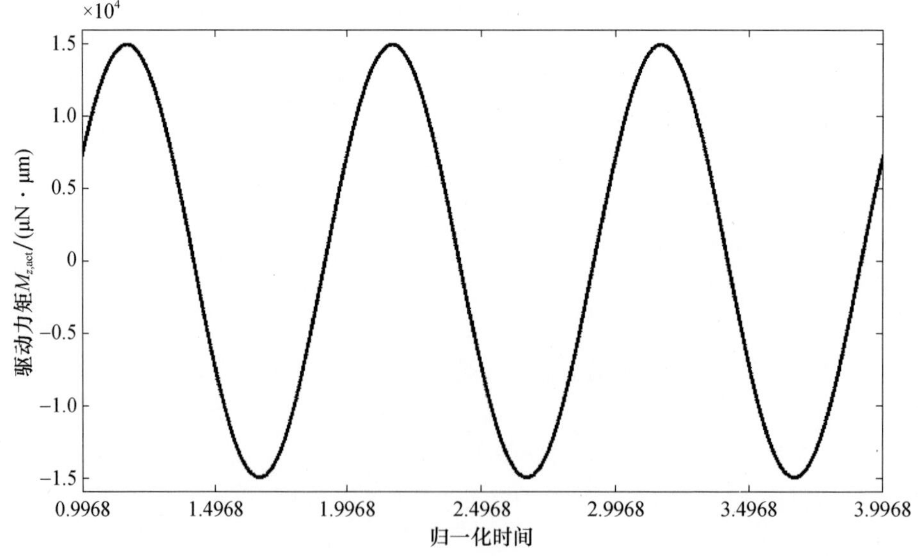

图 5－4　数值模拟获得驱动力矩(坐标已经采用拍打周期进行了归一化)

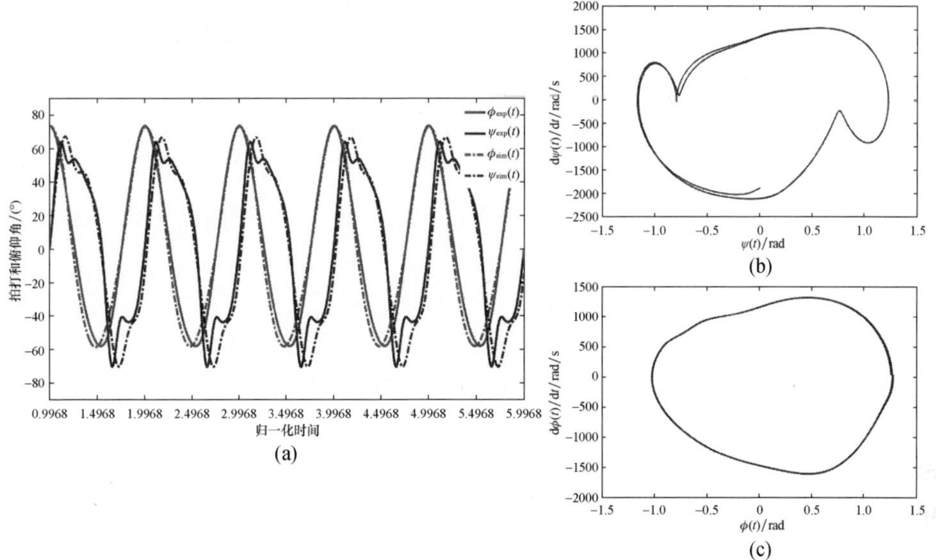

图 5-5　通过耦合求解策略获得数值模拟结果与实验测试结果的对比

(a)数值模拟获得以及实验测得的拍打角和俯仰角;(b)针对 $\dot{\psi}_{\mathrm{sim}}(t)$ 和 $\psi_{\mathrm{sim}}(t)$ 的相图;(c)针对 $\dot{\phi}_{\mathrm{sim}}(t)$ 和 $\phi_{\mathrm{sim}}(t)$ 的相图。

5.4.3　俯仰角相对于拍打角相位偏置的调节

由于源于转动环量的气动力和扑翼双翅目昆虫的飞行控制是受翅膀俯仰角相对于拍打角的相位偏置主宰的[233],因而准确的控制相位偏置是获取敏捷飞行的高机动性所必需的。如前面提到的那样以及早期的文献报道[201-202,204]的那样,在整个冲程周期内,果蝇翅膀的俯仰运动可能是被动产生和维持的。尽管如此,在某些关键时刻,比如逃避机动性和捕食等,果蝇可能通过调节间接控制肌肉或者翅膀腋生骨片的变形来主动控制翅膀的俯仰运动[173,215-217]。基于当前的扩展准稳态气动力和惯性力/力矩模型和果蝇悬飞翅拍动力学模型,我们将尝试去分析相位偏置的可调控性。针对式(5-40)中的翅膀俯仰动力学微分方程,根据已报道的翅膀俯仰动力学 ODE 的模态分析法[206,220],翅膀俯仰自然频率和拍打频率之间的频率比(该比值是与翅膀俯仰铰链刚度系数有关系的)被引入进来。首先,翅膀俯仰运动的自然频率定义为

$$f_n = \frac{1}{2\pi}\sqrt{\frac{k_{s,\psi}}{I_{xx}{}'}} \tag{5-53}$$

式中：$I_{xx}' = I_{xx} + I_{xx,\mathrm{am}}$ 为翅膀关于俯仰轴的增广扭转惯量，$I_{xx,\mathrm{am}}$ 为额外的附加质量惯性惯量。频率比可定义为 $\lambda = f_n/f$[206,208,220]。为了探究频率比是如何影响相位偏置的，是翅膀的俯仰铰链刚度系数是如何调节翅拍动力学微风方程的俯仰角输出的。针对果蝇，选择了频率比（λ）的范围为 1.5 ~ 3.5 来规定其可能的取值[208]。

进一步地，一旦规定了频率比（λ），反过来可以获得翅膀俯仰铰链刚度系数的表达式：

$$k_{\mathrm{pitch,hinge}} = (2\pi\lambda f)^2 I_{xx}' \tag{5-54}$$

基于规定的铰链刚度系数，可以预测翅膀俯仰角的峰值。合乎常理地发现翅膀俯仰角的峰值随着俯仰铰链刚度系数的增加而单调递减（见图 5-6(a) 和图 5-7）。进一步地，通过计算实验测得的拍打角的冲程逆反点（$\dot{\phi} = 0$）和理论预测的翅膀俯仰角（$\psi = 0°$）的过零点之间的时间差可以分析相位偏置（δ）。这里由于实验测得的拍打角和俯仰角在前后冲程的时间历程不对称，因而针对一个完整的冲程运动，可以选择翅膀冲程逆反点和向后冲程结束点附近的翅膀俯仰过零点作为参考时间点来计算相位的时间差。以这种方式，可获得相位偏置为 $\delta = 2\pi f(t_{\psi=0} - t_{\dot{\phi}=0})$。在翅膀冲程逆反点和俯仰过零点之间的不同步性表现为两种相位偏置情形，即当 δ 为负值时的提前相和当 δ 为正值时的延迟相（见图 5-7）。当 δ 等于零时，即出现对称相。进一步地，我们发现随着频率比的增加，相位偏置的数值由正向负值变化（见图 5-6(b)），这同时也意味着随着俯仰铰链刚度系数的增加将产生提前相，而俯仰铰链刚度系数的降低将导致延迟相出现。相似的趋势在 Ishihara 等已出版论文的图 4 中可以看到[206]。这也进一步地表明，翅膀俯仰角相对于拍打角的相位偏置（δ）可以间接地由频率比来调控，或者直接地由翅膀俯仰铰链刚度系数来调节。在针对仿昆 FWMAV 的仿生工程设计中[211]，铰链刚度系数可以通过调节三明治刚性结构之间的柔性聚合物或者智能复合材料中间层的几何尺寸和材料属性来控制[222]（见图 5-1）。因此这项工作为仿生工程师通过调控俯仰角的峰值和相位偏置去获得最优的攻角提供了一种可行的途径[285]。

图 5-7 中横坐标已经采用拍打周期进行了归一化处理。采用不同灰度点划线显示的数值模拟获得俯仰角分别对应着延迟相和提前相。插图是一个完整冲程运动的向后冲程的结束点附近的局部选区放大图，该图用来显示三种相位偏置情况的细节。

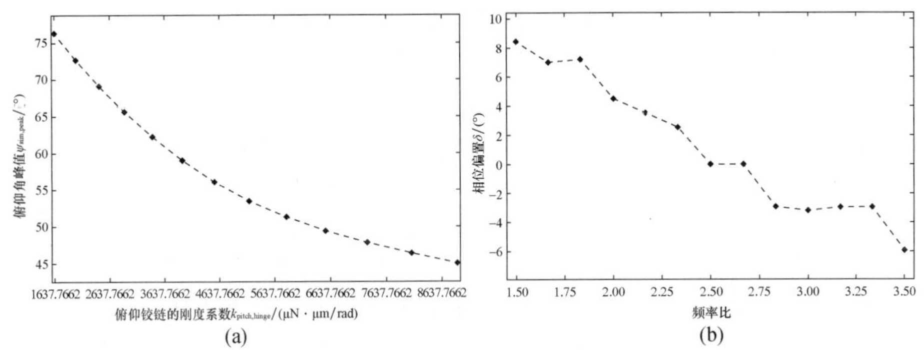

图 5-6　理论预测俯仰角与俯仰铰链刚度系数和拍打角相位偏置之间的关系

(a)理论预测俯仰角的峰值($\psi_{\text{sim,peak}}$)随着俯仰铰链的刚度系数($k_{\text{pitch,hinge}}$)的变化而变化；(b)理论预测俯仰角相对于实测的拍打角之间的相位偏置(δ)随着频率比(λ)的变化而变化。

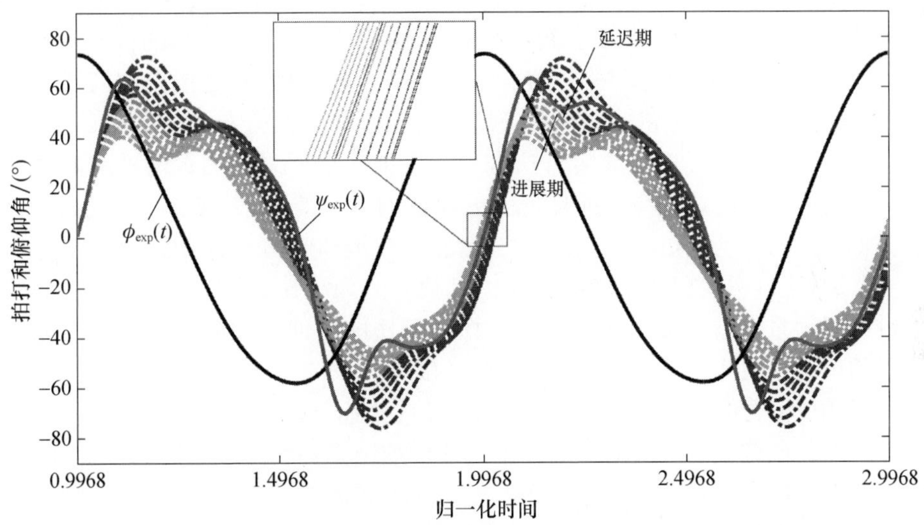

图 5-7　数值模拟获得俯仰角相对于实测的拍打角的相位偏置和实验测得俯仰角

5.5　小结

本章使用常规的 ODE 数值求解算法、边界值求解格式和优化算法，通过成功求解二自由度高度耦合的非线性翅拍动力学 ODE，作者们解决了扑翼悬飞果蝇的翅拍动力学问题。基于早期报道过的准稳态气动力模型，简述了来自第二章的扩展的准稳态气动力和力矩模型。进一步地，基于该扩展的准稳态模型，作者们推导了具有五个未知参数(来自驱动力矩、俯仰铰链和拍打铰链刚度系数)的二自由度非线性翅拍动力学微分方程。根据已报道的针对昆虫尺度的仿昆 FWMAV 的数据,初步给出了这五个未知参数的任意初始值。针对实际的果蝇,因为具有这五个不确定的未知参数的二自由度非线性翅拍动力学 ODE 是高度耦合的,它们的数值求解不易获得。因此,为了获得与果蝇的生物翅的腋生骨片关节和功率肌肉相匹配的比例尺度的五个未知参数的初步值,采用解耦的策略来分别进行这两个非线性 ODE 的数值求解。在数值求解算法中使用了一般的 ODE 数值求解算法,针对具有未知参数的非线性 ODE 的边界值求解格式和最小二乘法优化算法。俯仰动力学非线性 ODE 的准确数值求解也证实了果蝇翅膀的俯仰运动很有可能是由于起主宰作用的附加质量力矩,来自翅膀转动惯量的惯性力矩和翅膀自身质心的加减速转动引起的惯性力矩的协同作用而被动产生和维持的。针对这五个未知参数,在获得它们的基本参数值后,再次使用了相似的边界值求解格式和最小二乘法优化算法进行二自由度耦合的翅拍动力学 ODE 的耦合数值求解。最终,数值预测获得的拍打角和俯仰角与实验测得的数据有很好的一致性,这反过来证实了扩展的准稳态气动力和惯性力/力矩模型的适用性(在该模型中假设平动和转动环量气动力的压心的弦向分布是一致性的,因而这个假设也得到了合理性证实),这也反过来证实了所采用的数值求解算法和优化算法的在解决这类高度耦合非线性 ODE 时的有效性。与此同时,我们还首次获得最优的驱动力矩参数、最优的翅膀拍打铰链和俯仰铰链刚度系数。

最后,通过引入翅膀俯仰频率和拍打频率的频率比(该频率比与翅膀的俯仰铰链刚度系数是直接相关的),我们探究了翅膀俯仰角相对于拍打角的相位偏置的可调控规律。从定量分析计算的角度,正如早期文献报道的那样,我们也发现了相位偏置间接地受频率的调控,或者直接地受翅膀俯仰铰链刚度系数的调节。即相位偏置的数值随着的频率比的增加由正向负变化,这同时也意味着随着俯仰铰链刚度系数的增加将产生提前的翅膀俯仰运动,而俯仰铰链刚度系数的下降将导致延迟的翅膀俯仰出现。此外,我们还发现翅膀俯仰角的峰值随着俯仰铰链刚度系数的增加而单调下降。

简而言之,当前的解耦和耦合数值求解策略为解决高度耦合的非线性翅拍动力学问题提供了一种新颖的解决方案[285]。尤其是针对双翅目类扑翼悬飞昆虫或者具有被动或者主动翅膀俯仰铰链的仿昆 FWMAV,因为这些实体都很有可能通过翅膀的被动俯仰运动去维持高可变的攻角。尽管如此,为了获得最有利的翅拍运动或者稳态的自主飞行,将来还需开展针对更复杂的非线性翅拍动力学 ODE 和与前飞或者其他机动性飞行相关的飞行动力学 ODE 的耦合数值求解和实验验证等工作。

第六章　扑翼悬飞能消最小时翅膀形貌和运动参数的优化

本章通过采用针对刚性薄翼的扩展的准稳态气动力模型和混合遗传优化算法,我们进行了翅膀几何参数(Wing Geometry Parameters,WGP)或/和翅膀运动参数(Wing Kinematic Parameters,WKP)的优化,以便实现扑翼悬飞时能量消耗的最小化[286-287]。本书首次建立了具有无量纲保形特征的动态比例可缩放的参数化方法,该方法为涉及翅膀几何参数的优化提供了一种简单的方式。根据功率密度模型形成了优化目标函数,该模型含有额外的附加惩罚项,比如升重比、边界约束、单翅展弦比(AR)和雷诺数(*Re*)。随后将优化获得的最优化参数序列分别代入功率模型再次预测瞬时气动力和功率消耗。与针对其他情况的优化结果相比,我们发现针对翅膀几何参数和翅膀运动学参数的组合优化的情况获得拍打频率要低些,而且功率密度值也要低些。这些结果可能源于通过展弦比和雷诺数表现出来的翅膀几何参数和翅膀运动学参数之间的强耦合关系对升力必须平衡重力下的功率密度最小化的影响。此外,涉及翅膀几何参数优化的最优拍打角模式呈现出谐波轮廓,而俯仰扭转角具有圆角梯形轮廓,并具有一定的俯仰逆转快变时间尺度。此外,在涉及翅膀几何参数的优化中,我们还采用了基于三维升力曲线斜率构建的平动气动力系数,该系数考虑了任何翅膀几何形状的可能影响[286-287]。最优化结果表明,该平动气动力系数对升力和功率的影响很小。总之,该组合优化概念框架模型为仿生扑翼微飞行器的基本参数设计提供了一种新颖的方法。

本章的框架是如下:在6.1节引言部分,较详细地概述了扑翼悬飞能耗最小时的参数优化问题的研究现状,论述了研究方法、优缺点。为了对具有无量纲保形特征的动态比例可缩放翅膀进行描述,在6.2节引入了优化中将采用的翅膀几何参数和质量属性的参数化描述。6.3节中描述了昆虫悬飞时二自由度(即拍打角和俯仰扭转角)翅运动模式的参数化过程。在6.4节中,作者概述了气动力和力矩模型,该模型是由准稳态气动力模型改进而来,但是包含了沿着翅平面的弦向轴线的耗散阻尼力矩。在6.5节中介绍了针对最优化分析的功率密度模型。在6.6节的前半部分,我们建立了果蝇悬飞时的翅膀几何参数或/和运动学参数最优化问题的公式化描述。这一优化通用问题可包含单翅展弦比的线性约束和雷诺数的非线性约束。在6.6节的后半部分给出了针对每一种优化问题的最优化的结果和相应的灵敏度分析,并且仔细地分析了这些结果。最后,在6.7节给出了总结和结论。

6.1 引言

由于扑翼微飞行器杰出的性能,比如高机动性,因较小的特征尺寸而展现出的便携性和隐秘性,有望在不久的将来实现。最近仿昆 FWMAV 的研制已经成为仿生微器件领域的研究热点[10,63-64,234,235]。尽管如此,基于任务级的需求来设计仿昆 FWMAV,像负载一定质量的电池,航空电子传感器和其他的载荷去达到一定的巡航航程和续航时间[234,236]。构建功率类型的最有效的设计方案还远远不够。从设计仿昆或者仿小鸟的仿昆 FWMAV 的角度来看,至关重要的起点是,如何有效地模仿飞行生物体的翅膀形状和翅运动模式,尤其是那些可以实现停空悬飞的飞行生物。

在过去的10年里,已经有些工作尝试去探索翅膀几何参数或者翅膀运动学参数的最优设计空间。通过求解天蛾在空间定点定姿态悬飞的动力学常微分方程,Hedrick 和 Daniel 等探索了控制天蛾定点悬飞的无约束翅膀运动学参数空间。基于准稳态气动力模型,通过耦合微遗传算法,他们执行了最优化的数值模拟去寻找最优的翅膀运动学参数[237]。所采用的微遗传算法附挂了 Nelder - Mead 单纯性算法。其目标是实现天蛾虫体在地球坐标下的期望位姿和模拟的位姿的差值最小化。结果表明,受最优的平均翅拍运动学参数控制的模拟天蛾与真实的天蛾在一定的位置和姿态角变化范围之内表现出相同的稳定定点悬飞能力[237]。此外,通过采用针对刚性薄的扑翼建立的被称为 OSCAB 的模拟模型和遗传算法,Rakotomamonjy 等也执行了翅膀运动学参数的优化来最大化悬飞仿昆 FWMAV 的平均升力,该仿昆 FWMAV 要求携带一定重量的负载[238]。其翅膀运动学模式的功能性波形函数是由神经网络产生的。结果表明,与基础情况(采用未优化的翅膀运动学参数)对比,采用最优的翅膀运动学参数计算的平均升力提高了30% ~40%[238]。通过采用基于自由下落刚性薄板建立的准稳态气动力模型和混合遗传优化算法(该混合算法由遗传算法和 Nelder - Mead 单纯型搜索算法构成),Berman 和 Wang 也进行了翅膀运动学参数的优化,以便最小化扑翼悬飞的功率密度[42]。其翅运动模式具有特殊的功能波形,即11个参数控制3个相对于虫体的翅膀运动角度的波形轮廓和变化规律。随后分别从准稳态气动力模型和二维计算流体动力学的角度,在升力平衡果蝇重力的约束下,执行了具有最优翅膀运动规律的悬飞扑翼飞行和具有最优攻角的固定翼飞行之间气动效率的对比研究。他们发现具有最优翅膀运动学模式的扑翼悬飞比最优的稳态飞行要高效节能些[239-240]。跟随 Berman 和 Wang 的步伐,Kurdi 等进行了相似的研究,但却采用了不同的有约束非线性优化求解器去搜索翅膀运动学参数,并在目标函数中额外考虑了弹性应变能的影响。其中的翅膀运动学参数采用样条差值函数生成[241]。结果表明,作为弹性应变能的平均机械功率随着源自耗散能的最小效益线性地下降[241]。

最近,Taha 等采用仅基于平动气动力机制建立的高阶变分模型执行了气动功率的最小化。其分析优化中假定翅膀几何参数是已知的,并且存在升力平衡重力的非线性约束。经过分析推导之后,他们发现具有三角形波形的拍打角和在半冲程区间内具有恒定的俯仰角的翅运动模式能够产生最优的气动性能[178]。为了获得最大的升力或者给定升力下功率的消耗达到最小,仅仅基于平动气动力机制,以分析推导的方式,Nabawy 和 Crowther 研究了气动最优的悬飞翅膀运动规律。他们发现,在给定拍打频率和翅膀几何参数时具有谐波轮廓的拍打角和具有长方形轮廓的俯仰角的翅运动组合模式能够产生最大的升力,而在已知升力约束和翅膀几何参数的条件下具有三角形轮廓的拍打角和长方形轮廓的俯仰扭转角的翅拍模式则能够实现功率消耗的最小化[242]。尽管如此,在上述的两种分析翅膀运动学参数的最优化研究中,所采用的气动力模型都忽略了转动环量机制和虚拟质量机制的影响。

值得注意的是,伴随基优化法已经用来探索气动升推比最大时最优的扑翼悬飞翅膀形貌和运动参数[243]。结果表明,采用最优的翅膀形貌和最优的翅膀运动学参数可以获得最高的气动性能的改善,并且翅膀形貌学参数和翅膀运动学参数之间存在着非线性的决定性[243]。尽管该方法提供了一种实用的途径去优化一般的非稳态流畅问题,并且针对任意复杂的问题,该方法具有不错的潜力去执行高效和独立连续的灵敏性分析[244-245];然而它的成功实现却高度地依赖于高逼真度复杂模型的模拟和计算环境。有关该方法的大量的研究课题,像局部最优化技术、简化模型、用来减少存储要求的点检查技术、多重逼真性优化算法和影响计算成本的收敛加速技术,有待深入地探索[244]。

此外,针对扑翼飞行的翅膀形貌学参数和运动学参数的优化问题,一些其他的方法,像梯度基方法[246-248]、灵敏性等式法[249]和代理基法[250],也提供了可考虑的替代方案。但这些方法都存在与设计变量维度成线性比例关系的过多的计算成本问题。此外,一些学者也基于实验装置进行了扑翼流畅的优化研究[251-253]。基于实验的优化的缺点是明显的,即优化的结果受限于实验的次数和设计变量的数目。

尽管已有一些研究工作针对此问题进行了较为清晰和准确的探索,然而可能是考虑了计算成本和设计变量的维度,这些工作极少涉及翅膀几何参数和运动学参数的组合优化来预测扑翼悬飞的最小能耗。这很可能主要是因为动态可缩放的翅膀形貌学参数不便描述,或者一旦涉及柔性翅的气弹耦合效应,在气动力分析预测模型中建模过于复杂。

这里,本书作者考虑了计算成本和设计变量的维度,通过采用针对刚性薄翅建立的扩展准稳态气动力模型和由全局遗传优化算法和单纯型局部搜索构成的混合遗传算法[42,286-287],进行了扑翼悬飞能量最小化时的翅膀几何参数或/和运动学参数的单独优化和组合优化。作者基于现有的已报道功率模型重新构建了包含额外惩罚项的新的功率密度模型。这些额外的惩罚项由升重比、边界约束、单翅展弦比线性约束和雷诺数非线性约束构成。进一步地,通过最小化由功率密度模型建立的目标函数,作者们探索了翅膀几何参数,运动学参数和流场参数(Re)之间的必要的非线性关系。此外,也进行了单参数灵敏度分析,以便探究为什么最优的参数能够产生功率有效的升力去维持昆虫的停空悬飞。

6.2 扑翼形貌学参数化

值得注意的是,对于扑翼气动力的计算,气动压心的确定和惯性矩的计算,翅膀的形貌学参数化是至关重要的,因其最终影响着气动力矩和效率的计算。Whitney 和 Wood 已经建立了一种翅膀参数化的简洁方法,该方法假设翅膀是刚性薄的二维平面刚体,这样可以简化惯性张量的分析和翅膀运动角度的定义[45,254,285-287]。根据这一参数化方法,通过进一步地包含翅膀实际有限前缘轮廓的描述,翅膀俯仰扭转轴的定义和具有无量纲保形特征的动态比例可缩放翅膀的描述,作者建立了果蝇翅膀形貌学的参数化描述。这里翅膀的几何数据来自 Muijires 等针对实际黑腹果蝇的实验测试结果[173]。

6.2.1 翅膀形貌的描述

图6-1可视化了完整的翅膀平面轮廓、翅肩坐标系和基本的尺寸。这里X_s轴与Z_s轴的交点可称为翅肩[234,236],因此我们也可以称坐标系$X_sO_sZ_s$为翅肩坐标系或者翅膀平面固定坐标系。假设在初始情况时,坐标系$X_sO_sZ_s$的X_s轴与翅膀的俯仰扭转轴对齐,这里r是沿着该轴的径向距离。翅肩(O_s)和翅根(O_r)之间的翅根坐标偏置距离可以记为$x_{r,\mathrm{orig}}$(见图6-1),该参数在工程上仿昆 FW-MAV 的翅膀设计时是必须考虑的。这里分别沿着x轴和z轴图示了展向片条和弦向微元单元。黑色菱形代表质心(COM)。红色虚点划线表示可变的俯仰扭

转轴(x_p)。这里 $x_{0,\mathrm{vari}}$指俯仰轴与可变前缘最高点之前投影距离;针对原始翅膀形貌,$z_{\mathrm{le,orig,maxp}}$是实际前缘轮廓的最高点和 X_s 轴之间的投影距离;针对原始翅膀形貌,$C_{\mathrm{max,lctotr,orig}}$是实际前缘最高点和实际后缘最低点之间的投影距离。值得注意的是,在确定具有相似翅膀形貌的翅膀的实际有效前缘轮廓、后缘轮廓、压心的位置和有效力臂的位置时,扭转轴的定义是至关重要的。

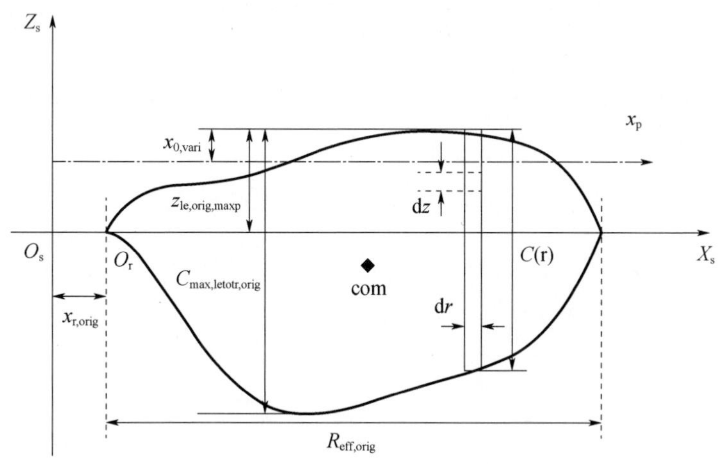

图 6-1 翅肩坐标系($X_sO_sZ_s$)的定义和果蝇翅膀的基本尺寸

根据有关无量纲扭转轴位置的声明,即前缘对应着无量纲扭转轴位置($\hat{x}_0$)为 0,而后缘对应着 1,对应动态比例可缩放果蝇翅膀模型,无量纲扭转轴位置的值等于 0.25 是合适的[145]。很多研究人员采用这一值来定义翅膀平面的俯仰扭转运动[175,255-256]。针对扑翼气动力的研究问题,距离前缘为 $0.25C_{\mathrm{aver}}$的无量纲扭转轴位置的值也被采用于计算流体动力学数值模拟中[66-67,72,139]。严格地讲,针对具有复杂的形状和翅脉分布的可变性翅膀,不存在直线型扭转轴[146,150,257]。但是为了工程上的简化分析、计算和设计,很有必要假设在刚性翅膀平面上存在虚拟的直线型俯仰扭转轴[150]。最近,针对标记有荧光染料的绿头苍蝇,Lehmann 等采用高速相机测得俯仰轴相对于前缘的平均位置[258]。有关扭转轴的位置对气动力和气动力矩的影响研究相对来说还是很少的[66,145]。作为研究的起点,我们选择翅肩坐标系的 X_s 作为俯仰扭转轴的初始位置,它对应着距离最大前缘点的无量纲值的 0.36 倍。换句话说,首先在翅肩坐标下规定初始的前缘轮廓($z_{\mathrm{le,orig}}(r)$)和后缘轮廓($z_{\mathrm{tr,orig}}(r)$)。在翅肩坐标系下,相对于初始前缘轮廓最高点和初始后缘轮廓最低点之间的 0.36 倍初始前缘最高点的投影距离定义初始扭转轴的位置(见图 6-1)。

为了描述的简洁性,提前申明如果在某个参变量的右下角没有特殊的下标后缀,那么针对这个参变量的记法将被初始的或者可变的翅膀形貌学参数所共同拥有,比如 $R_{\mathrm{eff,orig}}$ 和 $R_{\mathrm{eff,vari}}$ 可以共同简写成 R_{eff}。在翅肩坐标下,前缘和后缘轮廓之间的弦长记为 $C(r)$。这里将翅平面上沿着 X_s 轴的最近点(翅根)和最远点(翅肩)定义为翅膀的有限长度(R_{eff})。将单个翅膀的面积与翅膀的有效长度的商(A_w/R_{eff})定义为平均弦长(C_{aver})。针对果蝇翅膀,其初始翅膀的前缘轮廓($z_{\mathrm{le,orig}}(r)$)和后缘轮廓($z_{\mathrm{tr,orig}}(r)$)(见图 6-1 和表 4-1)。通过 Muijres 等在偏置和平移条件下测得的原始右侧果蝇翅膀的数据[173],我们获得了翅膀的几何数据。这里采用的翅膀的形貌学参数列在表 4-1 和表 6-1 中。

表 6-1 果蝇翅膀的形貌学参数

项	值	单位	项	值	单位
R_{eff}	3.004	mm	$\rho_{\mathrm{wing}}{}^{a}$	1.2	mg/mm³
C_{aver}	0.8854	mm	$m_{\mathrm{wing,orig}}$ * ^{b}	0.002237	mg
AR	3.4	—	M_{insect}	1.8	mg
x_r	0.3289	mm	$I_{\mathrm{xx,com,orig}}$ *	0.000215	mg. mm²
$x_{\mathrm{com,orig}}$ *	1.9202	mm	$I_{\mathrm{zz,com,orig}}$ *	0.001129	mg. mm²
$z_{\mathrm{com,orig}}$ *	-0.1498	mm			

* 由果蝇翅膀的原始实测数据经偏置平移操作之后获得的数据构建的三维 CAD 刚性薄板模型估算而得[173];

^{a}参考了 Lehmann 和 Dickinson 等报道的数据[176];

^{b}该值与孙茂教授等报道的数据接近[66-67]

6.2.2 翅膀形貌的无量纲参数化

采用 Ellington 的无量纲方式[177],针对分别沿着 X_s 轴和 Z_s 轴的尺寸参数,应用翅膀的有效长度(R_{eff})和平均弦长(C_{aver})作为尺寸参数的特征尺度,我们以无量纲的形式给出了翅膀的形貌学参数。获得了一些无量纲参数,比如,无量纲翅根偏置 $\hat{x}_r=x_r/R_{\mathrm{eff}}$,无量纲径向距离 $\hat{r}=r/R_{\mathrm{eff}}$,无量纲前缘轮廓 $\hat{z}_{\mathrm{le}}(\hat{r})=z_{\mathrm{le}}(r)/C_{\mathrm{aver}}$,无量纲后缘轮廓 $\hat{z}_{\mathrm{tr}}(\hat{r})=z_{\mathrm{tr}}(r)/C_{\mathrm{aver}}$,无量纲弦长分布 $\hat{c}(\hat{r})=C(r)/C_{\mathrm{aver}}$。针对单个翅膀,展弦比 $\mathrm{AR}=R_{\mathrm{eff}}/C_{\mathrm{aver}}$。最终,翅平面的参数可以通过翅膀的有效长度($R_{\mathrm{eff}}$)、平均弦长($C_{\mathrm{aver}}$)、无量纲前缘轮廓($\hat{z}_{\mathrm{le}}(\hat{r})$)和无量纲后缘轮廓所确定($\hat{z}_{\mathrm{tr}}(\hat{r})$)。

6.2.3　针对动态比例可缩放翅膀的无量纲参数化的描述

下面涉及翅膀几何参数的优化需要动态比例可缩放翅膀的无量纲参数和质量属性的描述。在当前的研究中,假设源自果蝇几何轮廓的无量纲前缘($\hat{z}_{le}(\hat{r})$)和无量纲后缘轮廓($\hat{z}_{tr}(\hat{r})$)是不变的。选择了可变翅膀有效长度($R_{eff,vari}$)和可变平均弦长($C_{aver,vari}$)来调控动态比例可缩放翅膀的轮廓。此外,可变翅根偏置($x_{r,vari}$)和相对于前缘最高点的可变无量纲扭转轴位置值($\hat{x}_{0,vari}$)也用来调控动态比例可缩放翅膀的气动力性能。针对用于参数化研究的对称或者不对称的翅膀平面,已经有学者采用下面的两个可变参数来系统地研究它们对平均升力、平均升重比和平均升力力矩比值的影响[255]。动态比例可缩放果蝇翅膀的可变无量纲扭转轴位置值($\hat{x}_{0,vari}$)已经用来探索其对实测转动气动力系数的影响[145]。因此很有必要选择翅根偏置($x_{r,vari}$)和无量纲扭转轴位置值($\hat{x}_{0,vari}$)作为两个额外的可变参数来建立完整的具有无量纲保形特征的动态比例可缩放翅膀平面的描述。

假设翅膀的质量是均匀各向同性分布的,并且其厚度非常薄,这样可以给出动态比例可缩放翅膀的质量属性,以便于后面涉及翅膀几何参数的优化能够顺利进行。首先,采用 CAD 软件构建了初始翅膀的三维几何模型,然后翅膀的质量($m_{wing,orig}$),坐标系 $X_sO_sZ_s$ 下的质心(COM)坐标($x_{com,orig}$和 $z_{com,orig}$)和相对于质心的惯性矩($I_{xx,com,orig}$和 $I_{zz,com,orig}$)可以被预测,其值已经列在表 6-1 中。接着,建立了动态比例可缩放翅膀和初始果蝇的翅膀平面之间的两个比值。它们是可变翅膀有效长度($R_{eff,vari}$)与初始翅膀有效长度($R_{eff,orig}$)之间的翅膀长度比(R_{ratio})和可变平均弦长($C_{aver,vari}$)与初始平均弦长($C_{aver,orig}$)之间的平均弦长比(C_{ratio})。针对动态改变前后的翅膀平面,$X_sO_sZ_s$ 坐标系下质心的相对关系已经在图 6-2 中给出。图中包含了针对两类翅平面的翅根位置和质心位置。为了可视化翅膀形貌的动态变化,图中还绘制了翅肩坐标($X_sO_sZ_s$)下可变俯仰轴的可能位置。

根据几何比例关系,$X_sO_sZ_s$ 坐标系下动态比例可缩放翅膀的质心的计算公式可以表达为

$$x_{com,vari} = R_{ratio}(x_{com,orig} - x_{r,orig}) + x_{r,vari} \tag{6-1}$$

$$z_{com,vari} = C_{ratio}z_{com,orig} \tag{6-2}$$

动态比例可缩放翅膀的质量可以表达成:$m_{wing,vari} = R_{ratio}C_{ratio}m_{wing,orig}$。

根据惯性张量的定义公式[45],关于变化之后的质心的动态比例可缩放翅膀的惯性矩可以表达为

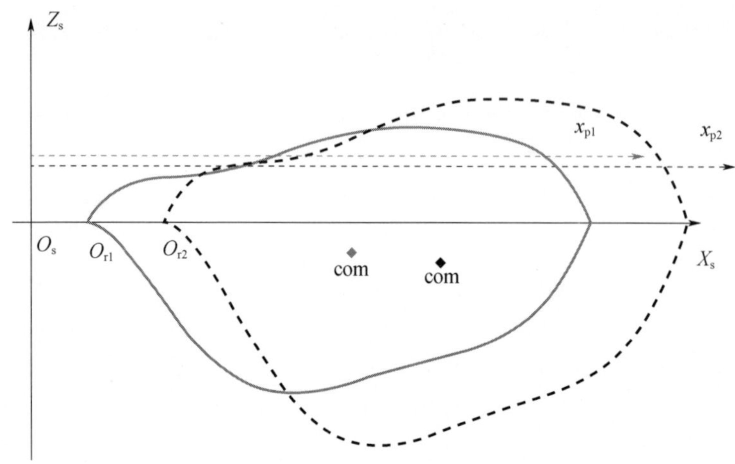

图 6－2　果蝇初始翅膀平面(粗实线)和动态比例可缩放翅平面(虚线)的几何轮廓

$$I_{xx,com,vari} = R_{ratio} C_{ratio}^{3} I_{xx,com,orig} \tag{6-3}$$

$$I_{zz,com,vari} = R_{ratio}^{3} C_{ratio} I_{zz,com,orig} \tag{6-4}$$

进一步地,根据广义平行轴定理,可以获得 $X_s O_s Z_s$ 坐标系下的动态比例可缩放翅膀的惯性矩,即

$$I_{xx,vari} = I_{xx,com,vari} + m_{wing,vari} z_{com,vari}^{2} \tag{6-5}$$

$$I_{zz,vari} = I_{zz,com,vari} + m_{wing,vari} x_{com,vari}^{2} \tag{6-6}$$

至此,针对具有无量纲保形特征的动态比例可缩放翅膀的完整描述即完成了。

6.3　翅膀运动模式

在后续气动力和力矩以及功率预测中用到的翅膀的运动学公式可以详细地参考第四章第 4.2 节的推导表达式。为了额外地考虑翅冲程逆反和俯仰扭转逆反的时间尺度对涉及翅膀运动学参数优化的影响,我们采用了 Berman 和 Wang 给出的通用翅运动模式[42],但是忽略了冲程平面面内外偏角对优化的影响,因其幅值较小[178,250]。

$$\phi(t) = \frac{\phi_m}{\arcsin(K_\phi)} \arcsin(K_\phi \sin(2\pi f t)) \tag{6-7}$$

$$\psi(t) = \frac{\psi_m}{\tanh C_\psi} \tanh[C_\psi \sin(2\pi f t + \zeta)] \tag{6-8}$$

式中:$\phi(t)$ 为在水平冲程平面上来回扫动的拍打角;$\psi(t)$ 为关于翅平面展向俯

仰轴转动的俯仰角（见图 4－2）；ϕ_m 和 ψ_m 分别为冲程角幅值和俯仰角幅值。根据现有文献报道的经验观察值（$\phi_m = 75°$）和建议值（$\psi_m = \pi/2$）[42]，它们的边界约束值已经列在表 6－2 中。K_ϕ 和 C_ψ 分别为拍打角和俯仰角的轮廓调控参数。根据文献报道的规定的边界值[42]，拍打角的逆反区间调控参数（K_ϕ）的变化范围也列在表 6－3 中。通过参考 Nabawy 和 Crowther 建议的上边界值[155－156,242]，俯仰角的俯仰逆反区间调控参数（C_ψ）的变化范围限制在 0～5 之间。

限制 C_ψ 的上边界在一个相对值（$C_\psi = 5$）是很有必要的。这意味着翅膀的俯仰逆反应该在冲程周期的 25% 时长之内完成。C_ψ 的上边界越大，俯仰逆反完成的时长就越短。那么在俯仰逆反期间的俯仰加速度就越大，这必定会诱发包含翅膀平面自身惯性力和基于无黏无旋模型建立的虚质量力的总惯性力的幅值出现极大值[45]。一旦作用在翅平面法向的总瞬时力的大部分源自惯性力和虚质量力分量的贡献，平动气动力分量的贡献相对于它们来说将相当低，因为针对给定昆虫体的重量下悬飞条件的约束决定了总瞬时垂直力只能刚好等于重力。这与扑翼悬飞气动力的实际分量构成情况是不符合的。因此 C_ψ 的上边界必须限制在一个合理值[155－156,242]，以便约束瞬时惯性力在俯仰逆反区间的幅值分布。

如图 6－3 所示，随着 K_ϕ 和 C_ψ 分别从它们的下边界值向上边界值变化（见表 6－2），拍打角和俯仰角的轮廓分别从谐波型向三角波形和圆角梯形波形轮廓变化。ζ 是俯仰角相对于拍打角的相位偏置。当俯仰角逆反区间调控参数 C_ψ 从 0.0001 向 10000 变化时，图 6－3 还绘制出针对相位偏置的两个约束边界值

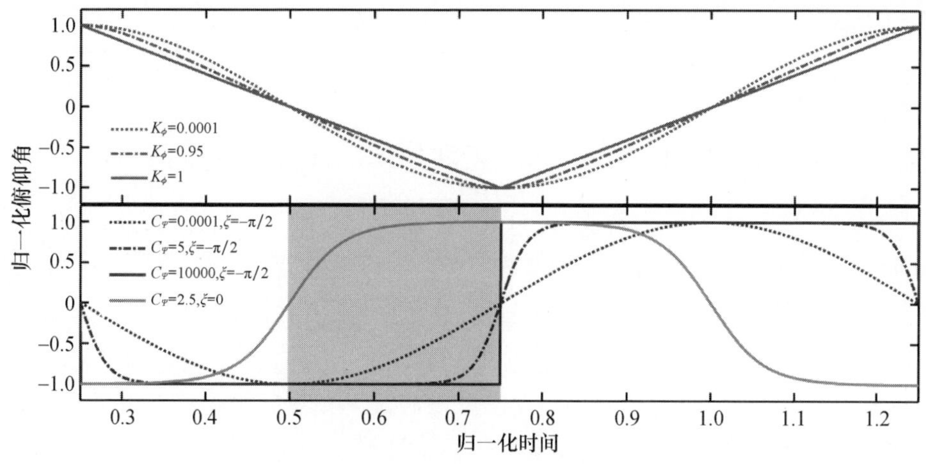

图 6－3　翅运动模式（上）随着 K_ϕ 变化的拍打角，（下）由 C_ψ 调控的俯仰角，ζ 被限制在灰色区间

($\zeta=0,-\pi/2$)的俯仰角曲线轮廓,即相位偏置的范围被限制在灰色区间。这里当翅平面截面垂直于水平冲程平面时我们定义右侧翅膀的俯仰角为0°,因此Berman和Wang给出的翅运动模式中的俯仰角偏置(η_0)可以不用考虑[42]。根据翅膀俯仰动力学的被动属性或者针对几乎大多数昆虫观察到的结果,即翅平面的前缘始终是在冲程平面的上面的[42],我们限制了相位偏置(ζ)的范围为[$-\pi/2,0$](如图6-3所示,以及表6-2所列范围值)。

因此针对包含翅膀运动学参数优化的二自由度翅膀运动模式可以有六个设计变量参数化。其他的独立参变量以及它们的约束边界列在表6-2中。

表6-2 独立的可变翅膀几何参数和运动学参数以及它们的边界约束[286-287]

变量	描述	下限	上限	单位
$R_{\mathrm{eff,vari}}$	翅膀有效长度	2	4*	mm
$C_{\mathrm{aver,vari}}$	平均弦长	0.5*	2*	mm
$x_{\mathrm{r,vari}}$	翅根偏置	0	2*	mm
$\hat{x}_0$	相对于前缘轮廓最高点的无量纲转动轴位置	0	0.36	—
f	频率	0	∞	Hz
ϕ_m	拍打角幅值	0	1.309	rad
K_ϕ	拍打角的轮廓调控参数	0	1	—
ψ_m	俯仰角的幅值	0	$\pi/2$	rad
ζ	俯仰相位偏置	$-\pi/2$	0	rad
C_ψ	俯仰角的轮廓调控参数	0	5	—
* 大略地参考了6.6.1节中给的展弦比AR的约束				

6.4 扩展的准稳态气动力和力矩模型

我们假设扑翼果蝇始终能够保持悬飞,那么可以采用准稳态气动力模型预测经过非稳态流场的扑翼薄板的气动力。该准稳态气动力模型使用实验测试拟合而得的平动气动力系数和经验推导获得转动气动力系数公式来改进环量的计算[13,144-145]。关于采用叶素片元法实现准稳态气动力模型建立的适用性,Whitney和Wood已经广泛地评论了它在准静态假设下预测二维准稳态气动力的有效性和在处理三维非稳态流场特征(比如尾迹捕获)的缺陷[45]。如图6-1所示,叶素片元法假设作用在翅平面上的气动力是在每一个无穷小展向片条上的气动力的加和,而作用在每一个片条上的局部压阻力分布是在弦向微元上的法向压阻力的加和[13,41,42,45,144-145]。这里，考虑到简洁性和广泛的适用性，将采用Whitney的无量纲分析方法建立不同气动力和力矩的无量分析形式的公式。此外，考虑到改进准稳态气动力模型的假设和适用性，采用雷诺数(Re)定义后面能量最小化时优化翅膀几何参数和运动参数需用到的非线性约束：

$$Re = \frac{U_{\text{aver}} C_{\text{aver,vari}}}{\nu} \tag{6-9}$$

式中：U_{aver}为翅尖平均平动速率，可以表达成$4\phi_{\text{m}} f R_{\text{eff,vari}}$；$\nu$为空气的运动黏度($1.48 \times 10^{-5} \text{m}^2/\text{s}$)。包含果蝇的扑翼昆虫悬飞时的雷诺数接近处于100～3000的范围之内[20,45,153]，在这一范围之内已经证明准稳态气动力模型可以很好地预测实验测得的气动力数据[144-145]。在这部分，我们首先给出了翅平面固定坐标系下的气动力和力矩的公式，这些气动力和力矩源自平动环量、转动环量和气动阻尼力矩以及虚拟质量效应。然后右翅翅根参考坐标下的水平力和垂直力以及力矩的表达式也依次给出了，以便生效和验证当前的气动力和力矩模型，从而为随后的具有升重比约束的能量最小化的优化分析提供前提条件。

6.4.1 针对动态机械比例翅模型的平动气动力系数

通过翅平面固定坐标系下相互正交的升阻力的矢量合成可以获得准稳态平动气动力。平动气动力的切向分量由于贡献小可以被忽略[155-156,179]。

针对采用的平动环量气动力机制，局部流场中二维准静态升阻力系数来自果蝇动态比例可缩放翅膀模型实测数据的简单谐波函数拟合关系式[13]。即：

$$C_{\text{L}}(\alpha) = 0.225 + 1.58\sin(2.13\alpha - 7.2) \tag{6-10}$$

$$C_{\text{D}}(\alpha) = 1.92 - 1.55\cos(2.04\alpha - 9.82) \tag{6-11}$$

式中：α为以角度数表示的攻角，它遵守了Whitney和Wood给出的建议公式[45]，即$\alpha = \text{atan2}(\omega_z, \omega_y)$。针对具有无量纲保形特征的动态比例可缩放翅平面，这些公式用来预测气动力的平动环量分量可能是合适的。尽管如此，为了考虑翅膀形状的任意变化对气动力系数以及最终升力和功率的可能影响，这里引入了由三维升力曲线斜率构建的三维平动升阻力系数。而该三维升力曲线斜率是基于普朗特升力线理论获得的[155-156]。为了与采用二维平动升阻力系数的结果的进行对比，在涉及翅膀几何参数的能量最小化的优化分析中也采用了三维平动升阻力系数的公式。考虑翅膀形状和展弦比对翅膀气动性能的影响，关于三维平动气动升力系数的构建，最近，Taha和Nabawy分别给出了基于扩展升力线理论和普朗特升力线理论推导出的三维升力曲线斜率[155-157]。然后根据波尔豪森模型，他们采用三维升力曲线斜率获得了平动气动升力系数。此外，他们还将该三维升力曲线斜率推广了，以便构筑基于针对低攻角下实测数据的近似拟合公式的平动气动升力系数[155-157]。下面详细阐述这些针对三维升力系数的公式：

(1)Taha 给出的基于波尔豪森模型构建的三维升力系数：

$$C_{\mathrm{L}}(\alpha)=\left(\frac{C_{L\alpha,1}}{2}\right)\sin(2\alpha)\left(\cos\alpha+\frac{1}{\cos\Lambda}(1-K_i C_{L\alpha,1})\sin\alpha\right) \qquad (6-12)$$

式中：$K_i=\dfrac{\partial C_{D,\mathrm{induced}}}{\partial C_L^2}$，针对椭圆形翅膀平面，它等于$\dfrac{1}{\pi \mathrm{AR}_{\mathrm{vari}}}$；$\Lambda$ 指后掠角，针对昆虫翅膀，可以假设它等于零。根据扩展升力线理论，针对具有低展弦比的三维翅膀平面的升力曲线斜率($C_{L\alpha,1}$)可以由下式给出：

$$C_{L\alpha,1}=\frac{\pi \mathrm{AR}_{\mathrm{vari}}}{1+\sqrt{\left(\dfrac{\pi \mathrm{AR}_{\mathrm{vari}}}{a_0}\right)^2+1}} \qquad (6-13)$$

(2)Nabawy 给出的基于波尔豪森模型构建的三维升力系数：

$$C_{\mathrm{L}}(\alpha)=\left(\frac{C_{L\alpha,2}}{2}\right)\sin(2\alpha)\left(\cos\alpha+\left(1-\frac{kC_{L\alpha,2}}{\pi \mathrm{AR}_{\mathrm{vari}}}\right)\sin\alpha\right) \qquad (6-14)$$

根据普朗特升力线理论，针对展弦比在 3 以上的翅平面，三维升力曲线斜率($C_{L\alpha,2}$)可以由下式给出：

$$C_{L\alpha,2}=\frac{C_{L\alpha,2d}}{E_{\mathrm{vari,ec}}+kC_{L\alpha,2d}/\pi \mathrm{AR}_{\mathrm{vari}}} \qquad (6-15)$$

式中：$C_{L\alpha,2d}$为针对平板的二维机翼升力曲线斜率。针对典型的昆虫扑翼悬飞雷诺数下的刚性薄翅，可以取 $C_{L\alpha,2d}=0.09\ {}^{\circ -1}$[155-156]。基于单翅的跨度，可变展弦比 $\mathrm{AR}_{\mathrm{vari}}=R_{\mathrm{eff,vari}}/C_{\mathrm{aver,vari}}$。这里的参数 k 可以称为 k-因子。根据悬飞驱动盘模型(actuator disc models)，可以采用诱导功率因子表达式来预测该值[155-156]。针对果蝇的正常悬飞情况，通过在悬飞驱动盘模型中考虑非均匀的下洗(downwash)速率分布，翼尖损耗和拍打驱动盘的有效面积贡献，根据 Nabawy 和 Crowther 的预测结果，可以取 1.51[155-156]。$E_{\mathrm{vari,ec}}$是基于升力线理论的边缘修正因子，该参数考虑了翅膀形状的变化对气动性能的三维影响效应[155-156]。考虑到简化翅平面半周长的积分计算，针对具有无量纲保形特征的动态比例可缩放翅平面，我们假设边缘修正因子($E_{\mathrm{vari,ec}}$)可以采用下式来预测：

$$E_{\mathrm{vari,ec}}=\lambda_1 R_{\mathrm{ratio}} C_{\mathrm{ratio}} E_{\mathrm{orig,ec}} \qquad (6-16)$$

这里为了将翅平面三维升力系数随攻角变化的值与实测数据拟合而得的二维准静态升力系数随攻角变化的实测值[13]进行匹配对比(见图 6-4)，我们引入了形状因子 λ_1。在二维准静态实测值的标准方差为 0.04 的情况下，取 $\lambda_1=0.62$。针对初始翅膀平面，边缘修正因子 $E_{\mathrm{orig,ec}}$是由翅膀的半周长与翅膀的长度的商确定的[155-156]，即由下式给出：

$$E_{\mathrm{orig,ec}}=\frac{C_{\mathrm{semi,perim}}}{R_{\mathrm{eff,vari}}} \tag{6-17}$$

这里，$C_{\mathrm{semi,perim}}=\frac{S_{\mathrm{le,orig}}+S_{\mathrm{tr,orig}}}{2}$是初始果蝇翅膀平面的半周长。前缘轮廓和后缘轮廓的弧长（$S_{\mathrm{le,orig}}$和$S_{\mathrm{tr,orig}}$）可以由下式给出：

$$S_{\mathrm{i,orig}}=\int_{x_{\mathrm{r,orig}}}^{R_{\mathrm{eff,orig}}}\left(1+\left(\frac{\mathrm{d}z_{\mathrm{i,orig}}(r)}{\mathrm{d}r}\right)^2\right)^{\frac{1}{2}}\mathrm{d}r \tag{6-18}$$

这里，$i(i=le,\mathrm{tr})$指前后缘轮廓。

（3）基于近似表达式的三维升力系数：

此外，针对平动稳态升力系数，其实验数据的近似表达式也可以用来预测昆虫或者工程设计中的扑翼悬飞升力[155-156]：

$$C_{\mathrm{L}}(\alpha)=0.5C_{L\alpha,\mathrm{i}}\sin(2\alpha) \tag{6-19}$$

这里，$i=1,2$ 分别为基于扩展升力线理论（式（6-13））和普朗特升力线理论（式（6-15））构建的三维升力曲线斜率。

一旦获得了三维平动升力系数，采用三角函数法可以获得阻力系数：

$$C_{\mathrm{D}}(\alpha)=\lambda_2C_{\mathrm{L}}(\alpha)\tan(\alpha)=\lambda_2C_{\mathrm{L}}(\alpha)\sin^2(\alpha) \tag{6-20}$$

类似地，为了将翅平面三维阻力系数随攻角变化的值与实测数据拟合而得的二维准静态阻力系数随攻角变化的实测值[13]进行匹配对比（见图6-4），我们引入了形状因子 λ_2。在相对于二维准静态实测值的标准方差为0.11 的情况下，我们取 $\lambda_2=0.93$。

为了对比，所有上面提及的升阻力系数在图6-4 中进行了可视化。图6-4 中给出了基于 Dickinson 等实测数据拟合而得的公式绘制的升阻力曲线[13]；图6-4 分别绘制了三维升力系数近似表达式对应的升阻力曲线（其中三维升力曲线斜率由 Taha 等根据扩展升力线理论给出[157]）、三维升力系数近似表达式对应的升阻力曲线（其中三维升力曲线斜率由 Nabawy 等根据普朗特升力线理论给出[155-156]）；图6-4 用不同灰度的粗实线分别根据波尔豪森模型推导的三维升力系数表达式对应的升力曲线（其中三维升力曲线斜率由 Taha 等根据扩展升力线理论给出[157]）、根据波尔豪森模型推导的三维升力系数表达式对应的升力曲线（其中三维升力曲线斜率由 Nabawy 等根据普朗特升力线理论给出[155-156]）。由图6-4 可知，在引入两个升阻力形状因子之后，三维升力系数近似表达式对应的升阻力曲线（其中三维升力曲线斜率由 Nabawy 等根据普朗特升力线理论给出[155-156]）与基于 Dickinson 等实测数据拟合而得的公式绘制的升阻力曲线有很好的近似性。因此，为了考虑翅膀形状的任何改变引起翅膀气动力性能变化对涉及翅膀几何参数优化结果的可能影响，优化模型中也可以采用 Nabawy 等推出的三维升力系数近似表达式（其中三维升力曲线斜率由 Nabawy 等根据普朗特升力线理论给出[155-156]）。

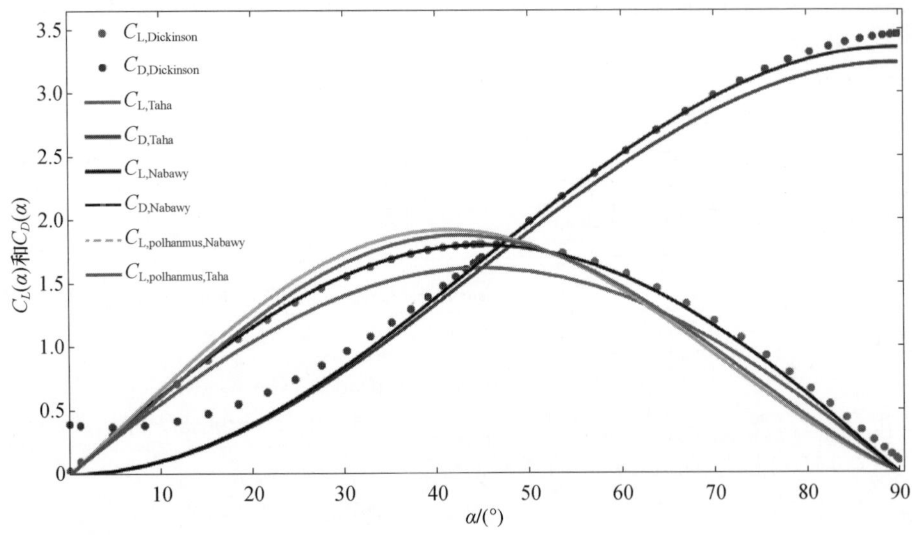

图 6-4 平动环量升阻力系数之间的对比

最后，通过简单的平行四边形三角函数变换，可以获得法向平动气动力系数，$C_N(\alpha)=\cos(\alpha)C_L(\alpha)+\sin(\alpha)C_D(\alpha)$。

6.4.2 翅平面固定坐标下的气动力和力矩

翅平面固定参考坐标下的气动力，它由平动环量、转动环量和虚拟质量效应产生，可以表达为

$$F_{trans,y}=\frac{1}{2}\rho R_{eff,vari}{}^{3}C_{aver,vari}\hat{F}_{trans}C_N(\alpha)\omega_{pal}{}^{2} \tag{6-21}$$

$$F_{rot,y}=\frac{1}{2}\rho R_{eff,vari}{}^{2}C_{aver,vari}{}^{2}\hat{F}_{rot}C_R\omega_x\omega_{pal} \tag{6-22}$$

$$F_{add,y}=\frac{\pi}{4}\rho C_{aver,vari}{}^{2}R_{eff,vari}{}^{2}\hat{F}_{rot}(\dot{\omega}_z+\omega_x\omega_y)+\frac{\pi}{4}\rho C_{aver,vari}{}^{3}R_{eff,vari}\hat{F}_{coeff,add,y}\dot{\omega}_x \tag{6-23}$$

式中：$C_N(\alpha)$为由升阻力系数经三角函数合成法则获得的法向平动气动力系数；C_R 为理论转动气动力系数，其表达式为 $C_R=\pi(0.75-\hat{x}_{0,vari})$；$\omega_{pal}$为翅平面俯仰

轴线的角速率,它等于 $\dot{\phi}$。此外,考虑任意翅膀形状变化对气动力系数的可能影响,进而对升力和功率的影响,为了对比,在随后的能量最小化时涉及翅膀几何参数的优化中也采用由三维升力曲线斜率构建的平动升阻力系数公式。其中三维升力曲线斜率公式是基于普朗特升力线理论推导出来的[155,156]。根据 Whitney 和 Wood 的约定[45],$\hat{F}_{\text{trans}}$ 和 $\hat{F}_{\text{rot}}$ 可以分别记为无量纲平动和转动气动力(见表 6-3)。类似地,$\hat{F}_{\text{coeff,add,y}}$ 可以称为无量纲转动虚拟质量力系数(见表 6-3)。式(6-21)至式(6-23)的完整的推导已经详细地列在第 4 章了。

同样地,在翅平面固定坐标系下,源自平动环量、转动环量、气动阻尼力矩和虚拟质量效应的气动力矩可以写成如下形式:

$$M_{\text{trans},z} = \frac{1}{2}\rho R_{\text{eff,vari}}{}^4 C_{\text{aver,vari}} \hat{M}_{\text{coeff,trans,z}} C_{\text{N}}(\alpha)\omega_{\text{pal}}{}^2 \boldsymbol{e}_z \tag{6-24}$$

$$M_{\text{trans},x} = \frac{1}{2}\rho R_{\text{eff,vari}}{}^3 C_{\text{aver,vari}}{}^2 \hat{F}_{\text{trans}} \hat{Z}_{\text{cop,trans}}(\alpha) C_{\text{N}}(\alpha)\omega_{\text{pal}}{}^2 \tag{6-25}$$

$$M_{\text{rot},z} = \frac{1}{2}\rho C_{\text{aver,vari}}{}^2 R_{\text{eff,vari}}{}^3 \hat{M}_{\text{coeff,rot,z}} C_{\text{R}}\omega_x\omega_{\text{pal}} \boldsymbol{e}_z \tag{6-26}$$

$$M_{\text{rot},x} = \frac{1}{2}\rho C_{\text{aver,vari}}{}^3 R_{\text{eff,vari}}{}^2 \hat{F}_{\text{rot}} \hat{Z}_{\text{cop,rot}}(\alpha) C_{\text{R}}\omega_x\omega_{\text{pal}} \tag{6-27}$$

$$M_{\text{rd},x} = -\frac{1}{2}\rho C_{\text{aver,vari}}{}^4 R_{\text{eff,vari}} \hat{M}_{\text{coeff,rd},x} C_{\text{rd}}\omega_x|\omega_x|\boldsymbol{e}_x \tag{6-28}$$

$$M_{\text{rd},z} = -\frac{1}{6}\rho C_{\text{aver,vari}}{}^3 R_{\text{eff,vari}}{}^2 \hat{M}_{\text{coeff,rd},z} C_{\text{rd}}\omega_x|\omega_x|\boldsymbol{e}_z \tag{6-29}$$

$$M_{\text{add},x} = \begin{pmatrix} -\frac{\pi}{4}\rho C_{\text{aver,vari}}{}^3 R_{\text{eff,vari}}{}^2 \hat{I}_{xz,\text{am}}(\dot{\omega}_z + \omega_x\omega_y) \\ -\frac{\pi}{4}\rho C_{\text{aver,vari}}{}^4 R_{\text{eff,vari}} \hat{I}_{xx,\text{am}}\dot{\omega}_x \end{pmatrix} \boldsymbol{e}_x \tag{6-30}$$

$$M_{\text{add},z} = \begin{pmatrix} \frac{\pi}{4}\rho C_{\text{aver,vari}}{}^2 R_{\text{eff,vari}}{}^3 \hat{M}_{\text{coeff,add,z,1}}(\dot{\omega}_z + \omega_x\omega_y) \\ +\frac{\pi}{4}\rho C_{\text{aver,vari}}{}^3 R_{\text{eff,vari}}{}^2 \hat{I}_{xz,\text{am}}\dot{\omega}_x \end{pmatrix} \boldsymbol{e}_z \tag{6-31}$$

针对式(6-24)至式(6-31),其不涉及可变优化参数变量的简化公式的完整推导已经在补充材料的第四章中给出。这里式(6-24)和式(6-26)中的 $\hat{M}_{\text{coeff,trans},z}$ 和 $\hat{M}_{\text{coeff,rot},z}$ 可以分别称为沿着 z 轴的无量纲平动和转动气动力矩系数(见表 6-3)。在翅平面的平滑俯仰转动时起着重要作用的气动阻尼力矩 $M_{\text{rd},x}$ 也引入到俯仰轴气动力矩中[45]。此外,还引入了沿着 z 轴的气动阻尼力矩 $M_{\text{rd},z}$。该力矩是因翅平面的俯仰转动引起单个片条上沿着弦向的微元的速度梯度差而产生的差动压阻力力矩[41-45]。因而式(6-28)和式(6-29)中的$\hat{M}_{coeff,rd,x}$和$\hat{M}_{coeff,rd,z}$可以分别称为沿着x轴和z轴的无量纲转动阻尼系数(见表6-3)。式(6-30)和式(6-31)中的$\hat{I}_{xz,am}$,$\hat{I}_{xx,am}$和$\hat{M}_{coeff,add,z,1}$可以分别称为无量纲虚拟质量力矩系数(见表6-3)。关于源自转动环量项的翅平面受到的沿着x-轴的俯仰力矩,很有必要解决转动法向气动力的弦向作用点的分布问题。因为它可能在翅平面的俯仰逆反动力学的被动转动与否中起着辅助或者抵制的作用[41]。这里考虑到直接测量转动力矩的困难性,并且转动环量和平动环量可能源自同一种环量附着涡力产生机制[146,184],我们假设其压心的弦向位置分布与平动法向气动力的压心($\hat{d}_{cop}(\alpha)$)的分布相同。针对法向平动和转动气动力集中作用的特殊片条,在某一攻角(α)下压心的无量纲弦向位置可以简化成式(6-25)和式(6-27)中的$\hat{z}_{cop,trans}(\alpha)$和$\hat{z}_{cop,rot}(\alpha)$,如下面的推导表达式:

$$\hat{z}_{cop,trans}(\alpha) = \frac{\int_0^1 \hat{z}_{cp}(\hat{r}_{spw,cop,trans})(\hat{r}+\hat{x}_{r,vari})^2\hat{c}(\hat{r})\mathrm{d}\hat{r}}{\hat{F}_{trans}} \tag{6-32}$$

$$\hat{z}_{cop,rot}(\alpha) = \frac{\int_0^1 \hat{z}_{cop}(\hat{r}_{spw,cop,rot})(\hat{r}+\hat{x}_{r,vari})\hat{c}(\hat{r})^2\mathrm{d}\hat{r}}{\hat{F}_{rot}} \tag{6-33}$$

式中:$\hat{r}_{spw,cop,trans}$和$\hat{r}_{spw,cop,rot}$分别为相对于翅平面固定坐标系的z-轴的针对平动气动力和转动气动力压心的无量纲展向位置(其表达式已经列在表6-3中)。

表6-3 针对不同气动力分量的无量纲气动力参数[286-287]

气动力分量	缩写	计算公式
平动分量	$\hat{F}_{trans}$	$\hat{F}_{trans}=\int_0^1(\hat{r}+\hat{x}_{r,vari})^2\hat{c}(\hat{r})\mathrm{d}\hat{r}$
	$\hat{M}_{coeff,trans,z}$	$\hat{M}_{coeff,trans,z}=\int_0^1(\hat{r}+\hat{x}_{r,vari})^3\hat{c}(\hat{r})\mathrm{d}\hat{r}$
	$\hat{r}_{spw,cop,trans}$	$\hat{r}_{spw,cop,trans}=\frac{\hat{M}_{coeff,trans,z}}{\hat{F}_{trans}}$
转动分量	$\hat{F}_{rot}$	$\hat{F}_{rot}=\int_0^1(\hat{r}+\hat{x}_{r,vari})\hat{c}(\hat{r})^2\mathrm{d}\hat{r}$
	$\hat{M}_{coeff,rot,z}$	$\hat{M}_{coeff,rot,z}=\int_0^1(\hat{r}+\hat{x}_{r,vari})^2\hat{c}(\hat{r})^2\mathrm{d}\hat{r}$
	$\hat{r}_{spw,cop,rot}$	$\hat{r}_{spw,cop,rot}=\frac{\hat{M}_{coeff,rot,z}}{\hat{F}_{rot}}$

（续）

气动力分量	缩写	计算公式
气动阻尼分量	$\hat{M}_{\text{coeff,rd},x}$	$^{a}\hat{M}_{\text{coeff,rd},x}=\int_0^1 \hat{z}_{\text{rd}}(\hat{r})\,\mathrm{d}\hat{r}$
	$\hat{M}_{\text{coeff,rd},z}$	$\hat{M}_{\text{coeff,rd},z}=\int_0^1 \hat{c}(\hat{r})^3(\hat{x}_{\text{r,vari}}+\hat{r})\,\mathrm{d}\hat{r}$
虚质量分量	$\hat{F}_{\text{coeff,add},y}$	$^{b}\hat{F}_{\text{coeff,add},y}=\int_0^1 \hat{c}(\hat{r})^2\hat{z}_{\text{h}}\,\mathrm{d}\hat{r}$
	$\hat{M}_{\text{coeff,add},z,1}$	$\hat{M}_{\text{coeff,add},z,1}=\int_0^1 \hat{c}(\hat{r})^2(\hat{r}+\hat{x}_{\text{r,vari}})^2\,\mathrm{d}\hat{r}$
	$\hat{I}_{xx,\text{am}}$	$^{b}\hat{I}_{xx,\text{am}}=\int_0^1 \hat{c}(\hat{r})^2\left(\hat{z}_{\text{h}}(\hat{r})^2+\frac{1}{32}\hat{c}(\hat{r})^2\right)\mathrm{d}\hat{r}$
	$\hat{I}_{xz,\text{am}}$	$^{b}\hat{I}_{xz,\text{am}}=\int_0^1 (\hat{r}+\hat{x}_{\text{r,vari}})\hat{c}(\hat{r})^2\hat{z}_{\text{h}}(\hat{r})\,\mathrm{d}\hat{r}$
$^{a}\hat{z}_{\text{rd}}(\hat{r})=\frac{1}{4}[\,\lvert\hat{z}_{\text{le}}(\hat{r})-\hat{\Delta}\rvert(\hat{z}_{\text{le}}(\hat{r})-\hat{\Delta})^3-\lvert\hat{z}_{\text{le}}(\hat{r})-\hat{\Delta}-\hat{c}(\hat{r})\rvert(\hat{z}_{\text{le}}(\hat{r})-\hat{\Delta}-\hat{c}(\hat{r}))^3\,]$； $^{b}\hat{z}_{\text{h}}(\hat{r})=\frac{1}{2}\hat{c}(\hat{r})-(\hat{z}_{\text{le}}(\hat{r})-\hat{\Delta})$		

总之，这里扩展的准稳态气动力模型是由改进的准稳态气动力模型扩展而来的[13,45,144-145]，但是它与后者有两点不同。第一点是它引入了由每个片条上弦向微元的俯仰速率梯度差引起的差动压阻尼力在翅平面固定坐标系的 z 轴产生的气动阻尼力矩。这在早期的研究中很少被考虑[41-42,45]。第二点是为了简化转动环量气动力矩的计算，我们假设平动环量和转动环量机制源于同一种环量附着涡力产生机制，因而它们的弦向压心（COP）的无量纲位置分布是一致的。由于直接测量转动力矩的困难性，并且转动环量气动力压心的可能弦向位置的研究也极少[41-42,181-182]，因而转动气动力的计算被忽略[45]或有意假设转动环量气动力的压心的弦向位置分布和平动环量气动力是相同的。该压心的弦向位置即为翅片条单元的几何中心至俯仰扭转轴之间的距离[41-42]。

6.4.3　右侧翅根坐标系下的水平力和垂直力

根据扑翼悬飞准稳态模型[13,144-145]，翅平面固定坐标系下作用在翅平面上的法向总瞬时气动力可以表达成三项力分量的加和，即

$$F_{\text{aero},y}=F_{\text{trans},y}+F_{\text{rot},y}+F_{\text{add},y} \tag{6-34}$$

很明显，这里针对扑翼悬飞的准稳态模型没有包含一些非稳态效应，比如由静止起动加速引起的起动涡效应[187]，发生在高攻角时的脱涡效应[140]，在往复式运动中翅平面截获自身尾迹的尾迹捕获效应[13]，取决于翅膀尺寸和形状的诱

导流效应[155-156,184]。尽管如此,随后的预测结果和实验结果的对比证实,准稳态气动力模型在预测扑翼悬飞气动力时不应该被打折。这里指的是由于实验测得的瞬时力排除了翅膀自身重力和惯性力的影响[173,188-189],此外,与气动力分量对总瞬时力的贡献对比,翅膀自身的重力和惯性力对总瞬时力的贡献可以忽略。因此作用翅平面上的法向瞬时力近似等于瞬时气动力:

$$ {}^{\mathrm{rw}}F_{\mathrm{total},y} = F_{\mathrm{aero},y} \tag{6-35} $$

这里采用变换矩阵${}^{\mathrm{rr}}_{\mathrm{rw}}\boldsymbol{R}$,可以将${}^{\mathrm{rw}}F_{\mathrm{total},y}$进一步地变换到右侧翅根参考坐标系$(x_{\mathrm{rr}}y_{\mathrm{rr}}z_{\mathrm{rr}})$下:

$$ \begin{aligned} {}^{\mathrm{rr}}\boldsymbol{F}_{\mathrm{body}} &= \begin{bmatrix} {}^{\mathrm{rr}}F_{\mathrm{lateral},x} \\ {}^{\mathrm{rr}}F_{\mathrm{horizontal},y} \\ {}^{\mathrm{rr}}F_{\mathrm{vertical},z} \end{bmatrix} = {}^{\mathrm{rr}}_{\mathrm{rw}}\boldsymbol{R} \cdot {}^{\mathrm{rw}}F_{\mathrm{total},y}\boldsymbol{j} \\ &= \begin{bmatrix} -\sin\phi \cdot \cos\psi \cdot {}^{\mathrm{rw}}F_{\mathrm{total},y} \\ \cos\phi \cdot \cos\psi \cdot {}^{\mathrm{rw}}F_{\mathrm{total},y} \\ -\mathrm{sign}(\alpha) \cdot \sin\psi \cdot {}^{\mathrm{rw}}F_{\mathrm{total},y} \end{bmatrix} \end{aligned} \tag{6-36} $$

这里关于攻角α的符号函数被引入来保持垂直方向的力(${}^{\mathrm{rr}}F_{\mathrm{vertical},z}$)始终向上。由于拍打冲程三维对称性,在整个周期内侧向力(${}^{\mathrm{rr}}F_{\mathrm{lateral},x}$)的平均值为零。为了便于以无量纲形式衡量一对翅膀产生的垂直向上的力[42]。我们定义了升重比:

$$ L/W = \frac{2({}^{\mathrm{rr}}F_{\mathrm{vertical},z})}{M_{\mathrm{insect}}} \tag{6-37} $$

式中:M_{insect}为果蝇虫体的总重量[173],其中$g=9.8\mathrm{N/kg}$。因此,当$L/W\geqslant1$始终可以维持时,昆虫能够支撑自己停空悬飞。

6.4.4 右翅翅根参考坐标下的气动力矩

根据前面提及的气动力矩源于不同的气动力机制,可以在翅平面固定坐标$(x_{\mathrm{rw}}y_{\mathrm{rw}}z_{\mathrm{rw}})$下建立总气动力矩的表达式。针对单个翅膀,翅平面固定坐标下的沿着展向俯仰轴(x_{rw})和弦向翅肩轴(z_{rw})的总瞬时力矩可以写成:

$$ \begin{cases} {}^{\mathrm{rw}}M^{\mathrm{pitch}}_{\mathrm{total},x} = M_{\mathrm{trans},y} + M_{\mathrm{rot},y} + M_{\mathrm{rd},y} + M_{\mathrm{add},x} \\ {}^{\mathrm{rw}}M_{\mathrm{total},z} = M_{\mathrm{trans},z} + M_{\mathrm{rot},z} + M_{\mathrm{rd},z} + M_{\mathrm{add},z} \end{cases} \tag{6-38} $$

它们构成了矢量:${}^{\mathrm{rw}}M_{\mathrm{total}} = [\,{}^{\mathrm{rw}}M^{\mathrm{pitch}}_{\mathrm{total},x} \quad 0 \quad {}^{\mathrm{rw}}M_{\mathrm{total},z}\,]^{\mathrm{T}}$。进一步地,针对单个翅膀,右翅翅根参考坐标$(x_{\mathrm{rr}}y_{\mathrm{rr}}z_{\mathrm{rr}})$下的气动力矩(${}^{\mathrm{rr}}M$)可以写成:

$$
{}^{\mathrm{rr}}\boldsymbol{M}={}^{\mathrm{rr}}_{\mathrm{rw}}\boldsymbol{R}\cdot{}^{\mathrm{rw}}\boldsymbol{M}_{\mathrm{total}}=\begin{bmatrix}\cos\phi\cdot{}^{\mathrm{rw}}M_{\mathrm{total},x}^{\mathrm{pitch}}-\sin\phi\cdot\sin\psi\cdot{}^{\mathrm{rw}}M_{\mathrm{total},z}\\ \sin\phi\cdot{}^{\mathrm{rw}}M_{\mathrm{total},x}^{\mathrm{pitch}}+\cos\phi\cdot\sin\psi\cdot{}^{\mathrm{rw}}M_{\mathrm{total},z}\\ \cos\psi\cdot{}^{\mathrm{rw}}M_{\mathrm{total},z}\end{bmatrix} \tag{6-39}
$$

这里力矩${}^{\mathrm{rr}}\boldsymbol{M}$是 z 轴分量，它是沿着右翅翅根参考坐标系的 z_{rr}轴的（即拍打轴线所在的轴），所以该力矩可以记为${}^{\mathrm{rr}}M_z^{\mathrm{stroke}}$。通过加和针对左右翅平面的力矩分量，可以获得针对双翅的总气动力矩。该力矩（${}^{\mathrm{rr}}\boldsymbol{M}$）的三个分量可以分别称为俯仰、翻滚和偏航气动力矩。

6.5　针对优化分析的功率密度模型

不管是设计仿昆 FWMAV 来满足一定的航程和续航时间，还是携带固定或者可变负载，比如航电传感器和锂电池等，很有必要进行满足能量消耗最小化的翅膀几何参数和运动学参数的优化。

采用 Berman 和 Wang 等提出的功率消耗模型[42]，为了扩展其适用性，我们再次描述该模型的一些假设。该模型是基于下面的三个假设提出的：

（1）悬飞昆虫消耗的能量仅考虑了时均正机械功率输出，该正机械功率是用来克服气动阻尼和加速推动一对翅膀运动的惯性功率[176,196,259]。

（2）弹性存储的影响达到最小化，因此忽略负的功率[176,258-259]。

（3）翅膀运动在翅根部由驱动器驱动。

基于这些假设和刚体欧拉运动学方程，关于广义角 i 的二自由度翅运动的功率输出可以写成：

$$
P_i(t)=\boldsymbol{\Xi}\{\Omega_i[I_i\dot{\Omega}_i-M_i^{\mathrm{aero}}]\} \tag{6-40}
$$

这里$[i,j]$依次是$[\phi,\psi]$，I_i 和 Ω_i 分别为以角度 i 转动产生的惯性矩和角速率。动态比例机械翅膀平面的惯性矩已在 6.2.3 节中给出。$\boldsymbol{\Xi}\{\cdot\}$是事先的 Heaviside 阶跃函数，内部变量为正值时等于 1，内部变量为非负时等于 0。采用该函数是为了利用上述的完全正功率的假设。这样不用考虑可以存储在系统并且可回收的负的功率。在运动角度 $\hat{\phi}$ 或 $\hat{\psi}$ 产生方向上的力矩分量 M_i^{aero} 定义如下：

$$
M_i^{\mathrm{aero}}=\begin{cases}{}^{3}M_{\mathrm{total},x}^{\mathrm{pitch}} & i=\psi\\ {}^{1}M_z^{\mathrm{stroke}} & i=\phi\end{cases} \tag{6-41}
$$

针对随后的优化问题，也包含惯性功率以便达到完整的可行求解[260]。类似地，考虑到与大多数已报道文献的一致性以及衡量最优化目标的便利性[13,42,176,196]，我们给出了单位总功率 P^*，即被昆虫总质量归一化的功率密度：

$$P^* = \frac{\Xi(\bar{P}_{\phi} + \bar{P}_{\psi})}{M_{\text{insect}}} \tag{6-42}$$

这里 M_{insect} 不限于果蝇的虫体质量(见表 6-1),针对一些有能量消耗最小化要求的悬飞仿昆 FWMAV 的特殊设计,其他的质量参数可以被指定。$\bar{P}_{\phi}$ 和 $\bar{P}_{\psi}$ 为分别针对拍打运动和俯仰扭转运动的平均总功率,它们分别包含了气动功率和转动惯性功率。

气动功率则包含了源于平动环量、转动环量、阻尼力矩效应和虚拟质量效应引起的气动功率分量。

(1)针对翅膀的拍打运动,平均气动功率分量和惯性功率分别可以由下面的表达式给出:

$$\bar{P}_{\text{trans},z} = \frac{\rho}{2T} R_{\text{eff,vari}}{}^4 C_{\text{aver,vari}} \hat{M}_{\text{coeff,trans},z} \int_0^T C_{\text{N}}(\alpha) \dot{\boldsymbol{\phi}}^3 \cos(\boldsymbol{\psi}) \mathrm{d}t \tag{6-43}$$

$$\bar{P}_{\text{rot},z} = \frac{\pi\rho}{2T} C_{\text{aver,vari}}{}^2 R_{\text{eff,vari}}{}^3 \hat{M}_{\text{coeff,rot},z} \int_0^T (0.75 - \hat{\boldsymbol{x}}_{0,\text{vari}}) \dot{\boldsymbol{\psi}} \dot{\boldsymbol{\phi}}^2 \cos(\boldsymbol{\psi}) \mathrm{d}t \tag{6-44}$$

$$\bar{P}_{\text{rd},z} = -\frac{\rho}{6T} C_{\text{aver,vari}}{}^3 R_{\text{eff,vari}}{}^2 \hat{M}_{\text{coeff,rd},z} C_{\text{rd}} \int_0^T \dot{\psi} \,|\dot{\boldsymbol{\psi}}|\, \dot{\boldsymbol{\phi}} \cos(\psi) \mathrm{d}t \tag{6-45}$$

$$\bar{P}_{\text{add},z} = \frac{\pi\rho}{4T} C_{\text{aver,vari}}{}^2 R_{\text{eff,vari}}{}^2 \int_0^T \begin{pmatrix} R_{\text{eff,vari}} \hat{M}_{\text{coeff,add},z,1} \ddot{\phi}\dot{\phi}\cos^2(\psi) \\ + C_{\text{aver,vari}} \hat{I}_{xz,\text{am}} \ddot{\psi}\dot{\phi}\cos(\psi) \end{pmatrix} \mathrm{d}t \tag{6-46}$$

$$\bar{P}_{\text{inertia},x} = \frac{1}{T} \int_0^T \dot{\psi}\ddot{\psi} \begin{pmatrix} \dfrac{R_{\text{eff,vari}}}{R_{\text{eff,orig}}} \left(\dfrac{C_{\text{eff,vari}}}{C_{\text{eff,orig}}}\right)^3 I_{xx,\text{com,orig}} + \\ \dfrac{R_{\text{eff,vari}}}{R_{\text{eff,orig}}} \dfrac{C_{\text{eff,vari}}}{C_{\text{eff,orig}}} m_{\text{wing,orig}} \begin{pmatrix} \dfrac{C_{\text{eff,vari}}}{C_{\text{eff,orig}}} z_{\text{com,orig}} \\ + z_{\text{le,orig,maxp}} \\ - x_{0,\text{vari}} \end{pmatrix}^2 \end{pmatrix} \mathrm{d}t \tag{6-47}$$

(2)针对翅膀的俯仰运动,平均气动功率分量和惯性功率分别可以由下面的表达式给出:

$$\bar{P}_{\text{trans},x} = \frac{\rho}{2T} R_{\text{eff,vari}}{}^3 C_{\text{aver,vari}}{}^2 \hat{F}_{\text{trans}} \int_0^T \hat{Z}_{\text{cop,trans}}(\alpha) C_{\text{N}}(\alpha) \dot{\phi}^2 \dot{\psi} \mathrm{d}t \tag{6-48}$$

$$\bar{P}_{\text{rot},x} = \frac{\pi\rho}{2T} C_{\text{aver,vari}}{}^3 R_{\text{eff,vari}}{}^2 \hat{F}_{\text{rot}} \int_0^T \hat{Z}_{\text{cop,rot}}(\alpha)(0.75 - \hat{\boldsymbol{x}}_{0,\text{vari}}) \dot{\phi} \dot{\psi}^2 \mathrm{d}t \tag{6-49}$$

$$\bar{P}_{\text{rd},x} = -\frac{\rho}{2T} C_{\text{aver,vari}}{}^4 R_{\text{eff,vari}} C_{\text{rd}} \int_0^T \hat{M}_{\text{coeff,rd},x} \dot{\psi}^2 \,|\dot{\psi}|\, \mathrm{d}t \tag{6-50}$$

$$\overline{P}_{\mathrm{add},x}=-\frac{\pi\rho}{4T}C_{\mathrm{aver,vari}}{}^{3}R_{\mathrm{eff,vari}}\int_{0}^{T}\begin{pmatrix}R_{\mathrm{eff,vari}}\hat{I}_{xz,\mathrm{am}}\ddot{\phi}\dot{\psi}\cos(\psi)\\+C_{\mathrm{aver,vari}}\hat{I}_{xx,\mathrm{am}}\ddot{\psi}\dot{\psi}\end{pmatrix}\mathrm{d}t \tag{6-51}$$

$$\overline{P}_{\mathrm{inertia},z}=\frac{1}{T}\int_{0}^{T}\dot{\phi}\ddot{\phi}\begin{pmatrix}\left(\frac{R_{\mathrm{eff,vari}}}{R_{\mathrm{eff,orig}}}\right)^{3}\frac{C_{\mathrm{eff,vari}}}{C_{\mathrm{eff,orig}}}I_{zz,\mathrm{com,orig}}\\+\frac{R_{\mathrm{eff,vari}}}{R_{\mathrm{eff,orig}}}\frac{C_{\mathrm{eff,vari}}}{C_{\mathrm{eff,orig}}}m_{\mathrm{wing,orig}}\begin{pmatrix}\frac{R_{\mathrm{eff,vari}}}{R_{\mathrm{eff,orig}}}(x_{\mathrm{com,orig}}-x_{\mathrm{r,orig}})\\+x_{\mathrm{r,vari}}\end{pmatrix}^{2}\end{pmatrix}\mathrm{d}t \tag{6-52}$$

6.6　翅膀几何和运动学参数优化

6.6.1　最优化问题的公式化

最优化问题是搜索最优的翅膀几何参数或/和运动学参数，以便在不同的条件下最小化悬飞($L/W\geqslant 1$)昆虫的单位质量功率消耗。这些条件有规定的翅膀运动模式，固定的翅膀几何参数和有约束的单翅展弦比(AR)和雷诺数(Re)(见表6-4)。值得注意的是，展弦比(AR)被引入作为线性约束，因而它在前缘涡(LEV)的稳定附着中起着调控作用。

针对300多只不同品种的昆虫的统计分析结果，由Lentink和Dickinson等称为Rossby数的单翅展弦比的平均值接近3[167-168]。这里考虑到工程上最优化分析和可行性设计的适用广泛性，我们限制了展弦比(AR)的范围如下：

$$2.9\leqslant \mathrm{AR}=\frac{R_{\mathrm{eff,vari}}+x_{\mathrm{r,vari}}}{C_{\mathrm{aver,vari}}}\leqslant 4 \tag{6-53}$$

AR的下界是果蝇的平均值[168]，上界参考了65只蜂鸟展弦比的平均值[261]。此外，还引入了雷诺数(Re)作为非线性约束以便考虑扩展准稳态气动力模型的广泛适用性。关于准稳态模型适用的雷诺数范围已经有一些研究人员探究过了[153,187]，这里参考了孙茂教授综述里建议的范围[20]，即

$$100\leqslant Re=\frac{4\phi_{\mathrm{m}}fR_{\mathrm{eff,vari}}C_{\mathrm{aver,vari}}}{\nu}\leqslant 3000 \tag{6-54}$$

因此最优化问题将遭遇一些严格的非线性约束，像雷诺数(Re)和升重比$L/W\geqslant 1$。为了便于进行最优化，使用一些惩罚函数将有约束的最优化问题转换成单目标函数。这些惩罚项由边界约束、线性约束和非线性约束构成[42]。单目标

函数称为拟合度 F，它受最优化空间（Y）约束。最优化空间与后面提及的最优化问题对应。这样有

$$F = P^* + r\Theta(1 - L/W) + s\sum_{j\in Y}\frac{|\zeta_j|}{\mathrm{Max}_j - \mathrm{Min}_j} + \lambda\Theta(\{Con\}) \quad (6-55)$$

这里平均正功率密度输出被处理成目标函数，展弦比（AR）被当作线性等式约束，升重比（L/W）和雷诺数（Re）被当作非线性等式约束。值得注意的是，在式（6－55）的第二项中的非线性不等式约束（$L/W\geqslant1$）被惩罚为无限接近等式约束（$L/W\equiv1$），其相对误差为 10^{-8}[42]。将 $\Theta(x)$ 设置为具有正的实常数惩罚因子（r）的 Heaviside 阶跃函数。式（6－55）的第三项中的 ζ_j 是一测度值，该值对应着当前迭代步中参数 j 相对于该参变量规定的上下限边界（即 Max_j 和 Min_j）范围的距离（见表 6－2）。因此式（6－55）的第三项形成了具有正的实常数惩罚因子（s）的针对边界约束的惩罚函数。式（6－55）的第四项，$\Theta(\{Con\})$，也是具有正的实常数惩罚因子（λ）的 Heaviside 阶跃函数。针对随后的展弦比（AR）线性约束和雷诺数（Re）非线性约束，$\Theta(\{Con\})$ 是可由下式构成：

$$\Theta(\{Con\}) = \begin{cases}1, lc_1 > 0 \text{ or } lc_2 > 0 \text{ or } nlc_3 > 0 \text{ or } nlc_4 > 0 \\ 0, lc_1 \leqslant 0 \text{ and } lc_2 \leqslant 0 \text{ and } nlc_3 \leqslant 0 \text{ and } nlc_4 \leqslant 0\end{cases} \quad (6-56)$$

这里线性和非线性约束可以表达为

$$\begin{cases}lc_1 = R_{\mathrm{eff,vari}} - 4 * C_{\mathrm{aver,vari}} \\ lc_2 = -R_{\mathrm{eff,vari}} + 2.9 * C_{\mathrm{aver,vari}} \\ nlc_3 = 100\nu - 4\phi_{\mathrm{m}} fR_{\mathrm{eff,vari}} C_{\mathrm{aver,vari}} \\ nlc_4 = -3000\nu + 4\phi_{\mathrm{m}} fR_{\mathrm{eff,vari}} C_{\mathrm{aver,vari}}\end{cases} \quad (6-57)$$

这些表达式是基于展弦比（AR）和雷诺数（Re）的范围构建的。为了成功地实现翅膀几何参数和运动学参数的组合优化，它们是很有必要考虑的。

我们采用源自 MATLAB R2011b（Mathworks Inc.，Natick，MA，USA）数值分析软件的遗传算法和 Nelder－Mead 单纯形搜索算法组成的混合优化算法格式来最小化目标函数（F）。首先采用了具有与被优化参变量一致的个体数目的遗传算法来接近全局最小池，共遗传迭代了 350 代，每代种群数目为 100。根据遗传代数停止的极限设置，种群进化足够至该停止极限后，来自遗传算法的最终最佳参数序列被当作随后的单纯型局部搜索算法的初始值。单纯型搜索算法可以通过分别松弛遗传算法获得的参数序列中的每个参数的方式来有效地搜索全局最小池的局部最小值。考虑计算成本和时长，在单纯型搜索算法的迭代中，针对最终的解，拟合度函数和所有约束参数的相对容差（10^{-8}）设置为收敛程度的停止极限，采用来自 MATLAB R2011b 的分布式计算引擎，通过调度 8 核 CPU 处理

器,遗传算法和单纯型搜索算法求解器以分布式的方式进行了迭代计算。因为遗传算法和单纯型搜索算法组合的混合格式使用了随机的突变和重组来搜索最佳的全局最优结果,遗传迭代之后的单纯型搜索算法的改进求解在运行源程序两次后将不会总是获得相同的解[237]。针对随后的最优化,参考 Berman 和 Wang[42],选择了针对 r,s 和 λ 的正的实常数惩罚因子的值均为2000。

6.6.2 翅膀几何参数优化结果和灵敏度分析

1. 针对最优翅膀几何参数的气动力和功率输出——优化时采用了二维平动气动力系数

作为关注的第一类问题,采用二维平动气动力系数进行翅膀几何参数的优化,以便最小化昆虫悬飞时的单位功率输出。该优化问题由式(6-55)给出。针对该优化问题,我们假设翅膀运动模式始终维持不变,而且与傅里叶形式表达的稳态翅拍运动公式完全相同。这里的稳态翅拍运动数据拟合自实测数据[173],忽略了面内外摆动角。最优化的结果已经列在表6-4。

表6-4 初始或最优的翅膀几何参数和运动学参数[286-287]

变量	悬飞果蝇初始的翅膀几何参数和运动学参数	在优化时采用二维和三维平动气动力系数 $C_{F,\mathrm{trans}}(\alpha)^{\bigstar}$ 获得的最优的翅膀几何参数		最优翅膀运动学参数	在组合优化时采用二维和三维平动气动力系数 $C_{F,\mathrm{trans}}(\alpha)^{\bigstar}$ 获得的最优的翅膀几何和运动学参数		单位
$R_{\mathrm{eff,vari}}$	3.004 *	2.4370	2.6843	3.004 *	3.9813	4.000	mm
$C_{\mathrm{aver,vari}}$	0.8854 *	0.9626	0.9882	0.8854 *	1.9600	1.9111	mm
$x_{\mathrm{r,vari}}$	0.3289 *	0.3574	0.2315	0.3289 *	1.7845	1.8118	mm
$\hat{x}_{0,\mathrm{vari}}$	0.36 *	0	0.1443	0.36 *	0.0001	0.0020	—
f	188.7 *	188.7 *	188.7 *	189.1094	46.6104	60.7851	Hz
ϕ_m	1.1488 *	1.1488 *	1.1488 *	1.1386	1.3076	1.3022	rad
K_ϕ	—	—	—	0.3733	0.1891	0.1170	rad
ψ_m	1.0157 *	1.0157 *	1.0157 *	1.2324	1.2715	1.2287	rad
C_ψ	—	—	—	4.8336	2.5103	2.5887	rad
ζ	—	—	—	-1.5708	-1.5169	-1.5391	rad

* 果蝇的初始数据[173];

★ $C_{F,\mathrm{trans}}(\alpha)$ 分别指二维和三维平动气动力系数

一旦获得最优的翅膀几何参数(见表6-4),使用给定的近似悬飞果蝇的稳态翅拍运动可以再次预测单个右侧翅膀产生的翅平面坐标系下的瞬时气动力和右翅翅根参考坐标系下的瞬时水平方向的力和垂直方向的力(见图6-5)。翅平面坐标系下的瞬时气动力包含瞬时环量力和瞬时虚拟质量力,它们都是作用在翅平面法向的,但是作用点的位置不同(见图6-5(a)和(b))。瞬时环量力由平动环量力和转动环量力合成,它们的展向压心位于不同的展向特殊片条上,设分别作用在各自特殊片条上的压心的弦向时空分布是相同的,详见前面的描述。

为了对三种气动力机制的瞬时集中力的总效应进行可视化,同时又不反映这些力分布的真实物理本质,武断地选择了平均弦长作为特殊展向片条来可视化压心沿着弦向随着攻角的变化而出现时间和空间上的可能移动。图6-5(a)和(b)分别以二维示意图的方式可视化了前冲程和后冲程的翅运动和瞬时力,图中力矢的幅值是预测值的0.1倍,方向指向翅平面截面的法向。球棍图代表翅平面的特殊截面。球棍实线棍子表示半冲程内以15个等距点分布的平均弦长的瞬时位置,黑心圆表示前缘。这里为了简单可视化法向力沿着平均弦长的弦向随着攻角的变化而呈现出的时空可能移动,武断地选择了相对于前缘最高点的无量纲距离为0.25的位置作为翅膀的俯仰扭转轴($\hat{x}_{0,\mathrm{vari}}$)。在翅膀的动态运动中该轴线的二维虚拟投影标记虚线。瞬时合环量力如图6-5所示,它由法向平动环量气动力和法向转动环量气动力构成。这两个力分量的作用点是相同的,并且随着攻角的变化而改变。虚拟质量力如图6-5所示,它也是沿着翅平面的法向的,作用点位于中弦点。图6-5(c)绘制了一个拍打周期内单个翅膀产生的右侧翅根参考坐标系($x_{\mathrm{rr}}y_{\mathrm{rr}}z_{\mathrm{rr}}$)下的瞬时垂直方向的力和水平方向的力。为了对比,还可视化了翅平面固定坐标系下的平动环量力、转动环量力和虚拟质量力,这些力都是沿着翅平面的法向的。

如图6-5(a)和(c)所示,在向前冲程开始阶段,由于沿着右侧翅膀展向俯仰轴逆时针方向转动的俯仰减速度相当大并且平动速度相当低,不难发现,瞬时虚拟质量力的幅值主宰了瞬时环量力的幅值。在这个阶段,瞬时环量力和虚拟质量力对垂直方向的力(有时也称为升力)都是负的(见图6-5(a)和(c))。随着平动开始向前推进和攻角由高到低的变化,瞬时环量力和虚拟质量力对垂直方向力的贡献是正,但是后者依然主宰着前者,因为较大的起动平动加速度和相对低的平动线速率和俯仰角速率。随后翅膀沿着右翅的俯仰扭转轴俯仰逆反,并紧随着出现了两个次级的俯仰逆反运动(见图6-6(a)中给出的实测驼峰型俯仰角轮廓)。这一现象几乎可以在所有针对果蝇的实验测得的俯仰角运动曲线

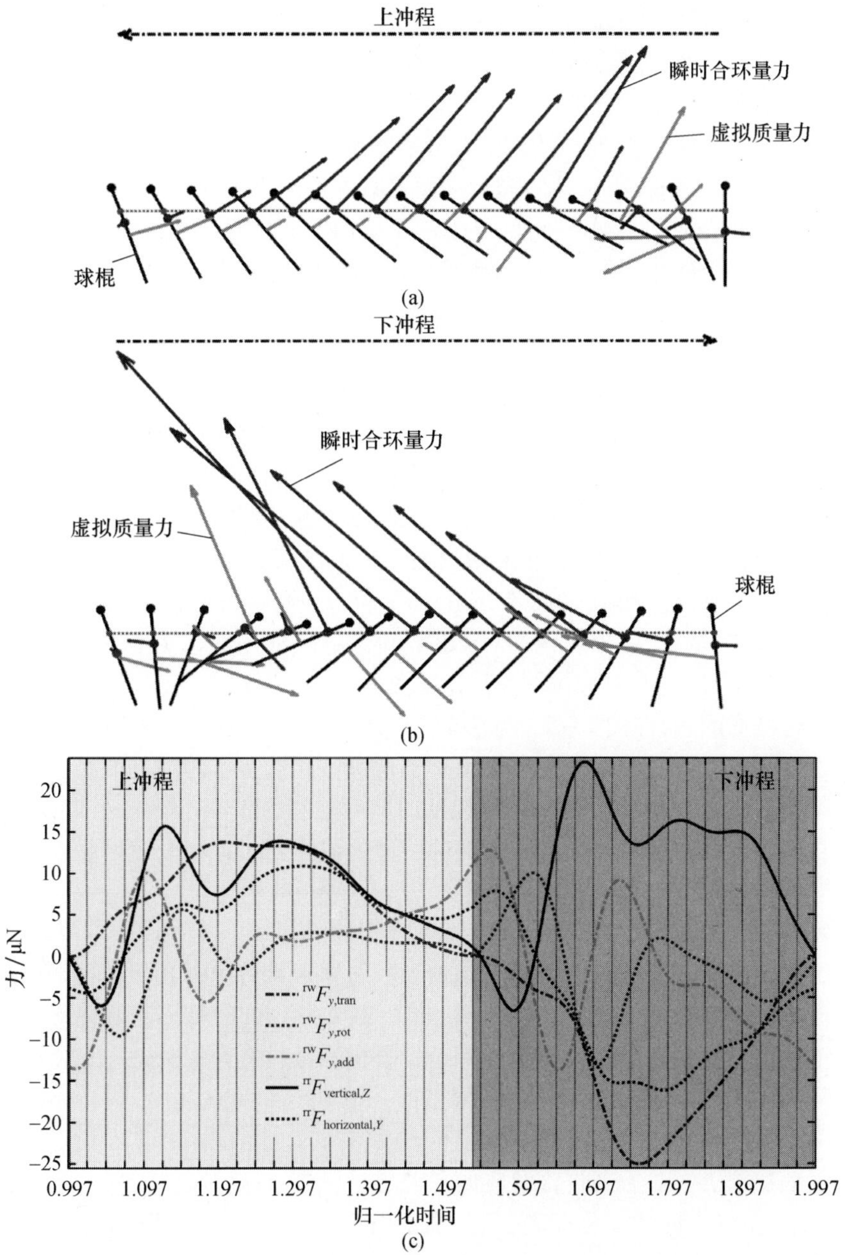

图 6-5 针对最优的翅膀几何参数和悬飞果蝇的稳态翅拍运动作为输入时(优化时采用了二维平动气动力系数),单个翅膀产生的右翅翅根参考坐标系下瞬时气动力。
(a)单翅上冲程右翅翅根坐标系下瞬时气动力矢量;(b)单翅下冲程右翅翅根坐标系下瞬时气动力矢量;(c)单翅上下冲程瞬时气动力及其分量。

中看到[187,190-191,193,262]。这个阶段位于冲程中点附近。翅膀的俯仰运动有可能是具有压心沿着弦向随着攻角降低时向前缘移动的平动环量和转动环量气动力以及压心位于中弦点的虚拟质量力被动促进的,同时也可能是逆时针俯仰加速度(针对右翅)诱发的脉冲型肌肉力(此时虚拟质量力是负的)主动调控的。我们推测针对果蝇翅膀,不仅其俯仰运动而且其俯仰逆反运动是平动环量力、转动环量力、虚拟质量力、脉翅平面自身的冲型肌肉力和惯性力(在这里被忽略了)在不同时刻的协同作用产生的,以便自适应调整翅平面的截面到一个有利的攻角状态获取最优的气动效率[194-195]。随着平动加速的进一步推进和攻角的由低到高的变化,在冲程中点附近的较大时区,由于相对大的平动速率和较低的俯仰角加速率,瞬时环量力的幅值主宰了瞬时虚拟质量力的幅值。在向前冲程的末端,由于较大的俯仰角加速率,平动减速运动的平动速率因而相对低,瞬时虚拟质量力的幅值主宰了瞬时环量力的幅值。同样地,在向后冲程时区,瞬时环量力的幅值和瞬时虚拟质量力的幅值也在不同时刻相互支配对方。因此在一个完整的冲程内,瞬时力矢的二维示意图栩栩如生地反映了翅膀俯仰运动和俯仰逆反运动的可能机制。正如 Beatus 等评论的那样[194],翅膀的扭转运动可能是平动环量力,转动环量力、虚拟质量力、脉翅平面自身的冲型肌肉力和惯性力(在这里被忽略了)在不同时刻的协同作用决定的。

值得注意的是,在图 6-5(c)中可以观察到瞬时力矢,瞬时垂直方向的力和水平方向的力在前后冲程内存在幅值的不对称性。这是实测的近似稳态翅拍运动在频率和周期恒定时前后冲程消耗的时间存在劈裂时差导致的。尽管如此,这一具有周期恒定前后冲程劈裂不对称特征的稳态翅拍运动模式可能在果蝇执行快速机动性发起时有一定的作用[64]。

针对翅膀几何参数优化的情况,为了量化功率消耗,根据式(6-40),我们分别可视化了沿着翅平面的展向俯仰轴和右翅翅根参考坐标系的拍打轴线的单翅膀产生的俯仰功率输出和拍打功率,如图 6-6(b)和(c)所示。在图 6-6(a)中果蝇近似稳态悬飞的拍打角和俯仰角。这里的翅拍运动学模式提取自 Muijres 等报道的文献的补充材料中的傅里叶形式表达的稳态翅拍拟合公式[173]。图 6-6(b)绘制的是俯仰功率,图 6-6(c)绘制的是拍打功率,它们均由惯性功率和气动功率组成。后者包含源自的平动环量机制、转动环量机制、转动阻尼效应、虚拟质量效应的功率分量(它们分别是以不同灰度的点划线显示的)。总的俯仰功率和拍打功率输出以及它们的正值也分别以不同灰度的粗实线显示。俯仰功率和拍打功率输出分别包含气动功率和翅平面自身的惯性功率。气动功率由四个分量组成,它们分别是平动环量机制、转动环量机制和转动阻尼及虚拟质量效应。

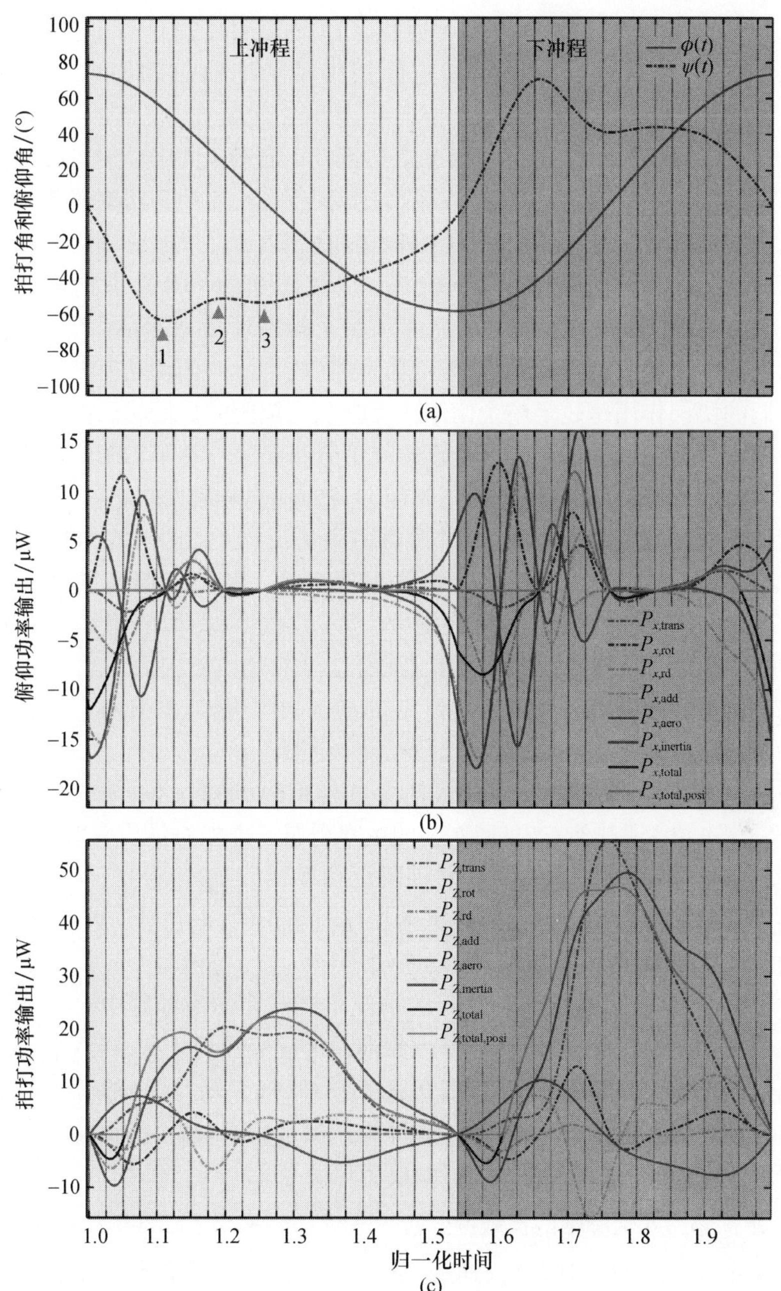

图 6-6　最优的翅膀几何参数(优化时采用了二维平动气动力系数)情况下,翅膀运动和翅膀功率输出。

(a)稳态翅拍运动角功率输出输入;(b)单翅产生的俯仰功率;(c)单翅拍打功率输出。

此外，图 6－6(b)和(c)中也可视化了用来预测最优化模型(式(6－42)和式(6－55))中时均功率密度的俯仰正机械功率输出和拍打正机械功率输出。

针对给定果蝇近似悬飞时的稳态翅拍运动的最优化翅膀几何参数的优化，不难发现，俯仰功率消耗主要集中在俯仰逆反点附近，而拍打功率消耗分布在冲程中点的附近的很大范围，并且峰值出现在冲程中点。

针对向前冲程的俯仰气动功率($P_{x,\text{total}}$)(见图 6－6(b))，虚拟质量功率项($P_{x,\text{add}}$)主宰了其他三项，而次要的主宰项属于转动环量功率项($P_{x,\text{rot}}$)，第三项是转动阻尼功率项($P_{x,\text{rd}}$)，而平动环量功率项($P_{x,\text{trans}}$)对俯仰功率的消耗贡献最小。它们的协同作用跨越了整个俯仰逆反时区。该俯仰逆反时区由三个俯仰逆反片段构成。俯仰气动功率的两个正的峰值分布在第一和第二俯仰逆反点的前面时刻，在该时刻俯仰角速率或者翅膀俯仰角的斜率是最大的。

俯仰惯性功率($P_{x,\text{inertia}}$)和俯仰气动功率是反向的，它们的相减导致正的俯仰总机械功率($P_{x,\text{total},\text{posi}}$)的一个峰值出现在第一和第二俯仰逆反点的中间时刻(见图 6－6(b))。针对向后的冲程，可以观察到相似的俯仰功率分布的趋势，尽管幅值比向前冲程的幅值要高些，这可能是由于向后冲程完成的速度比向前冲程快些(时间短些，周期恒定的前后冲程劈裂不对称)(见图 6－6(a)和(b))。

针对向前冲程的拍打气动功率($P_{Z,\text{total}}$)分布(见图 6－6(c))，平动环量功率项($P_{Z,\text{trans}}$)主宰了其他三项，而次要的主宰项属于虚拟质量功率项($P_{Z,\text{add}}$)，第三项是转动环量功率项($P_{Z,\text{rot}}$)，而转动阻尼功率项($P_{Z,\text{rd}}$)对拍打功率消耗的贡献最小。拍打惯性功率($P_{Z,\text{inertia}}$)在平动加速时是正的，而在平动减速时是负的。它们的协同作用导致了总拍打机械功率输出($P_{Z,\text{total},\text{posi}}$)的两个正的峰值出现在向前冲程的中点附近，这与向后冲程的情况不同。在向后冲程中仅出现了一个总拍打机械功率输出的正峰值，这是因为向后冲程完成更快些，导致平动气动功率的幅值要比惯性功率的幅值高些(见图 6－6(c))。最终，正的总拍打机械功率输出几乎跨越了整个冲周期，除了在冲程逆反点附近，极小的负的虚拟质量功率项($P_{Z,\text{add}}$)可能被存储在弹性关节中或者耗散了。

2. 最优翅膀几何参数的灵敏度分析——优化时采用了二维平动气动力系数

给定表 6－4 中列出的最优翅膀几何参数，我们分析了扰动各个参数对升重比和功率密度的影响，以便洞察为什么最优的翅膀几何参数能够产生功率充足的升力去维持昆虫的停空悬飞。为了剖析当保持其他参数不变而等于其最优值时最节能的升重比是如何随着各个翅膀几何参数的变化而改变的，单参数灵敏度分析是很有必要的。在图 6-7 中作为某一个给定翅膀几何参数的函数升重比(L/W)和功率密度(P^*)分别以粗实线和虚线显示了。垂直点划线表示该参数的最优值所在的位置,而水平点划线表示升重比满足 $L/W=1$ 时的位置。每个子图的右侧的水平点划线指向当升重比满足 $L/W=1$ 时对应的功率密度值。

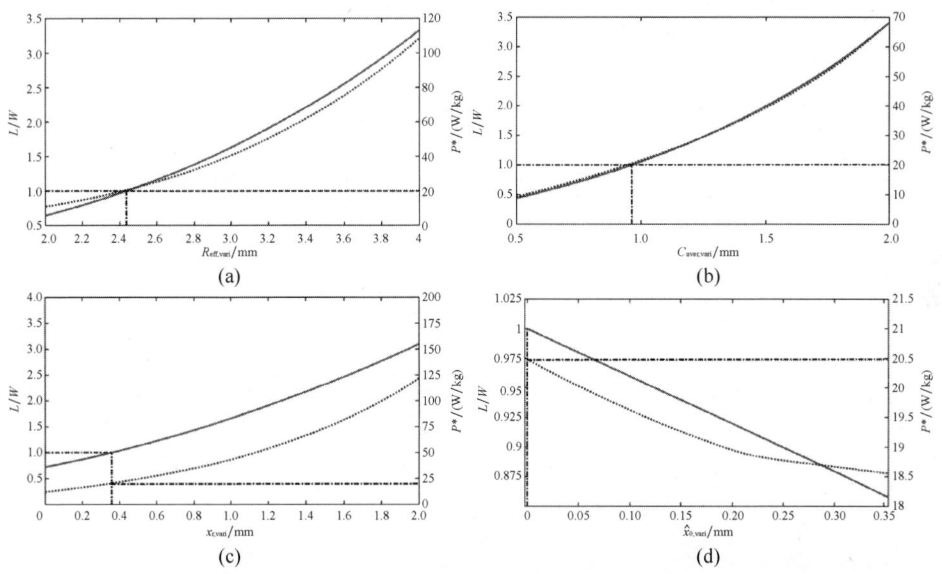

图 6-7 翅膀几何参数优化的单参数灵敏度分析(优化时采用了二维平动气动力系数)
(a)升重比和功率密度随翅膀长度的变化;(b)升重比和功率密度随平均弦长的变化;
(c)升重比和功率密度随翅根偏置的变化;(d)升重比和功率密度随俯仰扭转轴线
距离前缘最高点的无量纲弦向位置的变化。

如图 6-7(a)、(b)和(c)所示,尽管翅膀几何参数之间存在着经由展弦比(AR)表现出的相互影响,升重比和功率密度随着翅膀长度($R_{\mathrm{eff,vari}}$)、平均弦长($C_{\mathrm{aver,vari}}$)和翅根偏置($x_{\mathrm{r,vari}}$)的变化一致地单调递增。这反映了升重比和功率密度之间的矛盾是不可避免的,因为额外的升力产生必定导致功率消耗的增加。因此针对这些参数,通过单纯型局部搜索算法可以找到受近似非线性升重比等式($L/W\equiv1$)松散地约束的最优参数值。

值得注意的是,翅根偏置($x_{\mathrm{r,vari}}$)对悬飞翅膀的气动性能的影响是由翅膀长度的增加使远端翅截面的线性速度增加而体现出来的,即来自翅肩和翅根之间的速度分布被增加到整个翅平面的线性可变速度上[155-156,255]。

升重比和功率密度随着俯仰扭转轴线的距离前缘最高点的无量纲弦向位

置($\hat{x}_{0,\mathrm{vari}}$)的变化而一致单调递减(见图 6-7(d))。这是因为影响升力分布的转动环量气动力系数(C_R)随着 $\hat{x}_{0,\mathrm{vari}}$ 的变化而改变[145,263],尽管惯性功率将随着俯仰扭转轴向后缘的偏移而降低[145,263]。因此在升力必须平衡重力的基本条件下,针对 $\hat{x}_{0,\mathrm{vari}}$,能够产生最大转动环量气动力系数的最优值是一个合理的值。

3. 最优翅膀几何参数的气动力和功率输出——优化时采用了三维平动气动力系数

此外,在优化问题中我们还使用了三维平动气动力系数来进行翅膀几何参数的最优化,其结果已经列在表 6-4 和表 6-5 中。最优翅膀几何参数也用来量化瞬时气动力、垂直方向的力和水平方向的力以及俯仰功率输出和拍打功率输出。为了简洁性和紧凑性,它们的时间历程曲线在图 6-8 和图 6-9 中给出。

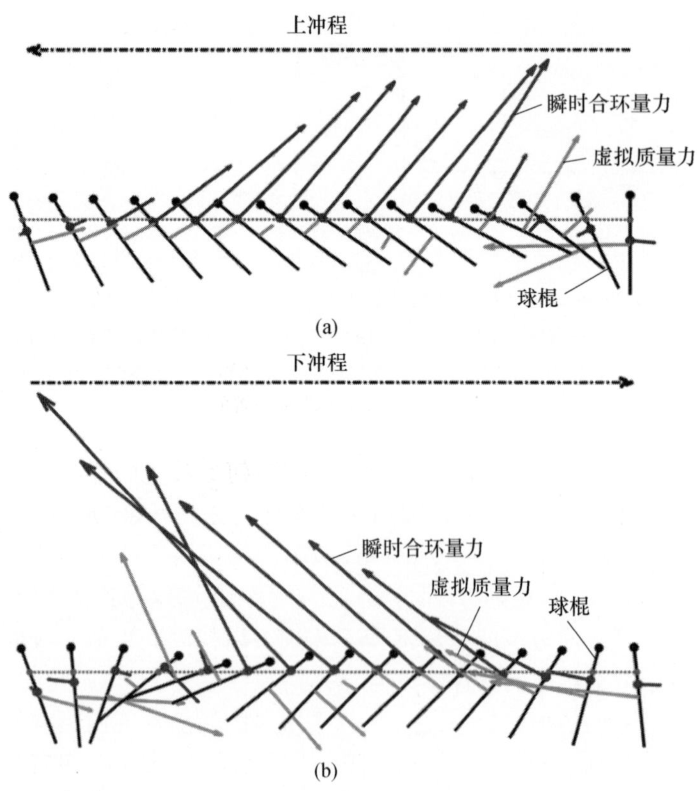

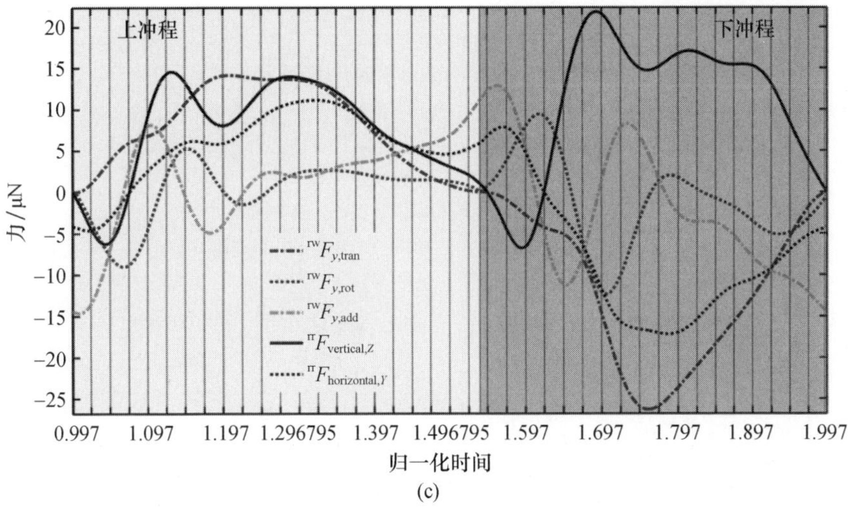

(c)

图 6－8　最优的翅膀几何参数和悬飞果蝇的稳态翅拍运动作为输入时(优化时采用了三维平动气动力系数),单个翅膀产生的右翅翅根参考坐标系下瞬时气动力
(a)单翅上冲程右翅翅根坐标系下瞬时气动力矢量;(b)单翅下冲程右翅翅根坐标系下瞬时气动量矢量;(c)单翅上冲程和下冲程瞬时气动力及其分量。

4. 最优翅膀几何参数的灵敏度分析——优化时采用了三维平动气动力系数

在图 6－10 中,对最优的翅膀几何参数的单参数的灵敏度分析进行了可视化。针对分别采用二维和三维平动气动力系数进行优化的参数的单参数灵敏度分析曲线没有看到明显的不同点,尽管存在微小的幅值上的不一致性。

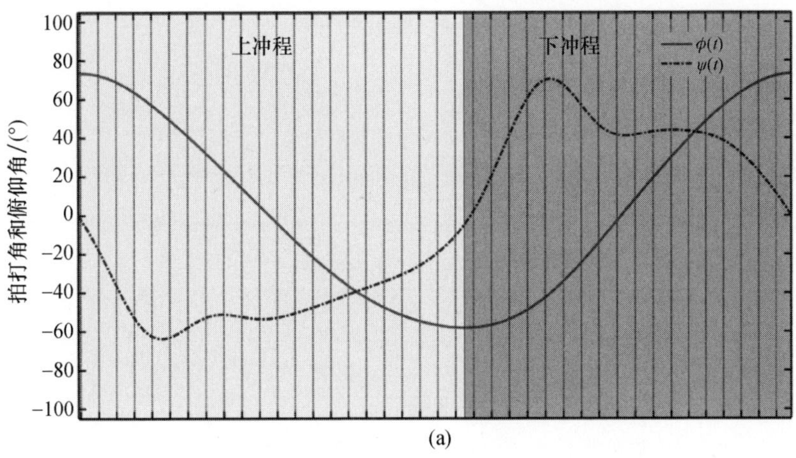

(a)

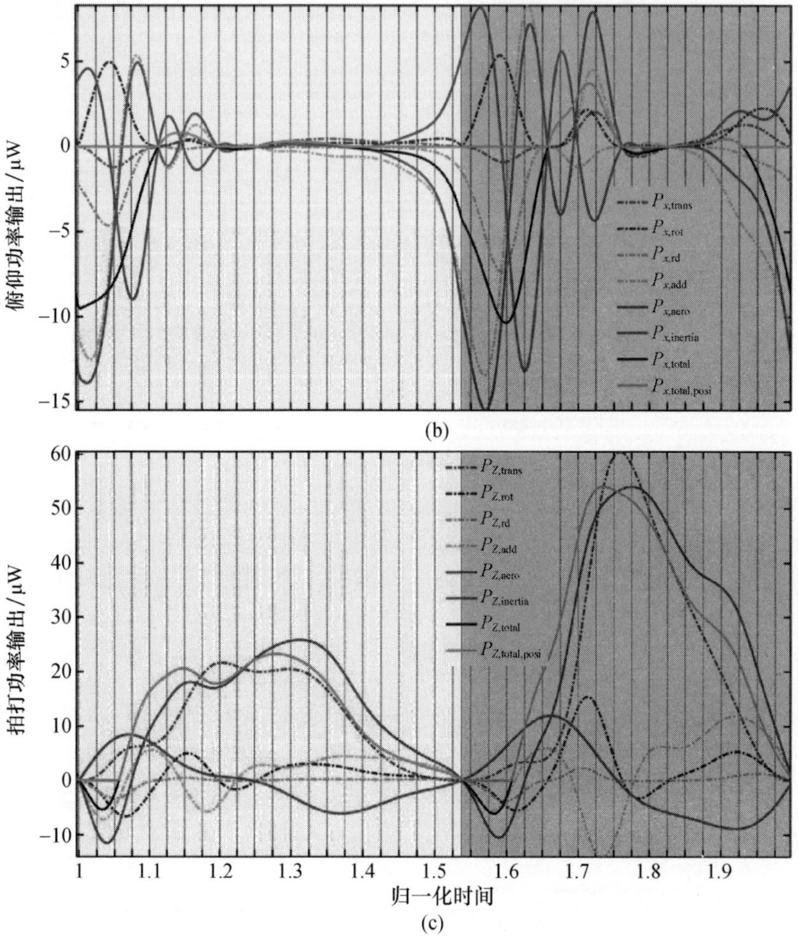

(b)

(c)

图 6-9　最优的翅膀几何参数(优化时采用了三维平动气动力系数)情况，翅膀运动和翅膀功率输出。

(a)稳态翅拍运动角输入;(b)单翅产生的俯仰功率输出;(c)单翅拍打功率输出。

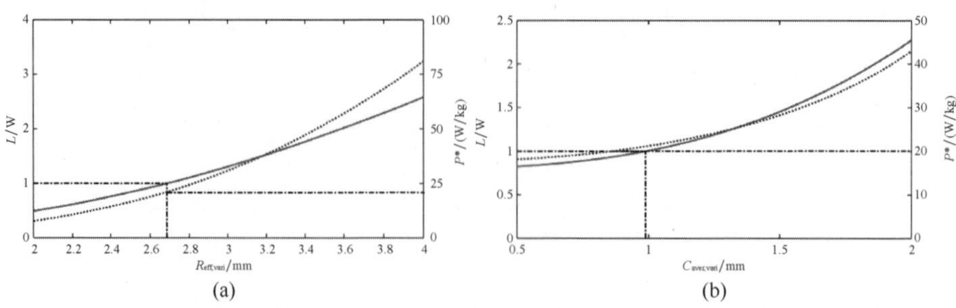

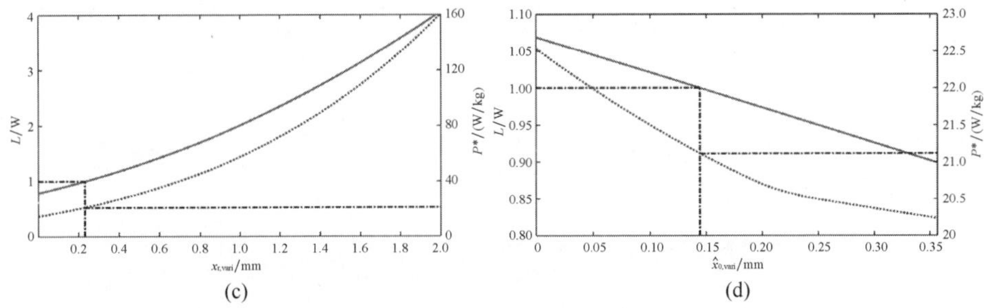

图 6-10 针对翅膀几何参数优化的单参数灵敏度分析(优化时采用了三维平动气动力系数)(在每张子图中线条的含义与图 6-7 中的情况完全相同)
(a)升重比和功率密度随翅膀长度的变化;(b)升重比和功率密度随平均弦长的变化;
(c)升重比和功率密度随翅根偏置的变化;(d)升重比和功率密度随俯仰扭转轴线距离前缘最高点的无量纲弦向位置的变化。

6.6.3 翅膀运动学参数的优化和灵敏度分析

1. 最优的翅膀运动学参数的气动力和功率输出

关于翅运动参数的最优化问题,为了最小化昆虫悬飞时的单位功率消耗,进行了仅仅关于翅运动学参数的优化,在该优化中使用了二维平动气动力系数。该优化问题仍然由式(6-55)形成,但是不涉及展弦比(AR)的线性等式约束。我们提前假设翅膀的几何参数不变,采用了表 6-1 中列出的果蝇的右侧翅膀的实际形貌学参数作为输入。最优化的结果列在表 6-4 和表 6-5 中。最优的翅运动模式中的俯仰角具有圆角型梯形轮廓,而拍打角具有谐波型轮廓(见图 6-12(a))。俯仰角的梯形轮廓意味着翅膀的俯仰逆反需要在一定时间尺度内快速地完成,该时间尺度是受参数 C_{ψ} 调控的。此外,在冲程中点附近的很大范围之内,几何攻角需要维持恒定。

类似地,一旦获得了最优的翅膀运动学参数,同时采用已知的固定不变的翅膀几何参数(见表 6-4)作为扩展准稳态气动力模型的输入,可再次预测单翅产生的翅平面固定坐标系下的瞬时气动力,右侧翅根坐标系的瞬时水平方向的力和瞬时垂直方向的力。这些瞬时力的时间历程已经可视化在图 6-11 中。在向前冲程开始阶段,由于沿着右侧翅膀展向俯仰轴逆时针方向转动的俯仰减速度相当大并且平动速度相当低,不难发现,瞬时虚拟质量力的幅值主宰了瞬时环量力的幅值。在这个阶段,瞬时环量力和虚拟质量力对垂直方向的力(有时也称为升力)都是负的(见图 6-11(a)和(c))。随着平动开始向前加速或者减速推进,攻角需要被维持恒定不变,在冲程中点附近的很大范围内瞬时环量力的幅值

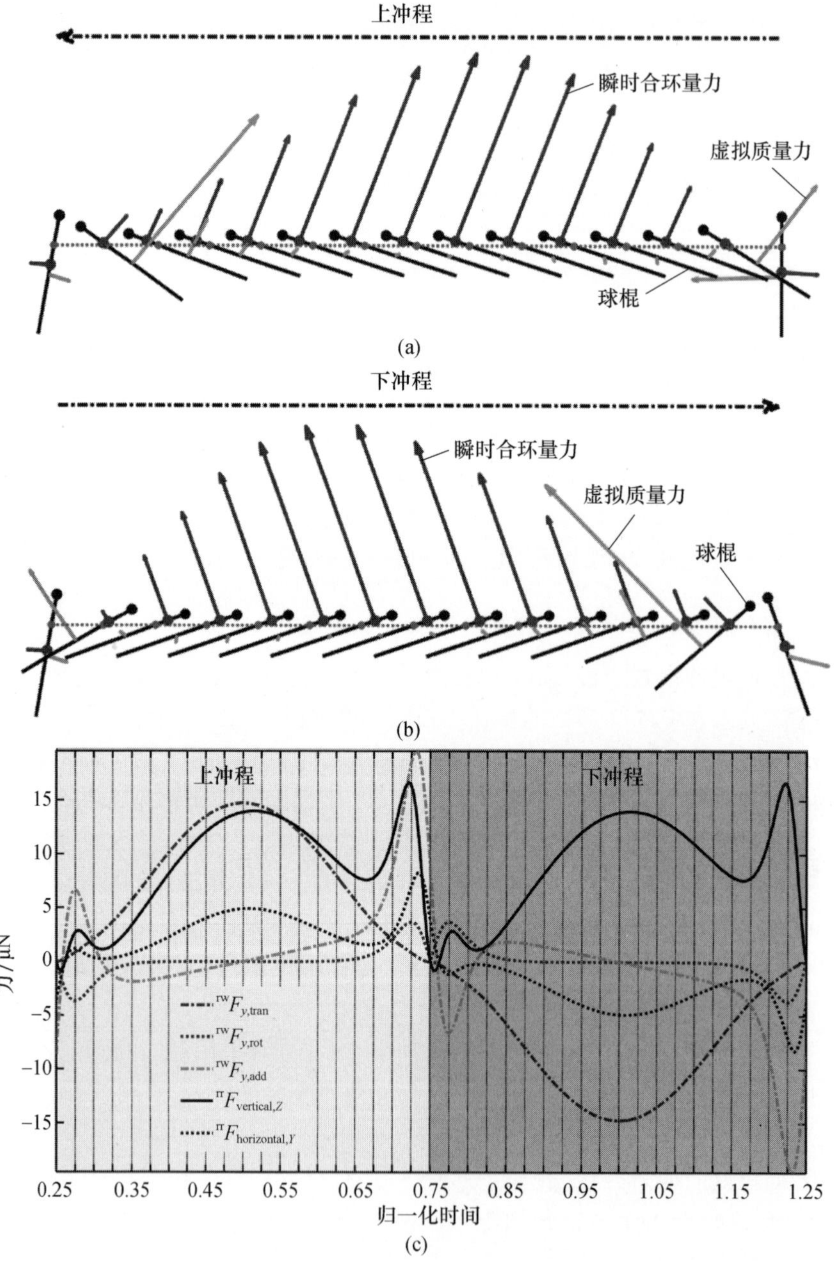

图 6-11　最优的翅膀运动学参数,单个翅膀产生的翅平面固定坐标系下瞬时气动力(其他的布局和图示含义与图 6-5 中的相似)瞬时气动力

(a)单翅上冲程右翅翅根坐标下瞬时气动力矢量;(b)单翅下冲程右翅翅根坐标系下瞬时气动力矢量;(c)单翅上下冲程瞬时气动力及其分量。

主宰了虚拟质量力的幅值。这是因为在该时区出现了较大的起动平动加速度和相对低的平动线速率和俯仰角速率。而转动环量力在这个区间几乎维持不变(见图6－11(a)和(c))。在向前冲程的末尾阶段,瞬时虚拟质量力的幅值主宰了瞬时环量力的幅值,这可能是源于该阶段较大的俯仰角加速率、平动减速率和相对低的平动速率。在该阶段瞬时环量力对翅平面俯仰向上引起的升力的贡献是正的。同样地,在向后冲程中瞬时环量力和虚拟质量力也在不同时刻相互支配对方(见图6－11(b)和(c))。

与前面翅运动模式固定不变的针对翅膀几何参数的优化(见图6－8(a)~(c))对比,在图6－11(a)~(c)中没有观察到翅平面坐标系下的瞬时力和右翅翅根坐标系下瞬时水平方向力和瞬时垂直方向力的幅值的不对称性。

此外,由于翅膀运动学参数的优化搜索到了最优攻角下对应的最优的平动气动力系数,单翅产生的瞬时垂直方向力的幅值比瞬时水平方向力的幅值要高些。该最优攻角对应的最优扭转角的幅值(ψ_m)为70.6°。

尽管固定翅膀几何参数优化获得最优翅膀运动学参数比初始翅膀几何学参数和运动学参数以及固定翅膀运动学参数优化获得最优翅膀几何参数在最小化昆虫悬飞时的单位功率密度要高效些(见表6－5),在工程上实现具有圆角梯形轮廓特征俯仰角的翅拍运动模式不是一件容易的事情[242]。

类似地,针对固定果蝇翅膀几何参数的翅膀运动学参数的优化,在图6－12(b)和(c)中可视化单翅平面产生的俯仰功率输出和拍打功率输出。同样地,俯仰功率消耗主要集中在俯仰逆反周围,而拍打功率消耗则分布在冲程中点附近较大范围,并且峰值出现在半冲程中点的前面。这是因为拍打惯性功率的峰值出现在半冲程中点的前面。针对向前冲程的俯仰气动功率($P_{x,\mathrm{total}}$)分布(见图6－12(b)),虚拟质量功率项($P_{x,\mathrm{add}}$)与转动阻尼功率项($P_{x,\mathrm{rd}}$)有接近相同的峰值,这源于在俯仰逆反区间俯仰角的快变时间尺度诱发了较大的俯仰角速率和角加速率。而平动环量功率项($P_{x,\mathrm{trans}}$)和转动环量功率项($P_{x,\mathrm{rot}}$)对俯仰功率的消耗的贡献最小。它们的协同作用跨越了俯仰逆反的整个时区,并且俯仰气动功率的正峰值出现在俯仰逆反的末尾,这主要归因于$P_{x,\mathrm{add}}$(见图6－12(b))。同样地,俯仰惯性功率($P_{x,\mathrm{inertia}}$)与俯仰气动功率的方向正好相反,它们的相减导致极小的总俯仰机械功率($P_{x,\mathrm{total,posi}}$)的正峰值出现在俯仰起始点附近(见图6－12(b))。针对向后冲程,可以观察到与向前冲程完全相同趋势的俯仰功率分布,而且没有发现图6－9(b)出现不对称幅值分布。

针对向前冲程的拍打气动功率($P_{Z,\mathrm{total}}$)分布(见图6－12(c)),平动环量功率项($P_{Z,\mathrm{trans}}$)主宰了其他三项,次要支配项属于虚拟质量功率项($P_{Z,\mathrm{add}}$),第三项

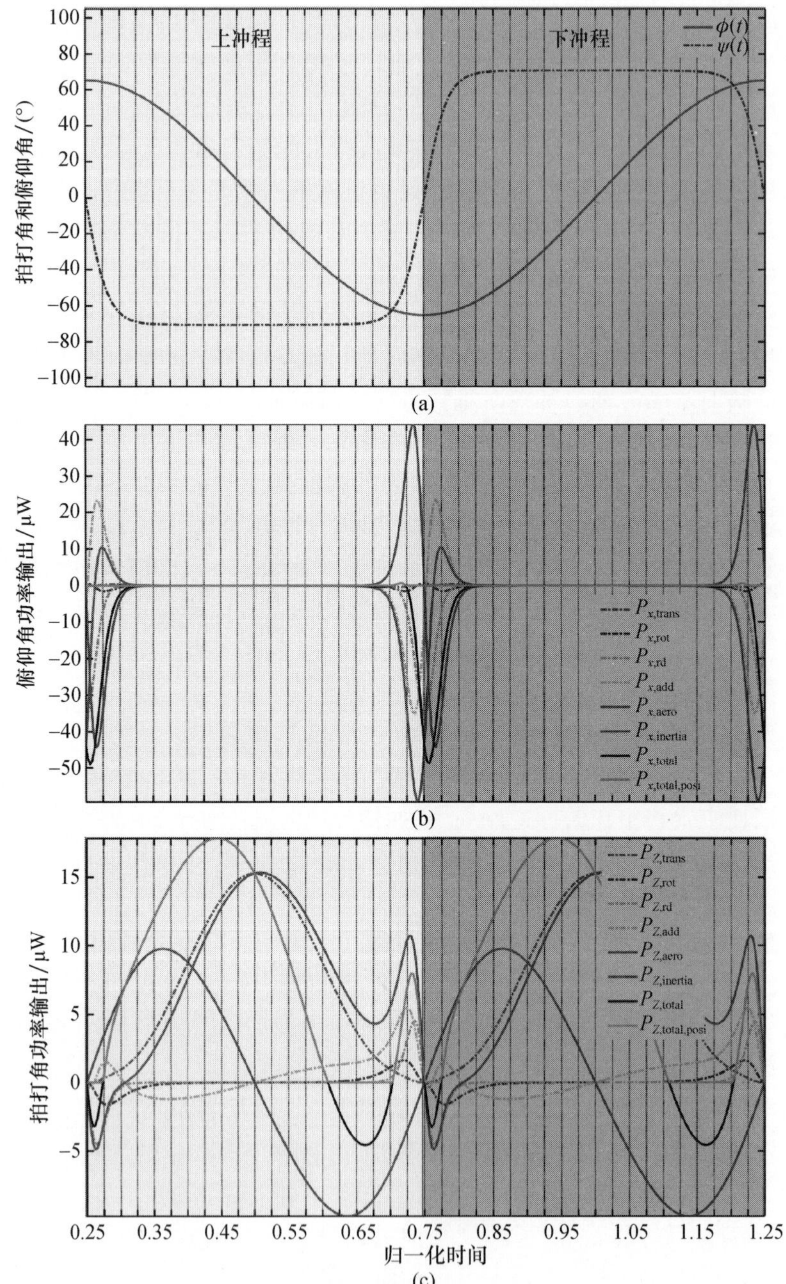

图 6－12　最优的翅膀运动学参数情况下，翅膀运动和翅膀功率输出

(a)翅拍运动角度；(b)单翅产生的俯仰功率输出；(c)单翅拍打功率输出。

(其他的布局和图示意义与图 6－6 的完全相同)

是转动阻尼功率项($P_{Z,\mathrm{rd}}$),而转动环量功率项($P_{Z,\mathrm{rot}}$)对拍打功率的贡献最小。同样地,拍打惯性功率($P_{Z,\mathrm{inertia}}$)在平动加速阶段是正的,而在平动减速阶段是负的。它们的协同作用导致总拍打机械功率两个正的峰值分别出现在冲程中点的前面和加速俯仰阶段中点的前面(见图6-12(c))。前面一个主峰值归因于冲程中点前面出现的拍打惯性功率($P_{Z,\mathrm{inertia}}$)的峰值的影响。后面一个次级峰值归因于$P_{Z,\mathrm{add}}$,$P_{Z,\mathrm{rd}}$和$P_{Z,\mathrm{rot}}$的峰值分布,所有这些功率项的峰值几乎出现在俯仰角的最大曲线斜率所在的位置。最终,正的总拍打机械功率输出($P_{Z,\mathrm{total,posi}}$)几乎跨越了整个冲程的绝大部分时区,除了俯仰逆反开始的阶段和下一个半冲程开始的短暂时区。在这两个阶段,拍打惯性功率和虚拟质量功率是负的,可能存储在弹性铰链关节中或者被耗散。针对向后冲程,可以观察到与向前冲程完全相同趋势的拍打功率分布。因为采用了完全不同的翅运动轮廓作为输入。这里的俯仰功率输出和拍打功率输出不同于图6-9(b)中出现的趋势。

2. 最优的翅膀运动学参数的灵敏度分析

类似地,已知表6-4列出的最优翅膀运动学参数,当保持其他参数不变时,我们分析了扰动各个参数对升重比和功率密度的影响(见图6-13)。很明显,由于由频率、拍打幅值和部分固定的翅膀几何参数形成的雷诺数(Re)呈现出的非线性约束,这里存在翅膀运动学参数之间的强相互作用。升重比和功率密度随着拍打频率和拍打角的幅值(ϕ_m)一致单调递增(见图6-13(a)和(b))。这也反映了升重比和功率密度之间存在矛盾。

针对拍打角的调控参数(K_ϕ),在该参变量的大部分区间,升力和功率密度随着K_ϕ单调递减。在升重比约束得到满足时,最优的K_ϕ值决定了拍打角的轮廓接近谐波型,尽管功率密度没有达到其最小值(见图6-13(c))。针对俯仰角的幅值(ψ_m),如图6-13(d)所示,俯仰角幅值的较大值(这里$\psi_\mathrm{m}=70.6°$,详见表6-4)对应着冲程中点的攻角$\alpha=19.4°$。针对平动气动升阻力系数,该值对应着气动效率的最优值。在仅仅针对翅膀运动学参数的优化中,已有文献报道过这一近似值[42,242]。在这个最优值之后,升重比的约束不再被满足,尽管功率密度进一步下降。

俯仰逆反区间可变时间尺度的俯仰角调控参数(C_ψ),通过虚拟质量力、转动环量力和压阻力,影响升力和功率密度。在接近可变时区的前半区间,升力首先随着C_ψ单调下降;在可变时区的后半区间,升力随后单调递增(见图6-13(e))。功率密度随着C_ψ单调递减,直至恒定值(见图6-13(e))。最优值($C_\psi=4.8$,详见表6-4)接近C_ψ规定的上限(见表6-2),它决定了俯仰角朝着圆角梯形轮廓的方向变化。

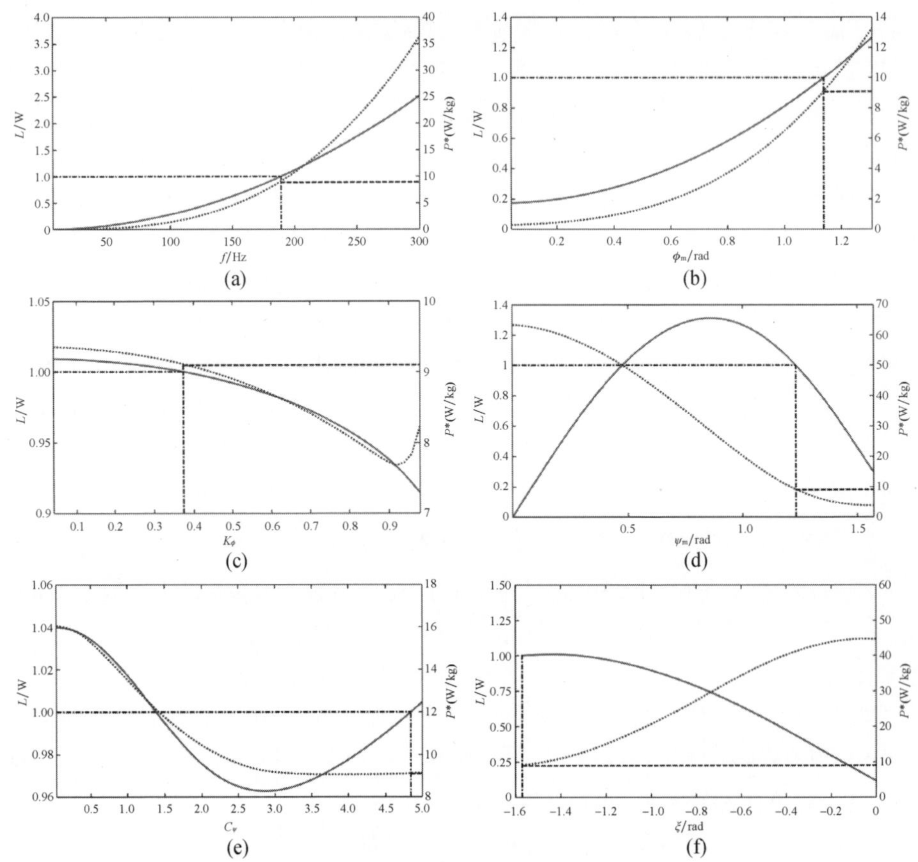

图 6－13　由最优翅膀运动学参数构建的参数的灵敏度分析

（在每张子图中的线条的含义与图 6－7 中的情况相同）

(a)升重比和功率密度随着拍打频率的变化；(b)升重比和功率密度随着拍打幅值的变化；
(c)升力和功率密度随着拍打角调控参数的变化；(d)升重比和功率密度与俯仰角的关系；
(e)升重比和功率密度与俯仰角调控参数的关系；(f)升重比和功率密度与拍打角俯仰角相位偏置的关系。

最后，针对当前功率密度最优化模型中，俯仰角相对于拍打角的俯仰相位偏置(ζ)的最优值为 $-\pi/2$，它影响着转动环量和非稳态尾迹捕获[13]。偏离这个最优值的 ζ 将不满足其他最优参数固定不变时的升重比要求的约束（见图 6－13(f)）。

6.6.4　翅膀几何参数和运动学参数的组合优化结果以及灵敏度分析

1. 针对组合最优的翅膀几何参数和运动学参数的气动力和功率输出——优化时采用了二维平动气动力系数

针对翅膀几何参数和翅膀运动学参数的组合最优化的情况，类似地，在式(6－55)中使用二维平动气动力系数,我们进行了包含升重比约束的非线性惩罚项、边界约束的惩罚项、展弦比(AR)约束的线性惩罚项和雷诺数(*Re*)约束的非线性惩罚项的单目标函数来最小化悬飞昆虫的单位功率密度输出。这里,翅膀几何参数和运动学参数是可变的,被约束在表6－2所列的特殊的边界之内。从表6－4和表6－5中的最优化结果可以看出,翅运动模式中的俯仰角具有圆角梯形轮廓,其拍打频率和俯仰调节参数C_ψ控制的俯仰时间尺度均比来自仅针对翅运动参数优化的最优结果要低些和短些。翅运动模式中的拍打角也以谐波型轮廓变化(见图6－15(a))。此外,所有的翅膀几何参数都接近其约束的上边界,除了相对于前缘最高点的俯仰轴线的无量纲位置($\hat{x}_{0,\mathrm{vari}}$),它接近于零。

具有较大翅膀几何参数和较低频率的特征的组合最优化结果源于这样的事实,即经由展弦比(AR)和雷诺数(*Re*)表现出的翅膀几何参数和运动学参数之间的线性和非线性耦合关系,强烈地影响着混合遗传算法去搜索最优值。类似地,根据表6－4列出的组合最优的翅膀几何参数和运动学参数,我们再次预测了翅平面固定坐标系下的单翅产生的瞬时气动力和右翅翅根参考坐标系下单翅产生的水平方向和垂直方向的力,这些力的时间历程已经在图6－14中作了可视化。

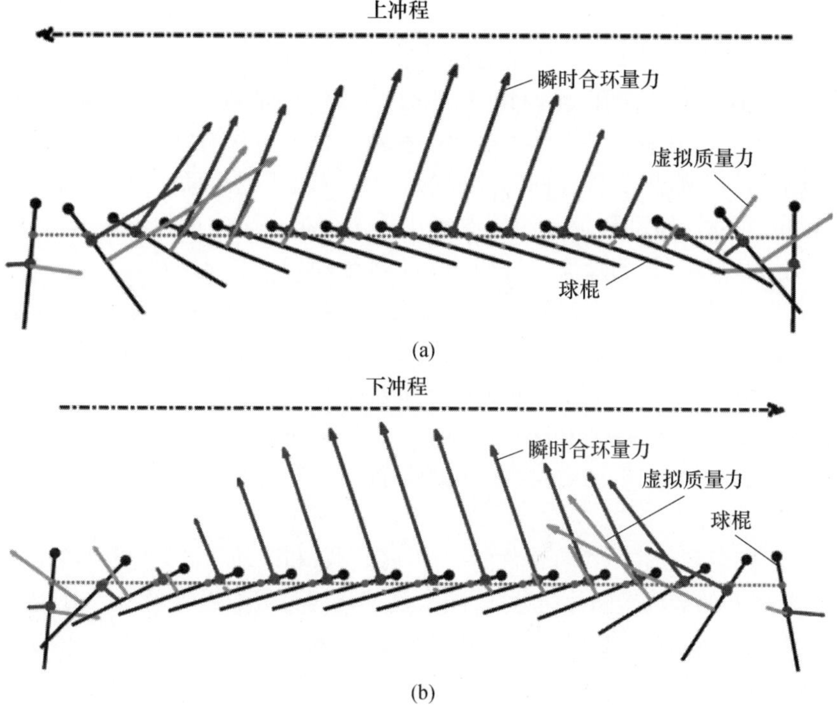

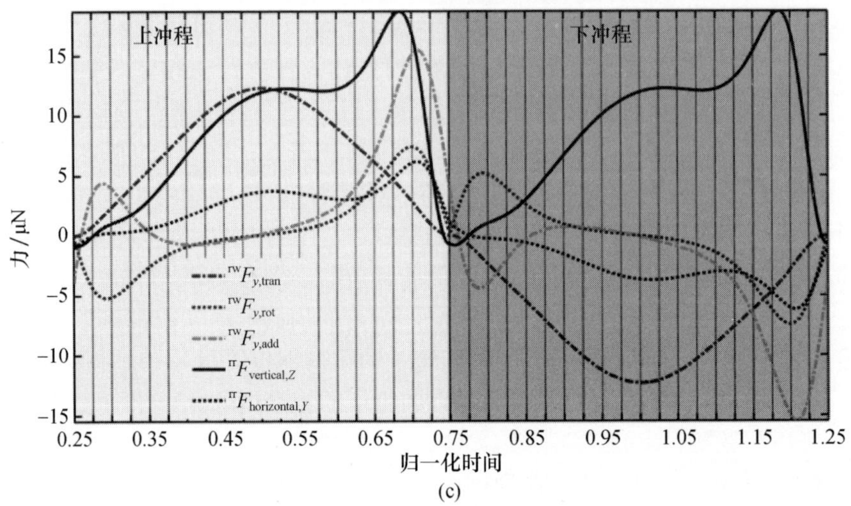

图 6-14　组合最优的翅膀几何学参数和运动学参数(优化时采用了二维平动气动力系数)以及单个翅膀产生的翅平面固定坐标系下瞬时气动力。
(其他的布局和图示含义与图 6-5 中相似)。
(a)单翅上冲程右翅翅根参考坐标下瞬时气动力矢量;(b)单翅下冲程右翅翅根坐标下的瞬时气动力矢量;(c)单翅上下冲程瞬时气动力及其分量。

因为翅运动模式仅针对翅膀运动学参数优化的最优翅运动轮廓有相同的特征(尽管有不同的参数值,比如频率、拍打幅值和俯仰调控参数)。瞬时力的时间历程与 6.6.3 节中介绍的翅膀运动学参数优化的结果有相似的趋势(但是幅值分布不同)。例如,这里在向前冲程的开始,取决于翅运动的不同阶次的导数和翅膀几何参数,转动环量力的幅值要比瞬时虚拟质量力的幅值大些。这导致垂直向上的力存在负的峰值(见图 6-11(a)至(c))。

与仅针对翅膀运动学参数优化的最优结果对比(见图 6-11(c)),尽管拍打幅值相对高些,由于较低的拍打频率,平动气动力降低了很多。由于较大的翅膀几何参数(除了相对于前缘最高点的俯仰轴线的无量纲位置($\hat{x}_{0,\mathrm{vari}}$))虚拟质量力则有所增加(见表 6-4 和图 6-14(c))。因而瞬时水平方向力和垂直方向力的幅值与仅针对翅膀运动学参数优化的最优结果有一些不同(见图 6-11(c)和图 6-15(c))。

类似地,尽管获得的组合最优的翅膀几何参数和运动学参数比初始的参数、固定翅运动模式的最优翅膀几何参数、固定翅膀几何参数的最优翅膀运动参数在最小化昆虫悬飞时的单位功率密度要更有效些(见表 6-4),但在理论上和在工程设计上,针对这类具有圆角梯形轮廓的俯仰运动的动力学问题尚需要深入探索。

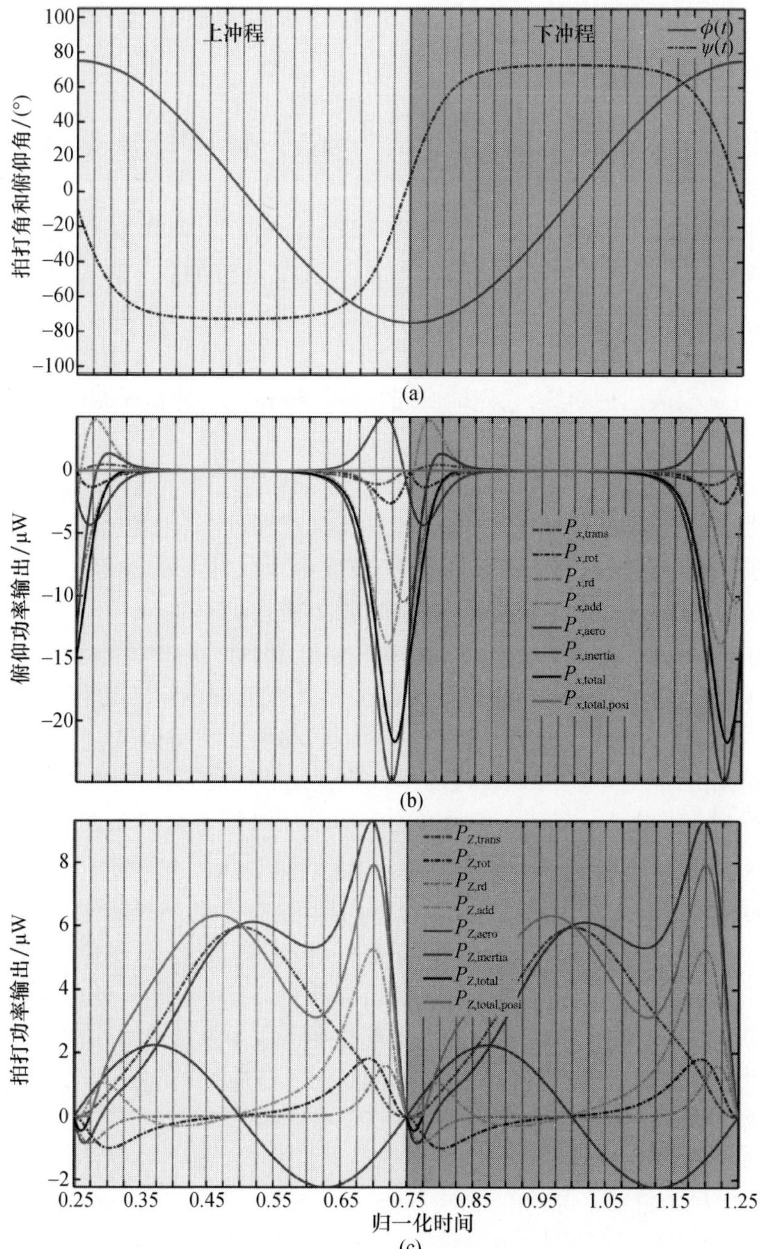

图 6－15　翅膀几何学参数和运动学参数的组合最优的情况（优化时采用二维平动气动力系数）下，翅膀的运动和翅膀功率输出 (a)翅拍运动角度；(b)单翅产生的俯仰功率输出；(c)单翅拍打功率输出（其他的布局和图示意义与图 6－6 的完全相同）。

同样地,针对组合最优的翅膀几何参数和运动学参数,在图6－15(b)和(c)中可视化了单翅平面产生的俯仰功率和拍打功率输出。由于采用了不同的最优的翅膀几何参数和运动学参数,这些功率输出的时间历程也与仅针对翅膀运动学参数优化的最优结果有相似的趋势,尽管幅值分布不同(见表6－4,图6－12(b)和(c)和图6－15(b)和(c))。

针对向前或向后冲程的俯仰气动功率($P_{x,\text{total}}$)分布(见图6－15(b)),虚拟质量功率项($P_{x,\text{add}}$)主宰了其他三项,起次要支配地位的属于转动阻尼功率项($P_{x,\text{rd}}$),第三项是转动环量功率项($P_{x,\text{rot}}$),而平动环量功率项($P_{x,\text{trans}}$)对俯仰功率消耗的贡献是最小的。俯仰惯性功率($P_{x,\text{inertia}}$)与虚拟质量功率项($P_{x,\text{add}}$)是反向的,但是幅值几乎相等,它们的协同相减导致在整个冲程周期内正的总俯仰机械功率($P_{x,\text{total,posi}}$)输出接近零(见图6－15(b))。这不同针对仅涉及翅膀几何参数或者翅膀运动学参数的优化中没有观察到的结果。此外,俯仰逆反阶段被俯仰功率占据的主要时区的宽度要比仅针对翅膀运动学参数优化的时区宽度宽些。这可能因为俯仰调控参数(C_ψ)的最优值比仅针对翅膀运动学参数优化的最优C_ψ的值要小些,因而俯仰逆反完成得更慢些。

针对向前或向后冲程的拍打气动功率($P_{Z,\text{total}}$)分布(见图6－15(c)),平动环量功率项($P_{Z,\text{trans}}$)主宰了其他的三项,起次要支配地位的属于虚拟质量功率项($P_{Z,\text{add}}$),第三项是转动环量功率项($P_{Z,\text{rot}}$),而转动阻尼功率项($P_{Z,\text{rd}}$)对拍打功率消耗的贡献最小。与仅针对翅膀运动学参数优化的最优结果对比(见表6－4,见图6－12(a)和见图6－15(a)),所有这些功率项可能源自更低的频率、更大的拍打角幅值、更短的俯仰时间尺度(C_ψ),更大的翅膀几何参数(除了相对于前缘最高点的扭转轴的无量纲位置($\hat{x}_{0,\text{vari}}$))。同样地,在平动加速阶段,拍打惯性功率($P_{Z,\text{inertia}}$)是正,而在平动减速阶段,拍打惯性功率($P_{Z,\text{inertia}}$)是负的,但是幅值要比仅针对翅膀运动学参数优化的最优结果低些。它们的协同效应导致总的拍打机械功率输出的两个正的峰值分别出现在半冲程中点的前面和加速俯仰阶段的中点附近。出现这种分布的原因与前面6.6.3节中分析的仅针对翅膀运动学参数优化的情况是完全相同的。

总的拍打机械功率输出的正值($P_{Z,\text{total,posi}}$)几乎跨越了整个冲程,除了下一个半冲程发起的短暂阶段,在该阶段转动环量功率项($P_{Z,\text{rot}}$)和转动阻尼功率项($P_{Z,\text{rd}}$)是负的,它们可能被存储在弹性铰链关节中了或者耗散掉了。

2. 组合最优的翅膀几何参数和运动学参数的灵敏度分析——优化时采用了二维平动气动力系数

针对翅膀几何参数和运动学参数的组合优化,经由展弦比(AR)和雷诺数(Re),翅膀几何参数和运动学参数之间存在着强的线性和非线性耦合关系。

给定表6-4列出的最优的翅膀几何参数和运动学参数,我们也分析了扰动各个参数对升重比和功率密度的影响。

如图6-16所示,尽管功率密度的峰值或者幅值差不同,一些最优值在它们自身的约束边界内的分布特征与仅针对翅膀几何参数或者翅膀运动学参数优化的最优值的分布特征完全相似,比如针对翅膀几何参数的有效可变翅膀长度($R_{\mathrm{eff,vari}}$)、可变平均弦长($C_{\mathrm{aver,vari}}$)、翅根偏置($\boldsymbol{x}_{\mathrm{r,vari}}$),相对于前缘最高点的扭转轴的无量纲位置($\hat{x}_{0,\mathrm{vari}}$)(见图6-10和图6-16(a)和(d));针对翅膀运动学参数的拍打频率(f),拍打角的幅值(ϕ_{m}),俯仰角相对于拍打角的相位偏置(ζ)(见图6-13(a),(b),(d)和(f)以及图6-16(e),(f),(h)和(j))。

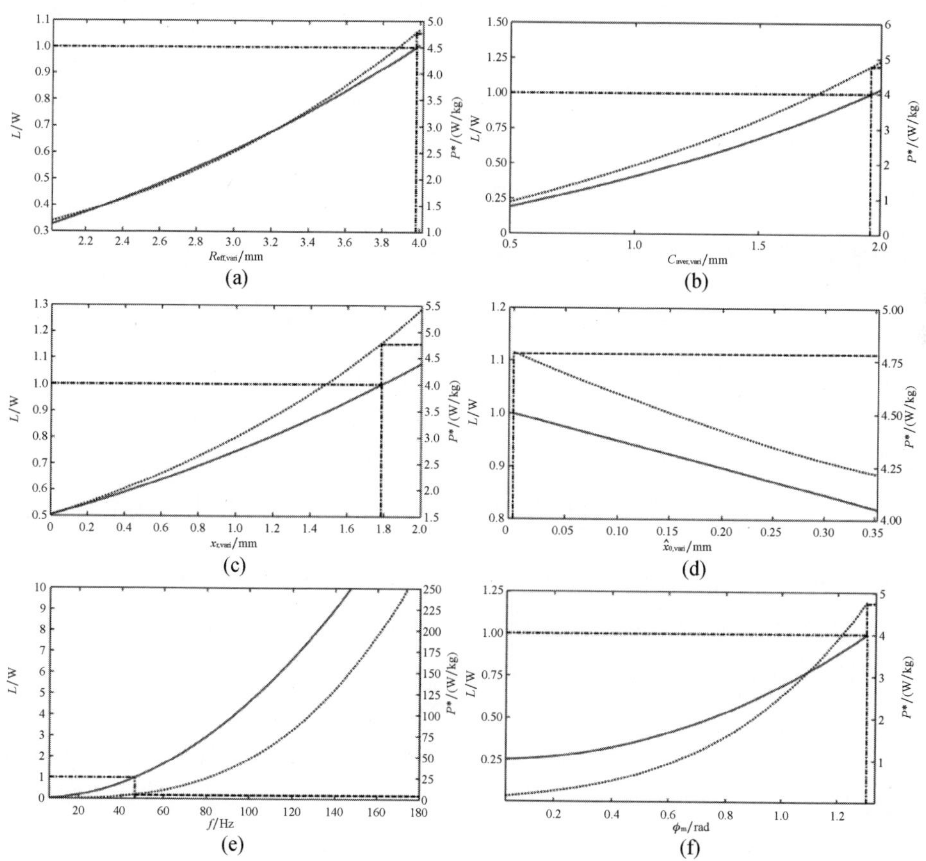

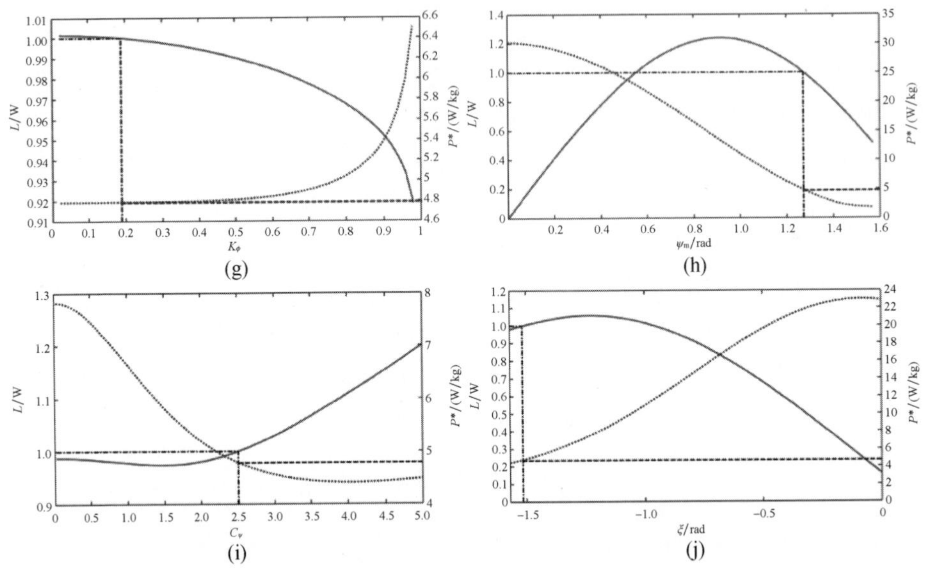

图 6-16 由组合最优的翅膀几何学参数和运动学参数构建的参数序列的灵敏度分析（优化时采用了二维平动气动力系数）（在每张子图中的线条的含义与图 6-7 中的情况完全相同）

(a)升重比和功率密度随翅膀长度的变化；(b)升重比和功率密度随平均弦长的变化；(c)升重比和功率密度随翅根偏置的变化；(d)升重比和功率密度随俯仰扭转轴距离前缘最高点的无量纲弦向位置的变化；(e)升重比和功率密度随拍打频率的变化；(f)升重比和功率密度随拍打角幅值的变化；(g)升重比和功率密度随拍打角调控参数的变化；(h)升重比和功率密度随俯仰角的关系；(i)升重比和功率密度随俯仰角调控参数的变化；(j)升重比和功率密度随拍打角俯仰角相位偏置的关系。

针对最优的拍打角调控参数(K_ϕ)和俯仰角调控参数(C_ψ)的灵敏性趋势与仅针对翅膀运动学参数优化的最优参数的灵敏性趋势不同(见图 6-16(g)和(i)和图 6-15(c)和(e))。在图 6-16(g)中，可以看到在整个可变区间内，升力随着 K_ϕ 单调下降，但是功率密度在可变区间的近似前半区间维持恒定不变，而在随后的一半可变区间内单调下降。功率密度关于 K_ϕ 的灵敏度趋势也与图 6-15(c)中的情况不同。这可能源于经由展弦比(AR)和雷诺数(Re)控制的翅膀几何学参数和运动学参数之间的强耦合关系的影响，同时也因为功率密度关于 K_ϕ 的灵敏度趋势是在保持其他最优的翅膀几何学参数和运动学参数不变时获取的。尽管如此，拍打角仍然呈现出谐波型轮廓，并具有最优波形调控参数($K_\phi=0.189$，见表 6-4)，以便当升重比约束得到满足时昆虫悬飞的功率密度达到最小值。

在图 6－16(i)中，在可变区间的近似前半区间，升力随着俯仰逆反时间尺度调控参数(C_ψ)缓慢下降；随后在可变区间的后半区间内，升力随着 C_ψ 单调上升。而功率密度几乎随着 C_ψ 单调下降。升力和功率密度关于 C_ψ 的灵敏度趋势也与图 6－13(e)中的情况不同。这可能同样源于经由展弦比(AR)和雷诺数(Re)控制的翅膀几何学参数和运动学参数之间的强耦合关系的影响。当升力约束得到满足时，最优的 C_ψ 值等于 2.51(见表 6－4)。它决定了俯仰角跟随着圆角梯形轮廓变化，但是与仅针对翅膀运动学参数优化的最优结果相比，其俯仰逆反时区的快变时间尺度要慢些。

3. 组合最优的翅膀几何参数和运动学参数的气动力和功率输出——优化时采用了三维平动气动力系数

在优化问题中我们还使用了三维平动气动力系数来进行翅膀几何参数的最优化，其结果已经列在表 6－4 和表 6－5。获得最优翅膀几何参数也用来量化瞬时气动力，垂直方向的力和水平方向的力以及俯仰功率输出和拍打功率输出。为了简洁性和紧凑性，在图 6－17 和图 6－18 中给出它们的时间历程曲线。

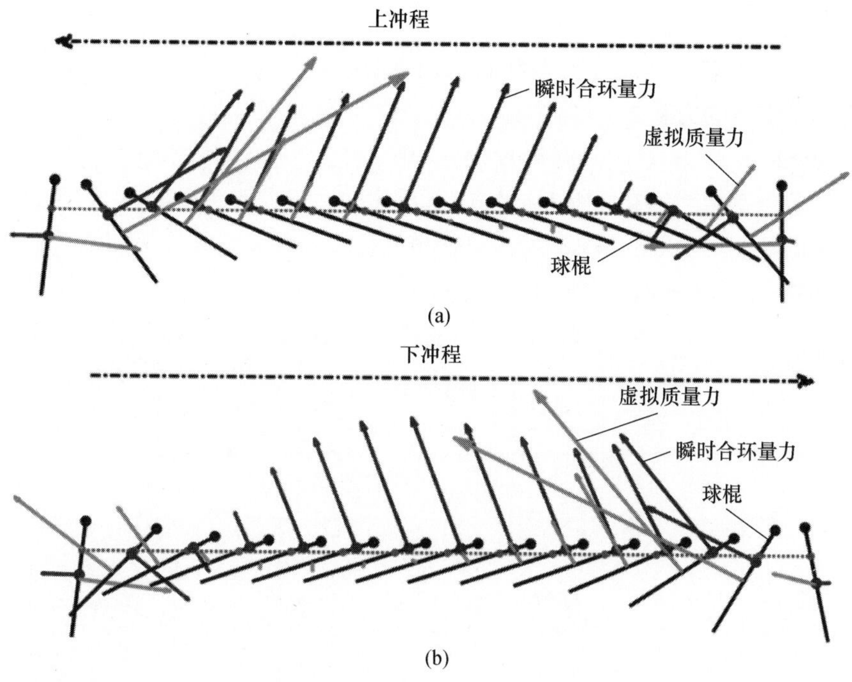

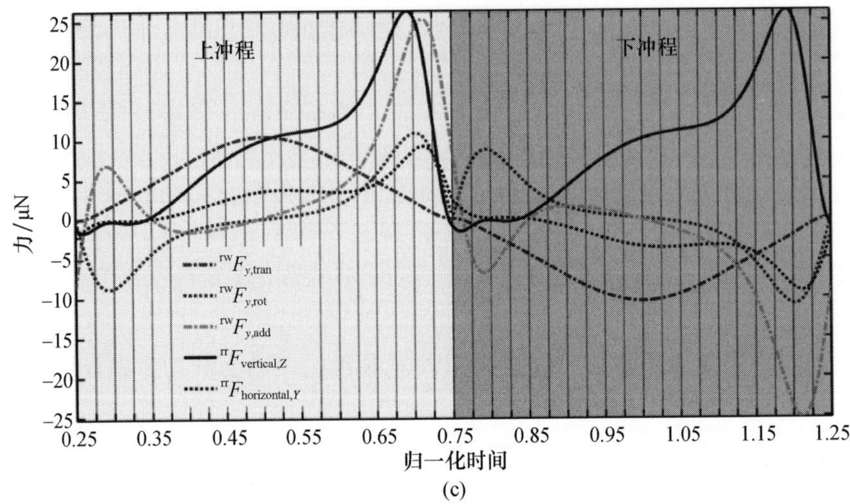

(c)

图 6-17 组合最优的翅膀几何学参数和运动学参数(优化时采用了三维平动气动力系数),单个翅膀产生的翅平面固定坐标系下瞬时气动力(其他的布局和图示含义与图 6-5 中的相似)。

(a)单翅上冲程右翅翅根坐标下瞬时气动力矢量;(b)单翅下冲程右翅翅根坐标下瞬时气动力矢量;(c)单翅上下冲程瞬时气动力及其分量

4. 组合最优的翅膀几何参数和运动学参数的灵敏度分析——优化时采用了三维平动气动力系数

在图 6-19 中,针对最优的翅膀几何参数的单参数的灵敏度进行了可视化分析。分别采用二维和三维平动气动力系数来进行最优化参数,它们的瞬时力和功率的时间历程曲线呈现出定性的相似性,单参数灵敏度分析曲线没有明显的不同点,只是在幅值上有微小的不一致性。

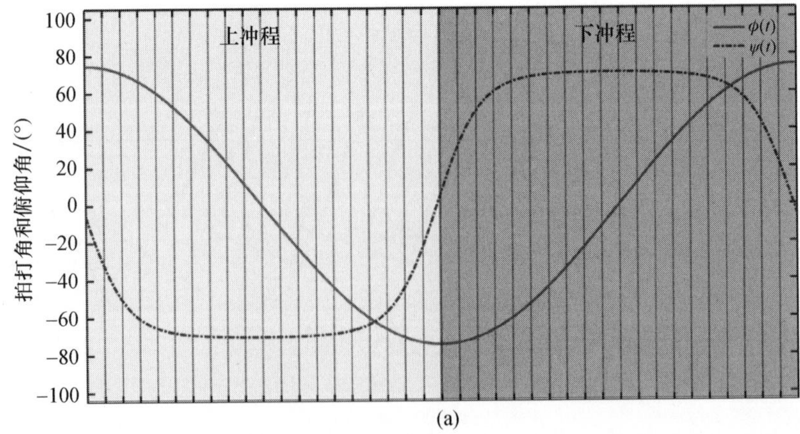

(a)

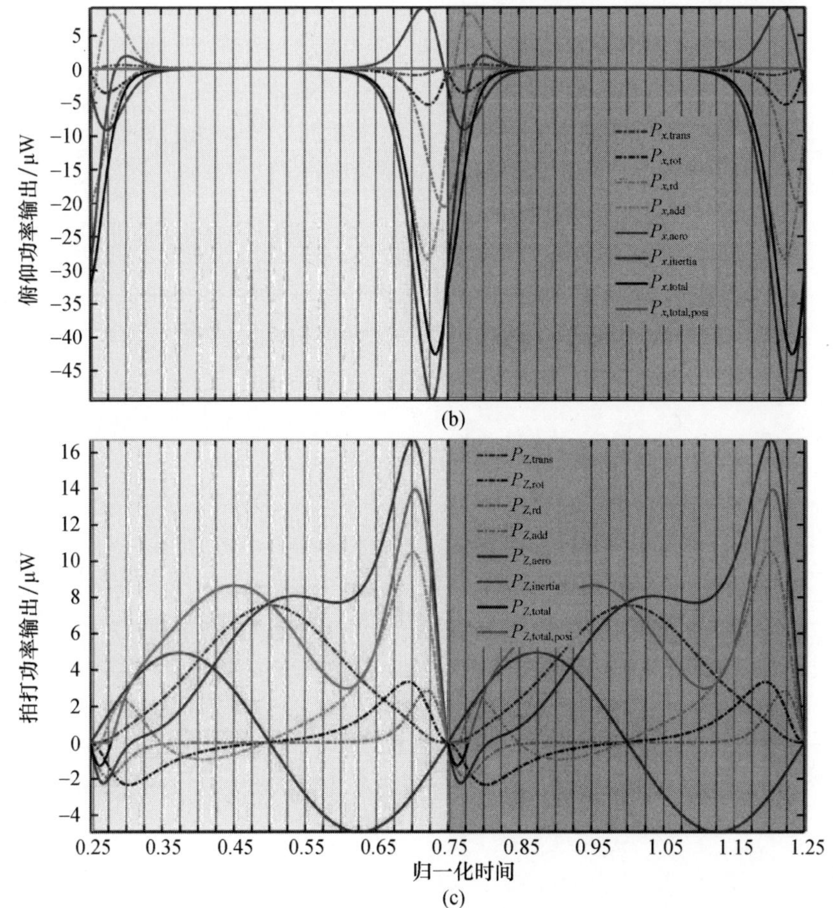

图 6-18　翅膀几何学参数和运动学参数的组合最优的情况(优化时采用了三维平动气动力系数)翅膀的运动和翅膀的功率输出

(a)翅拍运动角度;(b)单翅产生的俯仰功率输出;(c)单翅拍打功率输出

(其他的布局和图示意义与图 6-6 的完全相同)。

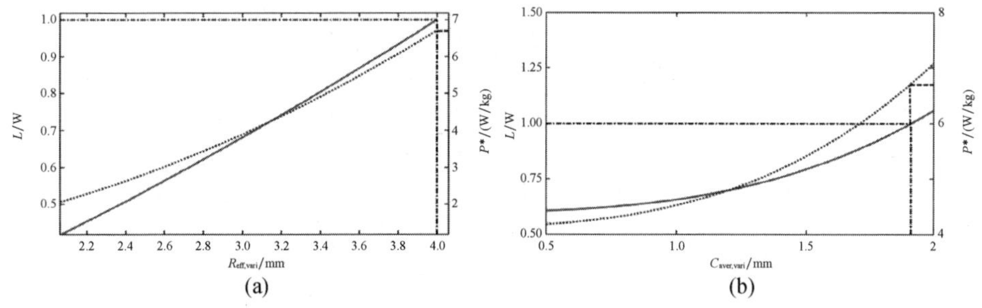

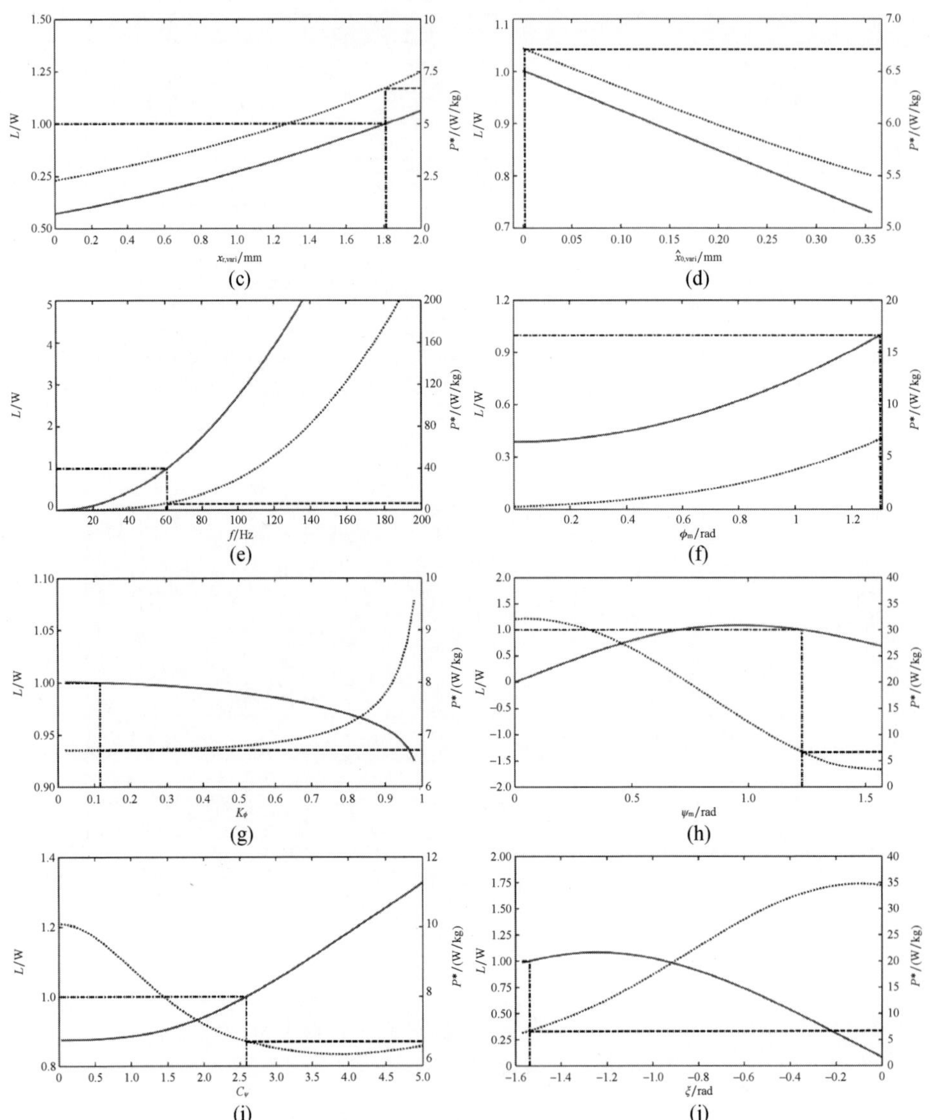

图 6-19　由组合最优的翅膀几何学参数和运动学参数构建的参数序列的灵敏度分析(优化时采用了三维平动气动力系数)(在每张子图中的线条的含义与图 6-7 中的情况完全相同)。
(a)升重比和功率密度随翅膀长度的变化;(b)升重比和功率密度随平均弦长的变化;(c)升重比和功率密度随翅根偏置的变化;(d)升重比和功率密度随俯仰扭转轴距离前缘最高点的无量纲弦向位置的变化;(e)升重比和功率密度随拍打频率的变化;(f)升重比和功率密度随拍打角幅值的变化;(g)升重比和功率密度随拍打角调控参数的变化;(h)升重比和功率密度随俯仰角的关系;(i)升重比和功率密度随俯仰角调控参数的关系;(j)升重比和功率密度随拍打角俯仰角相位偏置的关系。

6.6.5　果蝇悬飞时的初始数据与五类最优化结果的对比

由于翅膀几何参数和运动学参数之间经由展弦比（AR）和雷诺数（Re）表现出的线性和非线性耦合方式对悬飞昆虫翅膀气动力性能产生的协同影响，任何仅针对翅膀几何参数或者运动学参数优化获得的最优化参数序列都不是在实现悬飞昆虫能量消耗绝对最小时的全局可变参数设计空间内最优结果。这一事实已经由表6－5中列出的五类优化结果的对比所验证。

表6－5　悬飞果蝇的预测值和五类优化结果[286－287]

	初始的翅膀几何参数和稳态翅拍运动参数	使用了二维（左）和三维（右）平动气动力系数（$C_{F,\text{trans}}(\alpha)$）的翅膀几何参数的优化		翅膀运动学参数的优化	使用了二维（左）和三维（右）平动气动力系数（$C_{F,\text{trans}}(\alpha)$）的翅膀几何参数和运动学参数的组合优化	
AR	3.7643①	2.9029	2.9506	3.7643①	2.9417	3.0411
Re	172.8926①	157.6046	168.8122	171.7340	186.1461	237.6147
L/W^{-1}	0.2890	3.7×10^{-8}	5.2×10^{-8}	1.6×10^{-8}	3.0×10^{-8}	1.9×10^{-8}
$\langle {}^1F_{\text{vert},z}\rangle/\langle {}^1F_{\text{horiz},x}\rangle_{\text{rms}}$	0.8834	0.8855	0.8960	1.1241	1.1089	1.0173
$\langle P^{\text{aero}}\rangle/\langle P^{\text{inertial}}\rangle$	8.4327	5.8237	5.7343	1.4711	3.7811	2.4905
$P*\langle \text{Wkg}^{-1}\rangle$	33.0097 ②	20.4839②	21.1160②	9.1074	4.7867	6.7156

①果蝇固定翅膀几何参数时的已知的展弦比（AR）和雷诺数（Re）。

②$P*$的值与已经报道的由准稳态气动力模型预测的值比较接近[42,86,156]

通过将果蝇悬飞时的原始翅膀几何参数和运动学参数以及针对五类情况优化的最优参数代入功率密度模型中（不考虑混合遗传算法），可以获得表6－5中列出的数据。很有趣的是，针对五类最优化问题中涉及的展弦比（AR）线性约束和雷诺数（Re）非线性约束没有表现出明显的变化。

针对组合最优的翅膀几何参数和运动学参数获得的功率密度要比仅针对翅膀几何参数或者运动学参数的最优参数获得的功率密度低些。这可能源于展弦比（AR）和雷诺数（Re）产生的翅膀几何参数和运动学参数之间的强耦合对升力和功率密度的影响。此外，针对纯粹的翅膀运动学参数优化的情况，功率密度的最小值也比已经报道的值低些[42]。这可能是由于当前采用的翅运动模式中忽略了冲程平面面内外摆动角。

所有仅针对翅膀几何参数或运动学参数优化的情况的功率密度的最小值要比针对果蝇近似稳态悬飞时的预测值小很多（见表6－5）。值得注意的是，升重比和 1 的差值，即($L/W-1$)，被相对误差容限(10^{-8})限制了(见表 6-5)。考虑到计算的时间成本，该值比 Berman 和 Wang 的设置值要大很多[42]。严格地讲，这个值被规定设置得越小，非线性等式约束条件($L/W\equiv 1$)越能得到更好的满足。

此外，针对组合最优的翅膀几何参数和运动学参数，垂直方向力和水平方向力的比值与仅针对翅膀运动学参数优化获得的升推比近似相等，但是比仅针对翅膀几何参数优化获得的升推比要大些。这应该归属于最优的翅膀运动学参数产生了更有效的翅膀运动模式。该模式具有相对低的几何攻角特征。与较高攻角的情况相比，该特征相应地带来了合适的平动升力系数和较低的阻力系数。

而针对翅膀几何参数优化的情况，包含虚拟质量功率项的气动功率与源于翅平面自身惯性矩的惯性功率的比值要比针对原始翅膀几何参数预测的比值低些。这可能是因为优化后的翅膀几何参数中的相对于前缘最高点的扭转轴的无量纲位置($\hat{x}_{0,\mathrm{vari}}$)向前缘移动导致了惯性功率的增加，尽管与原始的翅膀几何参数相比，优化后的翅膀几何参数中的翅膀有效长度更短了，平均弦长更宽(见图 6-20，见表 6-4 和表 6-5)。在图 6-20 中，采用了灰度粗实线来描绘初始的翅膀轮廓，而针对分别采用二维或者三维平动气动力系数进行仅针对翅膀几何参数的优化时获得最终的优化后的翅平面，分别采用不同灰度粗实线来描绘。'WO'(Wing Optimization，翅膀优化)指仅针对翅膀几何参数的优化。针对分别采用二维或者三维平动气动力系数进行仅翅膀几何参数和运动学参数的组合优化时获得最终的优化后的翅平面，分别采用不同灰度的粗实线来描绘。'CO'(Combination Optimization，组合优化)指针对翅膀几何参数和运动学参数的组合优化。为了可视化翅膀几何形貌学参数优化前后的动态变化，翅肩坐标系($X_sO_sZ_s$)，翅根、质心(com)和针对两个翅膀平面的相对于前缘最高点的可变俯仰轴的位置也包含在图中。

针对翅膀几何参数和运动学参数组合优化的情况，气动功率和惯性功率的比值要比针对原始翅膀几何参数预测的比值和仅针对翅膀几何参数优化的获得比值低些。这可能是因为更大的翅膀几何参数(除了相对于前缘最高点的扭转轴的无量纲位置($\hat{x}_{0,\mathrm{vari}}$)这一参数之外)和 C_ψ 调控的更快的俯仰逆反带来了的惯性功率的增加(见图 6-20，见表 6-4 和表 6-5)。进一步地分析可以发现，尽管在翅运动参数的优化时翅膀几何参数是已知固定不变的，针对最优的翅膀运动学参数获得的气动功率和惯性功率的比值要比翅膀几何参数和运动参数组合优化获得比值还要低很多。这主要归因于俯仰调控参数(C_ψ)的值更大了，因而俯仰逆反更快(见表 6-4 和表 6-5)。

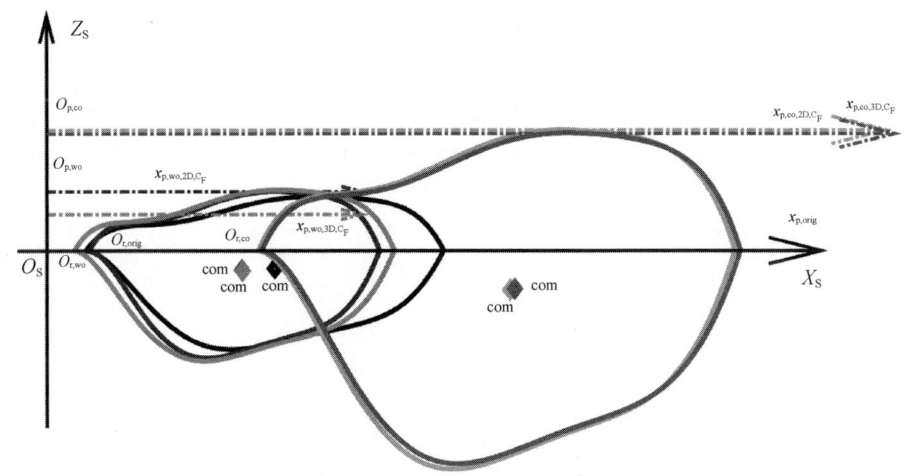

图 6－20　果蝇的原始翅膀平面轮廓和动态比例可缩放翅膀平面

此外，针对动态比例可缩放果蝇翅膀轮廓，与单翅展弦比和翅膀半周长有关的三维平动气动力系数对涉及翅膀几何参数优化的结果的影响是微小的（见表 6－5）。

6.6.6　关于优化结果应用于扑翼微飞行器仿昆设计的几点建议

1. 相对于翅平面前缘最高点的俯仰轴的无量纲位置（$\hat{x}_{0,\mathrm{vari}}$）的选择

俯仰轴的位置影响转动环量力的预测、平动和转动环量气动力压心的弦向位置分布和惯性矩的计算。因此很有必要仔细考虑其定义和选择。最近，Gogulapati 等采用代理基方法进行了推进效率和推力产生的数值优化，以便获得最优的翅膀运动学参数和翅平面的结构化尺寸[250]。他们发现，针对具有固定翅膀几何轮廓的刚性翅和柔性翅，最优的俯仰轴近似位于距离前缘的四分之一弦向位置，尽管针对刚性翅的推力有相对的下降。

在当前的研究中[286－287]，通过引入针对转动环量气动力的压心弦向位置分布的假设，扩展的准稳态气动力模型以片元叶素理论为基础粗糙地建立起来了。因此针对涉及翅膀几何参数优化的最优俯仰轴的无量纲位置值（见表 6－3 所列的结果）一致地接近前缘仅仅是数值的最优解，但是不反映真实的情况，因为俯仰扭转轴线可能不是直线。在实际的工程设计中，需要通过实验测试最优的攻角来确定俯仰扭转轴的位置。

2. 翅膀长度和平均弦长的选择

为了在复杂的环境下生存，比如在有限能量下猎食或者逃避飞行具备的高机动性,果蝇可能借助最小化功率消耗的策略选择性地向具有更小的毫米尺度的翅膀几何参数、更高的拍打频率和拍打幅值进化。在仿昆 FWMAV 的实际工程设计中,高频将导致驱动技术选择和微型航电系统实现的困难。因此最小化功率消耗的同时选择较大尺寸的翅膀几何参数从而降低拍打频率可能是一种的可行的设计方式。

3. 翅根偏置的选择

在昆虫体上翅铰链关节总是存在的,因此翅根和翅尖之间的距离需要仔细地处理[155-156,255]。在实际的工程设计中,仅仅根据动力学系统的传动机构和翅平面的搭接接头之间的装配间隙来确定该距离值。因此该距离的选择通常都是比较武断的,没有考虑其对翅膀的气动性能的影响[45]。

4. 翅膀前后缘轮廓的选择

前面提及的功率密度模型、扩展准稳态气动力和力矩模型不受限于果蝇翅膀形貌的优化研究,一些其他的轮廓,像熊蜂、食牙蝇、天蛾等,也是适用的。此外,无论是从理论分析的角度,还是从工程实验的角度来看[264],Ansari 等报道的对称的或者不对称的、规则的或者不规则的翅膀平面轮廓[255]可能需要被广泛地研究,以便为仿昆 FWMAV 的设计确定气动最优的翅膀几何轮廓。

5. 拍打频率和拍打幅值的选择

这两个参数在产生高升力过程是竞争关系。拍打幅值决定了翅平面的截面在半冲程内穿越的行程,因此涡动力的演化过程在这一具有高频演化特征的高度非稳态的流场中,起动涡、前缘涡、后缘涡和翼尖涡、下洗涡和尾迹涡以及展向流在不同时刻相互交织、相互影响,因此借由瞬时高升阻力的产生机制影响着翅膀的气动性能[14,265]。正如前面提到的那样,为了成功地解决仿昆 FWMAV 的工程设计问题,同时不失高升力带来的高机动性,对于设计人员来说,较低的拍打频率和合适的拍打角幅值总是被期望的。

6. 俯仰角模式的选择

针对翅膀运动学参数的单独优化和翅膀几何参数与运动学参数的组合优化的最优俯仰角具有圆角梯形轮廓。圆角处对应着具有一定快变时间尺度特征的俯仰逆反时区。该快变时间尺度受俯仰调控参数 C_ψ 控制。该参数的选择需要仔细地处理。已有文献广泛地采用了 $C_\psi=1.5$ 的值来形成与果蝇实测俯仰角接近的翅膀俯仰运动模式[188-189,266]。C_ψ 的值过大将导致瞬时气动力和功率的预测值与悬飞扑翼瞬时气动力和功率的实际物理值在俯仰逆反时区出现明显的不一致[267]。

值得注意的是，正如 Nabawy 和 Crowther 评论的那样，具有梯形轮廓俯仰角的翅运动模式在工程上实现起来不是一件容易的事情[242]。针对这类翅平面的俯仰运动，其动力学问题需要在理论上深入研究。针对具有主动或者被动俯仰角特征的扑翼微飞行器的可行设计可能需要大量的预设计和实验尝试。这些实验尝试可以是沿着俯仰轴线引入了扭转铰链和驱动器的，或者不含驱动器的试验[5,10,63,194,268]。

7. 俯仰角幅值的选择

俯仰角的幅值决定了冲程中点的翅膀几何攻角。因此针对扑翼悬飞，为了最小化功率消耗，总是期望最优的攻角能够带来最有效的平动升阻力系数。在当前的研究中，来自仅针对翅膀运动学参数优化结果的俯仰角的幅值（$\psi_m=70.6°$）和翅膀几何参数与运动学参数组合优化结果的俯仰角的幅值（$\psi_m=70.4$ 或 $72.9°$）是近似相等的，最优值接近等于 $-\pi/2$（见表 6－4），它们接近 Berman 和 Wang 报道的值（针对果蝇，$\psi_m=72.7°$）[42]。

8. 相对于拍打角的俯仰角相位偏置的选择

俯仰角相位偏置主要影响转动环量力和尾迹捕获[13]。因为当前建立的功率密度模型以及扩展准稳态气动力模型（该模型不能预测尾迹捕获效应）用来实现功率消耗的最小化，而不是升力的最大化，因此当俯仰角为零值正好对应着冲程逆反点时混合遗传算法发掘出了拍打角和俯仰角的对称模式特征（见图 6－12 和图 6－15）。在当前的研究中，来自仅针对翅膀运动学参数优化结果和翅膀几何参数与运动学参数组合优化结果的俯仰角相位偏置的最优值接近等于 $-\pi/2$（见表 6－4），这与 Berman 和 Wang 报道的值是一致的[42]。

6.7　小结

在本章中，通过使用扩展准稳态气动力模型和混合遗传优化算法，为了最小化悬飞扑翼能量消耗，我们进行了翅膀几何参数或/和翅膀运动学参数的优化[286－287]。在建立优化问题的描述之前，首先建立了具有果蝇翅膀的无量纲保形特征的动态比例可缩放翅膀的参数化描述。该参数化描述中另外包含翅膀实际有效前缘轮廓的参数化、俯仰轴的定义和动态比例可缩放翅膀的质量属性的描述。动态比例可缩放翅膀的参数化描述为基于果蝇翅膀轮廓的气动力的简化分析提供了一种有效的方式，为涉及翅膀几何参数的优化提供了可行性。

将翅膀几何参数和运动学参数作为独立变量，基于改进的准稳态气动力模型，我们建立了与前者具有两点不同的扩展准稳态气动力模型。正如 6.4.2 节中介绍的那样,第一点是它额外地包含了沿着翅平面的弦向轴线的气动阻尼力矩的贡献。第二点是为了简化转动环量气动力矩的计算,假设针对平动环量和转动环量气动力机制的压心(COP)的无量纲弦向位置分布是一致的。

进一步地,已知一些有关功率假设,建立了基于时均正机械功率的功率密度模型。值得注意的是,当前功率密度模型中的虫体质量不受限于果蝇的体质量。一旦具有能量要求最小化的悬飞扑翼微飞行器仿生模仿基于动态比例可缩放翅膀的保形特征法建立的昆虫翅膀的形貌,可以选择其他的质量参数来优化这类特殊的悬飞扑翼微飞行器仿生设计。

基于考虑线性展弦比(AR)和非线性雷诺数(*Re*)作为惩罚项的功率密度模型,形成了用来最小化悬飞能耗的翅膀几何参数或/和翅膀运动学参数的优化问题的公式化描述。给定不变的翅膀运动模式或者翅膀几何参数或者没有给定任何翅膀几何参数和运动学参数作为输入,我们进行了翅膀几何参数或/和翅膀运动学参数的优化来实现扑翼悬飞时的能量最小化。该研究中功率密度模型是针对刚性薄的扑翼建立的扩展准稳态气动力模型。优化中使用了由遗传算法和Nelder - Mead 单纯型搜索算法形成的混合遗传优化算法。此外,为了对比,在涉及翅膀几何参数的优化时,气动力模型中还采用了基于三维升力曲线斜率构筑的平动升阻力系数。这些三维平动升阻力系数考虑了任何翅膀形貌的改变对其产生的可能影响。

当与气动力模型中采用二维平动升阻力系数进行优化获得最优结果(见列表6 -4 和表6 -5)对比说明三维平动升阻力系数对升力和功率的影响很小,而且在最终的可视化曲线图中没有观察到明显的差异(针对翅膀几何参数的单独优化,见图6 -5 和图6 -6 以及图6 -8 和图6 -9;针对翅膀几何参数和运动学参数的组合优化,见图6 -14 和图6 -15 以及图6 -17 和图6 -18),只是幅值稍微有一些差别。

来自五类优化问题的最优参数序列再次分别代入功率密度模型中,用来预测翅平面固定坐标系下的法向瞬时力、翅根坐标系下的瞬时水平方向的力和垂直方向的力以及功率输出。结果表明,针对翅膀几何参数和运动学参数组合最优时获得的功率密度要比针对翅膀几何参数或运动学参数优化下单独最优时获得的功率密度低些。与其他类型的优化情况对比,针对翅膀几何参数和运动学参数组合优化,获得了更低的拍打频率和更大的翅膀几何参数。此外,针对涉及翅膀运动学参数优化的拍打角的幅值接近它被规定的上边界。所有这些结果的不同点源于在升重比约束下获取最小化的功率密度时翅膀几何参数和运动学参数之间经由展弦比(AR)和雷诺数(*Re*)产生的强耦合的影响。

在瞬时功率的可视化图形描述中(见图6 -6(b),图6 -9(b),图6 -12(b),

图 6-15(b)和图 6-18(b)),俯仰逆反时区内俯仰转动环量功率和虚拟质量功率几乎主宰了俯仰总气动功率,尽管它们的绝大部分幅值分布对总俯仰功率的贡献是负的。这些负的功率假设存储在弹性铰链关节中或者耗散了。这是因为俯仰逆反时区内转动环量力和虚拟质量力对瞬时总气动力的贡献可忽略。许多已报道的研究已经忽略这两项对功率最小化的影响[178,242]。

此外,针对翅膀运动学参数单独优化和翅膀几何参数与运动学参数组合优化的最优翅运动学结果,拍打角表现出谐波型轮廓,而俯仰角则具有圆角梯形轮廓。在俯仰角的俯仰逆反时区内,圆角处具有受调节参数 C_ψ 控制的一定的快变时间尺度特征。针对这类在冲程中点附近很大范围之内具有恒定攻角特征的俯仰角运动模式,其动力学实现问题需要在理论上和实际的扑翼微飞行器设计中深入地研究。这些扑翼微飞行器的设计可以考虑通过引入沿着俯仰轴的扭转铰链和驱动器或者不包含驱动器的方式采用具有主动或者借助被动模式来保证最优俯仰运动的输出[242]。

最后,针对五类优化问题获得的最优参数序列,我们分别进行了单参数灵敏度分析。从这些分析中,当保持其他参数等于其最优值时,我们剖析了最节能的升重比和功率密度是如何随着模型中翅膀几何参数或/和翅膀运动学参数的变化而改变的。探究并评论了为什么最优的翅膀几何参数或/和翅膀运动学参数可以产生节能有效的升力去维持昆虫停空悬飞的。

未来的研究应该聚焦于涉及不同前后缘轮廓的翅膀几何形貌的优化。这些前后缘轮廓可以是仿昆虫的翅膀的,也可以是具有对称或者不对称,规则或者不规则的人工翅膀[155-156,255]。

此外,还需要深入地探索与昆虫前飞和其他的机动飞行有关的能量最小化的优化问题,尽管可能会遇到更加复杂的功率模型建立的问题[269]。毕竟针对扑翼微飞行器的仿昆设计,最终都期望在满足功率消耗最低的同时实现高机动性飞行。

第七章　悬飞仿昆 FWMAV 的概念设计

传统的微飞行器(MAV)是全尺寸(大尺寸)飞机的微型化版本,它的设计原理遵循大飞机的设计。大飞机设计的第一步是建立概念设计,在这阶段建立了基本的指标和飞行器的尺寸。概念设计方法不依赖于对推进系统、飞机布局和子系统的具体知识了解,这些细节是在随后的设计过程中解决的。基于鸟和昆虫的非传统的扑翼微飞行器(FWMAV)设计不是很常见,尚没有已经建立好的概念设计方法。针对悬飞仿昆 FWMAV,本章介绍了其概念设计流程并开发了整套软件用于计算初步的设计参数和航程以及巡航时间。并将基于能量的推进和气动力的计算与具有单自由度的动力学扑翼模型结合起来。一些重要的结论包括:①针对续航时长和航程的简单分析表达式;②针对最大可行的翅膀尺寸和机身质量的预测;③源于有限的翅膀惯性的关键设计空间的限制条件。本书针对翅膀结构—惯性效率提出了一种新的品质因数,该品质因数用来量化真实的和人工昆虫翅膀的性能。此外,本书还详细地讨论了这些结论对未来扑翼微飞行器(FWMAV)设计的影响。

本章的框架是如下组织的。在 7.1 节中论述了开展悬飞仿昆 FWMAV 的概念设计的问题背景,即论述为什么要开展概念设计和必要性。针对仿昆振翅运动的翅拍动力学系统,在 7.2 节中分别探究了两类集总参数化模型。它们分别是翅膀拍打运动的集总参数化模型(用于实现和维持翅拍动力运动)和翅膀被动扭转运动的集总参数化扭转柔性模型。为了预估扑翼悬飞的能耗和可望达到的巡航时间和航程,在 7.3 节论述了悬飞能量模型的构建过程,并分别推导了压电驱动器的尺寸化公式、飞行时长和飞行速度以及范围。在 7.4 节中简述了扑翼动力学的简化模型和翅膀结构—惯性效率因子对仿昆 FWMAV 设计和巡航时间的影响。在 7.5 节中简述了基于前面几节的模型和公式开发的具有一定实用价值的扑翼悬飞概念设计软件。在 7.6 节中概述了采用扩展的准稳态气动力模型预测仿昆 FWMAV 在悬飞和低速前飞时消耗能量最小从而实现航程最大时的最优翅膀几何参数和运动学参数等结果。在 7.7 节对本章的内容进行了总结。

7.1　问题研究背景

在昆虫飞行和扑翼气动力理解上的进步引起了一些团队去努力研制昆虫尺度的飞行器。到目前为止,这些努力主要关注的是这些器件设计与制造的可行性,而不是性能的优化和一般性设计原理的建立。大量的研究已经开始聚焦于最大化推重比($(L/W)_{max}$)和最小化功耗(P_{min})的研究。单个飞行器子系统的设计和优化包括优化冲程运动、翅膀形貌和柔性、传动效率和驱动器的性能。由于这些工作的进展以及由最近样机的成功飞行实例证实[2-6,55-56,62-65,270],研制实际的昆虫尺度的飞行器即将来临。

随着相关技术的成熟,急需建立系统级的设计原理。针对这些飞行器的设计空间是非常大的,设计参数和性能之间的关系可能非常复杂并且违反直觉。最小化翅膀负载能够最大化飞行性能吗?翅膀形状对可实现的共振频率有什么样的影响呢?有最优的拍翅频率吗?更大或者更小的飞行器有更远的飞行范围吗?最优的设计有大的电池质量百分比吗?一旦实现悬飞的可行性,这林林总总的设计问题将上升为我们关注的对象。

在它们之前,固定翼和旋翼飞机已经有了差不多近一个世纪的研究。针对整个设计周期的各个阶段已经建立了标准化的设计原理,开始是概念设计阶段:在这阶段,初步的飞行器参数已经确定,包括飞行器质量的预测,翅翼/旋翼的尺寸,推进要求和每一个子系统的质量百分比的预测。在固定翼的概念设计的早期阶段被称为飞行器的尺寸化[236,271]。在这个阶段,飞行器的性能要求与针对推重比(L/W)和翅膀负载(W/S)的潜在选择之间的关系图就已经绘制好了。满足所有性能要求的最小化重量的飞行器也选择好了。这些方法的变种考虑了固定的推进系统或者根据飞行器尺寸缩放的“橡胶引擎”。针对直升机的设计,相似的方法也存在:旋翼尖部速度通常被选作对旋翼失速和流场压缩速度、自动陀螺导航要求和电机噪声极限的约束[236,271]。然后主旋翼被尺寸化缩放来平衡诱导和黏性阻力损耗。在固定翼和旋翼设计中,对过往性能积累的认识告知设计师“什么是起作用的?”。

本章介绍针对扑翼飞行器建立的概念设计流程,主要关注扑翼悬飞的情况。为了便于开展概念模型的构建,这里作了一些简化假设,但是这些假设是经过审慎的选择的,以便保持潜在的性能指标达到最优。在建立好翅拍动力学模型后,根据能量法确定驱动器和电池的质量百分比。这些尺寸化的方法和翅拍模型以及推导出的有关翅膀结构和惯性效率的极限,决定了扑翼微飞行器的整体设计参数的可行的设计范围和性能指标的极限。

7.2 仿昆振翅动力学系统的动力学问题

7.2.1 翅膀拍打运动的集总参数模型——翅拍动力实现和维持

我们使用等效的单自由度集总参数线性模型建立扑翼飞行器的驱动器—传动机构—翅膀系统[236,272]，该模型由等效质量、刚度和阻尼系数组成。采用一系列描述了驱动器、传动机构和翅膀属性和性能的独立参数来寻求与这些系数有关的分析表达式。图 7－1 所示为采用单一功率压电驱动器驱动两个翅膀的简化扑翼构型和等效的平动集总参数模型。假设翅膀在水平冲程平面上对称地扑动，其中冲程角的峰峰值为 Φ，翅膀与驱动器通过一个具有传动比为 T 的线性无损耗传动机构耦合在一起，这里时变的拍打角 $\phi(t)$ 和驱动位移 $x(t)$ 由 $\phi = Tx$ 关联在一起。驱动器被模型化为一个理想的力源，具有堵死力（幅值记为 F_b）和静态或者自由位移（幅值记为 δ_{st}）。如果直流测试在高频下降低，这些参数可以从实际工作条件下获得。

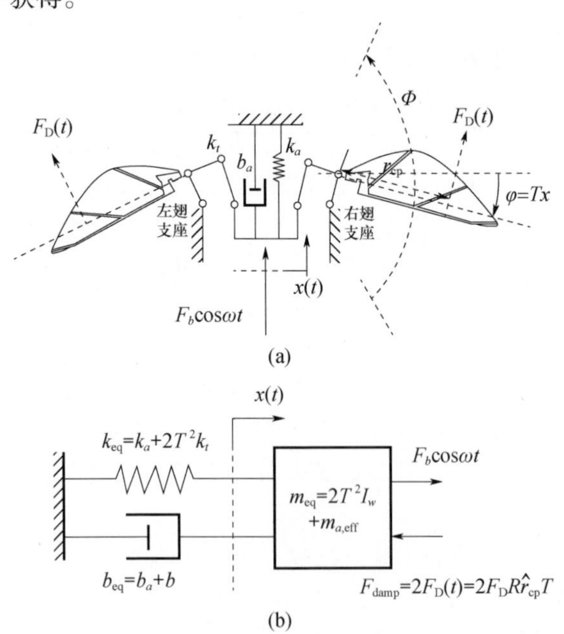

图 7－1 集总参数化振翅动力学系统

（a）典型扑翼构型：一个线性驱动器通过假设的线性传动机构对称地驱动两个翅膀，视角是冲程平面的法向方向；（b）分析中采用的等效集总参数线性模型。

在图 7－1 所示的集总参数化振翅动力学系统中一个线性驱动器通过线性传动机构驱动两个翅膀，对右侧支座（图 7－1(a)），压电驱动器通过传动机构传递给翅膀的绕右侧支座的力矩为：

$$T_{\mathrm{AtoR}}=\frac{1}{2T}(F_a-(m_{a,\mathrm{eff}}\ddot{x}+b_a\dot{x}+k_a x)) \tag{7-1}$$

式中：F_a 为压电驱动器产生的输出驱动力；$m_{a,\mathrm{eff}}$为压电驱动器的有效质量；k_a 为压电驱动器的刚度系数，$k_a=F_b/\delta_{\mathrm{st}}$；$b_a$ 为压电驱动器的阻尼系数。后面这两个系数由于其值相对于下面的翅膀对应的系数来说比较小，所以在后面的研究中被忽略了。右侧翅膀在运动时受到的绕右侧支座的线性阻尼力矩则可以简化地表达为

$$T_{\mathrm{WtoR}}=I_w T\ddot{x}+F_D r_{\mathrm{cp}}T\dot{x}+k_t T x \tag{7-2}$$

根据力矩平衡关系，当 $T_{\mathrm{AtoR}}=T_{\mathrm{WtoR}}$时，可以建立针对振翅动力学系统的二阶动力学方程：

$$(m_{a,\mathrm{eff}}+2T^2 I_w)\ddot{x}+(b_a+2TF_D R\hat{r}_{\mathrm{cp}})\dot{x}+(k_a+2T^2k_t)x=F_a \tag{7-3}$$

针对式（7－3）描述的振翅动力学系统，可引入等效质量（$m_{\mathrm{eq}}=m_{a,\mathrm{eff}}+2I_wT^2$，这里准确的等效质量 m_{eq}包含了压电驱动器的有效质量和翅膀等效质量 $2I_wT^2$，I_w 为单个翅膀沿拍打轴的质量惯性矩），等效刚度系数（$k_{\mathrm{eq}}=k_a+2T^2k_t$，这里 k_t 为传动机构的刚度系数，该系数被忽略了）和等效阻尼系数（$b_{\mathrm{eq}}=b_a+\omega Xc=b_a+b$）。到此，只需知道翅膀运动时受到气动力产生的阻尼系数 $2TF_{\mathrm{D}}R\hat{r}_{\mathrm{cp}}$ 就可以建立完整的集总参数模型。翅膀感受到的阻尼是源于气动阻力，在图 7－1(b)中记为 F_{D}，作用在径向距离 r_{cp}的气动压心处。为了估算阻力采用了相似性实验数据的方法，该相似性实验数据借鉴了螺旋桨的经典叶素片元理论的原理[236,271]。我们的方法与用于昆虫气动力研究中已建立的技术[13,41－45,144－145]是一致的。

片元法一开始假设气动力与当地动压力成正比。翅膀绕根部拍动，如图 7－2 所示，我们形成了弦向片元条；每一个片元条有其瞬时当地速率 $\dot{\phi}r$。在每一个片元条上作用的力（升力和阻力）为：

$$\mathrm{d}F_{\mathrm{aero}}=\frac{1}{2}\rho\dot{\phi}^2r^2C_F(\alpha)C(r)\mathrm{d}r \tag{7-4}$$

式中：ρ 为空气密度；$C_F(\alpha)$为气动力系数（攻角 α 的函数）；r 和 c 为径向和弦向距离，如图 7－2 所示。正如在直升机和旋翼分析中处理的那样，我们没有考虑源于无规律的和高度三维本质的昆翅流场的诱导流导致的当地攻角 α 的变化。

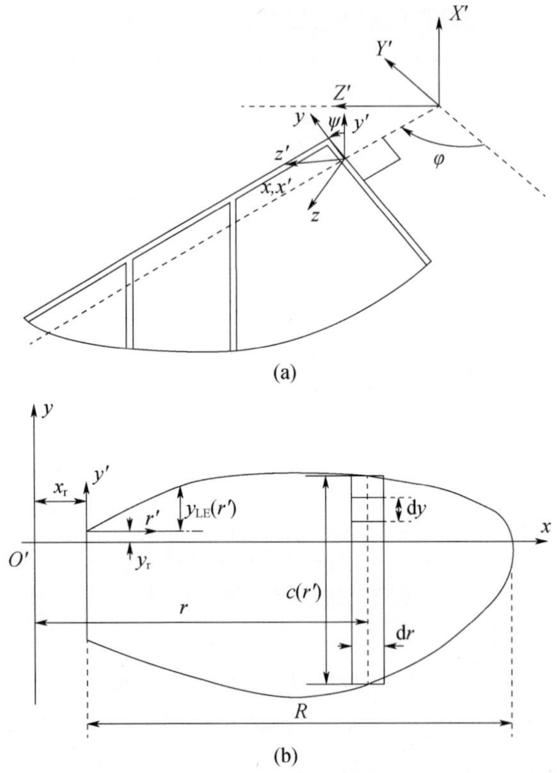

图 7－2　翅膀被假设在水平冲程平面上对称地拍打

(a)呈现针对拍打角 ϕ 和攻角 α 的定义;(b)翅膀形貌根据图参数化。

针对瞬时升力,简单的径向积分产生了如下的表达式:

$$F_{\mathrm{L}} = \frac{1}{2}\rho\dot{\phi}^2 C_{\mathrm{L}}(\alpha)\bar{c}R^3 \underbrace{\int_0^1 \hat{r}^2 \hat{c}(\hat{r})\,\mathrm{d}\hat{r}}_{\equiv \hat{r}_2^2} \tag{7-5}$$

式中:$\hat{r}=r/R$ 和 $\bar{c}=A_w/R$,参数 R,A_w 和 $\overline{C}$ 分别为翅膀长度、面积和平均弦长。我们定义翅膀展弦比为 $\mathrm{AR}=R/\bar{c}$。参数 $\hat{r}_2$ 是翅形貌的二阶面积矩的回转半径[177]。我们称净垂直方向的气动力为升力,有时也称为推力。通过简单地替换 $C_L(\alpha)$ 为 $C_D(\alpha)$,这个等式也给出了瞬时阻力的公式。随着攻角的变化,升阻力系数表现出实验决定的变化。

$$C_L(\alpha) = C_{L_{\max}}\sin(2\alpha) \tag{7-6}$$

$$C_D(\alpha) = \left(\frac{C_{D_{\max}}+C_{D_0}}{2}\right) - \left(\frac{C_{D_{\max}}-C_{D_0}}{2}\right)\cos(2\alpha) \tag{7-7}$$

由实验测得恒定的系数。由 Dickinson 在经典的机器苍蝇实验[13]中测得的原始系数是 $C_{L_{\max}}=1.8$，$C_{D_0}=0.4$，和 $C_{D_{\max}}=3.4$，实验测试的雷诺数 Re 接近 200。后来的测试发现雷诺数 Re 达到 10000 时，系数变化也很小[153]。

在对称拍动中，由驱动器看来，阻尼力是单个翅膀阻力的 2 倍（这里气动阻力忽略转动环量气动力和虚质量气动力的贡献），通过传动机构反应为

$$F_{\mathrm{damp}}=2F_{\mathrm{D}}\hat{r}_{\mathrm{cp}}RT \tag{7-8}$$

式中：$\hat{r}_{\mathrm{cp}}$ 为压心（$\hat{r}_{\mathrm{cp}}=r_{\mathrm{cp}}/R$）的无量纲径向位置。针对线性模型，阻尼力必须与 $\dot{\phi}$ 成比例，我们在式（7-5）中看到阻尼力由 $\dot{\phi}^2$ 决定。替换二次型 $\dot{\phi}^2$ 为 $\dot{\phi}_0\dot{\phi}$，这里 $\dot{\phi}_0$ 是冲程中点（$\phi=0$）的角速率。这个交叉近似是解决二次型阻尼项的标准方式[236,272]。

正弦激励 $F_b\cos\omega t$，产生了位移 $X\cos(\omega t-\phi_p)$，这里 X 是压电驱动器输出位移的幅值，其中相位为 ϕ_p。使用 $\dot{\phi}=T\dot{x}$ 和 $\dot{\phi}_0=\omega XT$，我们发现阻尼力 $F_{\mathrm{damp}}=\omega Xc\dot{x}$ 和阻尼系数 $b=\omega Xc$，这里有

$$c=T^3\rho\widetilde{C}_{\mathrm{D}}\frac{R^5}{\mathrm{AR}}\hat{r}_2^2\hat{r}_{\mathrm{cp}} \tag{7-9}$$

注意：阻尼系数 b 是幅值和频率的参数化函数。它不取决于 x——仅取决于参数 X 和 ω——集总参数模型仍然是线性的[236,272]。针对不同的拍打幅值和频率，阻尼系数 b 的参数决定性确保了 $\dot{\phi}_0$ 的正确值被用于近似。

既然 c 必须是常数值，$C_{\mathrm{D}}(\alpha)$ 已经使用 $\widetilde{C}_{\mathrm{D}}\equiv C_{\mathrm{D}}(\alpha_0)$ 替换了，这里 α_0 是冲程中点的攻角。由于 C_{D} 是固定在中冲程点的值，我们期望在 F_{damp} 中的误差远离 $\phi=0$。在图 7-3 中，针对拍打角和扭转角，假设它们都是谐波函数形式的，并且扭转角是对称的（其中 $\Phi=115°$ 和 $\alpha_0=45°$）。在图 7-3 图中，我们绘制了冲程中点取固定扭转角（对应固定攻角）时对应的各种气动阻尼力。并且对由于阻力（实线）产生的阻尼力（任意单位）与采用交叉项（$\dot{\phi}^2\rightarrow\dot{\phi}_0\dot{\phi}$ 和 $C_{\mathrm{D}}(\alpha)\rightarrow C_{\mathrm{D}}(\alpha_0)$）近似获得的线性阻尼力（虚线）进行了对比。使用式（7-8）计算的实际阻力与针对 α_0 值域的交叉近似（虚线）进行了比较。注意固定 C_{D} 带来的误差是怎样由我们前面假设 $\dot{\phi}^2\rightarrow\dot{\phi}_0\dot{\phi}$ 带来单位误差弥补的，尤其是针对 $\alpha_0=35°$ 和 $\alpha_0=45°$。远离冲程中点，我们低估了 α（阻力预测低了）和高估了 $\dot{\phi}^2$（阻力预测高了）。针对高的翅膀俯仰角（小的攻角 α_0），阻力平台的重要的低估点发生在远离 $\phi=0$ 处。随着更小的翅俯仰角（大的攻角 α_0），速率误差起主导作用，这样阻力被高估。

这样，针对由集总参数模型建立的振翅动力学系统的二阶动力学方程（7-3），

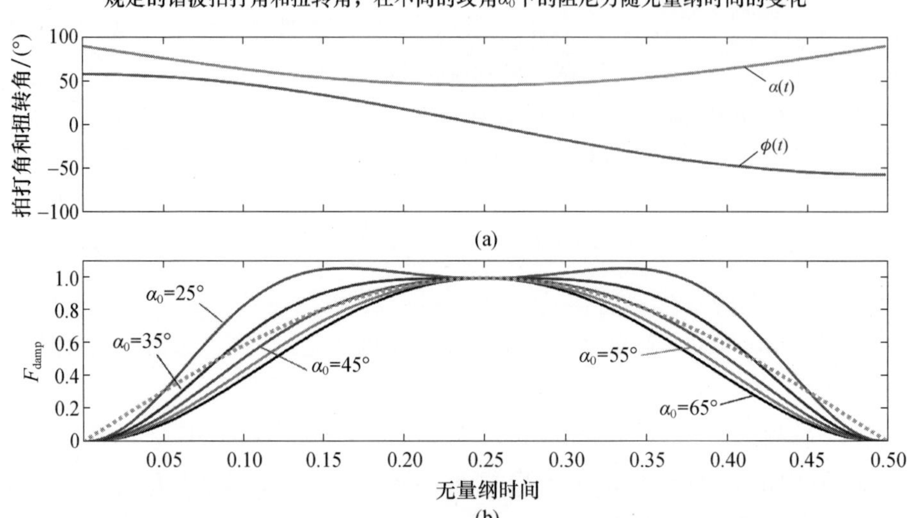

图 7－3　针对当前的概念设计模型的拍打角、扭转角以及相应的气动阻尼力
（假设拍打角和对称的扭转角都是谐波函数形式的）
（a）半个周期翅膀拍打和扭转运动；（b）翅膀冲程中点取固定扭转角
（对应固定攻角）时的各种气动阻尼力

忽略压电驱动器的阻尼系数和传动机构的刚度系数[236,272]，进一步化简可以获得下面的分析表达式：

$$m_{\text{eq}}\ddot{x} + \underbrace{\omega X c}_{\equiv b}\dot{x} + k_a x = F_b\cos\omega t \tag{7-10}$$

针对该二阶系统，假设其通解为 $x(t)=X\cos(\omega t-\beta)$，将其代入式（7－10）可求得

$$X=\frac{F_b}{[(k_a-m_{\text{eq}}\omega^2)^2+b^2\omega^2]^{\frac{1}{2}}} \tag{7-11}$$

$$\beta=\arctan\left(\frac{b\omega}{k_a-m_{\text{eq}}\omega^2}\right) \tag{7-12}$$

式中：β 是该系统的相位特性。该系统的自然频率为 $\omega_n=\sqrt{k_a/m_{\text{eq}}}$，阻尼为 $\zeta=b/(2m_{\text{eq}}\omega_n)=b/(2\sqrt{m_{\text{eq}}k_a})$，频率比可记为 $r=\omega/\omega_n$，由此式（7－12）可以简写为$\beta=\arctan(2\zeta r/(1-r^2))$。进一步地针对该二阶系统的有负载输出位移的幅值和压电驱动器末端输入的自由位移的幅值比可以表达成下式：

$$\hat{x}=\frac{X}{\delta_{\text{st}}}=\frac{1}{[(1-r^2)^2+(2\zeta r)^2]^{\frac{1}{2}}} \tag{7-13}$$

另外，为了反映系统品质因子对其振幅比放大因子的影响，该系统的品质因子可记为 $q=\sqrt{m_{\text{eq}}k_a/(cF_b)}=\sqrt{m_{\text{eq}}/c\delta_{\text{st}}}$。这样阻尼为 $\zeta=\omega Xc/(2\sqrt{m_{\text{eq}}k_a})=\omega Xc/(2\sqrt{q^2c\delta_{\text{st}}k_a})$，进一步地式(7-13)可以化简为

$$\frac{r^4}{q^4}\hat{X}^4+(1-r^2)^2\hat{X}^2-1=0 \tag{7-14}$$

针对式(7-14)，可解得如下式：

$$\hat{X}=\frac{q^2}{r^2}\left[-\frac{(1-r^2)^2}{2}+\sqrt{\frac{(1-r^2)^4}{4}+\frac{r^4}{q^4}}\right]^{\frac{1}{2}} \tag{7-15}$$

至此，我们假定设计扑翼悬飞翅拍动力学系统的振翅频率取系统自然频率 ω_n，从而从存储和恢复负功的任务中可以不再考虑压电驱动器的影响。在频率比 $r=1$ 时，幅值比 $\hat{X}=q$。实验表明，线性集总参数模型捕获了对称性扑翼昆虫尺度仿昆 FWMAV 的主共振[236,272]。尽管如此，针对真实的高度非线性翅拍动力学系统，源于结构模态的高频响应、非线性谐波和转动动力学等效应在该二阶系统中没有被捕获。

7.2.2 翅膀被动扭转运动的集总参数化扭转柔性模型

双翅目扑翼昆虫翅膀的扭转柔性大部分集中在翅根附近狭窄的区域，如图7-4(a)所示红头苍蝇的翅膀，其中箭头示意区域表示翅膀扭转的高度扭转的柔性区。为了简化翅膀扭转运动中涉及的弦向柔性变形，将翅膀假设为刚性板，并且其俯仰运动是被动地绕根部区域的等效扭转弹簧转动，可以将翅膀在俯仰扭转中的运动等效为含集总扭簧的刚性板的绕扭簧扭转运动，如图7-4(b)所示(刚性等效板绕扭簧的扭转模型[273-274])。进一步地，如果要考虑这种柔性对翅膀气动性能的影响，可以在考虑了流固耦合的计算流体动力学数值求解中引入含板簧的连续板模型，如图7-4(c)所示。在该连续板模型中，板簧被视为考虑了翅膀的弦向气弹效应[273-274]。在当前研究中，我们采用扩展的准稳态气动力模型来研究具有二自由度运动的翅膀气动性能和被动俯仰的特性，所以不考虑流图耦合效应对翅膀气动性能的影响。

考虑双翅目昆虫的翅拍运动中的俯仰运动很可能是被动的，将二自由度圆柱形翅拍运动展开为二维平面运动后，针对平动机制对应的展向压心所在的翅截面片条，可以将图7-4(b)中的模型进一步简化为针对翅膀俯仰运动的单自由度集总质量—弹簧—阻尼系统，如图7-5所示。

在图7-5中，$U(t)$ 和 $u(t)$ 分别为翅膀根部和中心的平动位移；m_w 为翅膀的质量；k_s 为扭簧常数；F 为外作用力；c 为弦长；M 为力矩。

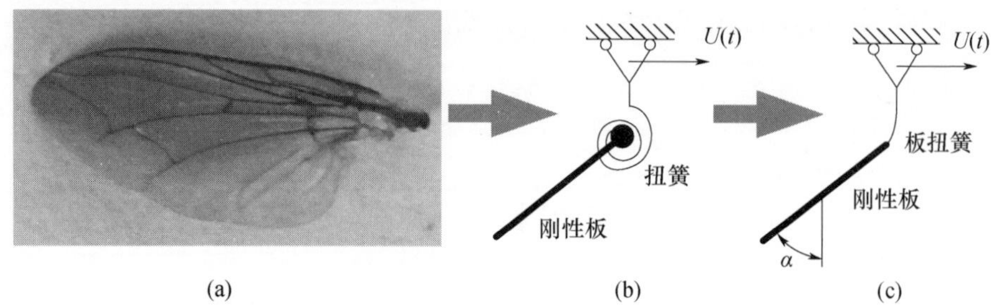

图 7-4　将红头苍蝇的翅膀在俯仰扭转中的运动等效为含集总扭簧的刚性板的绕扭簧扭转(这里翅冲程的平动速度记为 $U(t)$)

(a)红头苍蝇的翅膀;(b)扭簧模型;(c)连续板模型。

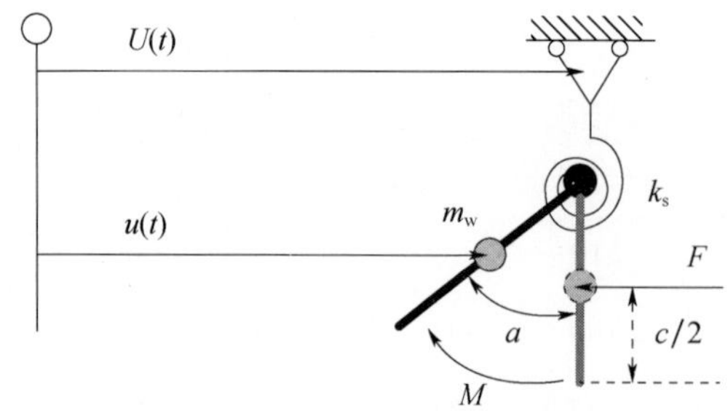

图 7-5　针对翅膀俯仰运动的单自由度集总质量—弹簧—阻尼系统[273-274]

该集总参数化系统中,F 和 M 分别对应着特殊翅截面片条根部和中心受到的力和力矩。这里特殊翅截面片条根部的平动运动位移记为 $U(t)$,而特殊翅截面片条中心的位移记为 $u(t)$,特殊翅截面片条的角位移记为 $a(t)$。该特殊翅截面片条中心相对于根部的位移可记为 $\delta(t)$。因而考虑到二维平面的线性运动,有 $\delta(t)=u(t)-U(t)$。针对角位移 $a(t)$,有 $a(t)=\delta(t)/(c/2)$。假设整个翅膀的重量集中在该特殊翅截面片条的中心,记为 m_w,沿着水平方向的外力(F)也集中作用在该特殊翅截面片条的中心。根据单自由度集总质量—弹簧—阻尼系统的通用表达式,翅膀具有集中质心的,并且可以等效为特殊翅截面片条的话,其线性运动方程可以写为

$$m_w\frac{d^2u}{dt^2}+c_f\frac{d\delta(t)}{dt}+k_s'\delta(t)=0 \tag{7-16}$$

式中:左边第一项、第二项和第三项分别为翅膀的惯性力($f_i=m_w d^2u/dt^2$)、流体的阻尼力($f_c=c_f(du/dt-dU/dt)=c_f d\delta(t)/dt$)和弹性恢复力($f_s=k_s'[u(t)-U(t)]=k_s'\delta(t)$),$k_s'$为特殊翅截面片条中心相对于根部的相对位移的线性弹簧参

数。通过力矩和角位移之间的关系可以推出该参数。因为力矩 $M = k_s a$，这里 k_s 为扭簧常数，而角位移 $a(t) = \delta(t)/(c/2)$。此外，力矩与外作用力之间存在着关系式：$M = f_s(c/2)$，弹性恢复力 $f_s = k'_s\delta$。因而可以获得线性弹簧参数：

$$k'_s = 4k_s/c^2 \tag{7-17}$$

式中：c_f 为阻尼力系数；被减项 dU/dt 为翅拍冲程运动引起的平动对流效应项。进一步地，式(7-16)可以简化为

$$m_w \frac{d^2\delta}{dt^2} + c_f \frac{d\delta}{dt} + k'_s\delta = F_0\cos(2\pi ft) \tag{7-18}$$

这里，给定拍打角的幅值 $U_0 = A_0/2$ 和频率(f)，也就是这里的特殊翅截面片条根部的平动位移对应的幅值和频率，$F_0 = m_w U_0(2\pi f)^2$ 是周期性激励的幅值。根据二阶线性动力学系统常规理论分析公式，可知式(7-18)的分析解为

$$\delta(t) = \kappa\delta_0\sin(2\pi ft + b) \tag{7-19}$$

其中

$$\delta_0 = \frac{F_0}{k} = \frac{m_w A_0(2\pi f)^2}{2k} \tag{7-20}$$

$$\kappa = \frac{1}{\sqrt{[1-(f/f_n)^2]^2 + [2\zeta(f/f_n)]^2}} \tag{7-21}$$

$$b = \frac{\pi}{2} - \arctan\left(\frac{2\zeta(f/f_n)}{1-(f/f_n)^2}\right) \tag{7-22}$$

式中：b 为翅拍俯仰角相对于翅冲程拍打角的相位；二阶系统的共振频率为 $f_n = \sqrt{k'_s/m_w}$，阻尼比为 $\zeta = c_f/2\sqrt{m_w k'_s}$。共振频率与扭簧常数是密切相关的，调控该参数即可调节翅膀被动扭转的共振频率。

为了探究翅膀被动俯仰运动的可调控性，引入了翅膀平动运动频率和上述中针对翅膀俯仰运动的二阶系统的共振频率的比值(即频率比，f/f_n)。翅膀长度 $R = 1.27$cm，特殊翅截面片条的弦向长度 $c = 0.23$cm，翅膀质量 $m_w = 0.000166$g，翅拍冲程角峰峰幅值 $\Phi = 123°$ ($A_0 = R\pi\Phi/360 = 1.36$cm)，翅拍频率为 $f = 148.1$Hz，并且扭簧常数 $k_s = E_s h_s^3/12l_s = 1.9(\mathrm{g \cdot cm^2})/(\mathrm{s^2 \cdot rad})$ 时，翅拍俯仰角相对于翅冲程拍打角的相位与频率比之间的关系可以在已获得不同的阻尼比之后建立起来，即式(7-22)。如图 7-6 所示，图中分别绘制出当阻尼比分别为 $\zeta = 0.5$(欠阻尼)，$\zeta = 1$(临界阻尼)和 $\zeta = 2$(过阻尼)时对应的相位与频率比之间的关系曲线。由图 7-6 可知，当频率比 $f/f_n < 1$ 时，翅拍俯仰角相对于拍打角是提前的；当频率比 $f/f_n = 1$ 时，翅拍俯仰角相对于拍打角是对称的；当频率比 $f/f_n > 1$ 时，翅拍俯仰角相对于拍打角是延迟的。在实际工程设计中，通过

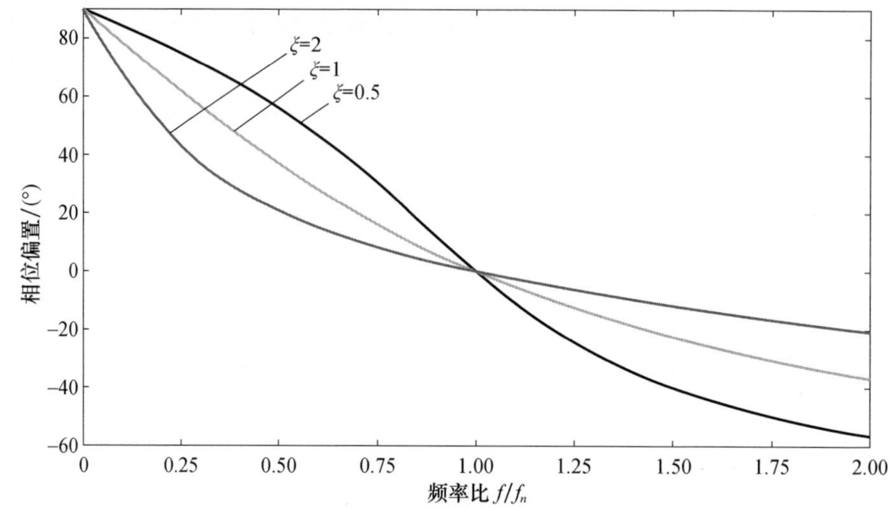

图 7-6 翅膀的俯仰角相对于拍打角的相位偏置与频率比(f/f_n)之间的关系曲线(这里阻尼比 $\zeta=0.5$,1 和 2)

设计或者调节获得最佳的扭转刚度系数,可以实现翅膀拍打频率和俯仰共振频率之间频率比的改变,从而实现相位调控。从翅膀气动效率的角度来看,翅膀俯仰角相对于拍打角呈提前相是有利于翅膀获得高升力的。因而这里针对翅膀被动俯仰运动建立的简化的集总参数化扭转柔性模型为相位的可调控性研究提供了基本理论依据。

7.3 悬飞能量

采用扑翼动力学的模型和解,可以开始我们的概念设计。针对已知翅膀长度 R 和重量 W 的飞行器,通过首先确定要求的堵死力来确定驱动器的尺寸。在自然频率时,$\hat{X}=q$(在 $r=1$ 时 $\hat{X}=q$,即频率比等于 1,驱动频率等于系统的自然频率)。当与式(7-15)结合,我们发现驱动器的堵死力为

$$F_b = c\omega_n^2 X^2 \tag{7-23}$$

将式(7-23)变换成转动等效式;这里 $F_b = c\omega_n^2\Phi^2/(2T)^2$。为了便于驱动器的堵死力和驱动器能量平衡的计算,以及驱动器的质量百分比的计算,我们定义总拍打角峰峰值和静态总拍打角峰峰值,$\Phi \equiv 2TX$ 和 $\Phi_{st}=2T\delta_{st}$。

为了确定要求的拍翅频率,采用了悬飞时的重量约束 $W=2L$,这里 W 是总飞行器重量,L 是单个翅膀产生的冲程平均的升力(推力),根据我们的约定被定

义为净垂直气动力。将式(7－6)代入式(7－5)，针对半个周期取平均值，有

$$L = \frac{1}{2}\rho \frac{R^4}{\mathrm{AR}}\hat{r}_2^2 \frac{1}{\pi}\int_0^{\pi} C_{L_{\max}} \sin(2\alpha(s))\dot{\phi}_0^2 \cos^2(s)\,\mathrm{d}s \tag{7-24}$$

进一步积分化简可得

$$L = \frac{1}{2}\rho \frac{R^4}{\mathrm{AR}}\hat{r}_2^2 \frac{1}{2}\tilde{C}_L \omega^2 T^2 X^2 \tag{7-25}$$

这里我们定义了平均升力系数为

$$\tilde{C}_L = C_{L_{\max}} \frac{2}{\pi}\int_0^{\pi} \sin(2\alpha(s))\ \cos^2(s)\,\mathrm{d}s \tag{7-26}$$

注意：$\tilde{C}_L$描述了源于正弦拍翅的升力的$\cos^2(\omega t)$降低。如果我们假设翅膀俯仰角也是正弦的，然后针对 $\alpha_0 = 45°$时，$\tilde{C}_D = 0.94 C_{L_{\max}}$。有效升力系数 C_L 的降低主要由于正弦拍翅轨迹，而不是翅俯仰角。

我们将 $L = W/2$ 代入式(7－25)中，重新安排去发现要求维持稳定悬飞的拍打频率：

$$\omega_n = \frac{1}{\hat{r}_2 R^2 \frac{1}{2}\Phi}\sqrt{\frac{\mathrm{AR}W}{\frac{1}{2}\tilde{C}_L \rho}} \tag{7-27}$$

在将式(7－9)和式(7－27)代入式(7－23)之后，获得了要求的堵死力：

$$F_b = TW \frac{\tilde{C}_{\mathrm{D}}}{\frac{1}{2}\tilde{C}_{\mathrm{L}}}\hat{r}_{\mathrm{cp}} R \tag{7-28}$$

这个简单的结果是讲得通的；驱动器必须提供的堵死力与平均阻力成比例，平均阻力是简单地将飞行器的重量被 L/D 除。T 代表了通过传动机构实现的阻力放大率。在翅坐标系下，堵死力是 $Q_b = F_b/T$。

7.3.1　压电驱动器的尺寸化

为了建立质量预算，我们将飞行器的总重量 m_t 分成 $m_t = m_p + m_b + m_a$，即负载、电池和驱动器的质量。这里，负载指的是所有没有使用的质量，包括结构、传感器和控制驱动器，电子电路等。不是驱动器和电池的任何飞行器的组件必须被包含进去。

针对这些组件，我们也定义质量百分比 $\mu_{\mathrm{p}} = m_{\mathrm{p}}/m_{\mathrm{t}}$ 等。由于缺乏来自成功设计中的大量数据，我们将假设 μ_{p} 为固定的值，并决定怎样在驱动器和电池之间划分剩下的质量预算 $1-\mu_{\mathrm{p}}$。驱动器被尺寸化去传递要求的 δ_{st}和 F_b。任何剩

下的质量留给了电池，即 $\mu_b = 1 - \mu_p - \mu_a$。在这些方案下，我们已经将 μ_a 设为自变量，飞行器的性能将驱动它的选择。

针对驱动器的质量，为了建立其模型，我们遵循[236]的方法，这里基于能量法，驱动器被尺寸化，它必须传递每一个拍动周期和该驱动器具有的能量密度 S_a(J/kg)。针对线性双晶片驱动器，这个能量平衡关系为

$$m_a S_a = F_b \delta_{st} \tag{7-29}$$

这里翅拍动力学系统在克服扑翼微飞行器自身重量时，根据 $r=1$ 的频率比，即系统共振时，可以获得驱动器的堵死力 F_b。该力在消耗机械功率做功的同时维持飞行器的克服自身重量悬飞。如果驱动器需要电子电路或者放大电路，那么必须考虑这些组件的质量，通过包含在 μ_p 中或者降低 S_a。采用这个表达式是因为驱动器是非常重要的，在这类驱动器中，要求驱动频率和拍翅频率是相同的。这包含有压电、静电、SMA、EAP 和其他线性应变基驱动器。气动、化学和昆虫飞行肌肉是其他的例子。唯一不适合的驱动器是旋转类型的(如马达)，它能够使用齿轮箱从拍翅频率中解耦出驱动频率。线性驱动器主要的缺点是随着拍翅频率的降低，功率密度将降低，而马达能够采用变速箱维持峰值功率输出和功率密度。

如果采用马达，可能会考虑设计旋翼 MAV 而不是设计仿昆 FWMAV，尤其针对大的飞行器。一些迹象或指示表明悬飞时旋翼胜过了扑翼[236]，但是实际上，针对克尺度和亚克尺度的仿昆 FWMAV，任何一种方法的优越性都没有被总结性地描述过和证明过。既然直升机的设计不是本书的焦点，我们将主要考虑线性驱动器，它针对直升机构型是不适用的。

回到式(7-29)，将式(7-28)代入获得了压电驱动器的质量百分比的表达式：

$$\mu_a = \frac{g}{S_a} \frac{\tilde{C}_D}{\tilde{C}_L} \hat{r}_{cp} R \Phi_{st} \tag{7-30}$$

基于这个关系，μ_a 不再是独立的设计参数——当设计者选择了翅膀长度 R，它的值就设好了。注意 μ_a 不取决于飞行器的重量，但是它随着 R 线性增加。这意味着若 R 足够大时，会使设计变得不可行；随着 R 增加，μ_a 增加直至 $\mu_a = 1 - \mu_p$，消耗了所有可获得的飞行器的质量，没有给电池留下空间，所以足够大的翅膀长度设计是不可行的，因而存在翅膀设计的临界上限值。临界翅膀长度 R_{crit} 设置了扑翼飞行器尺寸的上限，该尺寸不取决于飞行器的质量，有

$$R_{crit} = \frac{1 - \mu_p}{\Phi_{st} \hat{r}_{cp}} \frac{\tilde{C}_L}{\tilde{C}_D} \frac{g}{S_a} \tag{7-31}$$

这样驱动器的质量百分比变为

$$\mu_a=(1-\mu_p)\frac{R}{R_{\text{crit}}} \tag{7-32}$$

R_{crit}主要取决于驱动器技术的能量密度。为了获得R_{crit}大小的设计，我们做了一些假设，即$\mu_p=0.25$；$\hat{r}_{\text{cp}}=0.6$，这个值是典型昆翅的代表[236,272]；正弦拍翅具有$\Phi=\Phi_{\text{st}}=115°$，对称的正弦翅膀俯仰具有$\alpha_0=45°$，这样产生了由机械果蝇式(7-6)，式(7-7)和式(7-26)推得的$\tilde{C}_{\text{L}}=1.8$和$\tilde{C}_{\text{D}}=1.9$；驱动器能量密度为$S_a=1.5\text{J/kg}$：选择这个值是因为它代表的是昆虫飞行肌肉[35-36,52,176]和压电双晶片驱动器[5,25,145,275]。采用这些参数（地球上，$g=9.8\text{m/s}^2$），我们获得了$R_{\text{crit}}=91\text{mm}$。采用更小的负载、更好的气动效率或更高的驱动器能量密度，更大翅膀的飞行器是可能的。

针对这个实例，我们选择$q=1(\Phi=\Phi_{\text{st}})$。当$\Phi=\Phi_{\text{st}}$时；由$\Phi=2TX$和$\Phi_{\text{st}}=2T\delta_{\text{st}}$可知$X=\delta_{\text{st}}$；$\hat{X}=X/\delta_{\text{st}}$；即振幅比因子或放大因子$\hat{X}$等于1；然而在自然频率时，频率比$r=1$；此时品质因子$q=\hat{X}$，即品质因子$q=1$，可以反推出系统的有效质量。高品质因子$q$意味着振幅比因子或放大因子$\hat{X}$也高；然而当$\Phi$保持恒定，则必须有$\delta_{\text{st}}$更小；从而有$\Phi_{\text{st}}$更小。具有$q>1$（$\Phi$保持恒定）的设计似乎将降低驱动器的质量和允许具有更大翅膀设计。这是否为真或不取决于驱动器的细节。例如，压电驱动器是典型的应变极限型的，不是电场极限型的，因此提高q将导致S_a的等效降低。可以同时降低Φ和Φ_{st}，维持$q=1$，但是实验表明，降低拍打幅值是气动低效的。高q设计问题是复杂的，并且需要独立的关注。

7.3.2　飞行时长

飞行时长是悬飞仿昆 FWMAV 可行性的要求，知道了这个性能目标，根据驱动器的质量百分比，就可以选择相应的R和W。

针对悬飞时长的表达式为

$$t_f=\frac{S_b m_b}{P/\eta} \tag{7-33}$$

式中：S_b为电池的能量密度；η为驱动器和有关的电力电子的电机效率；P为扑翼时消耗的机械功率，这里主要指翅拍动力学系统在共振时($r=1$)驱动器消耗的功率。从扑翼动力学模型中，针对$r=1$时的功耗表达式为

$$P_n = \frac{1}{T}\int_0^T F \cdot \dot{x}\mathrm{d}t = \frac{1}{T}\int_0^T F_b\cos\omega t \cdot \omega X\cos\omega t\mathrm{d}t$$
$$= \frac{1}{T}\int_0^T \omega X F_b\cos^2\omega t\mathrm{d}t = \frac{1}{2}F_b\omega_n X \tag{7-34}$$

当 $R = R_{\text{crit}}$，$\mu_a = 1 - \mu_p$，没有给电池留空间，导致了飞行时间为 0。最大的飞行时间 t_f^* 发生在 $R^* = R_{\text{crit}}/2$。

将式(7-28)和式(7-27)代入式(7-34)给出比功率为

$$\frac{P_n}{W} = \sqrt{2}\frac{\tilde{C}_{\text{D}}}{\tilde{C}_{\text{L}}^{\frac{3}{2}}}\frac{\hat{r}_{\text{cp}}}{\hat{r}_2}\sqrt{\frac{\text{AR}W}{\rho R^2}} \tag{7-35}$$

这个表达式在飞机设计中是无处不在的——针对固定翼和旋翼，也几乎存在相同的形式：P_n/W 与翅膀负载或盘负载的平方根是成比例的，定义为 W/S，这里 S 是飞行器的总面积或直升机主旋翼扫过的面积。既然 t_f 与 W/P_n 是成比例的，很明显最大化飞行时长的关键是最小化翅膀负载。替换后，针对飞行时长我们获得了下面的表达式：

$$t_f = \frac{\sqrt{2}}{2}\eta\frac{S_b}{g}\frac{(1-\mu_p)}{\sqrt{W}}\frac{\tilde{C}_{\text{L}}^{\frac{3}{2}}}{\tilde{C}_{\text{D}}}\frac{\hat{r}_2}{\hat{r}_{\text{cp}}}\sqrt{\frac{\rho}{\text{AR}}}R\left(1 - \frac{R}{R_{\text{crit}}}\right) \tag{7-36}$$

图 7-7 说明了飞行时长对翅膀长度的决定性。针对翅膀长度 $R^* = R_{\text{crit}}/2$ 时，飞行时长最大化了。对 R 的二次决定性源于两个冲突的要求：最小化 R 将最小化 μ_a，增加可获得电池能量；最大化 R、最小化翅膀负载，降低悬飞要求的功率。当 $R = R^* = R_{\text{crit}}/2$ 时，驱动器和电池质量百分比是相同的。

$$\mu_a^* = \mu_b^* = \frac{1-\mu_p}{2} \tag{7-37}$$

针对最大化飞行时长的表达式为

$$t_f^* = \frac{\sqrt{2}}{8}\eta\frac{S_a}{g}\frac{S_b}{g}\frac{(1-\mu_p)^2}{\sqrt{W}}\frac{\tilde{C}_{\text{L}}^{\frac{5}{2}}}{\tilde{C}_{\text{D}}^{2}}\frac{\hat{r}_2}{\hat{r}_{\text{cp}}^2}\sqrt{\frac{\rho}{\text{AR}}}\frac{1}{\Phi_{\text{st}}} \tag{7-38}$$

为什么随着 W 的增加 t_f 不可避免的降低呢？飞行时间与 P_n/W 成反比。从式(7-35)中发现，当增加 W 同时维持 P_n/W 要求保持翅膀负载恒定；如果我们增加 W，要求伴随着 R^2 的增加。尽管如此，增加 R 是不可能的；当提高到 R_{crit} 以上后，来自功耗降低的节省很快就被由于更小的电池导致飞行时间的降低所消除。

采用稍多一点的假设，能够产生有代表性的飞行时长数：我们假设 $\eta =$

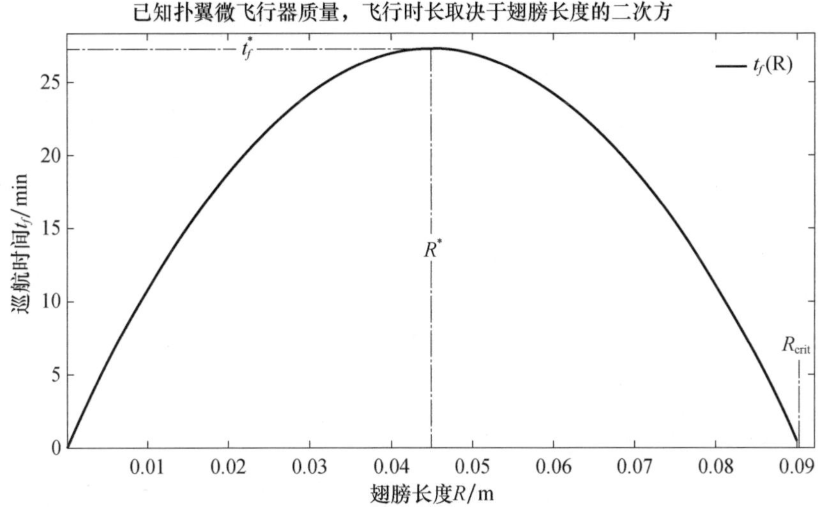

图 7-7　给定飞行器重量时飞行时长与翅膀长度的关系

10%，这是一个再次与压电驱动器和昆虫飞行肌肉一致的数字[35-36,52,176]；$\hat{r}_2 = 0.56$ 和 AR = 4 是典型的针对昆翅的特征值[177]，这两个参数需要根据具体的翅膀形貌进行调整；$S_b = 500\text{kJ/kg}$ 是针对锂聚合物电池的典型值[236,275]；冷空气密度 $\rho = 1.2\text{kg/m}^3$。

在图 7-8 中，我们画出了飞行时长对 R 和 m_t 的曲线。随着 m_t 的减小，飞行时长持续的增加。针对雷诺数小于 100 的情况，即这种情况对应着大约 1mg 的飞行器，升阻力系数恒定的假设被打破了。我们假定是恒定的其他参数也可能会改变，比如随着 W 的降低带来 μ_p 的可能增加。制造极限限制了飞行器组件的持续微型化。例如，如果施加了额外的 100mg 的固定负载，针对飞行时长的局部最大值将产生，正如图 7-8 所示。如果 C_L, C_D, η, S_a, S_b，或 μ_p 的变化随着 R 和 W 的变化是已知的，要么来自前面的设计或者更加高级的模型，这些结果将被合适地修改。

从这些结果可知，很显然 η 和 S_b 是临界参数，有很大的潜力去增加飞行时长。昆虫通过携带碳水化合物或者脂肪储备能量，这些能量接近锂聚合物电池能量密度的 50 倍。增加驱动器的能量密度 S_a 将增加飞行时间，但是在驱动器的能量密度 S_a 上大的改善将呈现出收益递减，除非设计者愿意增加 R 去遵循导致 R^* 的增加。我们将立即看到 R 的增加将负面地影响飞行速度和航程。

使用这些结果，通过改变 $\hat{r}_{cp}, \hat{r}_2$ 和 AR 去优化翅形貌是非常诱人的。针对固定的 R，低展弦比将通过增加翅面积降低翅膀负载。尽管如此，低展弦比翅膀可

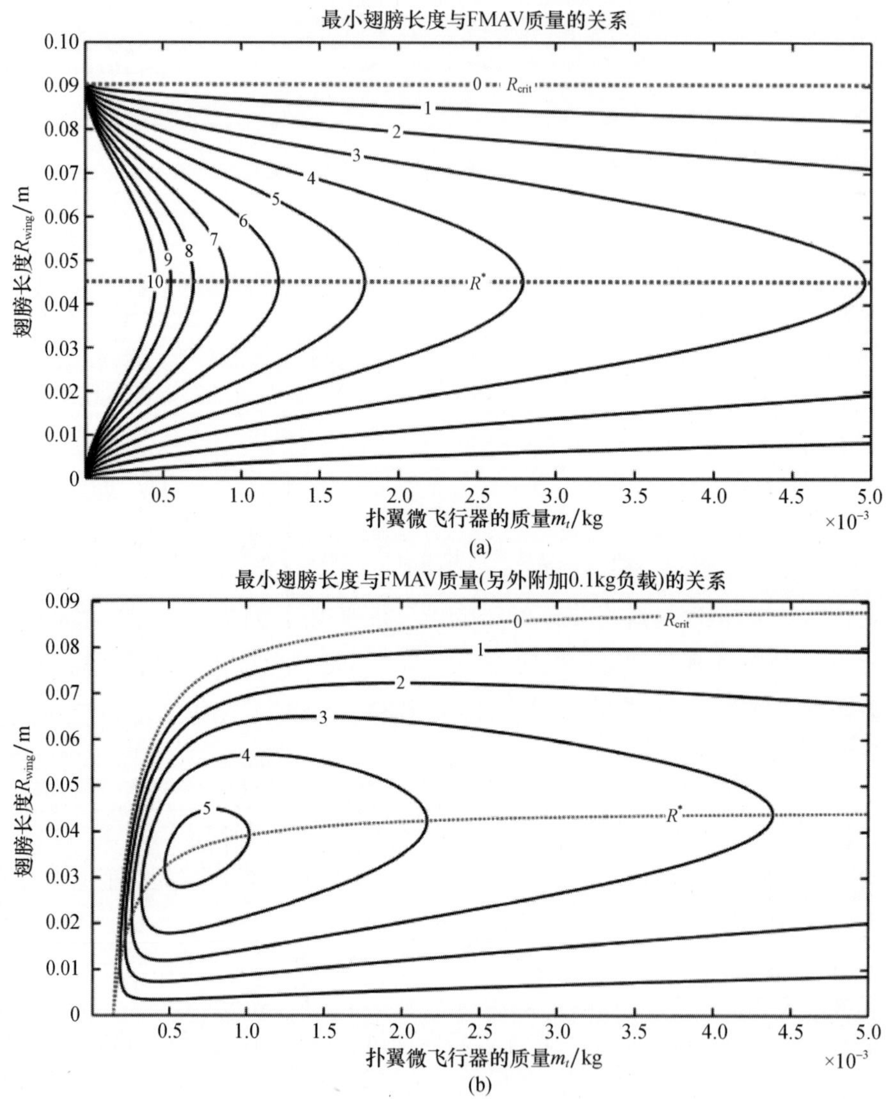

图 7-8 针对两个不同负载质量模型的飞行时长(min)

(固定的负载要求导致了飞行时长的局部最大值)

(a)不含额外负载质量的巡航时间;(b)含额外 100mg 负载质量的巡航时间。

能遭受来自增加的翼尖损耗和拍打幅值弦向正则化的减低导致的升阻力系数的降低。此外,升阻力的简化预测没有考虑诱导流效应和它们对翅膀尺寸和形貌的依赖[236]。在后来的设计阶段,对于实验研究来说,详细的翅形貌和拍翅运动学优化是二阶效应。

7.3.3　飞行速度和范围

简单的方式预测飞行速度采用了前进比，一个无量纲参数 J，定义为前飞速度 v 和平均翼尖速度的比值：

$$J = \frac{v}{2\Phi fR} \tag{7-39}$$

在这个表达式中，通过假设合理的巡航值，我们可以预测 V。最近能够实现可控悬飞和前飞的仿昆 FWMAV 已经报道了最高速度下前进比为 0.5[236]。随着前进比接近和超过 1，我们的悬飞模型将不能准确地预测升力和阻力。

倾斜冲程平面可用于克服不断上升的寄生机身阻力，并且在建立翅膀气动力模型时，来自前飞的相对速度将不可忽略。这个问题将影响我们准确预测功耗和最大行程的能力。经典意义上，随着飞行速度的增加，固定翼和旋翼将从诱导阻力的降低中受益，但这并没有在来自昆虫的新陈代谢数据中广泛地观察到[35-36,52,176,259]。随后的分析仅仅寻求在小 J 范围内的飞行器的基本尺律，假设随着飞行速度的变化，功耗是恒定的。一开始我们通过将拍打频率式(7-27)代入式(7-39)获得了：

$$V = \frac{2J}{\pi \hat{r}_2 R}\sqrt{\frac{\mathrm{AR}W}{\frac{1}{2}\tilde{C}_{\mathrm{L}}\rho}} \tag{7-40}$$

实现高的飞行速度隐含着具有小的翅膀的较重飞行器设计。趋向更小的翅膀的趋势与针对最大化的飞行时长的描述是冲突的，后者要求增大翅膀直至达到驱动器的能量密度。使用针对式(7-40)中 V 和式(7-36)中 t_f 的结果，可获得航程 $d_{\max}$ 的预测。

$$d_{\max} = \eta\frac{2J}{\pi}\frac{S_b}{g}\frac{\tilde{C}_{\mathrm{L}}}{\tilde{C}_{\mathrm{D}}}\frac{1}{\hat{r}_{\mathrm{cp}}}\left(1-\frac{R}{R_{\mathrm{crit}}}\right)(1-\mu_p) \tag{7-41}$$

航程不是飞行器重量 W 的函数；它从在 $R=0$（明显是病态的）最大值线性地降低至 0，这时 $R=R_{\mathrm{crit}}$。时长最优化的设计达到了最大化理论航程的一半。由于在 $R_{\mathrm{crit}}/2$ 的附近，飞行时长取决于 R 的平方，针对航程的更大增益（+50%），平衡设计（举例来说 $R=R_{\mathrm{crit}}/4$）可能带来的代价是小的时长（下降 25%）。

7.4　扑翼动力学和翅膀结构—惯性效率

针对每一个 $R-W$ 组合，有独一无二的拍翅频率，由式(7-27)给出，它确

保了 $L=W/2$。驱动器的刚度 $k=F_b/\delta_{st}$ 也是由这个组合固定的；然后设置翅膀惯性去实现要求的频率 $\omega_n=\sqrt{k/m}$。翅膀惯性不能无限制地降低，为了探索这一极限，针对作为 R 和 W 函数的翅膀质量惯性矩 I_w，我们需要一个预测模型。

减轻翅膀将负面地影响它们的结构性能。为了确定最轻的可行的翅膀，必须建立翅膀刚度标准。我们将每一个翅膀简化为一个梁模型，改良模型具有平均截面积 A_c、长度 R 和平均密度 ρ_w。在这些假设下，翅膀惯性矩 I_w 比例化如下：

$$I_w \propto \rho_w A_c R^3 \tag{7-42}$$

弯曲刚度需要确定 A_c。翅膀的实际负载和变形是非常复杂的；我们仅仅对翅膀的变形怎样与翅膀长度 R 和飞行器的重量 W 成比例感兴趣。为了评估翅膀刚度，假想在翅膀根部夹持它，在尖部施加一个等于飞行器重量 W 的力，测试最终的翼尖变形 δ_{tip}。梁弯曲欧拉模型产生：

$$\delta_{\text{tip}} \propto \frac{WR^3}{E_w I_{w,\alpha}} \tag{7-43}$$

式中：E_w 为弹性模量，并且 $I_{w,\alpha}$ 是梁型截面的二阶面积矩。根据 Ashby 等编著的材料选型指南[236]，我们写出了二阶面积矩如下：

$$I_{w,\alpha}=I_0\phi_B^e=\frac{A_c^2}{4\pi}\phi_B^e \tag{7-44}$$

这里 I_0 是圆的二阶面积矩，并且 ϕ_B^e 是梁型截面的形状因子。高效的形状，比如 I-型梁，有大的形状因子；昆翅的波纹状或褶皱型等结构将有助于更高的形状因子。我们将这个表达式代入式(7-43)，替换成无量纲的翼尖位移 $\hat{\delta}_{\text{tip}}=\delta_{\text{tip}}/R$，并且针对截面面积求解：

$$A_c \propto \frac{\sqrt{W}R^4}{\sqrt{E_w\phi_B^e\hat{\delta}_{\text{tip}}}} \tag{7-45}$$

代入式(7-42)，我们获得了翅膀惯性矩：

$$I_w=\frac{\sqrt{W}R^4}{M_1} \tag{7-46}$$

其中

$$M_1\equiv\phi_w\frac{\sqrt{E_w}}{\rho_w}\sqrt{\hat{\delta}_{\text{tip}}} \tag{7-47}$$

翅膀结构效率的性能度量，这里我们寻求其最大化。ϕ_w 是翅膀结构—惯性效率的整体度量，包含 ϕ_B^e 和翅膀锥形化带来的效率改善。针对弯曲刚度，我们

确认 $\sqrt{E_w}/\rho_w$ 作为经典的材料选择的品质因数[236]。允许更大的翼尖位移(更大的 $\hat{\delta}_{tip}$)降低了刚度要求和允许具有更低惯性(更大 M_1)的翅膀。我们不能容易地计算出 M_1。这要求详细地了解翅膀形状和质量分布、可接受的翼尖位移 $\hat{\delta}_{tip}$ 的测试。针对概念设计从昆虫和人工翅膀数据(使用式(7－46)获得的)来经验地确定 M_1 要更容易些。如果我们的尺律(相似率)假设正确,随着 R 和 W 的改变,M_1 将呈现出很小的变化,正如它描述的是关于惯性和结构效率的"技术因子"。针对 M_1 采用典型值,我们能够预测针对每一个 $R-W$ 组合的最小的可获得翅膀惯性。

为了检验由式(7－46)规定的尺律,昆翅数据是一个很好的资源,使用参考文献[236]中的数据,图 7－9 画出了 M_1,由已报道的 R,W,和 I_w 值推导而得。此外也包含了由参考文献[276]报道的碳纤维人工翅;针对这个翅膀,W 设置为系绳飞行测试时这一对翅膀获得的最大升力。这个翅膀是人工翅膀制造中最先进技术的代表;翅杆是激光切割的单项超高模量的碳纤维预浸料,被固化和键合到 1.5μm 的聚酯膜上。弯曲测试已经证实这些翅膀在刚度上与相似尺寸的自然翅膀是可比较的(几近相同)[236,276],相对于大多数自然昆翅,它们的惯性矩更高,产生了较低的 M_1 值(～70)。

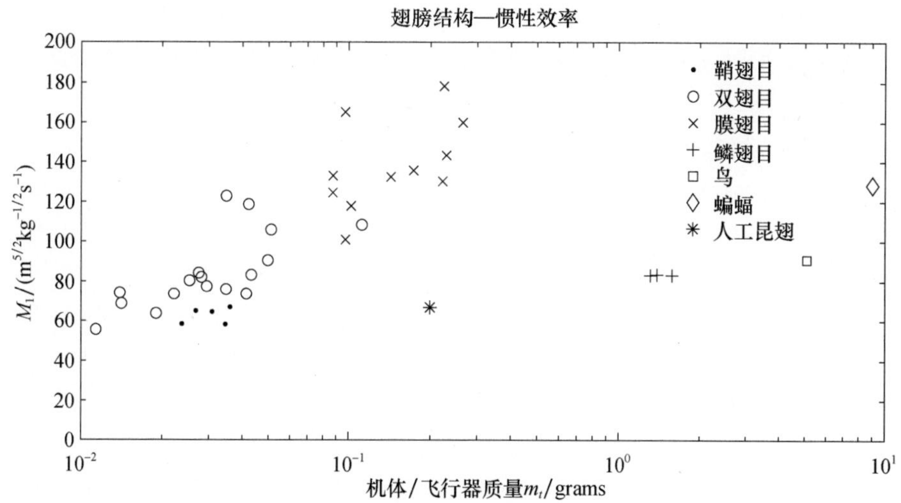

图 7－9　自然界中昆虫翅膀和人工制造的翅膀的品质因子 M_1(部分数据来自参考文献[236,276],针对所有名义的具有可获得尺寸 I_w 的双翅目昆虫。鸟(辉喉蜂鸟)和蝙蝠(褐大耳蝠)都可以悬飞。在参考文献[236]中报道了人工翅膀的数据)

这个 I_w 尺律分析是许多似乎合理的方法之一。例如,可能的假设是翅截面面积与 R^2 成比例或翅膀惯性载荷驱动了弯曲刚度准则;基本的量纲化分析可以预测 $I_w \sim WR^2$。尽管如此,我们还未能找到与已出版的昆翅数据具有更好的一致性的可替代的尺律方法。由这些方法推得的品质因子呈现出对 R 和 W 更强的决定性。未来在优化翅膀结构—惯性效率上的优化可能会改善我们对 I_w 尺律的理解——尤其是有关人工翅膀,但是针对概念设计阶段,已选择的尺律足够胜任了。

采用针对最小可获得 I_w 的预测,最大可获得拍翅频率是 $\omega_{\max} = \sqrt{\kappa/(2I_w + m_{a,\text{eff}}T^{-2})}$,这里 $\kappa = k/T^2$。对比这个最大频率与式(7-27)要求的频率,我们获得了最小的翅膀长度:

$$R_{\min} = \frac{\Phi_{\text{st}}\text{AR}\sqrt{W}}{M_1 \hat{r}_{\text{cp}} \hat{r}_2^2 \, \widetilde{C}_{\text{D}}\rho \, \frac{1}{4}\Phi^2} \tag{7-48}$$

这里,我们假设驱动器的有效质量对整个有效质量是可忽略的。针对高质量的飞行器,我们验证了该假设,可获得的传动比——在单翅铰链基传动机构测试中达到 3rad/mm,足够降低驱动器的有效质量。

针对给定的 W,具有翅膀长度低于 $R_{\min}$ 的设计不能以足够高的频率拍翅产生足够的升力达到悬飞。图 7-10 重新绘制了图 7-8 的性能,并叠加了式(7-48)的结果。可行的设计必须位于惯性极限曲线的上面。针对足够大的 M_1,最大的飞行时长是不受限制的,但是快或重的长航程设计仍然是受限的。在惯性极限曲线与水平线 $R = R_{\text{crit}}$ 相交的地方,我们发现针对飞行器重量的严格上限:

$$W_{\max} = \left[M_1(1-\mu_p)\frac{S_a}{g}\frac{\widetilde{C}_{\text{L}}\hat{r}_2^2\rho}{4\text{AR}}\left(\frac{\Phi}{\Phi_{\text{st}}}\right)^2 \right]^2 \tag{7-49}$$

采用前面设置好的典型值,针对 $M_1 = 70$ 和 $M_1 = 90$,分别发现了 12g 和 20g 的最大质量。同时推测这些等式的含义也是非常有趣的,尤其是关于建立质量上限,比如,蜂鸟质量二次型地取决于几乎所有的参数,尤其是 S_a,M_1 和 μ_p,这排除我们的准确预测。另外一方面,尺律趋势是很显然的:针对悬飞仿昆 FW-MAV,存在最大的可行重量。大直升机的存在似乎与这一结论是冲突的。针对式(7-48)中的 $R_{\min}$ 和式(7-31)中的 R_{crit},通过使这两个表达式相等,我们确定了 $W_{\max}$。尽管如此,R_{crit} 的定义仅是针对线性驱动器的;如果是一个马达和齿轮箱驱动翅膀,这个表达式就不适用了。如果驱动器采用功率密度 S'_a 来描述,那么驱动器的尺寸化式(7-29)针对线性的驱动器将被 $P_n = S'_a\mu_a m_t$ 替换,并且针

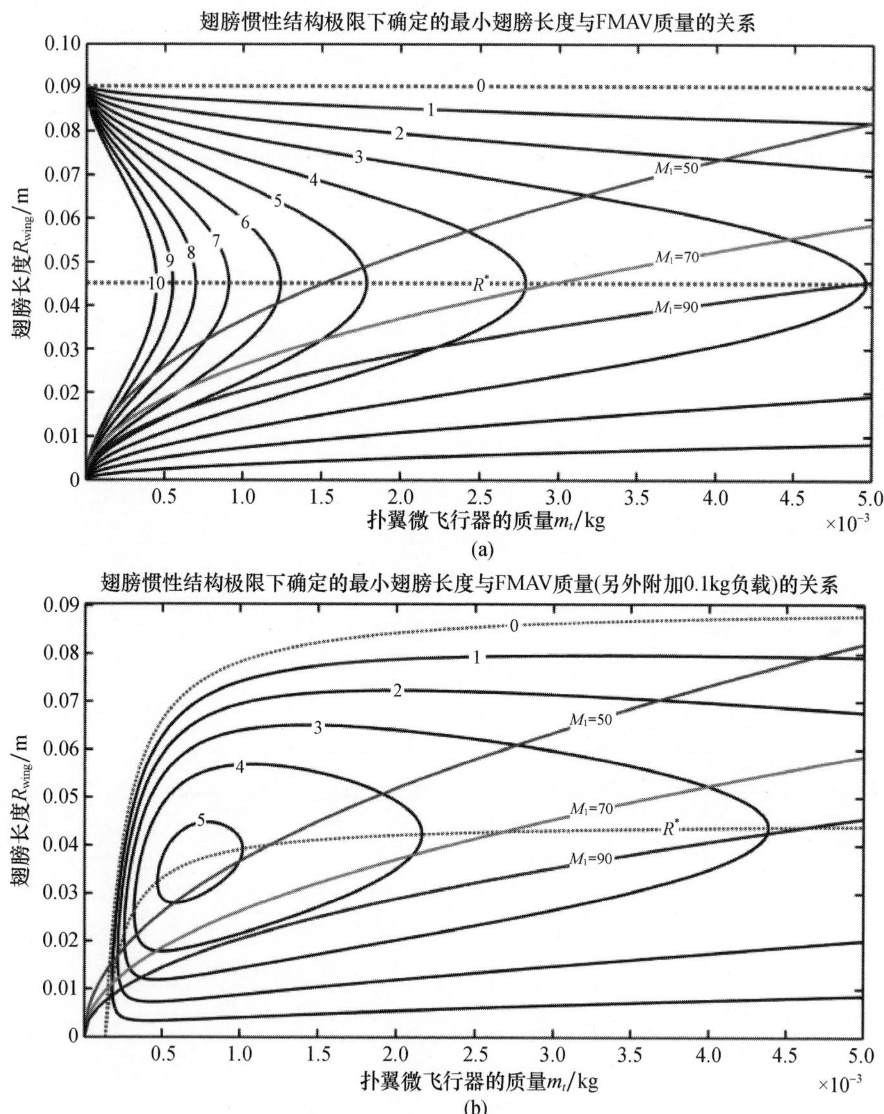

图 7-10　翅膀结构—惯性极限(针对不同的品质因子 M_1 值叠加来自图 7-8 的飞行时长。可行的设计必定位于这些值的上面)

(a)不含额外负载质量的巡航时间;(b)含额外 100mg 负载质量的巡航时间。

对驱动器质量百分比的表达式将变为:

$$\mu_p = \frac{g}{S'_a}\frac{P_n}{W} \tag{7-50}$$

关于 R 没有上限,随着翅膀长度的增加,驱动器的尺寸和气动功率将单调递减。从式(7-50)中,针对飞行时长和航程,重新推导表达式是很直接的。尽管如此,前面针对气动功率的式(7-35)和飞行速度的式(7-40)的结果仍然是相同的。翅膀惯性—结构极限和针对 R_{min} 的表达式也没有变化。

7.5 扑翼悬飞概念设计软件

针对基于平动环量气动力机制和采用线性压电驱动器作为动力马达而建立的扑翼悬飞概念设计框架,作者开发了其整套计算软件(见图 7-11 和图 7-12)。该套软件包括四个计算模块:①压电驱动器质量百分比和翅膀长度的计算模块;②针对无额外负载(见图 7-11)或者含 25mg 额外负载(见图 7-12)的仿昆 FWMAV,要求满足一定巡航时长时,翅膀惯性结构极限下确定的最小翅膀长度和仿昆 FWMAV 的质量的计算模块;③飞行速度与翅膀长度的计算模块;④飞行航程和翅膀长度的计算模块。这套软件具有快速高效的计算效率,在 Windows 系统下可以直接运行,为仿昆 FWMAV 的初步概念设计阶段的基本参数确定提供了便利的计算途径。

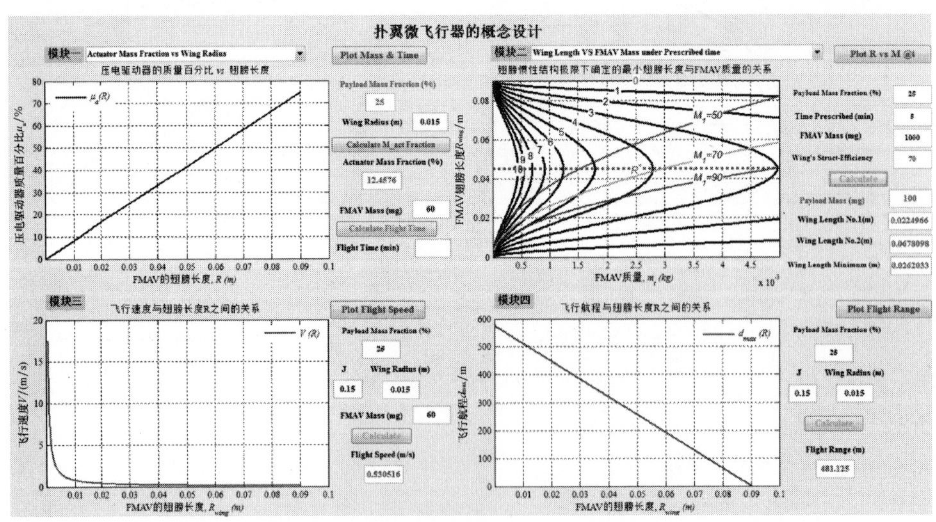

图 7-11 针对无额外负载的扑翼微飞行器,概念设计软件主界面显示四个模块绘图之后的输出

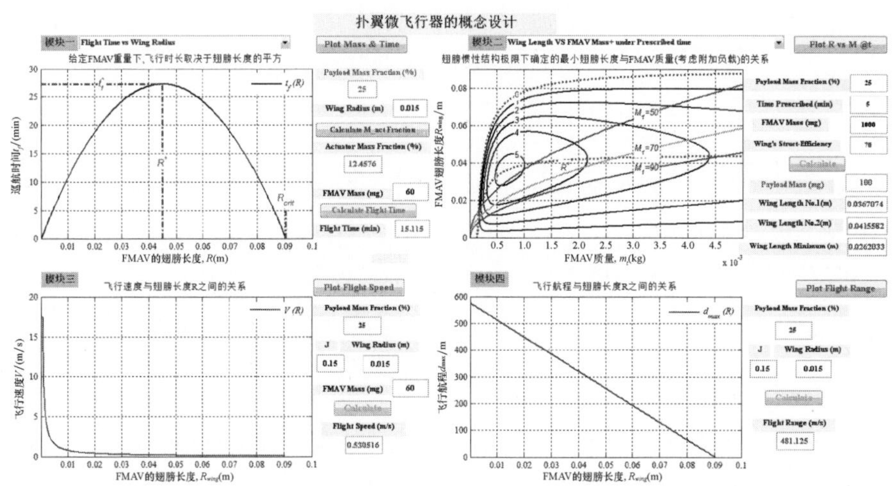

图 7-12 针对含额外 25mg 负载的扑翼微飞行器,概念设计软件主界面显示四个模块绘图之后的输出

7.6 用扩展的准稳态气动力模型预测仿昆 FWMAV 悬飞和低速前飞时的最大航程

采用扩展的准稳态气动力模型预测仿昆 FWMAV 在悬飞和低速前飞时消耗能量最小从而实现航程最大的最优翅膀几何参数和运动学参数的预测。根据第四章给出的翅膀参数化方法和翅拍运动学参数化模式,以及第二章建立的扩展的准稳态气动力模型,在已知前进比(J)、电池的质量百分比(μ_b)、电池的能量密度(S_b)和压电驱动器的机电效率(η)之后,根据式(7-33),针对有不同重量要求的仿昆 FWMAV,我们可以进行仿昆 FWMAV 悬飞和低速前飞时的航程最大的优化,从而获得最优的翅膀几何学参数和运动学参数,如表 7-1 所列。表中分别给出了前飞速度、航程、巡航时间、升重比、悬飞消耗的时均能量密度、翅拍频率、展弦比和雷诺数等气动参数。

表 7-1 不同重量的仿昆 FWMAV 在悬飞和低速前飞时能量消耗最小的最优化结果

仿昆 FWMAV/mg	前飞速度/(m/s)	航程/m	巡航时间/min	升重比(L/D)	悬飞消耗的时均能量密度/(W/kg)	翅拍频率 f/Hz	展弦比(AR)	雷诺数(Re)
80	0.5189	1355.1	43.5	1	9.5728	15.7975	3.2871	661.6246

（续）

仿昆 FWMAV/mg	前飞速度/(m/s)	航程/m	巡航时间/min	升重比(*L/D*)	悬飞消耗的时均能量密度/(W/kg)	翅拍频率 *f*/Hz	展弦比(AR)	雷诺数(*Re*)
200	0.6665	681.6856	17.05	1	24.4425	16.9128	3.4953	981.0652
4000	1.1571	1372.1	19.8	1	21.0829	12.8772	2.9375	7420.8
115	1.4399	451.3105	5.22	1.3985	79.7620	100	4.3353	1072.7
380	1.7135	363.7485	3.54	1.7321	117.7652	70	4.3353	2170.1
657	1.7135	628.9020	6.12	1.0018	68.1138	70	4.3353	2170.1
4000	1.0236	629.6622	10.25	1.0078	40.6423	12	2.9000	6677.9
这里的数据是在前进比(即前飞速度与翼尖速度的比值)为0.25时,电池占飞行器总重量的一半的情况下仿昆 FWMAV 能够实现悬飞和低速前飞时能量消耗最小的优化结果和预测结果								

针对不同重量的仿昆 FWMAV,航程最大时获得的最优的翅膀几何参数和运动学参数已列在表7-2中。该表中第二至第四列最优的数据是采用扩展的准稳态气动力模型优化最大航程时对应的参数。注意:这些数据没有考虑实际的仿昆 FWMAV 的振翅动力学系统共振特性对其影响。表7-2中针对仿昆 FWMAV 的质量分别为115mg、380mg 和657mg 的情况,为了考虑实际设计中翅拍振动系统的共振频率对仿昆 FWMAV 实现悬飞的气动效率和最优化参数的影响,特将其翅拍频率分别设为固定值,即100Hz 和70Hz,并且翅拍运动模式的其他参数也维持与针对4000mg 仿昆 FWMAV 优化获得的参数相同。最终通过调节翅膀的部分几何参数来保证仿昆 FWMAV 的悬飞或者低速前飞(这里的数据参考了已报道的可实现悬飞的实际仿昆 FWMAV 的设计参数[270]),同时维持一定的升重比要求。

表7-2　仿昆 FWMAV 在悬飞和低速前飞时能量消耗最小的最优化翅膀几何学参数和运动学参数

参数	80mg	200mg	4000mg	115mg	380mg	657mg	4000mg
$R_{\mathrm{eff,vari}}$/mm	15.5081	19.0364	69.7031	11.95	20.3150	20.3150	70
$C_{\mathrm{aver,vari}}$/mm	7.7486	9.0774	28.6843	3.46	5.8820	5.8820	29.31
$x_{\mathrm{r,vari}}$/mm	9.9626	12.6923	14.5563	3.05	5.1850	5.1850	15
$\hat{x}_{0,\mathrm{vari}}$	0.0151	0.0047	0.1250	0.3567	0.3567	0.3567	0.3567
f/Hz	15.7975	16.9128	12.8772	100	70	70	12
ϕ_m/rad	1.2896	1.242	1.0664	0.9599	0.9599	0.9599	0.9599
K_ϕ	0.5016	0.1083	0.0353	0.0001	0.0001	0.0001	0.0001

（续）

参数	80mg	200mg	4000mg	115mg	380mg	657mg	4000mg
ψ_m/rad	1.0875	0.8213	1.3488	0.7854	0.7854	0.7854	0.7854
C_ψ	4.7362	4.7407	0.3911	2.375	2.375	2.375	2.375
ζ/rad	-1.562	-1.4121	-1.5705	-1.5708	-1.5708	-1.5708	-1.5708

7.7　小结

为了初步选定仿昆 FWMAV 的驱动方式并确定各主要组件的基本参数，基于准稳态气动力模型和集总参数化线性模型，本章建立了扑翼悬飞概念设计框架。本章一开始介绍了概念设计所产生的问题背景。随后针对仿昆振翅动力学系统中的动力学问题进行线性化的建模和分析。分别对翅膀拍打运动和翅膀的被动俯仰扭转运动的动力学实现和维持进行物理学的简化建模，获得翅拍动力学系统的共振频率和翅膀被动俯仰的相位可调控频率比与铰链刚度系数之间的关系式。紧接着，开展了针对压电驱动仿昆 FWMAV 的悬飞能耗、压电驱动器尺寸化、飞行时长和飞行速度和航程的初步研究，目的是探究仿昆 FWMAV 实现悬飞时的能量转换和消耗情况，以及建立仿昆 FWMAV 以低前进比前飞时巡航性能指标预测模型。此外，考虑到翅膀的惯性属性决定了翅拍频率，采用悬臂梁模型初步地分析了刚性翅膀的结构和惯性效率，并给出了其测度预测关系式。针对振翅动力学系统中共振频率预测关系式中存在的翅膀的转动惯量，初步地给出简化预测公式，这为仿昆 FWMAV 在悬飞平衡频率下可设计的最短翅膀的长度提供了设计下限值。最后，介绍了采用扩展的准稳态气动力模型来预测仿昆 FWMAV 在悬飞和低速前飞时实现最大航程是翅膀几何学和运动学参数的组合最优化结果。

到此针对本章建立的扑翼悬飞概念设计框架，产生了一些重要的结论：①当采用线性驱动器驱动时（非齿轮箱），降低拍翅频率将导致驱动器的功率密度降低，这在最小化气动功率和最大化驱动器功率密度之间产生了冲突。因此针对该类线性驱动器，高频驱动将更有利于获得高能量密度的输出。②当仿昆 FW-MAV 具有固定负载质量百分比时，存在不取决于飞行器质量的固定的最大翅膀长度；巡航时间最长的翅膀长度将为这个最大长度一半。针对这类设计，电池质量百分比和驱动器质量百分比将总是相等的，不必关心它们各自的能量密度如何。③采用马达和齿轮箱去驱动翅膀将不存在关于翅膀长度尺寸的上限，从而允许具有更高质量的微飞行器设计。采用线性驱动器设计具有较大重量的扑翼微飞行器不可行。④翅膀的惯性属性决定了翅拍频率可能达到的最大值，这为翅膀长度的设计设置了下限,为飞行速率设置了上限。这些界限对于线性和电动驱动器都是一样的,但是针对线性驱动器,有限的翅膀惯性也会产生一个关于最大飞行器质量的极限。简单的物理推理和昆虫形貌学数据粗糙地表明,翅膀质量惯性矩与翅膀长度的四次方和机身/飞行器质量的平方根的乘积成比例。

本章提及的这些线性化模型还有很多地方可以改善和扩展。如果驱动器的类型是已知的,就可以引入有关功率效率改进的模型。例如,压电驱动器的低效率主要来自于介电损耗;因此损耗模型可以替换这里使用的一般效率因子。如果采用化学或气动驱动器时变质量效应也可以包含进去。结构模型和实验数据可以替换恒定负载质量百分比的假设。可以改进负载模型以便包含已知的质量,比如信号处理电路、电力电子电路、传感器和其他固定的负载。

这里开展的概念设计还没有覆盖控制系统。许多不同的控制方案尚处于研究中,并且清晰的赢者还没有出现。在进行微飞行器尺寸化研究之前,设计者非常有必要完成详细的控制系统设计。这样可以及时地确定最佳控制方法的性能特性。期间产生的数据将为控制系统提供初步的质量和功率预估值,并且允许在仿昆 FWMAV 的详细设计阶段开始之前对微飞行器进行初步的尺寸化和性能计算[236]。通过了概念设计阶段,进一步的改进包含针对翅拍运动、传动机构设计、被动或主动翅膀俯仰设计的详细选择和建模,翅膀测试和几何形貌选择,以及针对微飞行器控制结构的设计与建模。关于这些主题的研究在海量的文献数据库中是广泛存在的。

从本章陈述的任何数值结果获得定量的结论是不明智的;针对不同驱动器类型和电池技术,在能量密度和效率上存在很大的差别——这些技术参数对系统的性能有巨大的影响。尽管如此,分析结果给出了清晰的和值得检验的设计趋势。针对具有较低重量的仿昆 FWMAV 的设计,采用线性驱动器来驱动仿昆 FWMAV 是最合适的。随着微飞行器重量的降低,在翅膀尺寸的选择上存在更大的灵活性,并且飞行时长也随着增加;制造极限将为可行的尺寸设置最小值。然而,随着微飞行器重量的上升,到了一种重量值时,换用微马达作为驱动器将变得很有必要。这个准确的过度重量值(可能在几克范围之内)取决于可获得微马达和线性驱动器的效率和性能指标。一旦换用了微马达,设计者必须考虑旋翼直升机设计的优点和缺点。是否仿昆 FWMAV 比同等级别的直升机更快或更具机动性? 当前的文献中还没有深入的理论分析和评估[271]。

仿昆 FWMAV 表现出许多潜在的优点,尤其是在较小的飞行昆虫尺度下,这里就不再赘述了。微加工制造技术方面的进步持续地拓展了这类仿昆 FWMAV 的可设计空间,但是取决于设计参数的仿昆 FWMAV 的性能指标不总是直接可预测。考虑到实际的用途,针对仿昆 FWMAV 的设计还必须满足一定的竞技性能要求,比如尺寸、负载、续航时长和巡航速度。间接地仅优化一些参变量,比如功耗和升力,是不完备的方法。传统的飞机概念设计方法仅为平衡设计要求和优化性能指标提供了一个模型,其中的一些概念可很容易地和强有力地被调整适用于仿昆 FWMAV。不管怎样,概念设计不仅对当前的设计是有用的,而且在有效地指导未来的设计和改善性能指标方面也是很有实用价值的。

尽管在概念设计阶段,针对低质量的仿昆 FWMAV,本章建立的扑翼悬飞概念模型框架和软件界面具有一些简洁高效和便利的优点,然而如果仔细考虑该概念模型框架建立的假设性条件和基础,将发现它无法对实际测试的样机提供各项性能指标的准确预测(比如气动力、翅膀长度、驱动器的能量密度、仿昆 FWMAV 的巡航时长和航程等)。这是因为当前的扑翼悬飞概念模型框架尚有诸多问题没有深入探究。为此,为了建立较为准确的扑翼悬飞概念模型,下面列出一些未来需要进一步开展研究时必须考虑的问题:

(1)由于扑翼翅拍都是在高频下进行的,因此准稳态气动力机制中的转动环量气动力和虚拟附加质量力需要在气动阻尼模型中考虑,此外惯性力也必须考虑。针对各种气动力机制,其压心需要准确预测,并且各气动力系数需要采用经过实验验证之后的经验参数。此外,在预测悬飞翅拍产生的阻尼力时必须抛弃线性化的处理方式来预测压电驱动器的共振特性及其堵死力和能量密度等性能指标。针对其中涉及完整准稳态气动力计算方法,详见第二章的扩展的准稳态气动力和惯性力以及力矩模型。

(2)用来预测气动阻尼力的悬飞翅拍运动角不应该直接采用人为假设的谐波函数。而应该在压电驱动器、柔顺传动机构和翅膀组成的翅拍动力系统的范畴下建立准确的翅拍动力学,以压电驱动器的驱动力和位移作为输入来隐式地计算出翅拍动力学方程中的翅膀拍打角和被动扭转角(详见第三章进行的初步探索性工作)。此外,针对悬飞能耗最小的要求,实现将来自主飞行时获得最大航程和最长的巡航时间,需要采用组合最优的翅膀几何学参数和运动学参数下的驱动器的性能参数来设计悬飞仿昆 FWMAV。

(3)针对最优的翅膀形貌学参数,翅膀的质量属性(面积矩、惯量和刚度等)需要采用前面章节中提出的较为准确的预测方法来计算。针对翅膀结构—惯性效率因子,需要采用更为准确的预测模型(比如有限元模型)来预测。在考虑整个振翅动力学系统的共振要求下,毕竟翅膀结构—惯性效率因子为悬飞仿昆 FWMAV 的翅膀长度设计提供了严格的下限限制。

(4)针对压电驱动器,需要考虑其中存在的众多非线性问题的影响。即使无法准确考虑非线性效应,也有必要采用线性化集总参数化模型预测获得的压电驱动器的有效质量、等效刚度和阻尼系数来改善压电驱动器性能参数的预测。

第八章　悬飞仿昆 FWMAV 的设计、制造和测试

本书的主要研究目标之一是设计和制造出可以满足扑翼微飞行器总体设计指标要求(即研制 100mg 重量以下,翼展接近 3.5cm,翅拍频率接近 100Hz 左右的可以实现举升悬飞的仿昆 FWMAV)的关键部件和样机,并搭建部分重要的实验工艺和测试平台,同时开展针对仿昆 FWMAV 研制所必须的智能复合微加工制造和微装配工艺的可行性探索和迭代优化。由于仿昆 FWMAV 要求微驱动器在厘米至毫米的尺度具有高的能量密度,并且具有较宽的频率特性且便于设计与制造,根据已报道较成熟的研究成果[3-5],选择了压电驱动器作为动力换能器。仿昆 FWMAV 的主要组件为高能量密度的压电驱动器,高传动比的柔顺传动机构,高刚重比的翅膀和轻质高刚度的稳健机身,图 8-1 绘制了仿昆 FWMAV 各组件的示意图以及样机研制过程中各主要环节。鉴于作为预研项目的初期阶段的工作,这里没有给出压电驱动器的驱动电路和控制电路组件,毕竟它们现在不是本书关注的重点。研制的仿昆 FWMAV 各组件的装配和工作原理为将压电双晶片弯曲驱动器根部近端固定于机身上,而延伸端连接到动力学传动系统的曲柄滑块过渡连接段上,其中柔顺动力学传动机构的两侧支座端固定在两外侧的机身上,通过柔顺四连杆机构的位移放大和力的传递,被外加高压交直流电场激活的压电驱动器将间接驱动安装在四连杆输出端上两侧翅膀产生前后的冲程运动。

针对仿昆 FWMAV 的实物样机研制,图 8-1 中绘制出其初步的研制流程。前期是深刻理解双翅目类昆虫的扑翼飞行的原理,即理解仿照双翅目类昆虫的翅运动机构如何实现昆虫的直接飞行肌肉和间接控制肌肉的协同工作。接着是开展采用轻质聚合物材料和高模量复合材料设计柔顺动力学传动机构的研究,以期设计和制造出具有高传动的仿生胸腔机构。紧接着是开展人工肌肉的研究,即设计和制造双晶片压电悬臂式压电弯曲执行器。为了研制具有高能量密度的压电弯曲驱动器,将从理论分析、优化设计和微加工制造工艺的改进以及关键性能指标的测试等方面开展工作。之后是开展仿昆翅形貌的人工翅的研究,以期通过合理的材料选择,采用明智的微加工工艺制造出具有较高刚重比的人工翅。随后开展轻质高刚度稳健的机身结构的制造。最后是将各组件高精度连

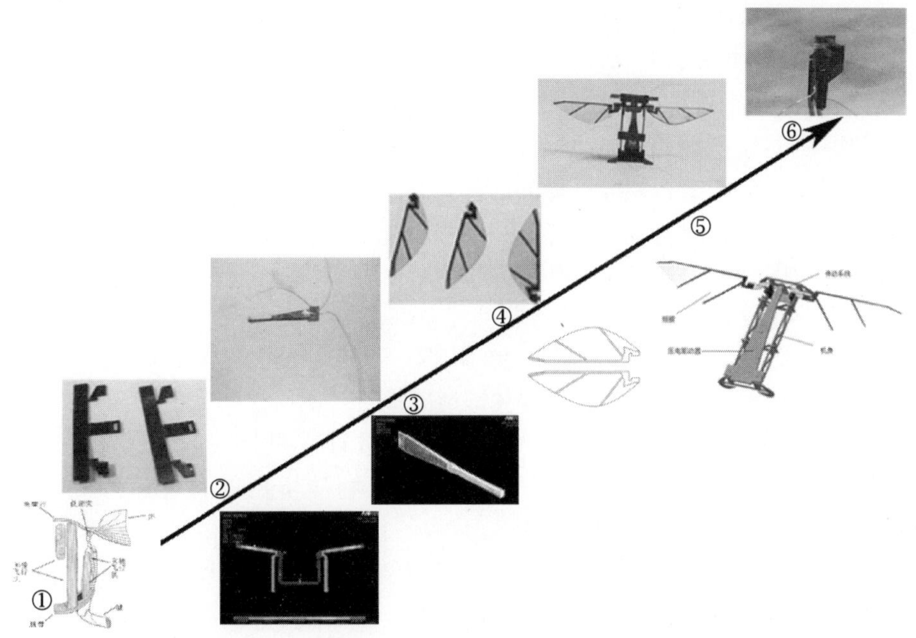

图 8-1　仿昆 FWMAV 的总体研究技术路线和制造步骤

接装配成整体样机,以便对其进行翅拍测试和沿导轨的举升悬飞试验。为了实现最终研制目标,针对各组件的设计、微加工制造和微装配工艺,将进行多轮改进和迭代优化,直至探索出最佳的技术路线和工艺方案。

本章的后面几节全面开展压电驱动仿昆 FWMAV 的关键技术研究,并全面深入地介绍了仿昆 FWMAV 样机研制中所涉及的工程问题和解决方案。8.1 节概述可应用于仿昆 FWMAV 微驱动器设计的几种线性微驱动原理、驱动方式以及这些驱动器的特点和关键性能指标,并给出对比选择方案。8.2 节中针对悬臂梁型弯曲压电驱动器的设计原理、制造工艺和性能指标测试方法等进行详细的论述。在 8.3 节对柔顺传动机构的设计和微加工制造工艺进行介绍。在 8.4 节中讲述仿昆翅膀的设计和制造工艺。在 8.5 节中讲述用于压电驱动仿昆 FWMAV样机的微装配和翅拍运动幅值测试的三轴移动平台和悬飞攀升测试平台,并简述有关的振翅运动和悬飞测试实验。8.6 节针对本章的整体内容进行概括和总结。

8.1　仿昆 FWMAV 的驱动方式的选择

本节针对仿昆 FWMAV 设计中主要的挑战——微驱动器类型的选择(要求

该微驱动器能够为最终的自主飞行提供足够大的功率)进行了介绍。首先概述了近年来仿昆 FWMAV 的研究情况以及仿昆 FWMAV 设计时需考虑的目标参数,同时提出了厘米至毫米尺度下毫克级仿昆 FWMAV 设计的主要驱动技术困难;其次,针对可选的微驱动器的主要指标要求进行了探讨;同时给出了可选的微驱动器的简化模型和关键指标的简化表达式,并对目标参数与关键指标进行对比性探讨分析,选出了很有希望的两类微驱动器,即压电驱动器和介电弹性体微驱动器(DEA);最后从功率和驱动电路的角度看,探讨了微驱动器驱动电源设计的可实现性,优选出较好的微驱动器驱动类型方案。这些工作有望为仿昆 FWMAV 的驱动方案设计提供指导性的依据。

在对仿昆 FWMAV 的微驱动器关键性能进行对比探讨和驱动设计方案优选之前,这里有必要对仿昆 FWMAV 的目标指标进行说明,它们分别是仿昆 FW-MAV 的质量、拍翅频率、翅长、升力、输入功率和功率密度。表 8-1 给出了 100mg 仿昆 FWMAV 的布局配置情况,其中的拍打频率来自昆虫学家统计大量飞行昆虫的实验数据[275]。根据低雷诺数非稳态空气动力理论中做出的假设和实验测试对比,获得了准稳态片元法形式的经验公式[13,144-145]。用这些理论公式可以初步预测出两个翅膀可以产生的气动升力,这里的数据正好克服 100mg 体重对应的升力。进一步地,根据克服仿昆 FWMAV 自重的气动力多次逆向迭代可获得翅长的关键参数。同时根据气动力和力矩计算了仿昆 FWMAV 要求飞行的输入功率和功率密度作为后续微驱动器方案选择和系统级设计的参考数据。

表 8-1 仿昆 FWMAV 的布局配置[275]

质量/g	拍打频率/Hz	翅长/mm	升力(两翅膀)/mN	输入功率/mW	功率密度/(W/kg)
0.1	40	20.75	0.98	2.76	27.64
0.1	80	14.67	0.98	3.91	39.06
0.1	100	13.12	0.98	4.36	43.64
0.1	200	9.28	0.98	6.18	61.75

针对该尺度的仿昆 FWMAV 设计,微驱动器方案的选择,要求该微驱动器能够为最终的自主飞行提供足够大的功率。正如很多人熟知的那样,当仿昆 FW-MAV 的特征尺寸降低到 1mm 以下时,由于不断增加的表面效应占据主导地位,传统的驱动器如电磁电动机将在效率和功率密度上出现很大程度的降低[275],此外,微电动机的制造和质量以及与之配套的齿轮动力传动系统,都因制造和质

量等原因限制了它在厘米至毫米尺度毫克级质量要求的扑翼微飞行器设计中的应用,同时针对高强电子对抗侦查要求,微磁驱动器由于线圈和永磁体微加工和质量以及设计易受干扰的电磁场等也不适于仿昆 FWMAV 的应用[275]。鉴于此和仿昆 FWMAV 克服自重停空飞行时严格的重量要求、机动稳定、高效长时巡航要求等因数,针对厘米至毫米尺度的仿昆 FWMAV,这里提议了一些可供选择的驱动器方案,如静电、压电、热变形和介电弹性体等驱动器。除了实现力学性能上的要求外,这些微驱动器在驱动技术的实现上有各种各样的电学要求,如在驱动电压和电流上要求较宽的可变范围等。因此,把微驱动器的驱动类型选择和驱动电源的设计可实现性作为一个重要问题来探讨是很有必要的。

为了选出较好的驱动器方案和它们相关的电力电子电路的组合方式,本书探索了质量等于 100mg 的仿昆 FWMAV 的设计空间,该设计空间包含仿昆 FWMAV 的气动力和机械组件要求、驱动器、电力电子电路和电源。根据几款翅膀外形尺寸由气动力模型决定的仿昆 FWMAV 的重量要求和功率要求评估了微驱动器,并探讨了适用于各种微驱动器的几款紧凑的高压供给电源设计的可实现性。

可用于仿昆 FWMAV 的动力学传动放大机构的微驱动器类型很多,本书聚焦于相对成熟的技术,这些技术在前期的微仿昆 FWMAV 研究已被实现了。重点将聚焦于线性微驱动器,这类微驱动器可以简化仿照振翅运动的微机械传动放大机构的设计。在厘米至毫米尺度待选的驱动器应有较高的功率密度和随着驱动器尺寸降低的良好的尺度效应。常见可选的微驱动器可被分成五类:静电,热膨胀,压电,形状记忆合金和介电弹性体[275],下面分别对它们进行简要介绍,表 8-2 给出了这五类微驱动器的工作原理、外形、性能指标和要求的微制造工艺的概略情况。

8.1.1　几种线性微驱动器的特点

1. 静电驱动器(平行板或梳齿结构驱动)

静电驱动是利用物体间的静电力使物体运动。静电力来源于结构体上携带电荷所产生的库仑力,利用这种静电力可以设计制造驱动器。由于静电力与距离的平方呈反比,因此驱动的行程不可能太大。所以比较适用于微驱动系统。静电微驱动器是应用较广泛的微驱动器,它具有效率高、精度高、不发热、响应速度快等优点。这一类静电式微驱动器有多种形式,其中包括竖向、横向和转动等运动形式。通常采用多组平行的平板电容构成的梳状形式,其目的是为了提高力的输出并降低驱动电压。平行板电容结构一般为垂直驱动,驱动力大,但驱动力与极板间的距离呈非线性关系，从而限制了可动结构的位移。梳状结构为横向驱动，与传统的平行板电容结构相比，该结构具有以下优点：①静电力输出与位移几乎无关，可以获得很大的幅值位移输出；②结构为横向振动，受到的阻尼较小，品质因数 Q 值一般较大；③容易实现精细的几何结构，如差分式电容驱动和检测，由于仅有平面几何尺寸的变化，所以不增加工艺步骤，这对提高器件的灵敏度非常有利。与压电、压阻、热膨胀和电磁驱动方式相比，静电驱动虽然驱动力较小，但其工艺兼容性好，可以用体硅和表面硅机械加工工艺制作，便于实现集成，因而在微机械驱动器驱动技术中应用最为广泛和成熟[275]。

2. 热膨胀驱动器

物质在温度发生改变时，均会产生长度和体积的变化，从而导致热膨胀效应。利用这一效应，可以设计制作微驱动器。但由于一般材料的热膨胀系数很小，因此产生的位移量小。目前在微机电系统（Micro electro mechanical Systems，MEMS）中应用的热驱动器主要有：冷臂—热臂式微驱动器、双金属片热驱动器以及气动型微驱动器[275]。热臂一般比冷臂窄，因而热臂的电阻要比冷臂的电阻高。当在热臂和冷臂上通入电流时，在热臂上产生的热要比冷臂多，因而在热膨胀的作用下，热臂将向冷臂方向弯曲，从而产生横向驱动作用。热驱动器是依靠热膨胀效应来驱动的，它具有驱动电压低、驱动力大、行程大等优点，而且制作工艺比较简单，但是它的响应频率低，动态特性较差使其在应用上受到一定的限制。

表 8-2　微驱动器类型[275]

驱动器类型	工作原理	典型形状	最大位移	最大力	驱动速率	效率范围	注意
静电	静电力	梳齿状驱动，平行板	小	低	非常快	>90	要求微机电系统（Micro electro mechanical Systems，MEMS）制造工艺和高的工作电压
热膨胀	热膨胀	膨胀，双材料弯曲悬臂梁	中等	非常大	慢	<5	可供选择的形状多样，所选材料受限小
压电	逆压电效应	双晶片，单晶片弯曲悬臂梁	大	中等	快	10~30	简单的平面形状和高的工作电压
形状记忆合金	热诱导相变	线型，双材料弯曲悬臂梁	大	非常大	慢	<5	非常高的能量密度
介电弹性体	黏弹性变形引起的麦克斯韦应力	线性延伸	非常大	中等	中等	60~90	可实现 300% 以上的应变和非常高的工作电压

3. 压电驱动器

根据压电材料的逆压电效应,在外加电场的作用下,压电材料可以产生微尺度的位移,利用这一特性,可以采用压电材料作为位移传动放大机构的驱动源,压电材料具有位移精度高、响应速度快、输出力矩较大、功耗低等特点。当在压电片上加上正弦波或者方波电信号激励时,压电片产生线性伸缩;此外,压电材料与各向异性的电活性材料的不同组合方式,由于内应力的不匹配会表现出不同方向的角位移输出,这些特点使得压电材料与电活性材料的组合形成不同类型的驱动器,如线性堆叠驱动器、压电聚合物驱动器、压电复合材料驱动器,可实现拉压、弯曲、扭转等不同的位移和力输出,当外加激励频率等于系统的固有频率时,系统发生共振,此时可获得最大的幅值位移输出,因而,压电材料在微机器人领域有着广阔的应用空间[3-5,25-26,272,275,277-279]。

4. 形状记忆合金驱动器

形状记忆合金(SMA)微驱动器的工作原理是利用形状记忆合金在相变过程中输出的回复力来对外做功。形状记忆合金在反复加热、冷却的循环过程中,均会产生相应的马氏体相变和逆马氏体相变,同时也对外输出较大的回复力和位移[275]。根据记忆合金的特性,利用一对记忆合金元件或一个记忆合金元件与一个普通弹簧相结合,即可用于驱动位移传动放大机构实现往复运动。但由于其功能性材料的特殊性,它具有相变温度点,所以需要一个对其进行加热和冷却的附加装置,响应较慢而且形变成阶跃形变化,由此也决定了工作频宽受到很大的限制。另外,由于形状记忆合金的形变位移相对较小,还需要相应的放大装置,这些进一步限制了形状记忆合金在仿昆 FWMVA 高频宽响应需求的应用。

5. 介电弹性体驱动器

介电弹性体驱动器由柔性电极材料覆盖在介电弹性体薄膜(如硅树脂或聚硅酮等)两侧制备而成。当施加外电场后,产生的静电力作用在介电弹性体薄膜上产生黏弹性变形引起麦克斯韦应力,对外表现为介电弹性体薄膜在厚度方向压缩薄膜,在平面方向则扩展,可以产生 30% ~40% 应变。目前的研究表明,预压薄膜可以进一步地改善这些器件的性能。已证明使用双轴和单轴预压薄膜;具有硅树脂薄膜的介电弹性体驱动器可产生 117% 的应变,具有丙烯酸薄膜的介电弹性体驱动器可产生 215% 的应变[275,280]。硅树脂的应变,压力和响应时间都超过了那些天然的肌肉,特殊的能量密度也远远超过了场驱动的材料。由于该执行机理优于其他高应变的电活性材料聚合物,所以该技术具有广泛的应用。

针对这五类微驱动器的主要特点的描述详见表 8-2。下面分别针对这些微驱动器的关键性能指标进行定性的对比探讨,为最终的仿昆 FWMAV 微驱动器设计方案优选提供参考依据。

8.1.2 微驱动器的关键性能指标对比和方案选择

为了评估前面提及的五类微驱动器的性能,需要重点关注基于几何参数、材料属性和外加激励的驱动器的自由末端位移、输出力和最大工作频率。这些品质因数决定了给定几何外形的驱动器是否能够满足力学要求。值得注意的是,这里的微驱动器在性能上表现出很大程度的非线性,使得很难对其建立准确的理论预测和找到其准确的封闭形式的解。因而做了一些简化假设,例如线弹性,以便获得驱动器性能和尺度特征的一般性理解。针对目标仿昆 FWMAV,线弹性假设将允许我们进行系统级的建模以便决定合适的驱动器形状和几何参数[275]。

为了便于进行微驱动器的关键性能对比和分析,考虑由翼展所用材料的物理极限和期望制造工艺的极限决定了最大的仿昆 FWMAV 尺寸,可以选择针对这些微驱动器的几何约束和工作区域[275]。根据简化的微驱动器的合理几何形状和驱动条件,进一步地由相应的近似理论模型可以预测微驱动器关键性能指标[275],比如输出位移、输出功和最大工作频率,近似的驱动器质量和能量密度。值得注意的是,驱动器的效率很大程度上取决于准确的驱动执行,因此很难建立准确的理论模型来预测效率,尤其是针对温度敏感性材料复杂的热损耗过程。用于估算效率的通用值如表 8 - 2 所列[275]。为了把驱动器和电路设计空间减小到可管理的比例,针对给定仿昆 FWMAV 的微驱动器的最大尺寸将严格地受表 8 - 1 中所列的翼展的限制。此外,作为生物昆虫体质量百分比值的飞行肌肉的质量被用于针对驱动器重量预算的参考数据。这个量在 12% ~65% 的范围内,这里选择了中间值 40% 用于分析对比和设计[275]。基于这些限制,从人工肌肉——微驱动器的质量约束内选择了特殊的几何参数,以便设计合理的微驱动器,从而满足一定的仿昆 FWMAV 外形尺寸的力学要求和质量预算要求。

这里将对前面描述的五类微驱动器的关键性能和特点等进行优缺点探讨和潜在应用场合的分析,做出针对仿昆 FWMAV 的驱动器设计方案选择,即压电驱动器。针对表 8 - 1 中给出的 100mg 重量的设计约束,由于输出功率低,选择静电驱动器是不合适的。尽管如此,当结合步进式和棘轮式机构时,具有较高的工作频率和能量密度的静电驱动器在毫米尺度机器人以及低功耗要求的机器人中表现出很好的潜力。热膨胀和形状记忆合金驱动器虽然能够满足力和位移的要求,但由于与活性材料的加热和冷却相关的低的工作频率而受到限制(当然随着驱动器体积的快速减小而带来的驱动器尺寸的降低，工作频率也有所增加）[275]。因而这两类驱动器最适合于：具有较低的振翅扑动频率的仿昆 FWMAV 或仿昆 FWMAV 足够小以致允许频率尺度效应变得很重要的情况，即小尺度机械昆虫，如毫米尺度的仿昆 FWMAV，驱动频率响应高将可以满足高频振翅需求。这样，最后留下压电和介电弹性体驱动器，这两类驱动器具有较合适的性能指标，它们可以满足该重量级的仿昆 FWMAV 外形尺寸的驱动要求。

综合考虑线性驱动器的六项关键性能指标，即高功率密度、大位移输出、大的输出力、高的频宽、高效率的电力电子电路和最终的较长的自主巡航时间，比较而言，形状记忆合金驱动器工作频宽太窄，温度效应敏感，响应慢；介电弹性体驱动器虽然具有最好的性能指标，但是鉴于其过高的驱动电压要求（给定较高的 5V 或以上电源供能的话，需要 200 ~ 400 倍的变压轻量级小尺寸电子电路来实现介电弹性体驱动器 1000V 以上的驱动电压要求[275,280]，相比而言，压电驱动器只需 20 ~ 40 倍的电压放大电路，因而介电弹性体驱动器方案不可取），因此最终决定采取压电驱动设计方案。

8.1.3　微驱动器驱动电源

可望为仿昆 FWMAV 提供能源的电源包括传统的化学电池、超级电容器、燃料电池和太阳能电池。目前商业可获得的传统电池是唯一的适合于这里探讨的仿昆 FWMAV 尺寸的。这些电池通过锂聚合物化学可产生较高的功率密度输出。针对几种商业可获得的在 5C 放电倍率下放电的丰江电池[275]，图 8 - 2 给出了功率密度和能量存储容量与电池质量的关系曲线。这一分析假定单个锂聚合物电池具有随重量呈线性变化的容量。实际中，由于额外封装重量存在，将进一步降低电池的容量。根据典型的电池放电曲线，电池存储容量是递减的，放电时需要较高的放电电流。

从功率和驱动电路的角度看，前面描述的驱动器技术可分成两类。热和形状记忆合金驱动器——电流模式的驱动器，它们工作时要求高的电流而不需要高电压；压电、静电和介电弹性体驱动器——电压模式的驱动器，它们工作时则要求高的电压和低的电流[25-26,275,278-279]。这两种模式都给微驱动器和驱动电源的设计提出了难以逾越的要求，这一要求的关键点即是两者必须高效和紧凑地进行能量的转换。这通常由驱动电源和微驱动器的一体化设计共同形成，驱动电源把电池电压转换到一定要求的大小；微驱动器则把合适的输入激励电压转换成合适的时变输出力和位移（即机械能）。因此针对选定的微驱动器，在设计其驱动方式时需要仔细权衡驱动电源的可实现情况和未来机载该电力电子电路的重量约束，毕竟质量始终是仿昆 FWMAV 研制的生命线。

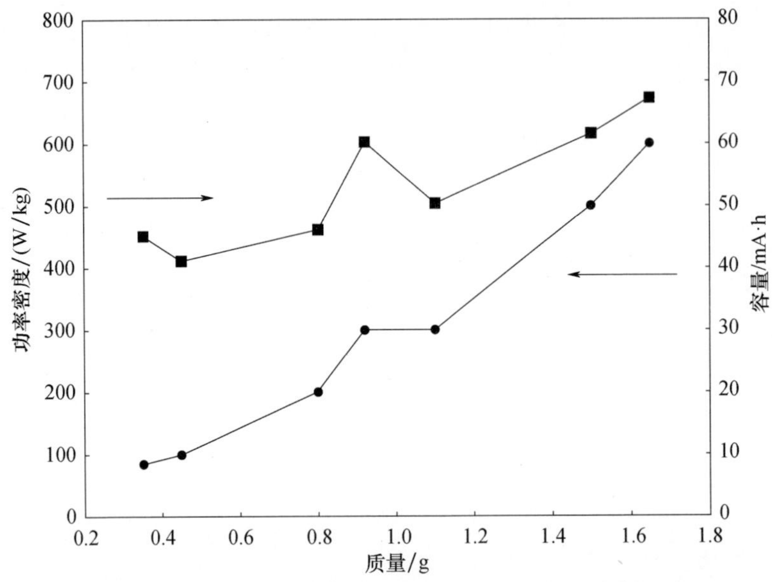

图 8-2 商业锂聚合物电池在 5C 放电倍率下放电的功率密度和容量[275]

本节重点针对可选的微驱动器的主要性能进行探讨,并对目标参数与关键指标进行对比分析,初选了很有希望的两类微驱动器,即压电驱动器(PZT)和介电弹性体微驱动器;然后介绍了薄膜 PZT MEMS 微驱动器和微传感器在可动微机器人和仿昆 FWMAV 中的应用情况。值得注意的是,作为更小尺度的仿昆 FWMAV 研究中的微驱动器方案,薄膜压电驱动器和形状记忆合金驱动器表现出极好的潜力。最后从功率和驱动电路的角度看,探讨了微驱动器的驱动电源电路涉及的主要驱动模式,即电流或电压驱动模式,并分析了其可实现途径。根据这些微驱动的驱动模式和与其匹配的驱动电源要求的电力电子电路在微尺度的可实现性,同时参考前面针对微驱动器的关键性能指标要求,最终优选出压电驱动器作为仿昆 FWMAV 的驱动方案。

8.2 压电驱动器的设计原理、制造工艺和测试

8.2.1 压电驱动器的设计原理

选定了的压电驱动器作为仿昆 FWMAV 的动力源,本节将着重介绍压电驱动器的设计构型和材料的选择,驱动方式的选择,以及双晶片压电悬臂梁式驱动器的理论预测模型。其中在理论预测模型中,将详细地给出弯曲振动压电驱动

器的静力学线性模型、非线性集总参数动力学模型和静力学非线性预测模型,以便为驱动器的理论预测和实际最优参数设计提供设计依据。最后介绍压电驱动器的制造工艺和性能指标测试。

1. 压电驱动器的工作原理——逆压电效应

众所周知,压电陶瓷片具有正逆压电效应,正压电效应实质上是机械能转化为电能的过程,通常利用正压电效应研究微型压电能量采集器;而逆压电效应则是压电片在电场作用下,将电能转换为机械能,这就是压电驱动器的工作原理。压电陶瓷片既是弹性体,又是介电体,它具有力学量和电学量,当力学量和电学量相互作用时,产生压电量。压电片自身具有极化方向,当外加电场的方向与压电陶瓷片的极化方向相同时,压电片沿横断面方向会收缩,高度方向扩展;反之,沿横断面方向会扩展,高度方向收缩。压电材料的压电属性同时涉及力学和电学之间的相互作用,这种相互作用可以近似地用电学和机械变量之间的关系式来描述。压电方程反映了弹性变量(应力和应变)和电学变量(电场和电位移)之间的关系。由于压电晶片处于不同的使用状态和测试条件,相应的压电方程中的相对独立的变量的选择也不同。所以根据机械边界条件与电学边界条件的不同,对应有不同的压电方程组。通常,电学边界条件有开路和短路,机械边界条件有自由和夹紧。这样就会有四类压电方程。电学开路是当压电陶瓷片的等效内阻远小于两电极间外电路的电阻时,电极上的电位移不变。电学短路是压电陶瓷片的等效内阻远大于两电极间的外电路的等效电阻时,电极面的电压不变。机械自由是把压电陶瓷片的中间夹紧约束住,而压电片的两端是可以自由变形的,边界上没有应力。机械夹紧则是把压电陶瓷片的两端边界采用固定约束,使边界不能变形,即应变为零。当机械边界条件是机械自由,电学边界条件是电学短路时,可以得到第一类压电方程组,其中应变和电位移是因变量,电场强度和应力是自变量,具体关系为

$$\begin{aligned}\{\boldsymbol{\varepsilon}\} &= [s]^{E}\{\boldsymbol{\sigma}\} + [\boldsymbol{d}]\{\boldsymbol{E}\} \\ \{\boldsymbol{v}\} &= [\boldsymbol{d}]^{\mathrm{T}}\{\boldsymbol{\sigma}\} + [\boldsymbol{\xi}]^{\mathrm{T}}\{\boldsymbol{E}\}\end{aligned} \tag{8-1}$$

式中:$\boldsymbol{\varepsilon}$ 为应变;$\boldsymbol{\sigma}$ 为应力;$\boldsymbol{v}$ 为电位移;$\boldsymbol{E}$ 为电场强度;$[\boldsymbol{s}]^{E}$ 为恒电场下的弹性柔顺系数,称为短路柔顺系数;$[\boldsymbol{d}]$ 为压电系数矩阵;$[\boldsymbol{\xi}]^{\mathrm{T}}$ 为恒应力作用下的电容率,简称介电常数;上标 T 表示矩阵转置。

2. 压电驱动器的设计构型和材料选择

通常有两种广泛应用的压电驱动器类型,即弯曲驱动器和多层线性驱动器。一般来说,与多层线性驱动器相比,弯曲型驱动器会产生较大的位移输出和一定的阻锁(blocked)力。然而,它的位移与长度的平方成一定比例。常用

的弯曲驱动器结构包括压电双晶片、压电单晶片、圆管式、圆柱式。压电双晶片驱动器是由两片形状相同的压电陶瓷片直接键合在一起或者对称的粘贴在中间弹性结构层的两侧，中间弹性结构层通常选用导电材料，如金属材料、非金属碳纤维等。

根据压电驱动原理，这里采用了三层复合层压结构来设计双晶片压电悬臂梁式驱动器（见图 8－3）。其中压电陶瓷片的外形是等腰梯形的，即其宽度沿着长轴方向是逐渐变窄的。该压电驱动器的上下两层是压电陶瓷片，中间结构层是高模量碳纤维复合材料，延伸端与压电片的界面处采用了玻璃纤维来增强界面连接强度。

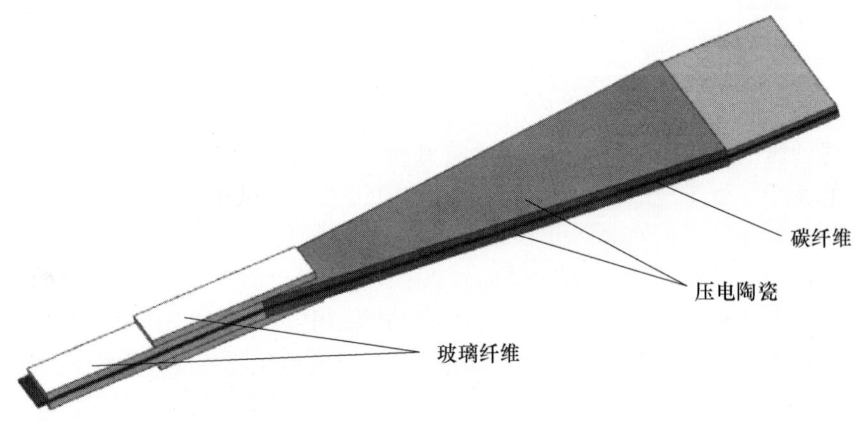

图 8－3　双晶片压电悬臂梁式驱动器结构图

压电陶瓷片的性能直接影响压电驱动器的指标。因此必须选择性能优良的压电陶瓷片。选择压电材料的衡量标准之一是应变能密度。应变能密度定义如下：

$$e_{\max} = \frac{1}{\rho}\left(\frac{1}{2}E\varepsilon_{\max}^{2}\right) \tag{8-2}$$

式中：$e_{\max}$为最大应变能密度；ρ 为压电陶瓷片密度；E 为弹性模量；$\varepsilon_{\max}$为最大应变。一般认为最大应变来自于两种弹性模式：外加负载产生的应变和外加电场激励下产生的应变。常见的压电材料有两种：一种是柔性多晶体压电陶瓷（PZT－5H）；另一种是基于单晶体的铁电张弛压电陶瓷。前者具有成本低、适用性强和具有相对高的弹性模量，而后者具有更高的压电耦合系数，但存在成本高、适用性不强和易断裂等缺点。表 8－3 给出了两种材料的属性。由于单晶体材料表现出极低的破坏强度，PZT－5H 表现了更高的断裂强度。因此这里选择多晶体压电陶瓷材料（PZT－5H）来设计压电驱动器。

表 8-3　两种压电陶瓷材料的参数[25]

参数名称(单位)	PZT-5H	PZN-PT
弹性模量 E/GPa	62	15
密度 ρ/(kg/m^3)	7800	8300
压电系数 d_{31}/(pm/V)	-320	-950
极限应力 σ_u/MPa	200	40
泊松比 ν_{12}(-)	0.31	0.26
剪切模量 G_{12}/GPa	24	6
最大电场强度 $E_{3,\max}$/(V/μm)	2.5	12
最大机械应变 $\varepsilon_{1,\max}$	0.3%	0.3%
最大压电应变 $\xi_{1,\max}$	0.3%	1.5%

中间导电结构采用的是具有超高弹性模量的碳纤维预浸料。高模量碳纤维预浸料是一种具有超高力学性能的工业级的碳纤维复合坯材,作为战略性新兴产业中的一种重要产品,已广泛用于航天、传感器、民品等先进复合材料的增强体,是未来汽车轻量化的主力军。基于碳纤维的复合材料自身就有很好的导电性,而且复合材料本身具有一层黏性的预浸料,可直接粘结压电陶瓷片,使压电陶瓷片与碳纤维紧密键合在一起。此外,理想的高模量碳纤维还作为刚性延伸部分的材料。考虑到压电电极层存在易短路的问题,针对远端延伸段,采用了没有导电性的玻璃纤维与中间被动碳纤维结构层的上下面进行键合,而玻璃纤维与压电片的界面处采用了短尺寸的玻璃纤维作为搭接块来增强它们的连接强度。

3. 压电驱动器外加电压驱动方式的选择

压电驱动器的性能与所加电场强度的大小有直接关系。压电场强度等于在上下两片压电片上所施加电压与压电片厚度的比值。对于压电驱动器而言,有四个关键因素限制施加电场强度的大小:机械失效(如破裂)、电气失效(如介质击穿故障)、去极化和压电效应饱和,把一系列压电片双晶片连在一起或用并联驱动源驱动都可以增大去极化电压,从而避免低压情况下驱动器被去极化。改变驱动器内部和外部的尺寸可以使驱动器在一定的场强下正常运行,而普通常用的矩形双晶片在这种场强下可能会发生故障不能工作。因此,选择合适的驱动方式不仅可以避免去极化而且可以提高所加电场强度。一般压电双晶片驱动器是准静态驱动的,即驱动电压频率远远小于压电双晶片自身的固有频率,此时的功耗与驱动频率成线性关系,易于分析;当电压频率等于固有频率时,系统将达到共振,此时的功耗与驱动频率将呈现一个非常复杂的非线性关系。对于双晶片弯曲压电驱动器,传统的施加电场的方法有很多。最简单的方法只有一个电源,采用串联或者并联的方式,如图 8 – 4 所示。

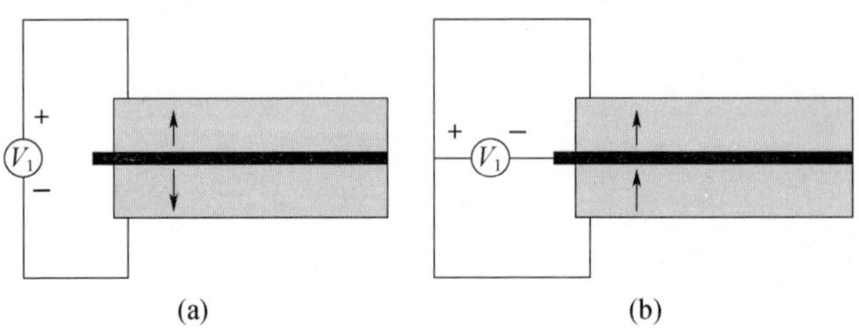

图 8 – 4 单源驱动示意图

(a)串联;(b)并联。

对于串联的情况(见图 8 –4(a)),外电场分别施加在上下两片压电片的两电极表面之间,始终是一面接正极,另一面接负极,与中间导电结构层键合之后的上下两片压电陶瓷片极化方向相反。在外加直流电压激励下,上层压电片的电场方向与极化方向相反,将产生上层压电片的横断面扩展。下层压电片的电场方向与极化方向相同,将产生下层压电片的横断面收缩。与上下压电层紧密键合的中间结构层在受到上下层压电片的拉压应力作用下将产生向下的单向弯曲。如果外加电压是交流的,该串联构型的压电驱动器将产生双向交替弯曲。该构型的缺点是上下两层压电片的激励方式总是存在一定的不同步性。此外,当电场方向与某片压电片的极化方向相反时,外加电场的场强将受到压电陶瓷去极化电场的限制,因而最终外加电压不能太高,所以产生的最终的弯曲也不会太大。因此,该构型的压电驱动器输出的位移比较小。

对于并联的情况(见图 8 –4(b)),中间导电结构层接地,正电压施加于上下层压电片的外表面电极上。该压电驱动器的构型配置是相同的,即与中间结构层键合之后的上下两片压电陶瓷片极化方向是相同的。与串联式的工作原理几乎相同,只不过上下层压电片的驱动是同步的,即同步沿着横断面方向扩展和收缩,产生单向弯曲(直流电压时)或者双向交替式弯曲(交流电压时)。同样地,该构型配置的驱动器也存在无法加载过高电压来实现高电场场强的驱动,因而输出性能指标也不会太高。

这两种方法的不同之处还在于,要得到相同的电场强度,串联电路所加的电压是并联电路的 2 倍,而并联电路会多一根连接线。但是这两种方法都存在一定的局限性。当极化方向与电场方向相反时,在去极化发生之前可以施加的电场强度比较低。压电陶瓷在室温时,去极化电场强度接近 0.5V/μm,然而当期望的电场强度(根据驱动器的材料接近断裂)大约为 2 – 3V/μm,就会有一层发生去极化,使压电驱动器失效。当工作温度接近居里温度点或者在有外加机械应力时,这种效应会被放大。很显然,单电源驱动的方法获得的能量比较低,因此为了获得尽可能高的指标参数,考虑采用双源驱动方式。

常见的双源驱动原理图如图 8 -5 所示。可以看到,每一层压电层所加电场方向与其极化方向始终保持一致,即相对于极化方向,压电层的场强始终保持正的。

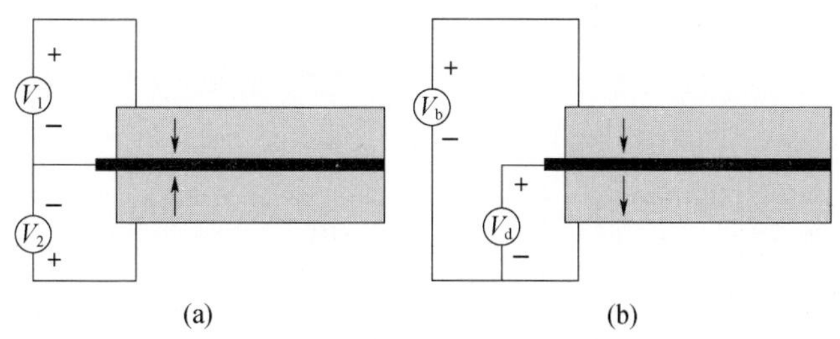

图 8 -5 双源驱动示意图

(a)交替驱动;(b)同步驱动。

第一种驱动方式称为交替驱动(见图 8 -5(a)),采用两个始终与压电片极化方向相同的交流电压源各自驱动一层压电片。两个正的交流电压源相对保持180°相位差,驱动各自压电片。因为外电场方向和压电片的极化方向始终是一致的,所以两层压电片在 180°相位差下始终是沿着横断面方向产生不同程度收缩的应变,通过将这种应力传递给与其紧密键合的中间结构层将导致整个驱动器出现单向弯曲。交替式正的交流电压输入将不断地产生交替式弯曲。这种驱动方式能保证每个电极层始终在正电场下被激励,因此可以在很大程度上提高外加电压的场强,同时不致使压电片去极化。尽管如此,这种驱动方式需要两个独立的电源,如果有 n 个驱动器,就需要 $2n+1$ 根导线和 $2n$ 个电源。

第二种驱动方式称为同步驱动(见图 8 -5(b)),有一直流高压偏置电源。该压电驱动器的构型配置是相同的,即与中间结构层键合之后的上下两片压电陶瓷片极化方向是相同的。对下层压电陶瓷片施加交流电压;对上层压电陶瓷片施加直流偏置高压,该偏置电压与交流电压的相差作用产生了作用在上层压电片的同步交流电压(该电压与上层压电片受到的瞬时电压的瞬时幅值是不同的)。由于上下两片压电片的极化方向始终与外加电压指向相同,由于逆压电效应,上下层压电陶瓷片将同时产生不同程度的沿横断面方向的收缩。哪一层压电片受到瞬时激励电压值大,产生的沿横断面方向的收缩应变就大,上下两层压电片收缩应变的不一致将对中间结构层产生不同程度的拉压应力作用,从而产生中间层与其紧密键合之后的上下压电层的整体弯曲。在这种同步驱动方式中,高压偏置电源和地线可以作为多个驱动器的共用线。如果有 n 个驱动器,就只需要 $n+2$ 根导线和 $n+1$ 个电源。

同步驱动与交互驱动相比较,对于单个驱动器,两种方法需要的电源数与导线数是相同的,但是交互驱动方法的两个电源要保持180°相位差,不容易控制。尤其是对于多个驱动器,同步驱动方式需要的电源数和导线数更少,因而易于连接。不过同步驱动方式始终存在一定的置空电压,这会很大程度上限制压电驱动器的驱动效率和最终能源的利用率。尤其是针对期望实现最终的自主可控飞行的仿昆 FWMAV,能源的利用效率是至关重要的。考虑实际能实现的条件,我们选用了具有双电压源的同步驱动方式来驱动双晶片压电悬臂梁式驱动器。根据已报道的理论预测结果和实验测试结果[25-26],采用同步驱动方式的该型号的压电驱动器能够产生较大的输出位移和驱动力。进一步地,该微位移和驱动力经过高精度的柔顺传动机构的位移放大作用和力矩的传递,最终能够使翅膀产生沿着柔顺传动机构的支座铰链的拍打运动。压电驱动器的位移输出和力输出越大,翅拍运动的幅值就越大。同时与动力学传动系统耦合之后压电驱动器的共振驱动频率越高,产生的翅拍运动就越快。最终的仿昆 FWMAV 产生的瞬时升阻力也就相应地高。

8.2.2 双晶片压电悬臂梁式驱动器的理论预测模型

针对双晶片压电悬臂梁式驱动器(见图8-6),RJ Wood 教授等对其静力学和动力学进行过详细分析,并对其能量密度进行了参数化优化[25-26,275,278-279]。因这里采用了该构型的压电驱动器,作者分别重新对静力学线性模型、非线性集总参数动力学模型和静力学非线性预测模型进行了全面的简化推导,以便使这些模型在压电驱动器的实际优化设计和理论分析中更具实用价值和指导意义。

1. 静力学线性模型

在采用层叠板理论对多层弯曲压电驱动器的准静态模型进行分析建模之前,需要做如下的应用假设[25]:

(1)假设压电驱动器是在准静态时(驱动频率远远小于其共振频率)激励的,忽略了功率传递中出现的耗散效应。即已假设压电驱动器是在准静态条件下工作的,作为初步的设计参考,其静力学模型可简化地应用于驱动器的动态性能指标的预设计与计算中,实际工况下的指标还需通过设计合理的实验来测定。

(2)假设压电陶瓷片材料在横向方向是各向同性的,也就是说 $d_{31}=d_{32}$,而且也假设没有压电剪切应力,$d_{36}=0$。通常来说,这些假设只针对多晶压电材料可以成立，含有单晶材料的压电常量一般会因为导向相对单晶方向的不同而变化，但是，如果以合适的角度去切割晶体，使晶体平面与压电驱动器尺寸对齐，就可以使材料具有压电上的横向各向同性，这个假设也适用于单晶体的材料。

(3)没有外部轴向负载，只在驱动器的末端施加横向负载。

(4)假设每一层之间的键合是紧密的，且每层之间没有剪切应力。

(5)对于热量的考虑，假设透过所有层叠板之间的厚度变化是没有温度梯度变化的，同时可以忽略单纯电致伸缩和其他一些高级别的影响因素。

(6)当驱动器宽度比厚度要大很多时，水平应力就认为可以导致 $\varepsilon_y \equiv 0$。

由图 8-6 所示的压电驱动器的结构可知，该外形的驱动器由三层结构组成，可以利用层叠板理论进行分析。在分析前先给出一些假设：①假设压电陶瓷材料在横向方向是各向同性的且没有压电剪切应力；②假设每一层之间的连接是完美结合，即每层之间没有剪切应力；③忽略温度变化对驱动器的影响；④当驱动器宽度比厚度大很多时，可以认为是平面应力状态。由于这里选择的压电驱动器的宽度是沿着长度方向逐渐递减，而不是恒定的。图 8-7 中被动导电的弹性结构层只用一层材料表示出来了，事实上，这是由一系列任意方向的电极层材料构成的。为了对比性能，下面给出了简化的机械能预测表达式，该机械能等效为力—位移曲线下的面积：

$$U_m = \frac{1}{2} F_{b,\mathrm{ext}} \delta(l + l_{\mathrm{ext}})_{\max} \tag{8-3}$$

式中：$F_{b,\mathrm{ext}}$ 为压电驱动器的远端尖部固定时阻锁力的峰值；$\delta(l + l_{\mathrm{ext}})_{\max}$ 为压电驱动器的远端尖部输出的无负载自由位移的峰峰值。进一步地，单位质量的总机械能称为能量密度，由此可以将能量密度用来度量一定质量的压电驱动器能够产生多少能量输出。随后的模型中都将能量密度当作关键指标来度量驱动器的性能。

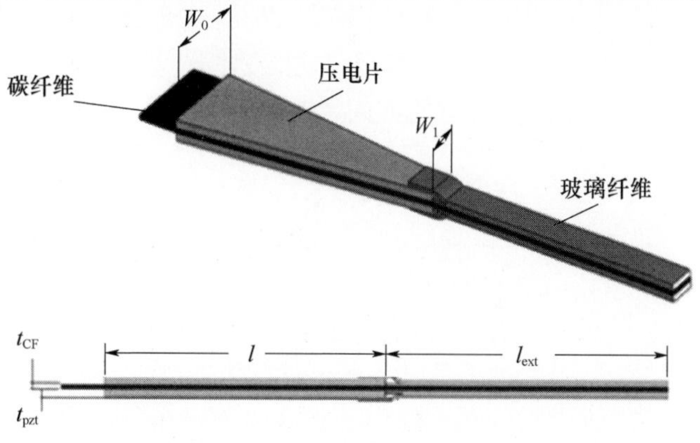

图 8-6　双晶片压电悬臂梁式驱动器的几何尺寸参数定义

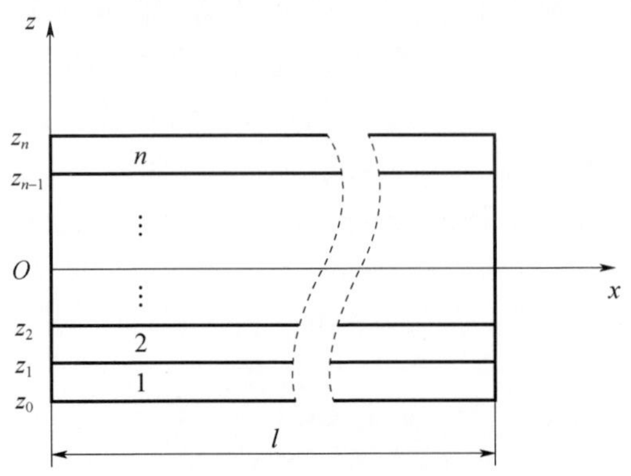

图 8 -7　驱动器多层薄层材料的任意角度的叠层布置

针对层叠型压电驱动器,有了上述假设下,其中压电片的弹性模量和压电属性可引入以下的调整:

$$\begin{cases} E_i \to E_i (1 - \nu_i{}^2)^{-1} \\ d_{31} \to d_{31} (1 + \nu_i) \end{cases} \tag{8-4}$$

图 8 -7 所示为构成驱动器的薄层材料的任意角度的叠层布置。层叠板的尺寸描述由图 8 -6 给出了,任何一层的应力通过以下公式可以给出:

$$\varepsilon_1 = \frac{1}{E}\sigma_1 + d_{31}E_3 p + \alpha_1 \Delta T \tag{8-5}$$

式中:σ 为施加的应力;E_3 为电场强度;α 为热膨胀系数;ΔT 为温度变化量,这里表示从固化居里温度到室温的变化量。式(8 -5)中的 p 变量是形参表示量,具体定义如下:$p=1$ 对应着电场和压电陶瓷极化方向相同;$p=-1$ 对应着电场和压电陶瓷极化相反,$p=0$ 对应着其他情况。因此,这个模型可以用于任何一种由压电主电极和被动电极结合的层叠板。注意,对于一个各向异性的复合材料,式(8 -4)中的应变都是沿着纤维的方向,如图 8 -8 所示。更一般的,非平面应变假设如下式:

$$\begin{bmatrix} \varepsilon_1 \\ \varepsilon_2 \\ \gamma_{12} \end{bmatrix}_n = \begin{bmatrix} S_{11} & S_{12} & 0 \\ S_{21} & S_{22} & 0 \\ 0 & 0 & S_{66} \end{bmatrix}_n \begin{bmatrix} \sigma_1 \\ \sigma_2 \\ \tau_{12} \end{bmatrix}_n + \begin{bmatrix} d_{31} \\ d_{32} \\ 0 \end{bmatrix}_n E_3^n + \begin{bmatrix} \alpha_1 \\ \alpha_2 \\ 0 \end{bmatrix}_n \Delta T \tag{8-6}$$

针对压电陶瓷层,按式(8-6)可以得到应力的表达式:

$$\begin{bmatrix}\sigma_1\\ \sigma_2\\ \tau_{12}\end{bmatrix}_n=\begin{bmatrix}Q_{11} & Q_{12} & 0\\ Q_{21} & Q_{22} & 0\\ 0 & 0 & Q_{66}\end{bmatrix}_n\cdot\left(\begin{bmatrix}\varepsilon_1\\ \varepsilon_2\\ \gamma_{12}\end{bmatrix}_n-\begin{bmatrix}d_{31}\\ d_{32}\\ 0\end{bmatrix}_n E_3^n-\begin{bmatrix}\alpha_1\\ \alpha_2\\ 0\end{bmatrix}_n\Delta T\right)\tag{8-7}$$

针对压电陶瓷或者碳纤维复合材料,式(8-7)中 Q_{ij} 为刚度矩阵的元素。对于各向同性的材料层:

$$\begin{cases}Q_{11}=Q_{22}=\dfrac{E}{1-\nu^2}\\ Q_{12}=\dfrac{E\nu}{1-\nu^2}\\ Q_{66}=\dfrac{E}{2(1+\nu)}=G_{12}\end{cases}\tag{8-8}$$

对于各向异性材料层:

$$\begin{cases}Q_{11}=\dfrac{E_1}{1-\nu_{12}\nu_{21}}\\ Q_{12}=\dfrac{\nu_{12}E_2}{1-\nu_{12}\nu_{21}}\\ Q_{22}=\dfrac{E_2}{1-\nu_{12}\nu_{21}}\\ Q_{66}=G_{12}\\ \dfrac{\nu_{12}}{E_1}=\dfrac{\nu_{21}}{E_2}\end{cases}\tag{8-9}$$

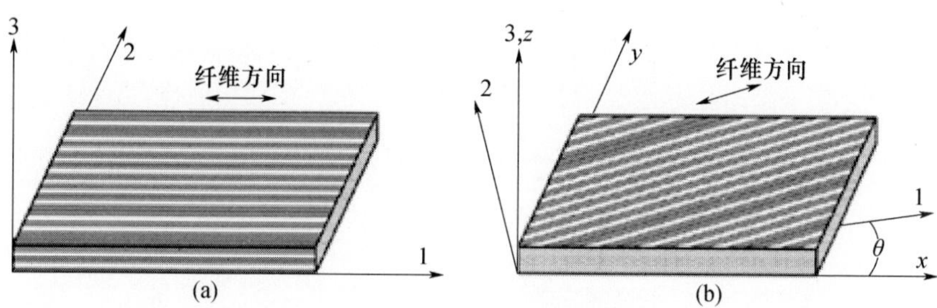

图 8-8　薄层板的图解

(a)薄层板的纤维方向与坐标系的轴向对齐;(b)薄层板的纤维方向按任意方向布置。

各向异性材料层任意薄板方向的平面应变的表达式为

$$\begin{bmatrix} \sigma_x \\ \sigma_y \\ \tau_{xy} \end{bmatrix}_n = \begin{bmatrix} \overline{Q}_{11} & \overline{Q}_{12} & \overline{Q}_{16} \\ \overline{Q}_{21} & \overline{Q}_{22} & \overline{Q}_{26} \\ \overline{Q}_{16} & \overline{Q}_{26} & \overline{Q}_{66} \end{bmatrix} \cdot \left(\begin{bmatrix} \varepsilon_x \\ \varepsilon_y \\ \gamma_{xy} \end{bmatrix}_n - \begin{bmatrix} d_{31} \\ d_{32} \\ 0 \end{bmatrix}_n E_3^n - \begin{bmatrix} \overline{\alpha}_x \\ \overline{\alpha}_y \\ \overline{\alpha}_{xy} \end{bmatrix}_n \Delta T \right) \quad (8-10)$$

这里新的$[\overline{\boldsymbol{Q}}_{ij}]_n$是修正后的刚度矩阵,可以表示为

$$[\overline{\boldsymbol{Q}}_{ij}] = [\boldsymbol{T}]^{-1}[\boldsymbol{Q}_{ij}][\boldsymbol{T}]^{-\mathrm{T}} \quad (8-11)$$

形变热膨胀系数为

$$[\overline{\boldsymbol{\alpha}}] = [\boldsymbol{T}]^{-1}[\boldsymbol{\alpha}] \quad (8-12)$$

转换矩阵为

$$[\boldsymbol{T}] = \begin{bmatrix} m^2 & n^2 & 2mn \\ n^2 & m^2 & -2mn \\ mn & mn & m^2-n^2 \end{bmatrix} \quad (8-13)$$

在式(8-13)中,变量m和n各自表示$\cos\theta$与$\sin\theta$,这里θ是全局坐标与层纤维走向之间的夹角(见图8-8(b))。单位宽度的力和力矩作为板层应力的函数为

$$\begin{cases} [\boldsymbol{N}_i] = \sum\limits_n \int_{z_{n-1}}^{z_n} [\boldsymbol{\sigma}_i]_n \mathrm{d}z \\ [\boldsymbol{M}_i] = \sum\limits_n \int_{z_{n-1}}^{z_n} [\boldsymbol{\sigma}_i]_n z\mathrm{d}z \end{cases} \quad (8-14)$$

根据层叠板理论,可以确定压电驱动器的物理属性关于板层堆叠的函数关系。中性平面的应变($\boldsymbol{\varepsilon}^0$)和曲率($\boldsymbol{\kappa}$)与力和力矩之间的关系为

$$\begin{bmatrix} \boldsymbol{N} \\ \boldsymbol{M} \end{bmatrix} = \begin{bmatrix} A_{ij} & B_{ij} \\ B_{ij} & D_{ij} \end{bmatrix} \begin{bmatrix} \boldsymbol{\varepsilon}^0 \\ \boldsymbol{\kappa} \end{bmatrix} \quad (8-15)$$

式中元素A、B和D分别为

$$\begin{cases} A_{ij} = \sum\limits_n [\overline{Q}_{ij}]_n (z_n - z_{n-1}) \\ B_{ij} = \dfrac{1}{2} \sum\limits_n [\overline{Q}_{ij}]_n (z_n^2 - z_{n-1}^2) \\ D_{ij} = \dfrac{1}{3} \sum\limits_n [\overline{Q}_{ij}]_n (z_n^3 - z_{n-1}^3) \end{cases} \quad (8-16)$$

式(8-16)中参数z_n是第n层板片相对于中性面的有向高度(见图8-7)。在式(8-15)中,单位宽度的输出力和力矩$[\boldsymbol{N} \quad \boldsymbol{M}]^{\mathrm{T}}$可以分成三部分:外部施加的力矩、内力以及压电效应和热伸缩产生的力矩。

$$\begin{bmatrix} \boldsymbol{N} \\ \boldsymbol{M} \end{bmatrix} = \begin{bmatrix} \boldsymbol{N}^{\mathrm{ext}} \\ \boldsymbol{M}^{\mathrm{ext}} \end{bmatrix} + \begin{bmatrix} \boldsymbol{N}^p \\ \boldsymbol{M}^p \end{bmatrix} + \begin{bmatrix} \boldsymbol{N}^t \\ \boldsymbol{M}^t \end{bmatrix} \quad (8-17)$$

式中：$\boldsymbol{N}^{\text{ext}}$、$\boldsymbol{M}^{\text{ext}}$、$\boldsymbol{N}^{p}$ 和 $\boldsymbol{M}^{p}$ 是单位宽度的外部力和力矩、压电力和力矩；$\boldsymbol{N}^{t}$ 和 $\boldsymbol{M}^{t}$ 是单位宽度的热膨胀或收缩力和力矩，这些热效应较小，可被忽略掉。当对压电驱动器加载外电场后，由于逆压电效应，压电驱动器将产生如下输出力和力矩：

$$\begin{cases}[N_i(E_3)]^p = \sum\limits_n \int_{z_{n-1}}^{z_n} [\overline{Q}_{ij}]_n d_{3j} E_3 p \mathrm{d}z \\ [M_i(E_3)]^p = \sum\limits_n \int_{z_{n-1}}^{z_n} [\overline{Q}_{ij}]_n d_{3j} E_3 p z \mathrm{d}z\end{cases} \tag{8-18}$$

求解式（8－15）可以得到压电驱动器中性面的应变（$\boldsymbol{\varepsilon}^0$）和曲率（$\boldsymbol{\kappa}$）：

$$\begin{bmatrix}\boldsymbol{\varepsilon}^0 \\ \boldsymbol{\kappa}\end{bmatrix} = \begin{bmatrix}A_{ij} & B_{ij} \\ B_{ij} & D_{ij}\end{bmatrix}^{-1} \left(\begin{bmatrix}\boldsymbol{N}^{\text{ext}} \\ \boldsymbol{M}^{\text{ext}}\end{bmatrix} + \begin{bmatrix}\boldsymbol{N}^{p} \\ \boldsymbol{M}^{p}\end{bmatrix} \right) \tag{8-19}$$

最后，根据施加电场（$[E_3]_n$）和外加负载方程，可以得到压电驱动器的总输出位移和输出力。因为轴向应变并不影响悬臂梁末端的横向位移，所以在式（8－19）中唯一变化的是 $\boldsymbol{\kappa}_x$。依据等式 $\mathrm{d}^2\delta(x)/\mathrm{d}x^2 = \boldsymbol{\kappa}_x$ 知曲率（$\boldsymbol{\kappa}_x$）与位移（$\delta(x)$）有关，这里 $\delta(x)$ 是驱动器沿着 x 轴方向任一点的位移。为了便于分析计算，定义如下矩阵：

$$\boldsymbol{C} = \begin{bmatrix}A_{ij} & B_{ij} \\ B_{ij} & D_{ij}\end{bmatrix}^{-1} \tag{8-20}$$

针对悬臂梁式驱动器，当外负载集中作用在远端时，并且沿着压电驱动器的宽度方向和长轴向没有外力和外力矩的话（见图 8－9），压电驱动器受到的外力和外力矩可以简写为$[\boldsymbol{N}^{\text{ext}} \quad \boldsymbol{M}^{\text{ext}}]^{\mathrm{T}} = [0 \quad 0 \quad 0 \quad M_x(x) \quad 0 \quad 0]^{\mathrm{T}}$。

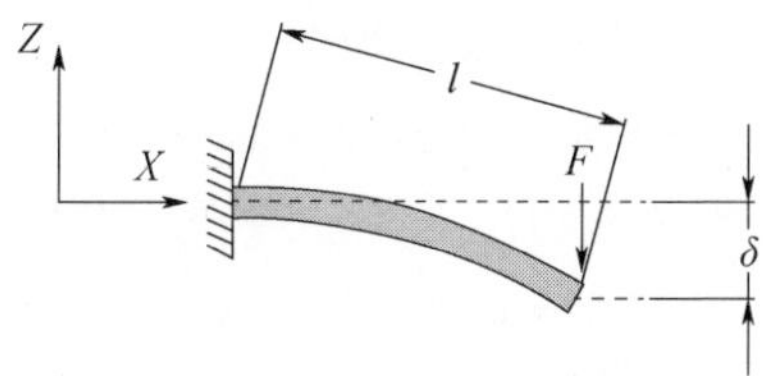

图 8－9　压电驱动器的受力和远端的位移

为了便于分析推导压电驱动器的位移和阻锁力，定义如下：

$$P(E_3) = C_{41}N_x^p(E_3) + C_{42}N_y^p(E_3) + C_{44}M_x^p(E_3) + C_{45}M_y^p(E_3) \tag{8-21}$$

这里 C_{ij}是 $\boldsymbol{C}$ 矩阵的第（i,j）个元素，其中（$i,j \in \{1:6\}$）。由此可知，悬臂梁式驱动器的沿着长轴向的位移分布与内部激励力矩和外载荷力矩有关（这里忽略了静态热应力诱发的力矩），它们之间的关系为

$$\frac{\mathrm{d}^2\delta(x)}{\mathrm{d}x^2}=P(E_3)+C_{44}M_x(x) \tag{8-22}$$

式中：$M_x(x)$为外载荷作用在压电驱动器自由端时产生的沿截面分布的力矩。

当压电驱动器采用含延伸段的双晶片压电悬臂梁式构型后，为了完整地建立压电驱动器的曲率变化模型，需要考虑宽度比和延伸比对沿轴向的截面外力矩的影响。当压电驱动器的延伸段远端尖部受集中外力作用时，根据图 8-10 示意的连接界面处截面受到的外力和力矩的平衡关系，可以给出该截面单位宽度外力矩的完整的轴向分布为

$$M_x(x)=-\frac{F_{\mathrm{ext}}(l(1+l_r)-x)}{w_{\mathrm{nom}}((2(1-w_r)/l)x+w_r)} \tag{8-23}$$

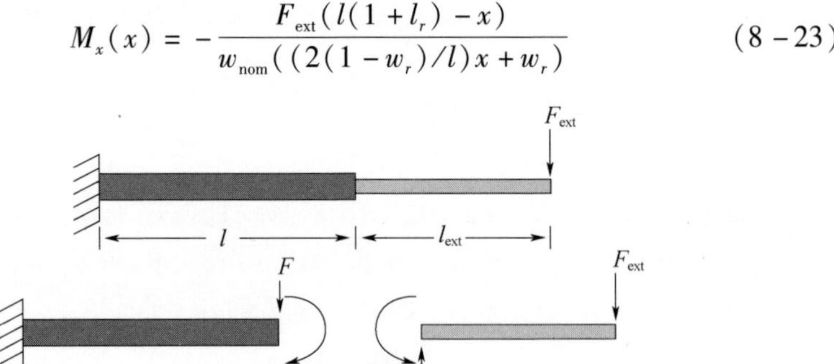

图 8-10　悬臂梁型压电弯曲驱动器的延伸端负载和连接界面处截面受力解析示意图

式中：l_r 为长度因子（$l_r=l_{\mathrm{ext}}/l$）；w_r 为宽度因子（$w_r=w_0/w_{\mathrm{nom}}$，w_{nom}是名义宽度，它是梯形压电片的平均宽度）。将式（8-23）代入式（8-22）之后得

$$\frac{\mathrm{d}^2\delta(x)}{\mathrm{d}x^2}=P(E_3)-\frac{C_{44}F_{\mathrm{ext}}(l(1+l_r)-x)}{w_{\mathrm{nom}}((2(1-w_r)/l)x+w_r)} \tag{8-24}$$

在压电驱动器的近端根部和远端连接界面的范围之内$(0,l)$，对式（8-24）沿着长轴方向积分两次，即可获得压电驱动器在压电片和玻璃纤维连接界面处的位移为

$$\delta(l)=\frac{P(E_3)l^2}{2}-\frac{C_{44}F_{\mathrm{ext}}l^3}{3w_{\mathrm{nom}}}G_l(w_r,l_r) \tag{8-25}$$

这里 $G_l(w_r,l_r)$是关于宽度因子和长度因子在界面处的函数，它的完整表达式为

$$G_l(w_r,l_r)=\frac{\begin{pmatrix}6(w_r-1)(-3-2l_r+2w_r+2w_rl_r)+\\3(w_r-2)(-3-2l_r+w_r+2w_rl_r)\ln\left(\dfrac{2-w_r}{w_r}\right)\end{pmatrix}}{8(1-w_r)^3} \tag{8-26}$$

注意:压电驱动器在延伸段尖端处的位移是压电片和玻璃纤维连接界面处位移、该处斜率和延伸段长度的函数,也就是将式在该处进行一阶展开,即

$$\delta(l+l_{\mathrm{ext}})=\delta(l)+\left.\frac{\mathrm{d}\delta(x)}{\mathrm{d}x}\right|_{x=1}l_{\mathrm{ext}} \tag{8-27}$$

由此可获得压电驱动器在延伸段尖端处的有负载位移[25]为

$$\delta(l+l_{\mathrm{ext}})=\frac{P(E_3)l^2}{2}(1+2l_r)-\frac{C_{44}F_{\mathrm{ext}}l^3}{3w_{\mathrm{nom}}}G_{l_{\mathrm{ext}}}(w_r,l_r) \tag{8-28}$$

这里的位移第一项是由施加的电场产生的,第二项是延伸段远端受到外加负载产生的。注意无负载时 $F_{\mathrm{ext}}=0$,驱动器的远端位移为 $\delta_p(l+l_{\mathrm{ext}})=P(E_3)l^2(1+2l_r)/2$。这里 $G_{l_{\mathrm{ext}}}(w_r,l_r)$ 是关于宽度因子和长度因子在延伸段的函数[25],它的完整表达式为

$$G_{l_{\mathrm{ext}}}(w_r,l_r)=\frac{\begin{pmatrix}6(w_r-1)(3+4l_r-2w_r-4w_rl_r)+\\3(-2-2l_r+w_r+2w_rl_r)^2\ln\left(\frac{2-w_r}{w_r}\right)\end{pmatrix}}{8(1-w_r)^3} \tag{8-29}$$

当来自式(8-28)的延伸段尖端处的负载位移被限制为零时(比如采取夹具固定压电驱动器的远端尖部迫使其不动时,即 $\delta(l+l_{\mathrm{ext}})=0$),即可推导出此时对应的压电驱动器的阻塞力为

$$F_{b,\mathrm{ext}}=\frac{3P(E_3)w_{\mathrm{nom}}}{2C_{44}l}G_{F_b}(w_r,l_r) \tag{8-30}$$

这里 G_{F_b} 是输出力几何尺寸常量,其定义如下:

$$G_{F_b}(w_r,l_r)=\frac{1+2l_r}{G_{l_{\mathrm{ext}}}(w_r,l_r)} \tag{8-31}$$

为了简单化,将 $(1+2l_r)$ 表示为 G_δ,称作自由位移几何尺寸常量。最后用 G_U 代替 $G_\delta G_{F_b}$,根据前文中的机械能的简化表达式(8-1),最终的压电驱动器的机械能可以写成关于 G_U 的函数:

$$U_m=\frac{3P(E_3)^2lw_{\mathrm{nom}}}{8C_{44}}G_U(w_r,l_r) \tag{8-32}$$

图 8-11 所示为 G_U 关于宽度比和延伸比的三维曲线图和等值线图。

最后能量密度(ED_m)表达式为

$$ED_m=\frac{3P(E_3)^2/8C_{44}}{\sum_n\rho_nt_n}G_U(w_r,l_r) \tag{8-33}$$

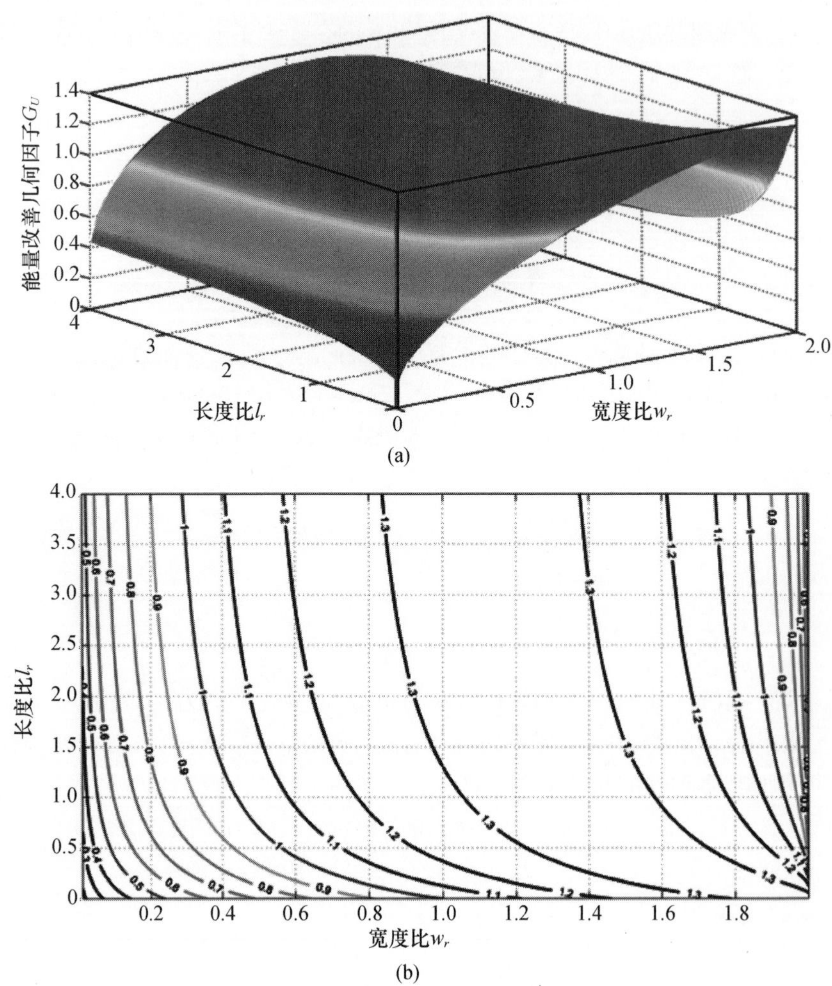

图 8-11　决定能量幅值的几何因子(G_U)关于宽度比和延伸比的三维曲线图和等值线图

式中:ρ_n 和 t_n 分别为第 n 层片的密度和厚度。至此,针对双晶片压电悬臂梁式驱动器建立的准静态模型,包括所采用的材料层数、材料各向异性和布置方向、压电片的层数以及所有的几何外形轮廓尺寸。该模型可以用来预测压电驱动器的自由端位移和阻锁力,以及能量密度等。采用便利的快速优化算法,还可以对驱动器的性能进行相应的最优化设计。

根据上述的准静态理论推导可知,在 $w_r=1.56$,$l_r=0.5$ 时,G_U 的值比较大。因此建议设计时取 $l=8\text{mm}$,$w_r=1.56$,$l_r=0.5$,$w_{\text{nom}}=3.5\text{mm}$,$w_{\text{nom}}=2.25\text{mm}$。由式(8-33)可知,压电驱动器的能量密度和碳纤维材料层的厚度有关,图 8-12

所示为能量密度和碳纤维材料层厚度与压电陶瓷层厚度之比的关系曲线。当压电驱动器的工作电压设定为 300V 的直流电压后，根据计算，在选定压电陶瓷材料的型号（如 PZT－5H，厚度为 127μm，[25－26,278－279]），单向碳纤维预浸料材料后（厚度为 40μm，密度为 $\rho=1500\mathrm{kg/m^3}$）和延伸段刚度增强用的玻璃纤维（厚度为 120μm，$\rho=1600\mathrm{kg/m^3}$），压电驱动器的能量密度几乎达到最大值。针对最优的压电驱动器外形尺寸，理论预测获得的压电驱动器的自由端位移的峰值为 $\delta_{\mathrm{pp}}=479.868\mu\mathrm{m}$，当自由端被固定后，其阻锁力为 $F_b=279.198\mathrm{mN}$。此时压电驱动器的质量 $m_{\mathrm{actuator}}=38.518\mathrm{mg}$，最终理论预测的能量密度为 $ED_m=1.74\mathrm{J/kg}$。

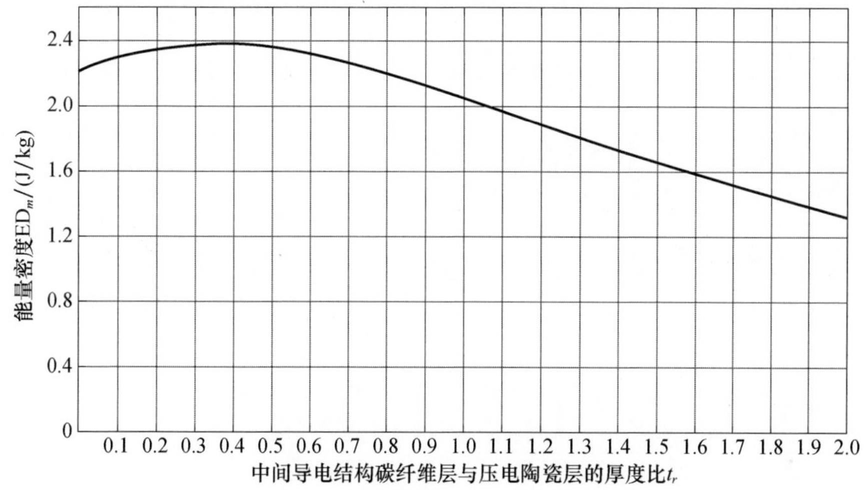

图 8－12　理论预测的中间导电结构碳纤维层厚度与压电陶瓷层厚度之比对能量密度的影响

2. 非线性集总参数动力学模型

在高电场循环高频激励下，压电驱动器存在着蠕变、饱和、迟滞、变刚度等非线性效应[25－26]。结合实际的应用，可以通过三个假设将驱动器简化为一个线弹性元件：①压电驱动器是在理想电压源下驱动的，此时输出力是电压的一元函数，可视为只和电压源相关的力源；②压电驱动器的工作频率（70～120Hz）远低于自身的共振频率（2kHz 左右），可视为在准静态条件下工作。在外电场激励下，压电驱动器的输出力与外加电场近似呈线性关系，因此它可被近似为一个线性力源。通常仿昆 FWMAV 在 0～300V 的外加交流正弦电压和直流偏置电压的共同作用下，压电驱动器的输出力（F_a）可采用如下谐波函数来近似：

$$F_a=F_{\max}\sin(2\pi ft) \tag{8-34}$$

式中：F_{max}为压电驱动器的阻塞力；f为外加交流驱动电压的频率。在实际高频外加高压驱动电场作用下工作的双晶片压电悬臂梁式驱动器不但是一个力源，还有一定惯性属性和刚度，并承受一定阻尼作用。在高电场激励下，压电陶瓷的蠕变、迟滞和饱和等非线性因素会引起压电驱动器产生内耗散[25-26]，它会造成静态线性预测结果和实测的数据之间的差异很大。因而为了进一步提高对压电驱动器输出结果预测的准确性，并预测其无负载作用下的非线性动态响应特性和属性，比如共振频率、有效质量和等效刚度以及阻尼等，可将该驱动器等效为由集中质量、非线性弹簧和非线性阻尼组成的集总参数化模型（见图8-13(a)）。

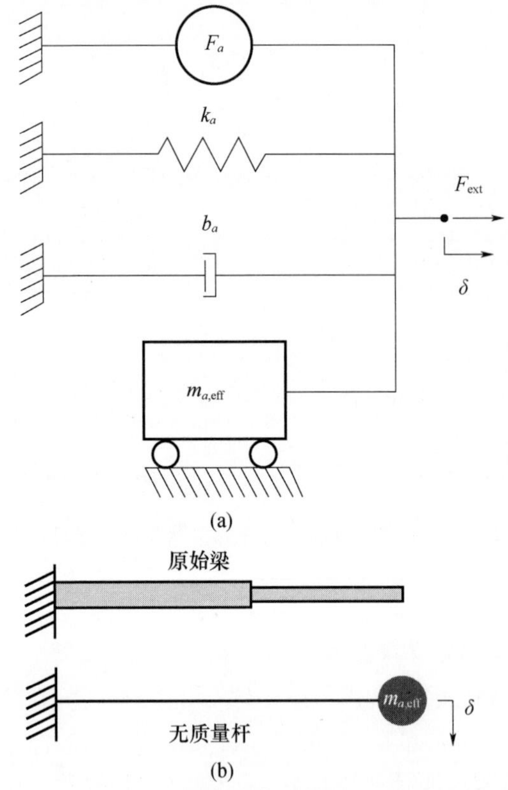

图8-13 压电驱动器的动力学模型和集总参数化模型

(a)动力学模型；(b)等效质量模型。

该模型包括压电驱动器的等效质量（$m_{a,eff}$）、有效刚度（k_a）和阻尼系数（b_a）

1）等效质量

根据集总参数等效法，可把驱动器等效为由一根无质量的杆和一个位于末端质点构成的悬臂梁，即将整个压电悬臂梁式驱动器的质量等效集中作用在远端尖部的质心上(见图 8 - 13(b))。这里压电驱动器的等效质量用 $m_{a,\text{eff}}$ 表示，它可通过能量守恒法来计算。等效模型的动能为

$$T_{\text{eff}} = \frac{1}{2} m_{a,\text{eff}} \dot{\delta}(l)^2 \tag{8-35}$$

式中：$\dot{\delta}(l)$ 为压电驱动器远端尖部的速率。而实际工作中的压电驱动器的总动能为

$$T_{\text{act}} = \frac{1}{2} l \sum_{i=1}^{N_b} \rho_i t_i \int_0^l \dot{\delta}(x)^2 w(x)\,\mathrm{d}x + \frac{1}{2} w_1 l_{\text{ext}} \sum_{i=1}^{N_e} \rho_i t_i \int_0^{l(1+l_r)} \dot{\delta}(x)^2\,\mathrm{d}x \tag{8-36}$$

式中：N_b 和 N_e 分别为梯形部分的层数和延伸端的层数；ρ_i 和 t_i 分别为对应层的密度和厚度；$\dot{\delta}(x)$ 为压电驱动器沿着长度方向分布的速率；$w(x)$ 为压电驱动器沿着长度方向分布的宽度。根据驱动器振动时动能守恒等效关系，即当 $T_{\text{eff}} = T_{\text{act}}$ 时，便可推出有效质量的计算表达式。针对实际构型的压电驱动器，其理论质量(m_{act})的表达式为

$$m_{\text{act}} = w_{\text{nom}} l \sum_{i=1}^{N_b} \rho_i t_i + w_1 l_{\text{ext}} \sum_{i=1}^{N_e} \rho_i t_i \tag{8-37}$$

由梯形压电驱动器的横截面和过渡界面形状可知：$w_1 = w_{\text{nom}}(2 - w_r)$。定义压电的等效质量与其理论质量之间的关系为：$m_{a,\text{eff}} = M \times m_{\text{act}}$，这里 M 为有效质量系数，可以由式(8 - 38)给出：

$$M = \frac{\int_0^l \dot{\delta}(x)^2 \frac{w(x)}{w_{\text{nom}}}\mathrm{d}x + (2 - w_r) d_r \int_l^{l(1+l_r)} \dot{\delta}(x)^2\,\mathrm{d}x}{l(1 + d_r l_r (2 - w_r))\dot{\delta}(l + l_{\text{ext}})^2} \tag{8-38}$$

这里厚度因子(d_r)由式(8 - 39)计算：

$$d_r = \frac{\sum_{n=1}^{N_e} \rho_e(n) t_e(n)}{\sum_{n=1}^{N_b} \rho_b(n) t_b(n)} \tag{8-39}$$

针对前面静力学线性模型选定的压电驱动器的最优尺寸，其厚度比为 $d_r = 0.2175$。当碳纤维和玻璃纤维材料以及压电片层的厚度改变时，该厚度比也将改变。进一步地可以获得等效质量的总计算公式为

$$m_{a,\text{eff}} = \frac{\int_0^l \dot{\delta}(x)^2 \frac{w(x)}{w_{\text{nom}}}\mathrm{d}x + (2 - w_r) d_r \int_l^{l(1+l_r)} \dot{\delta}(x)^2\,\mathrm{d}x}{l(1 + d_r l_r (2 - w_r))\dot{\delta}(l + l_{\text{ext}})^2} \times \left(w_{\text{nom}} l \sum_{i=1}^{N_b} \rho_i t_i + w_1 l_{\text{ext}} \sum_{i=1}^{N_e} \rho_i t_i\right) \tag{8-40}$$

对于一些给定的厚度因子(d_r),可绘制有效质量系数与宽度比和长度比之间的函数关系曲线,如图 8-14 所示。这里根据商业可获得的材料的厚度选定厚度因子后,有效质量系数都可以通过选择合适的几何尺寸(长度比和宽度比)来降低,从而降低最终等效质量。针对前面给出的最优的压电驱动器外形尺寸,理论预测获得的压电驱动器的压电驱动器的质量 $m_{\text{actuator}} = 38.518\text{mg}$,由式(8-40)可得等效质量系数 $M = 0.0556$,则驱动器的等效质量为 $m_{a,\text{eff}} = 2.142\text{mg}$。

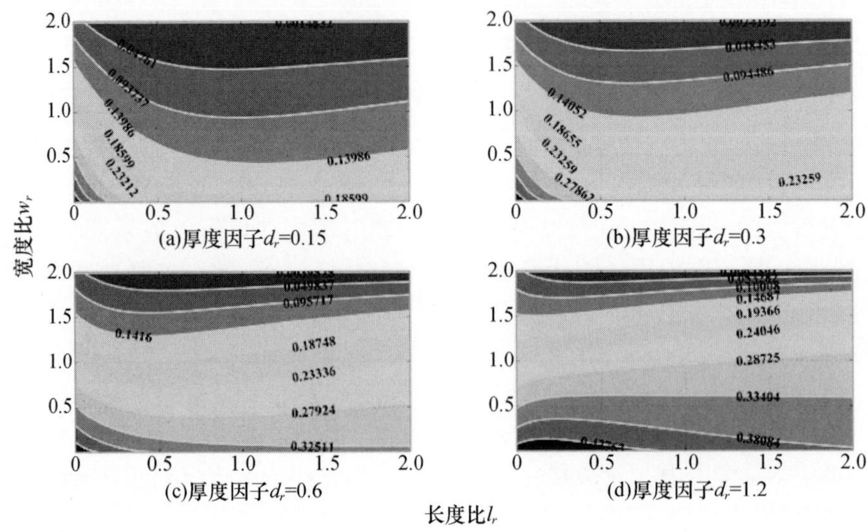

图 8-14 不同厚度因子(d_r)对应的有效质量系数(M)与长度比和宽度比之间关系

2)刚度系数

该系统中被简化的弹簧刚度系数(k_a)可根据驱动器的堵死力和无负载远端尖部的自由位移的静力学关系确定。由式(8-28)和式(8-30)可得驱动器的静态刚度系数为

$$k_a = \frac{3w_{\text{nom}}}{C_{44}l^3}\frac{G_{F_b}(w_r, l_r)}{(1+2l_r)} \tag{8-41}$$

针对前面给出的最优的压电驱动器外形尺寸,理论预测获得的压电驱动器的自由端位移的峰值为 $\delta_{\text{pp}} = 479.868\mu\text{m}$,当自由端被固定后,其堵死力为 $F_b = 279.198\text{mN}$。压电驱动器的静态刚度为 $k_a = 581.82\text{N/m}$。

3)阻尼系数

与翅膀受到的气动阻尼相比,驱动器自身的阻尼比较小。在实际工况下,该阻尼与工作频率和电场强度呈非线性关系[26]。直接测量弯曲驱动器的阻尼很困难,因为这种结构的 Q 值通常是很高的,以至于在系统共振时会产生机械失效。可利用间接的方法得到阻尼系数。

阻尼系数模型是基于阻尼比的模型,具体如下:

$$b_a = 2\pi\zeta\sqrt{m_{a,\mathrm{eff}}k_a} \tag{8-42}$$

式中:ζ 为阻尼比。当对压电片施加周期变化的正弦驱动电压时,压电片承受着周期变化的应力,也会产生周期性的应变。但因存在着蠕变、迟滞等,应变常落后于应力,应力的正弦波与应变的正弦波之间有相位差,即为损耗因子。损耗因子 $\eta=2\zeta$,为一个周期损失的能量除以总能量。其表现在位移—电场强度曲线上就是形成了一个迟滞回线。文献[26]给出了根据迟滞回线计算损耗因子的方法,即 $\eta=N/M$,这里 N 为位移达到零时传递力在迟滞回线上双幅长度;M 为与最大位移对应的传递力在迟滞回线上双幅长度。通过实验测得压电驱动器的外加电压和位移数据后绘制由蠕变效应产生的迟滞回线,即可获得 N 和 M 值。比如针对表中给的压电驱动器的外形参数在 300V 峰值电压下测得 N 和 M 分别为 0.7765 和 3.75,即可算的 $\eta=0.21$。有了该值即可获得阻尼比 $\zeta=\eta/2=0.1$。进一步地,根据式(8-42)可知阻尼系数为 $b_a=0.0074\mathrm{N\cdot s/m}$。

4)二阶系统共振频率

到此,所有的集总参数化模型的参数都已获得,进一步地可以建立其二阶动力学系统方程为

$$m_{a,\mathrm{eff}}\ddot{\delta}+b_a(f,E_3)\dot{\delta}+k_a(E_3)\delta=F_{\mathrm{ext}}—F_a \tag{8-43}$$

由此可知压电驱动器的共振频率为

$$f_d=\frac{1}{2\pi}\sqrt{1-\zeta^2}\sqrt{\frac{k_a}{m_{a,\mathrm{eff}}}} \tag{8-44}$$

根据上面的集总化获得的参数,可以预测出压电驱动器的共振频率为 $f_d=2.587\mathrm{kHz}$。由此可知,当驱动频率在 70~150Hz 时,驱动频率是远低于压电驱动器自身的共振频率的,因而在当前的应用中假设压电驱动器在准静态下工作是合理的。此外,压电驱动器的共振频率还可以根据上式的频率响应特性曲线得到。在此不做深入探讨。

3. 静力学非线性预测模型

对于高频高压下工作的压电驱动器,高电场激励输入和高频有负载振动会导致压电驱动器的机电特性产生很大的非线性效应或者失效,如输出位移小和输出力较低,激光切割导致测试时出现电火花、短路和击穿现象,内外应变导致的压电系数漂移,压电片上存在微裂纹导致工作循环次数少就出现失效或者断裂等,因而有必要考虑一定的非线性效应来建立更完善的预测模型,提高对压电

驱动器制造工艺的优化和性能指标预测的准确性。在图 8－15 的针对压电片的四点弯曲测试试验中，根据标准公式，已知施加的负载挠度（δ）和测得外载荷力（F），可以计算出两端简支梁的外表面受到的最大应变（ε）和应力（σ），有

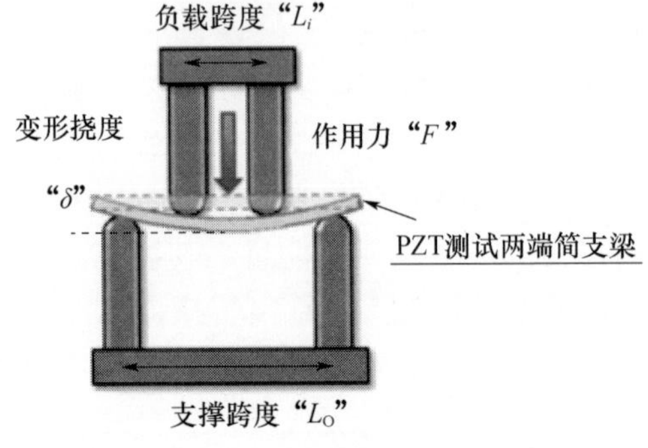

图 8－15　压电片的四点弯曲测试[278]

$$\varepsilon = \frac{6d\delta}{(L_o - L_i)(L_o - 2L_i)} \tag{8-45}$$

$$\sigma = \frac{1.5(L_o - L_i)F}{bd^2} \tag{8-46}$$

在高循环外载荷和内在的激励力的作用下，压电材料的弹性模量将随着应变的变化而改变，根据文献[278]对图 8－15 实测的数据进行拟合，可知应力和应变，以及模量和应变之间的关系式为

$$\sigma = \varepsilon \cdot E_{\min} - \frac{E_{\max} - E_{\min}}{a} \ln\left(\frac{1 + e^{a(\varepsilon_0 - \varepsilon)}}{1 + e^{a\varepsilon_0}}\right) \tag{8-47}$$

$$E = \frac{\partial \sigma}{\partial \varepsilon} = E_{\min} + (E_{\max} - E_{\min}) \frac{e^{a(\varepsilon_0 - \varepsilon)}}{1 + e^{a(\varepsilon_0 - \varepsilon)}} \tag{8-48}$$

根据文献[278]针对实验数据的分析探讨结论，这里我们也引入了一个机电耦合系数（f_{31}），来考虑单位驱动电场下产生的内应力。该系数是同时随着应变和外加电场场强的变化而变化的。在较高的外加电场作用下，该系数与应变和外加场强之间存在弱的非线性关系。双弯曲 S 函数可被采用来拟合它们之间的关系，有

$$f_{31} = (1 + b\varepsilon) \cdot \left(f_{31,\min} + (f_{31,\max}(1 - d\xi) - f_{31,\min}) \frac{e^{c(\xi - \xi_0)}}{1 + e^{c(\xi - \xi_0)}}\right) \tag{8-49}$$

式中：$f_{31,\min} = 14\text{Pa/mV}$；$f_{31,\max} = 29\text{Pa/mV}$；$d = 69 \times 10^{-9}\text{m/V}$；$\varepsilon_0 = 0.4\text{V}/\mu\text{m}$；$c = 10^{-5}$；$b = -230$（注意压应变定义为负，所以这里取负号）。

根据早期报道的线性预测模型，双晶片压电弯曲驱动器的远端峰峰值位移和阻塞力输出可以采用式（8－50）和式（8－51）来预测：

$$\delta_{pp}=\frac{0.5d_{31}E_{pzt}t_{pzt}(t_{pzt}+t_{CF})L_{act}^{2}\xi(1+2\frac{L_{ext}}{L_{act}})}{\frac{1}{3}E_{pzt}t_{pzt}(1.5t_{CF}^{2}+3t_{CF}t_{pzt}+2t_{pzt}^{2})+\frac{E_{CF}t_{CF}^{3}}{12}} \tag{8-50}$$

$$F_{b}=\frac{0.75d_{31}E_{pzt}t_{pzt}w_{nom}(t_{pzt}+t_{CF})\xi}{L_{act}}\mathrm{GF} \tag{8-51}$$

式中：GF 为双晶片压电弯曲驱动器的形状几何因子，它由式(8－52)来预测：

$$\mathrm{GF}=\frac{8\,(1-w_{r})^{3}\left(1+2\frac{L_{ext}}{L_{act}}\right)}{\left(\begin{array}{l}-6(w_{r}-1)(-3+4l_{r}(w_{r}-1)+2w_{r})+\\ 3\,(-2+2l_{r}(w_{r}-1)+w_{r})^{2}\ln\left(\frac{2-w_{r}}{w_{r}}\right)\end{array}\right)} \tag{8-52}$$

式中：δ_{pp} 为驱动器远端的峰峰值位移；d_{31} 为压电系数；E_{pzt} 为压电陶瓷的弹性模量；E_{CF} 为碳纤维聚合物的弹性模量；t_{pzt} 为压电陶瓷的厚度；t_{CF} 为碳纤维聚合物的厚度，L_{act} 为压电陶瓷的长度；ξ 为外加电场的场强；L_{ext} 为氧化铝延伸段的长度；F_b 为阻锁力的幅值；w_{nom} 为压电陶瓷的平均宽度；w_r 为压电陶瓷近端根部宽度和其平均宽度的比值，l_r 为延伸段和压电陶瓷长度的比值。此外，这里所采用压电陶瓷 PZT－5H 的压电系数(d_{31})和弹性模量(E_{pzt})分别为 320pm/V 和 62 GPa。

考虑机电耦合系数随着应变和外加电场的场强变化而变化之后，可以修正早期报道的理论预测模型。根据文献[278]报道的结论，下面的式(8－53)和式(8－54)是考虑这一效应的修正之后的非线性预测模型，可以用来预测双晶片压电弯曲驱动器的远端峰峰值位移和阻锁力输出：

$$F_{b,new}\approx\frac{0.75(1+b\varepsilon)\left(f_{31,min}+\left(\begin{array}{l}f_{31,max}(1-d\xi)\\-f_{31,min}\end{array}\right)\frac{e^{c(\xi-\xi_0)}}{1+e^{c(\xi-\xi_0)}}\right)\times(w_{nom}t_{pzt}(t_{pzt}+t_{CF})\xi\cdot GF)}{L_{act}} \tag{8-53}$$

$$\delta_{pp,new}\approx\frac{0.5(1+b\varepsilon)\left(f_{31,min}+\left(\begin{array}{l}f_{31,max}(1-d\xi)\\-f_{31,min}\end{array}\right)\frac{e^{c(\xi-\xi_0)}}{1+e^{c(\xi-\xi_0)}}\right)\times\left(t_{pzt}(t_{pzt}+t_{CF})L_{act}^{2}\xi\cdot\left(1+2\frac{L_{ext}}{L_{act}}\right)\right)}{\frac{1}{3}\frac{E_{p,1}+E_{p,2}}{2}t_{pzt}(1.5t_{CF}^{2}+3t_{pzt}t_{CF}+2t_{pzt}^{2})+\frac{E_{CF}t_{CF}^{3}}{12}} \tag{8-54}$$

式中：$E_{p,1}$ 和 $E_{p,2}$ 分别为压电材料的模量，其中前者是压电板不受拉压应力作用时的模量，即可记为 $E_{p,1}\approx E_{min}$，而后者为随着应变变化而改变的模量，它可以采

用下面的拟合公式(8－55)来预测:

$$E_{p,2} \approx E_{\min} - \frac{E_{\max} - E_{\min}}{a\varepsilon}\ln\left(\frac{1 + e^{a(\varepsilon_0 - \varepsilon)}}{1 + e^{a\varepsilon_0}}\right) \tag{8-55}$$

这里压电板受到的应变可以表达为

$$\varepsilon = -\frac{\delta_{pp}(t_{pzt} + t_{CF})}{2\left(1 + 2\frac{L_{ext}}{L_{act}}\right)L_{act}^2} \tag{8-56}$$

针对双晶片压电弯曲驱动器的性能指标测试中发现的一系列问题,比如输出位移小和输出力低导致的能量密度低,激光切割导致测试时出现电火花、短路和击穿现象,存在微裂纹导致工作循环次数少,出现失效或者断裂等。根据文献[278]报道,由实际设计,制造和装配以及实验测试获得的宝贵经验和数据支撑的结论,可以将改进压电弯曲驱动器能量密度的设计和制造经验以及带来高性能指标的方法解释归纳如下:

(1)降低压电双晶片驱动器暴露在外边缘的表面的粗糙度可以产生更高的断裂强度,假设粗糙度下降的区域正好出现在裂纹形成的相关尺度的话,即晶间断裂的晶粒尺寸。这个可以通过多种方法来实现,比如机械抛光和激光诱发的熔融。激光诱发的熔融有更加自动化的优势,但是该法在随同增加裂纹的断裂强度的同时将降低压电材料的介电强度。通过仔细地组合高低功率的激光切割次序可以减轻这种效应,因为高低组合功率的激光切割仅仅熔融最需要的区域。针对相同的压电驱动器的远端位移,最终断裂强度改善20%将带来5倍的平均寿命的增加。

(2)在压电材料和驱动器的延伸段界面和驱动器近端根部的刚性加固设计是至关重要的。相对于基准的驱动器的性能指标,这样的加固设计将阻止界面处的弯曲,带来阻锁力的增加平均达到55%甚至更高,以及更少的不一致性变化(比如测试后性能差异下降为±2%甚至更少)。针对相同的压电驱动器的远端位移,这样的加固设计还可以降低驱动器的应变,从而带来平均寿命更进一步的增加,多达6倍甚至更高。

(3)针对压电驱动器,采用预先堆叠制造工艺可以避免最大的手工步骤,简化机械连接和电气连接的集成,并允许相同的层压叠合工艺被用于设计和制造任意外形的平面压电驱动器。

(4)因为压电材料的弹性模量和压电系数会很大程度地随着应变和电场强度的变化而改变,所以在预测外加电场强度高于0.3V/μm时,预测压电驱动器的性能指标时必须考虑这些效应。尤其是针对体压电悬臂梁,这些已实测好的参数会被用来建立压电材料的性能指标预测模型。当预测模型用于双晶片压电驱动器的性能指标预测场合时,上述的效应将带来驱动器阻锁力5%的预测偏差和远端尖部自由位移 20% 的预测偏差；当应变变化过大时，预测模型甚至可能完全预测不准确。

表 8 - 4　针对两种尺寸的压电驱动器理论预测的性能指标（外加电压幅值为 300V）

压电驱动器的基本参数输入和不同外形的尺寸		
参数	型号 1	型号 2
t_{pzt}/μm	127	135
t_{CF}/μm	40	50
E_{CF}/GPa	350	340
L_{act}/mm	6.021	9
L_{ext}/mm	5.979	2.25
w_{nom}/mm	1.176	1.125
w_{root}/mm	1.569	1.751
$M_{actuator}$/mg	20	40
下面是线性模型和非线性模型预测的性能指标		
δ_{pp}/μm	405.02	388.47
F_b/mN	130	200.4
ED_m/(J/kg)	**1.3161**	**0.9732**
$\delta_{pp,new}$/μm	808.51	781.59
$F_{b,new}$/mN	159	248
$ED_{m,new}$/(J/kg)	**3.2142**	**2.4232**

总之，通过使用上述的改进设计、制造和后处理工艺，最优的压电弯曲驱动器可以产生远端自由位移峰峰值为 1100μm 和堵死力峰峰值为 340mN 的输出（当外加电场强度为 0 - 2.2V/μm，工作频率为 1Hz 时）。如果驱动器总质量为 40mg，根据公式 $ED_m = 0.5F_{b,pp}\delta_{f,pp}$，可获得极高的能量密度输出（2.4232J/kg）（见表 8 - 4）。相对于该指标，商业可获得的压电驱动器的能量密度要低 16 倍。与工作在相同工况的改进的基准驱动器的性能指标对比，该最优的驱动器带来了平均性能约 70% 的增加。针对双晶片式压电弯曲驱动器，不管采用同步驱动方式，还是采用交替式驱动方式，在相同的工况下，通过采用上述改进设计，制造和后处理之后的最优驱动器的性能指标要比未改进的驱动器的性能指标提高 30%。此外，在一半的远端尖部位移和一半的阻锁力工况下，根据文献[278-279]测得的数据，最优的压电驱动器的平均工作寿命要比未改进的驱动器的高 30 倍，其

工作周期可以从1h循环工作3.6×10^5次增加到30h循环工作10^7次。

8.2.3 压电驱动器的制造工艺

针对压电弯曲驱动器,对整个FWMAV的系统级设计提出几个关键指标——最小的能量密度、最大的末端力和位移输出。最小的能量密度直接对驱动器提出效率和质量要求,这要求在设计中优化其尺寸,在选材和工艺中要尽量避免非设计要求带来的重量误差和效率低效等问题。最大的末端力和位移输出,这在有负载时往往是很难取得一致的最大化的,对此在工艺中必须解决压电执行器在工艺制作和工作中的诸多非线性问题,比如饱和、蠕变、软化、滞后、应力基裂纹效应(疲劳断裂)、短路、压电常数发生变化等机械失效和电致失效。

针对当前设计的压电驱动器,所选用的材料为压电陶瓷(PZT-5H,厚度为127μm)、碳纤维和玻璃纤维。由于采用了脆性陶瓷和高模量的高分子碳纤维和玻璃纤维复合材料,因此为了实现高精度图案的加工,无法选用传统的电火花切割技术或者裁剪技术(比如使用打标机)等。由此我们采用了较少使用的紫外激光切割的加工方法。与前面提及的微加工方法相比,同时借鉴智能复合材料微制造(SCM)工艺,全面引入了紫外激光辅助切割的叠层对准制造工艺来制作压电驱动器[288-290],如图8-16所示。紫外激光切割有很多优点:波长适宜,光点小,能量集中,热影响区小,加工精度高;并且是非接触式加工,不会对材料造成机械挤压或机械应力,因而热变形小。不过紫外激光的夹具工作台需要达到极高的重复定位精度,才能保持高精度的微加工。

由图8-16可知,该工艺中需要在真空环境下加热加压,并且进行两次激光切割工序。第一次是把各种材料切割成所需要的形状,第二次切割则是释放结构得到驱动器。

首先,根据前面针对压电驱动器的理论分析优化获得设计尺寸,设计了压电驱动器的压电片和搭接块图纸。图8-17(a)给出了压电片的切割图纸;图8-17(b)给出了压电片远端和玻璃纤维连接界面处的刚度增强搭接块的图纸。

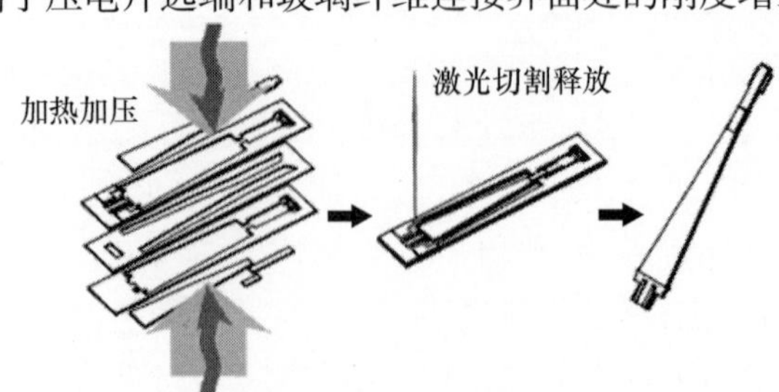

图8-16 紫外激光辅助切割的压电驱动器叠层对准制造工艺

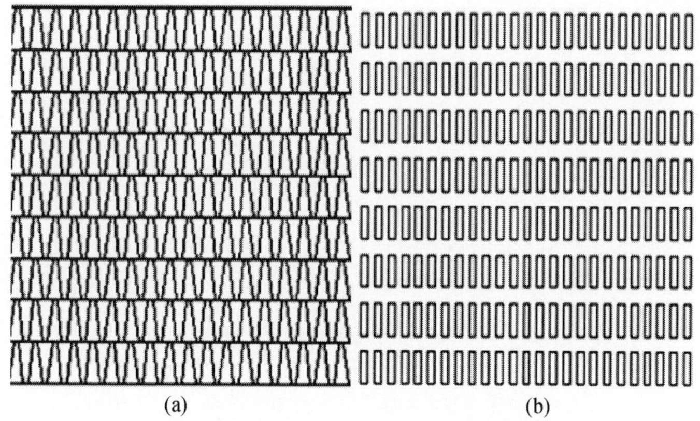

图 8 – 17　压电驱动器的激光切割图纸

(a)压电片;(b)压电片与玻璃纤维连接界面处的搭接块。

其次,该工艺需要三层聚合物纤维材料层:上下两层玻璃纤维作为辅助层(见图 8 – 18(a)),可以定位和对准压电陶瓷和延伸段玻璃纤维;中间则是碳纤维材料被动结构层(见图 8 – 18(b))。根据压电片的尺寸设计了三层聚合物纤维材料层的二维图纸,如图 8 – 18 所示。所有层都设计了定位销孔来保持真空热压固化过程中各层能够对准,并紧密固化键合。玻璃纤维在压电驱动器的加工过程中有两个作用:一是在压电驱动器激光加工和层压叠合工艺中起辅助固定和对准作用,二是作为压电驱动器结构刚度增强的一部分(见图 8 – 17(b))。所以玻璃纤维的切割有两张图纸。压电驱动器的上下表面玻璃纤维层是叠合在中间碳纤维上的延伸段(见图 8 – 17(a)),主要作用是定位和约束压电片层的位置。在远端与碳纤维延伸段紧密键合的玻璃纤维层主要用来增加压电驱动器的刚度,它与压电片界面处用搭接块连接,以便增强键合紧密性和达到力和变形传递的均匀性。

再次,将上述切割的各层材料的组件按照压电驱动器的结构布置工序堆叠好,以便在后续的真空袋中热压叠合。值得注意的是,该加工工艺涉及两次激光切割和两次真空袋热压叠合。在压电驱动器的压电片,中间层碳纤维和上层玻璃纤维预浸料材料按照设计图纸堆叠好之后进行真空热压叠合,需要进行下层玻璃纤维的重新叠合并进行真空袋热压。制作真空袋的方法是在钢板上涂液态脱模剂,然后铺一层脱模布,用磁铁把加工好的碳纤维片和玻璃纤维片通过各层之间的通孔(对准孔)固定在钢板上,然后把压电片放置在相应的空缺位置(注意压电片极化方向必须按照上面设计的驱动方式来放置),最后再依次放脱模布、带孔隔离膜、透气毡、真空阀、真空袋膜,用密封胶带把真空袋膜密封,形成一

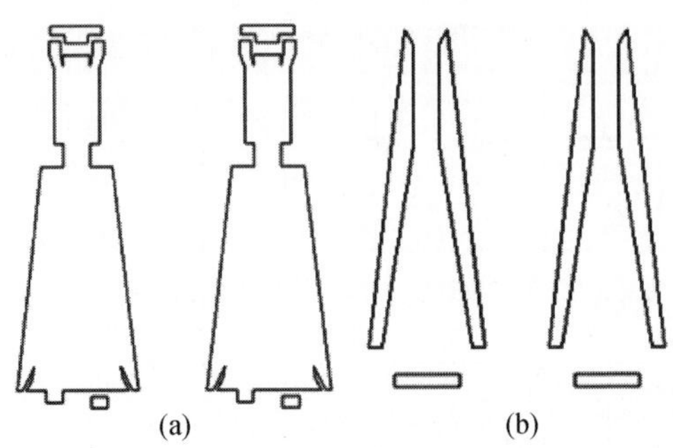

图 8-18 三层聚合物纤维材料构层的几何示意图
(a)上下玻璃纤维辅助对准层图纸;(b)中间为中间导电结构层图纸。

个真空袋(见图 8-19(a)和(b))。最后将该真空袋放进温控烘箱中加热同时进行抽真空(图 8-19(c)为搭建起来的真空热压叠合实验平台)。在该真空热压叠合工艺中,固化温控工序为:90min 升温至 80℃,在 80℃恒温 2h,然后在 2.5h 之内降温至室温。第一次叠合好后,撕掉碳纤维背面的衬底,把另一玻璃纤维对准层和碳纤维层按照图纸对准方式粘在一起,制作真空袋的方法和第一次叠合一样。再次进行真空热压叠合实验,第二次真空袋叠合工艺中的固化温控工序为:2h 升温至 120℃,在 120℃恒温 2h,然后在 2.5h 之内降温至室温。

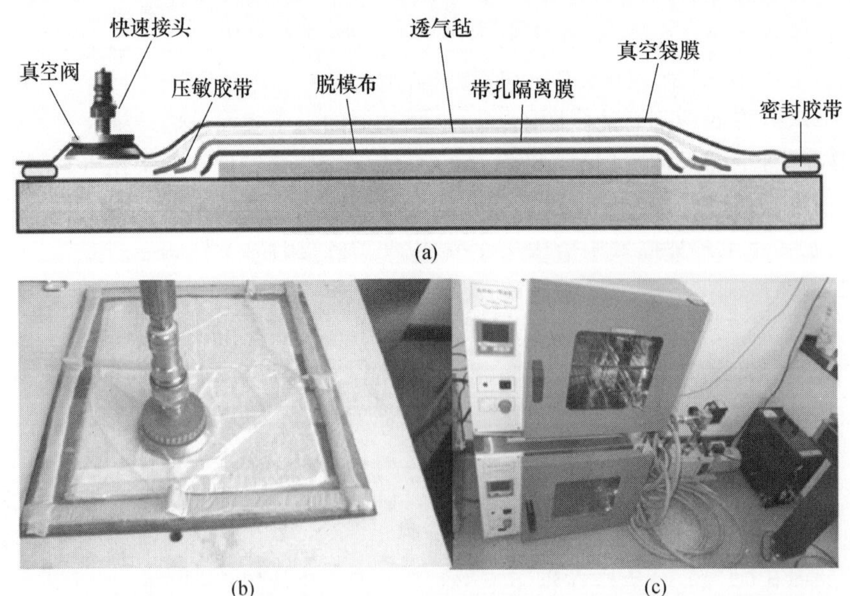

图 8-19 真空热压叠合实验平台
(a)真空袋的构造和各层材料的叠放顺序;(b)封装好的真空袋;(c)温控烘箱和真空系统。

两次真空袋热压叠好之后得到了压电驱动器的三层片状结构(见图 8-20(a)),这里上下表面层的玻璃纤维含有白色衬底。图 8-20(b)右侧为准备第二次激光切割用的图纸,目的是切割获得最终的完整的压电驱动器,该切割工序也被称为释放工序。切割完毕之后得到单个压电驱动器。

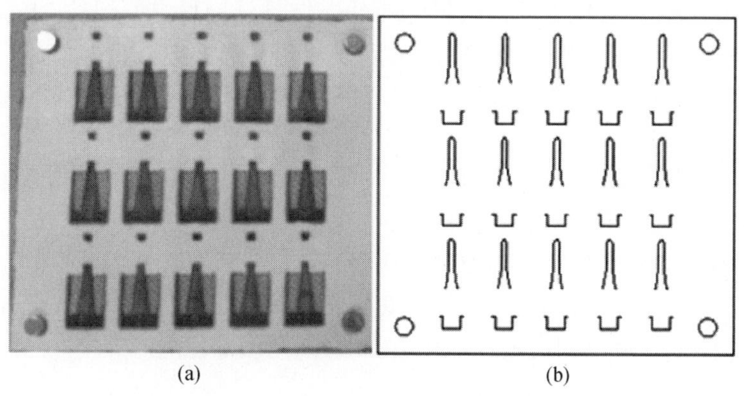

(a)　　(b)

图 8-20　批量化制造压电驱动器

(a)真空袋叠合固化之后的压电驱动器;(b)第二次释放切割图纸。

这里设计的压电驱动器具体的工艺流程为:①准备工作:包括各层结构的图纸设计、各层材料的激光切割和真空袋工艺中用到的各种辅材的尺寸确定和裁剪。②真空袋工序:依次在钢板基底上涂脱模剂、放置下层玻璃纤维、下层压电片、中间导电结构碳纤维层,上层压电片、玻璃纤维、脱模布、带孔隔离膜,最后布置压敏胶带、放透气毡、安装真空阀和用真空袋膜密封真空袋。③温控真空热压:设置加热温控流程,打开真空泵抽真空加热固化。④循环第二步工序,完成上层玻璃纤维的叠合,再次真空热压,获得需要的含多个驱动器的三层结构。⑤第二次激光切割释放结构,获得最终的压电驱动器如图 8-21 所示。

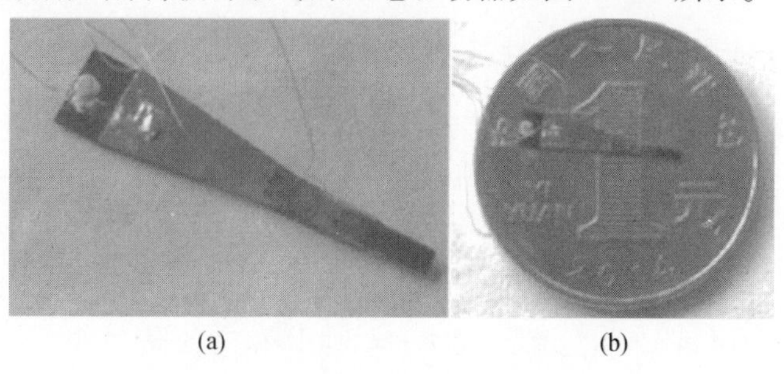

(a)　　(b)

图 8-21　压电驱动器设计完成图

(a)实物图;(b)尺度对比示意图。

最后,切割之后的单个压电驱动器需要进行焊线。采用复合真空热压叠层技术,制备了压电弯曲驱动器,其上下层为压电片材料,中间层为被动高模量的碳纤维复合材料,远端为五层结构,两上下表面层是高模量的玻璃纤维,中间与压电层共用高模量的碳纤维层。焊接的铜导线为 0.04mm,由于其直径比较细,并且与压电陶瓷和碳纤维复合材料之间的连接是异种材料的焊接,所以焊接时有一定的难度。根据实际工艺条件,采用了两套备选方案。第一方案为在近端分别采用导电胶焊上铜引线,电极焊接过程如图 8-22(a)所示,在 200℃的加热板(江苏金坛市环宇科学仪器厂,DB-1 数显控温加热板)上放置好驱动器后分别在近端上下面热滴上导电胶,将铜丝点在导电胶上,最后采用相同方法焊接中间被动碳纤维层的电极。如果这样铜导线焊不上去,就采用第二套方案,即在压电片上采用电烙铁焊接,而在碳纤维上则先用点焊机焊接,然后用导电胶加热固化(见图 8-22(a)中有加热固化用的低温加热板)。电烙铁焊接时,要注意焊接时间不要太长,否则会对压电片造成热影响,从而影响性能。焊接好的压电驱动器如图 8-21 和图 8-22(b)所示。

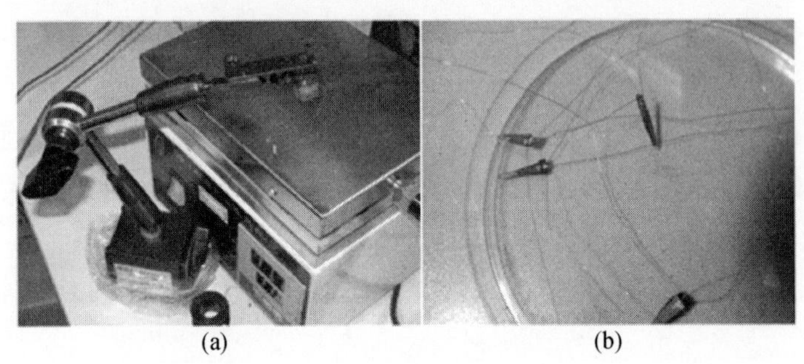

图 8-22 压电弯曲驱动器的焊接导线
(a)加热台上烘烤焊接接头;(b)制备好的含导线的压电驱动器。

8.2.4 压电驱动器的性能指标测试

针对悬臂式压电驱动器,我们采用的是同源驱动技术,即两侧的压电片将同时同步同向地在外加电场下被激励,从而产生变形,形成位移输出和力的输出。此外,这样驱动可以减小滞后和蠕变效应。如图 8-23 所示,我们搭建了压电驱动器在外电场激励下的自由振动测试实验平台。针对无负载作用时的压电驱动器,外加驱动电压信号为直流偏置 $V_{dc}=300V$ 和交流信号 $V_d=125\sin(2\pi\times117t)$,这样可以始终保持压电驱动器处于正极化方向,因而可以尽可能地避免电致失效。该高压驱动信号直接通过图 8-23(a)所示的 C 型压电陶瓷驱动电源产生(哈尔滨工业大学博实精密测控有限责任公司,HPV 系列压电陶瓷驱动电源),并经电缆线输入给驱动器近端焊接好的细铜线。实验中使用了示波器(泰克科技(TEXTRONIX Inc.)(中国)有限公司 TDS－1012 示波器)来跟踪驱动电压信号的实时情况(见图 8－23(b))。与此同时采用基恩士(KETENCE Inc.)的 CCD 位移传感器感测头(LK－G30)发射激光光斑(红亮白色光斑点的直径约为 30μm)跟踪测试了正处于工作中的近端固定的悬臂式压电弯曲执行器的末端位移(见图 8－23(c))。为了保证激光位移传感器测试的数据的标定和实时可读性,试验中使用了一体化控制器(LK－G3001V)。这里激光位移传感器的测量范围为 30mm 左右,误差约为 0.05μm。在外电场激励下,近似无约束的压电驱动器的远端产生了自由振动,如图 8－23(d)所示。

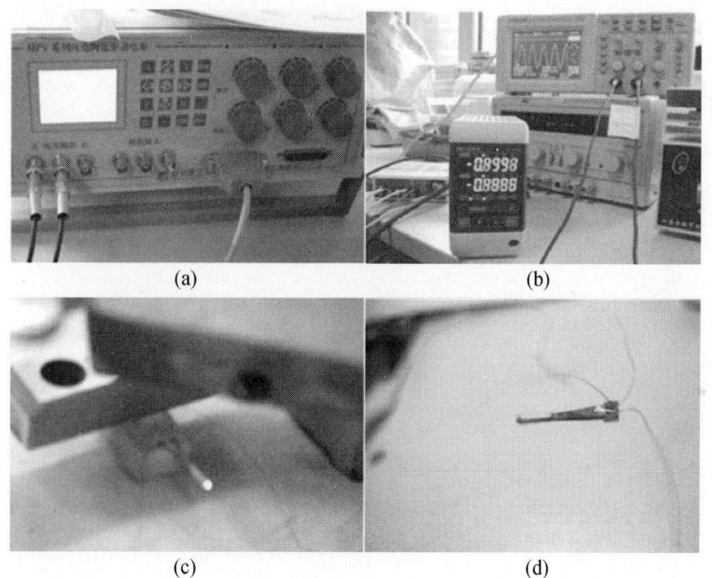

图 8－23　压电驱动器在外电场激励下的自由振动测试实验平台

(a)压电陶瓷驱动电源;(b)示波器实时跟踪驱动电压信号和一体化控制器实时显示位移传感器的测试数据;(c)激光位移传感器实时测试压电驱动器振动时的无负载自由端位移输出;(d)近似无约束的压电驱动器在外电场激励下自由振动。

针对传感器的附带一体化控制器和软件记录的实测数据,采用谐波函数对近端固定的压电弯曲执行器在无负载下的振动位移输出进行理论拟合得到的公式为:$y(t)=0.2005\sin(3.824t+1.42)$(单位:μm),该压电驱动器的振动近似正弦曲线,峰峰位移输出 $\delta_{pp}=401\mu m$,该指标已接近国际一流研究组报道的数据(406μm),如图 8－24 所示。这里值得提及的是,压电弯曲执行的远末端输出力的数据还没有获得,主要是因为其在有无负载下位移输出是不同的,而且很小,用目前传统的微力传感器是很难测得其大小的,因而需要采用磁屏蔽高精度的 ATI 公司生产的 Nano17Ti 微力传感器,而该传感器价格昂贵,所以压电驱动器的阻塞力目前还无法测得。可望采用的替代测试方法为用微应力和应变组合感测的技术。

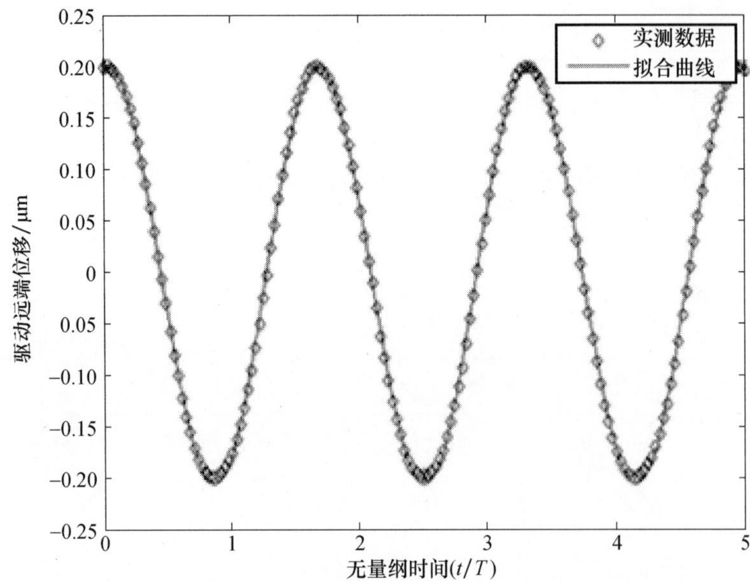

图 8 - 24　无负载作用时激光位移传感器测得的压电驱动器末端位移变化曲线

8.3　柔顺传动机构的设计分析和制造工艺

本节介绍了柔顺传动机构设计分析和制造工艺。给出了仿双翅目扑翼昆虫翅拍运动的动力学传动机构的设计原则和被动扭转铰链的设计方式;对柔顺曲柄滑块四连杆传动机构进行了完整的运动学分析和动力学分析;最后采用叠层复合微结构工艺制造了柔顺传动机构。

8.3.1　双翅目仿生翅拍机构的工程实现

1. 翅拍动力传动机构设计原则

根据前面第一章和第三章开展的针对双翅目扑翼昆虫的翅拍仿生机构的研究以及翅拍动力学的分析,可以将复杂的三自由度运动简化为二自由度翅拍运动,即忽略角度相对较小的面内外摆动角对翅平面气动性能的影响。图 8 - 25(a)绘制了双翅目果蝇的实测三自由度展向特殊压心片条对应的三维空间的三自由度翅膀运动轨迹。针对实际的工程设计中，可以将其简化为在二维平面的展开的二自由度运动（见图 8－25（b）），这样设计时评估的运动学参数将大大简化，为设计带来极大的便利，同时不丢失对关键运动学参数的模仿。

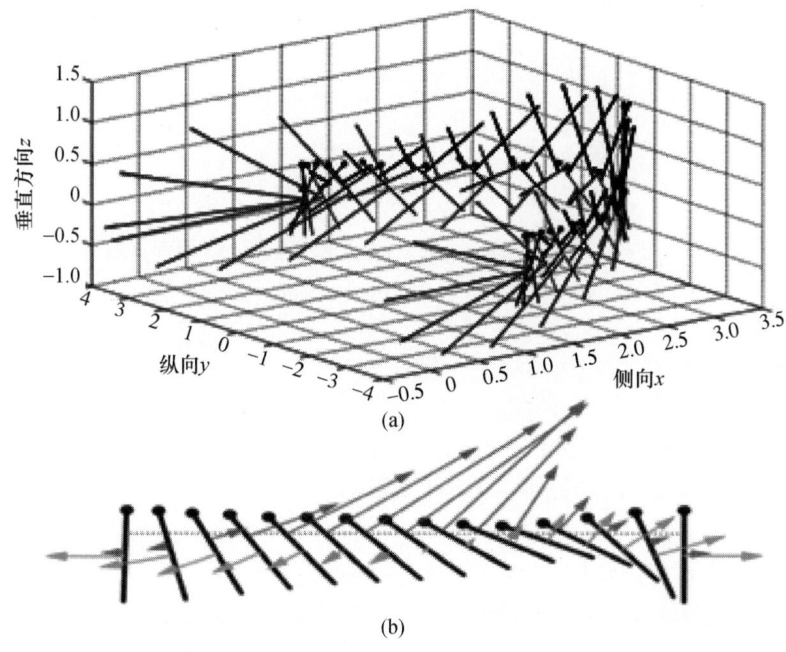

图 8－25　(a)果蝇压心片条的三维空间翅膀运动轨迹和(b)三维翅运动在二维平面上展开(忽略冲程平面偏离角)

参照双翅目昆虫翅拍运动的往复性，针对仿昆 FWMAV，我们借鉴了文献中报道的微机电系统尺度下易于设计和便于微加工制造的铰接式柔顺传动机构[3－5]。作为初步期望实现爬升悬飞的目标，在选择铰接式柔顺传动机构时，考虑到简化结构设计和获得较大的传动输出角位移，采用了常用的平面柔顺四连杆机构来实现仿昆 FWMAV 的前后冲程的拍打运动（见图 8－26（a））。鉴于双晶片压电悬臂梁型弯曲驱动器输出的往复式弧线位移，在其远端与柔顺四连杆机构连接的垂直面上串联了曲柄滑块，以便实现将往复式弧线位移转换成底横梁的往复式线位移，平面串联曲柄滑块柔顺四连杆传动机构的三维模型图在后面有详细的介绍。针对这里的铰接式柔顺四连杆机构，整个机构左右完全对称，仅输出一个拍打自由度。下面对其工作原理进行了详细的介绍。

压电驱动器输出弧线位移借助曲柄滑块连杆转化成线性输入位移，直接带

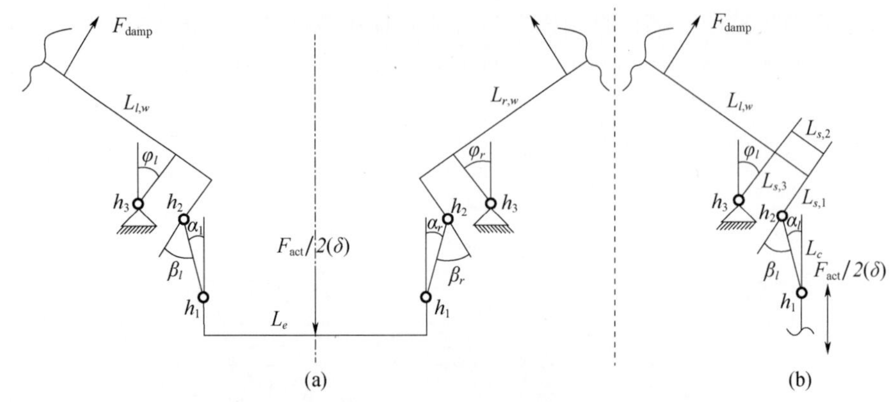

图 8－26　铰接式动力学传动机构

（a）对称式柔顺四连杆机构；（b）单侧四连杆等效为曲柄滑块机构。

动底横梁（L_e）做上下运动，如图 8－26 所示。针对单侧，比如左侧的四连杆机构，底横梁相当于传统意义上的曲柄滑块机构的单向来回运动的滑块，而连接翅膀的翅杆类似于绕拍打铰链轴的曲柄，曲柄和滑块之间的杆件则类似于连杆（这里记为 L_c）。在连接翅膀的曲柄杆段，杆 $L_{s,1}$，杆 $L_{s,2}$，杆 $L_{s,3}$ 和翅膀前缘杆 $L_{l,w}$ 是组为一体的，即它们之间是刚性连接，并形成"F"型。其中杆 $L_{s,2}$ 的长度将直接决定传动机构传动比的大小，后面将对其进行详细探讨。"F"型翅膀前缘杆的中段杆 $L_{s,3}$ 通过铰链 h_3 与机身上的支座连接，翅膀绕该铰链的转动形成翅膀的拍打冲程角（φ_l）。"F"型翅膀前缘杆的前段杆 $L_{s,1}$ 通过铰链 h_2 与连杆 L_c 相连，这两根杆之间的相对角度定义了 β_l 角。而连杆 L_c 则通过铰链 h_1 与底横梁的垂直杆端相连定义了 α_l 角。值得注意的是，这里底横梁与连杆 L_c 的相连不是直接在直角处布置铰链的，而是通过在底横梁的两端设计了与其刚性连接的垂直杆段来连接的，这样可以避免应力集中，并且保证往复式线性驱动力的传递沿着杆件的轴向有效进行，在一定意义上还可以增加传动效率和减轻铰链的疲劳断裂寿命。作为线性滑块的底横梁则为铰接式柔顺四连杆机构的输入端，它受到来自与压电驱动器远端垂直串联的三段杆（类似第一节曲柄滑块）传递的线性驱动力和线位移。针对铰接式动力学传动机构中设计的柔性铰链，根据已报道的刚性和柔性材料结合形成的柔性铰链[281]，在设计中可以考虑将这种铰链简化为具有等效力—变形关系的扭转弹簧。下面将对其进行深入的分析。

2. 被动扭转铰链设计

针对前面提及的在二维平面展开的翅膀运动，通过铰接式柔顺四连杆传动机构实现翅膀的往复式拍动运动之后，还需考虑翅膀的扭转运动的实现。因为该自由度将直接决定翅膀运动时能够产生足够有力的气动攻角来获得气动升阻力。鉴于大量文献报道的结果,以及本书前面第五章开展的翅拍动力学分析结果,可知翅膀的俯仰扭转运动很大可能是通过气动力、虚拟质量效应和翅膀自身的惯性力的共同作用而被动实现的。根据第五章的研究结果,这里为了实现实际的仿昆 FWMAV 的翅膀的俯仰扭转运动,我们也在翅膀前缘杆根部引入了柔性铰链来维持翅膀的被动俯仰运动(铰链的长轴向与翅膀的展向是平行的),以便保证翅膀能够获得有利的气动攻角。图 8－27 绘制了其大概的几何位置示意图。该铰链的一侧与传动机构根部相连,另一侧与翅膀前缘杆(L_w)根部上固定的矩形块相连。在图纸设计时和微加工工艺中既可以让翅膀与传动机构以及机身一体化设计和加工制造,也可以各自单独加工好之后,用氰酸酯等瞬干胶将它们装配到一起。

根据柔顺机构学中的伪刚体模型,柔性铰链可以等效为具有相同力—变形关系的扭簧,其长轴向的扭转刚度可以表达成下式:

$$k_{\text{hinge}} = \frac{EI}{l} = \frac{Ewt^3}{12l} \tag{8-57}$$

式中:E 为三明治型铰链的中间柔性片层膜的弹性模量;w 为铰链的宽度;t 为中间柔性片层膜的厚度;l 为中间柔性片层膜的长度(见图 8－27)。在当前的仿昆 FWMAV 的设计中,柔性铰链的中间柔性片层膜材料采用的是聚酰亚胺薄膜,其弹性模量 $E = 2.6\text{GPa}$。当柔性铰链中间柔性片层膜的宽度 $w = 2\text{mm}$、厚度 $t = 7.6\mu\text{m}$ 和长度 $l = 144\mu\text{m}$ 时,其等效扭簧模型对应的扭转刚度系数为 $k_{\text{hinge}} = 1.3 \times 10^{-6}\text{N}\cdot\text{m/rad}$。铰链的设计中还存在一个重要的参数就是刚性层的厚度(t_s),见图 8－27,该参数一般根据可获得材料的厚度确定。由于设计时柔性铰链转动角度范围,抗裂强度和疲劳寿命等都是有要求的,所以在给定了刚性层的厚度(t_s),需对中间柔性片层膜的长度(l)进行仔细估算。此外,铰链的宽度尺寸在设计时应该避免出现不期望的面内屈曲转动,所以在不增加明显质量的情况下应该尽量宽点。当然在实验中可以对这些参数进行大量尝试以便获得最优的气动攻角。根据铰链的沿长轴向形成弧形转动几何轮廓,在要求的转动角($\theta_{r,\text{eq}}$)范围下初步建立中间柔性片层膜的长度(l)可设计的尺寸限制关系为:$\theta_{r,\max} = l/t_s \leqslant \theta_{r,\text{eq}}$。根据第四章翅膀几何学和运动学参数的组合优化结果可知,翅膀的俯仰扭转角的最优气动攻角范围为(45,72°)。由此可知,中间柔性片层膜的长度应满足 $l = l_{\max} \leqslant t_s\theta_{r,\text{eq}}$。关于中间柔性片层膜抗裂强度对铰链中设计参数的限制这里不做深入的探讨(完整的分析详见参考文献[281－282]),毕竟当前的任务是设计出气动最高效的铰链尺寸,在达成这一目标之后,仿昆 FWMAV 能够获得足够的气动升力的情况下,可以考虑疲劳寿命这些限制条件对设计的改进。针对传动机构中设计的其他柔性铰链，一旦进行了各个铰链转动角的范围的详细限定分析之后，也可以借鉴这里针对翅膀俯仰被动铰链的尺寸设计约束关系进行分析。

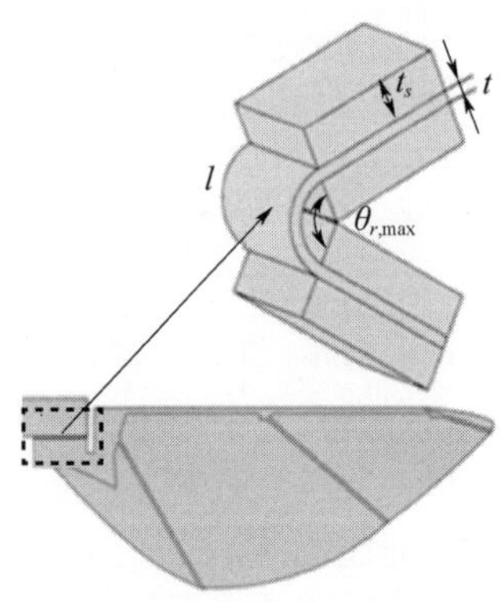

图 8-27 翅膀与拍打前缘杆根部连接处的被动扭转铰链

简而言之，在实际工作中要求柔性铰链实现高效的传递力和角位移。因而在设计异质复合型柔性铰链时，需要考虑的几点因素为：各铰链的转角范围以便实现期望的运动角度，此外需要满足几何尺寸约束和铰链中间柔性片层材料的许用应力条件和临界屈曲条件；同时在设计时需要进行明确的尺寸计算。在真空热压叠合工艺中层材料之间存在的一定预应力会提高整个传动机构的并联刚度，在加工工艺中，可考虑真空热压叠合工艺中需注意缓慢冷却以便释放掉各层材料之间存在的预应力[288-290]。此外，铰链位置的设计应避开直角，这样可以避免掐死或者应力累积导致的扯断。

8.3.2 柔顺传动机构的运动学分析

作为仿昆 FWMAV 的动力传递的柔顺传动机构是整台仿昆 FWMAV 设计中的核心部分，其传动效率直接决定了翅膀是否能有足够有效的拍打角输出。因此有必要对所选定的柔顺四连杆机构的运动学、杆件尺寸和传动线性度进行分析。鉴于我们关心的重要指标是在给定的压电驱动器的输入位移下能够产生多大的翅膀拍打角，所以我们仅对该传动机构进行正运动学分析，同时建立传动比的概念来度量传动机构的传动效率，以便验证所设计传动机构获得有效拍打角是可行的。根据柔顺机构学中的运动分析法，用具有等效力—变形关系的扭转弹簧来模拟柔性铰链的变形，针对当前基于柔性铰链设计的柔顺四连杆机构，可以将其等效为刚体力学中最常见的曲柄滑块机构进行分析。

1. 运动学分析

针对铰接式柔顺四连杆机构，整个机构左右完全对称，仅输出一个拍打自由度。鉴于这种对称性，为了便于分析其运动学和动力学，可按照底横梁中截面将该传动机构分为左右部分。单侧的机构可以等效为单个平面曲柄滑块机构(见图8-26(b))。取任意时刻，L_{s1}、L_{s2}、L_{s3}和$L_{l,w}$构成的整体杆转过角度为φ_l，L_c杆转过的角度为α_l。对于翅膀的往复式拍动运动，可以将拍打角(φ_l)和铰链(h_1)的转角α_l看作压电驱动器输入位移(δ)的函数。根据图8-26(b)中各杆件的水平方向和垂直方向的几何关系和三角函数和差关系以及翅膀拍打角的可能取值范围，可以推导出翅膀的拍打角与传动机构的各杆件和压电驱动器输入位移之间的关系表达式。这里翅膀的拍打角为

$$\varphi_l = \frac{\pi}{2} - \arccos\left(\frac{(L_c + L_{s1} - L_{s3} - \delta)^2 + 2 \cdot {L_{s2}}^2 + (L_{s1} - L_{s3})^2 - {L_c}^2}{2\sqrt{{L_{s2}}^2 + (L_{s1} - L_{s3})^2} \cdot \sqrt{{L_{s2}}^2 + (L_c + L_{s1} - L_{s3} - \delta)^2}}\right) - \arctan\left(\frac{L_{s2}}{L_c + L_{s1} - L_{s3} - \delta}\right) - \arctan\left(\frac{L_{s1} - L_{s3}}{L_{s2}}\right) \tag{8-58}$$

由式(8-58)可知，翅膀拍打角与传动机构的杆件的长度和压电驱动器的输入位移之间的关系式是高度非线性的。该式能够准确预测正运动学的输出，但是在实际的工程设计中，该式过于复杂，不便于简化设计，所以有必要进行近似展开和线性化处理。由于压电驱动器输入位移是一个较小量，因此可以对式(8-58)中的 arccos 和 arctan 进行一阶泰勒级数近似展开，从而获得翅膀拍打角的简化预测公式。首先将动力学传动机构的传动比(T)定义为翅膀拍打角度与压电驱动器输入位移的比值($T=\varphi_l/\delta$)。对式(8-58)近似展开之后，扔掉其中的一些非线性项，获得了传动比的线性近似预测值，即$T \approx T_{\text{est}} = 1/L_{s2}$。在压电驱动器输入位移恒定的情况下，为了产生较大的拍打角度，设计传动机构的杆件的尺寸时应尽量保证传动比足够大。根据线性近似预测关系式，连杆L_{s2}的长度就应该尽量短。压电驱动器能够输出的位移峰值约为180~300μm，可以产生最佳气动升力的翅膀拍打角的幅值大概需要达到50°~70°，由此可以预估出L_{s2}杆长度的取值范围是147.33~343.77μm。

1)四连杆机构杆件尺寸的优化

针对当前的柔顺四连杆传动机构，为了达到较高的传动效率和获得翅拍运动角度的控制，在给定的压电驱动器的输入位移和力下，总是希望传动机构的传动达到最好的线性度，即翅膀拍打角与压电驱动器的输入位移之间有较高的线性关系。由式(8-58)可知，翅拍运动角度是四连杆机构杆件长度和压电驱动

器输入位移的函数，即 $\varphi_l(L_c, L_{s1}, L_{s2}, L_{s3}, \delta)$。当传动机构的杆长确定之后，这里唯一的变量是压电驱动器的输入位移(δ)。由此可知建立翅膀拍打角与压电驱动器的输入位移之间的线性关系将直接取决于杆件的长度。为此，有必要针对这些杆件的长度进行优化以期取得传动机构的最优线性度。在给定压电驱动器峰值位移后，可以将翅膀拍打角对应的非线性理论传动比与线性近似传动比(T_{est})的差值的平方作为目标函数，即：

$$f(L_{s2})_{\min} = \left(\left. \frac{\mathrm{d}\varphi_l}{\mathrm{d}\delta} \right|_{\delta=\delta_{\max}} - T_{\text{est}} \right)^2 \tag{8-59}$$

针对各杆件的长度，我们初步根据当前微加工制造可获得的极限尺寸作为它们的下边界约束(即 50μm)，选择了 1mm 作为它们的上边界约束。针对翅膀前缘杆根部短杆(L_{s2})，约束其上限为 300μm(毕竟由近似线性传动比知 L_{s2} 越短传动比越大)，当然该约束可以放大。针对上式的目标函数，我们采用了有约束最小优化算法(来自 Matlab R2011b 版本的 fmincon 函数)对其进行了最小值搜索。通过人为设定停止搜索的迭代次数为 16 万次，获得最终的优化结果。最优化获得的连杆的尺寸分别为：$L_c = 0.446$mm，$L_{s1} = 0.564$mm，$L_{s2} = 0.297$mm，$L_{s3} = 0.439$mm。最后底横梁的长度根据连接压电驱动器前段的曲柄滑块过度机构的宽度初步确定为 $L_e = 2$mm，实际的图纸设计中该宽度可以根据压电驱动器远近端宽度和机身的宽度进行调整(注意避免不必要的尺寸干涉)，毕竟该尺寸对传动机构的效率产生的影响可以忽略。至于起直角转接过渡作用的与底横梁刚性垂直连接的两侧垂直杆的长度的确定，则需要尽量保证微制造工艺的可获得尺寸和降低传动机构的重量。针对这些传动机构的杆件，在对其长度尺寸进行图纸设计时需要权衡它们的重心尽量向侧向平面靠近，这样可以降低不必要的俯仰力矩，增加有效气动升推力。连接翅膀前缘的前缘杆的长度根据拟设计的翅膀的有效长度(即翅根到翅尖的距离)确定了，所以该杆长为 $L_{l,w} = 1.5$mm。

值得注意的是，在实际的柔顺传动机构的尺寸设计中，鉴于“F”型翅膀前缘杆的前段杆 $L_{s,1}$ 和中段杆 $L_{s,3}$ 对柔顺机构的力和角位移传递仅起着次要的过渡性连接作用，不直接影响传动比的大小，所以可以考虑将它们的尺寸取相同值($L_{s1} = L_{s3}$)，这样将大大简化非线性的翅拍运动角的预测公式。当然在理论上，这一尺寸还是需要进行仔细优化计算的。

2)灵敏性分析

在获得了最优化结果之后，为了分析四连杆机构中各杆件的长度尺寸对上述传动比反映的线性度的影响，在保证其他杆件的尺寸等于最优尺寸时，有必要开展针对各个最优参数的灵敏度分析。图 8-28 所示列出了式(8-59)中的优化目标函数(在压电驱动器输入峰值位移下的理论传动比和近似线性传动比差的平方）分别关于翅膀前缘杆根部前段杆（L_{s1}）、短杆（L_{s2}）、中段杆（L_{s3}）和连杆（L_c）的尺寸变化的灵敏性。由图 8－28（a）可知，四连杆传动机构的连杆（L_c）对优化目标函数的影响是最弱的，维持在10^{-23}数量级。在连杆（L_c）长度大于 100μm 之后，目标函数的波动已经很小了，因而其最优化值是目标函数达到迭代设定的 16 万次对应的值。翅膀前缘杆根部前段杆（L_{s1}）和中段杆（L_{s3}）是对优化目标函数的影响最大的两个参数，即目标函数始终维持在 10^6 数量级（见图 8－28（b）和图 8－28（d））。它们的最优值为优化时目标函数达到最小值时对应的值，而不是取决于设定的停止搜索迭代次数的。优化目标函数关于翅膀前缘杆根部前段杆短杆（L_{s2}）的尺寸变化则要稍微剧烈些，尽管目标函数也维持在一个相对较低的数量级（10^{-21}）。由图 8－28（c）可知，随着翅膀前缘杆根部短杆（L_{s2}）的尺寸的不断增大，目标函数急剧下降至 145μm 处恒定不变。L_{s2}的最优值（297μm）是目标函数达到迭代设定的 16 万次对应的值。如果不追求目标函数达到这么高的迭代次数从而取得极低函数容差的话，在满足不错的线性度下，翅膀前缘杆根部短杆（L_{s2}）应该会取得较小的值，比如 145μm。但是考虑微加工工艺的制造极限和装配难易程度，取较高点的设计值更为可取。

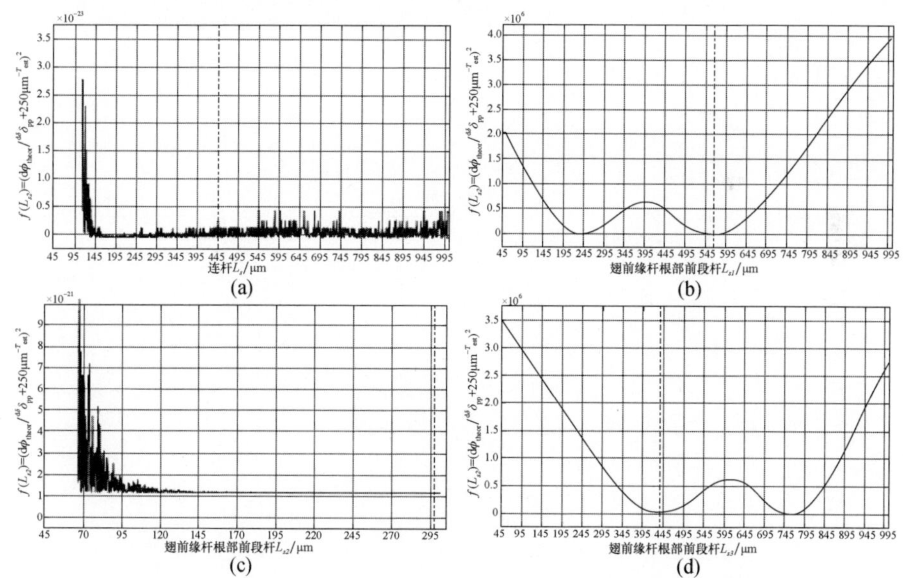

图 8－28　最优线性度针对最优的传动机构的杆长的灵敏度分析

（a）前段杆（L_{s1}）；（b）短杆（L_{s2}）；（c）中段杆（L_{s3}）；（d）连杆（L_c）（垂直虚线对应着最优值）。

3）线性度分析

在对四连杆机构优化获得最优杆件长度的尺寸之后，已知不同的压电驱动器的输入峰值位移,重新根据式(8-59)求解了最优的可获得的翅膀拍打角。如图8-29(a)所示,绘制该拍打角与压电驱动器的输入峰峰值位移之间的关系。该关系可称为动力学柔顺传动机构的最优线性度。此外,还根据线性化的传动比($T=\varphi/\delta \approx T_{\mathrm{est}}=1/L_{s2}$)求解了近似线性输出的翅膀拍打角,如图8-29(a)所示,该关系可称为近似线性度。对比发现,最优线性度与近似线性度比较接近,但是比后者更为逼真的反映了传动机构的实际传动线性度,毕竟近似线性度关系式中略掉了很多非线性项,而最优线性度反映的是非线性表达式在最优杆长下可获得的最佳线性度。此外,还绘制了动力学传动机构传动比与压电驱动器输入的峰值位移之间的关系曲线,即图8-29(b),由此图可知,传动比在压电驱动器输入的峰值位移约等于175μm时达到最大值3300~3620rad/m。

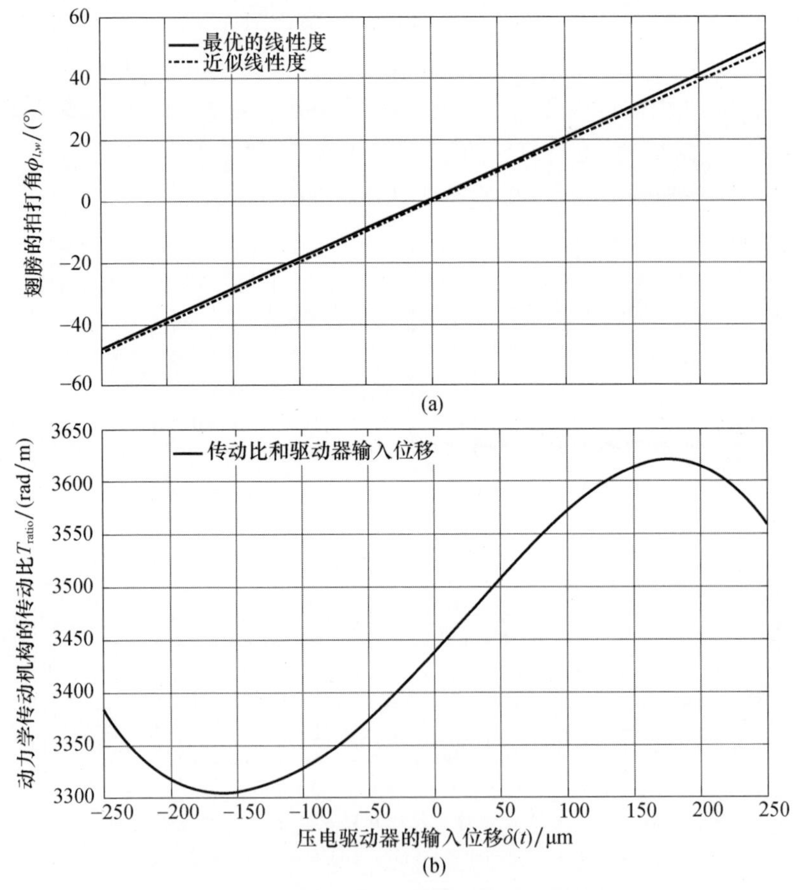

图8-29 动力学传动机构的线性度分析和传动比
(a)翅膀拍打角与压电驱动器输入的峰峰值位移之间关系;
(b)传动比与压电驱动器输入的峰峰值位移之间的关系。

2. 当前柔顺机构的动力学分析简介

动力学分析将解决机构运动角位移和外在施加的载荷之间的关系。在给定压电驱动器输入的驱动力下，传动机构起着传递力矩的作用，迫使两侧翅膀产生拍打运动，而翅膀在运动时受到气动力、虚拟质量力和自身的惯性力等共同作用将产生扭转。进一步地，翅膀的扭转将改变气动攻角和最终翅膀受到的气动力矩。翅膀在外在气动力矩、自身惯性力矩与动力学传动机构传递的力矩的共同作用下在支座铰链处与铰链的弹性回复力矩形成平衡关系，一旦这种关系打破将产生翅膀的运动或者传动机构的运动。该高度复杂的非线性动力学问题是仿昆 FWMAV 设计中必须直面的难题。有关翅拍动力学问题的详细建模思路和求解方法在第三章进行了详细的叙述，这里仅对质量几乎可以忽略的柔顺传动机构子系统中存在的能量关系进行简单的介绍，不做深入的动力学分析和探讨。简单介绍当前的柔顺机构中存在的动力学方程，仅仅是为了解释广义自由度、翅膀拍打角在已知的压电驱动器输入力和气动阻尼力矩下的动力学能量平衡关系。

假设只考虑翅膀的拍打运动，并且认为两侧翅膀具有完全相同的拍打轨迹，则可以取翅膀的拍打角 φ_l 作为系统的广义坐标，从而列出系统的拉格朗日动力学方程：

$$\frac{\mathrm{d}}{\mathrm{d}t}\frac{\partial L}{\partial \dot{\varphi}_w}-\frac{\partial L}{\partial \varphi_w}=Q \tag{8-60}$$

式中：$L=T-V$。T 为动力学传动系统的动能（包含各杆件在运动时产生的动能和翅膀拍打运动产生的动能，因各杆件的质量小，几乎可忽略）；V 为系统的势能（包含各杆件在运动时产生的势能，几乎可忽略）；Q 为系统的广义力矩，这里包含了压电驱动器输入的驱动力绕拍打角的支座铰链产生的力矩、外在气动阻尼力矩和支座铰链的弹性恢复力矩。L_c 和 L_e 杆的运动十分微小，并且杆 L_{s1}、L_{s2} 和 L_{s3} 整体相对翅膀而言其转动惯量很小，这样所有杆件的动能都可以忽略，因此系统的动能近似等于两个翅膀的动能：$T=2I_{zz,w}\dot{\varphi}_l^{\,2}$，这里 $I_{zz,w}$ 是翅膀沿着拍打轴的转动惯量。系统的势能主要存储在所有的柔性铰链中。铰链 h_1 的转角为 α_l，该角度很小可以忽略。铰链 h_3 的转角为拍打角 φ_l，而铰链 h_2 的转角约等于拍打角。所以系统的势能可近似等于拍打角绕铰链存储的弹性势能：$V=4k_{\phi,\mathrm{hinge}}\varphi_l^{\,2}$，这里的 $k_{\phi,\mathrm{hinge}}$ 为机身上支座处柔性铰链的刚度系数。鉴于当前采用的柔顺机构中各杆件的尺寸很小，质量和转动惯量可以忽略，所以没有必要对其动力学方程进行详细的分析和求解。在实际的动力学传动机构的设计中，杆件尺寸的确定也仅借鉴了运动学分析获得的最优数据。根据前面的运动学分析可知，在压电驱动器的正弦驱动力的激励作用下，当前的具有最优线性度的柔顺传动机构可以驱使翅膀达到50°以上的拍打幅值。该拍打幅值已经和双翅目类昆虫的拍打冲程角比较接近了，因而在一定的高频共振频率下可以保证翅膀的冲程运动在非稳态高升力机制下获得足够有力的升推力。

8.3.3 柔顺传动机构的制造工艺

柔顺传动机构的加工工艺也采用了压电驱动器的智能复合微结构热压叠合制造工艺。工艺中需采用两轮紫外激光切割工序和一轮真空袋热压叠合工序。在这里不再进行详细的介绍，仅对其中涉及柔性铰链的加工工艺环节进行探讨。这里的传动机构和柔性铰链是由两层高模量的碳纤维材料和一层聚酰亚胺薄膜材料组成的三明治结构。

柔性铰链的特征尺寸一般只有几十微米，几乎接近紫外激光切割的线宽，所以在激光切割时需仔细烧蚀铰链中间柔性片层镂空的刚性碳纤维杆层。图8－30再次示意了柔性铰链的材料构成以及可能采用的插指状直角铰链接头的外形布置。毕竟传动机构是由二维平面结构折叠而成的三维结构（见图8－31(a)和(b)的二维和三维的折叠工序），所以在直角锁定的刚性连接处，采用插指状的铰链构型可以有效地锁定直角，之后滴瞬干胶形成刚性连接接头。

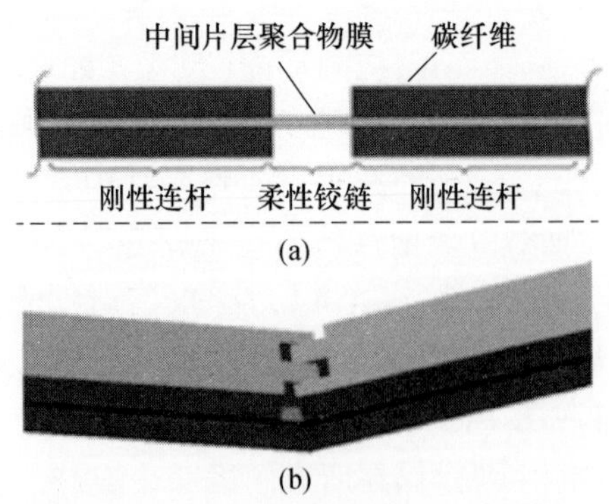

图8－30 柔性铰链和插指直角铰链接头
(a)柔性铰链；(b)插指直角铰链接头。

针对这种铰链进行的加工就更要注意紫外激光切割工序中碎屑堵塞等问题[288－290]。获得灵活的铰链，实现最终的高效转动完全依赖该特征尺寸范围内三明治柔性铰链和刚性连杆层的微加工效果以及真空袋热压叠合的层间键合强

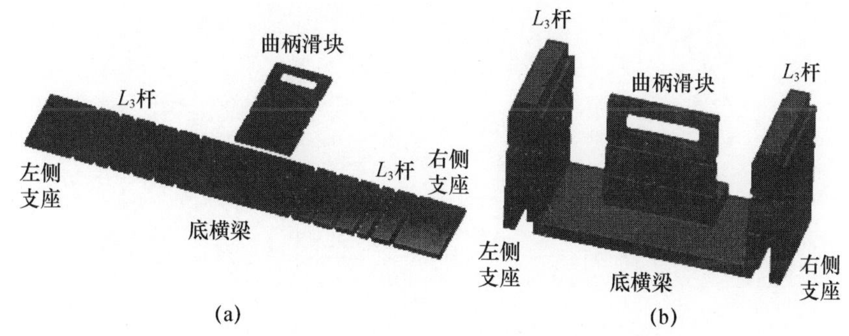

图 8-31　含曲柄滑块的柔顺四连杆机构的三维设计图

(a)二维平面结构;(b)折叠之后获得的三维结构。

度。针对铰链激光微加工工序和热压叠合工序中有可能出现的铰链缝隙堵塞的问题,下面分别给出一些建议:

(1)在不影响传动效率的情况下,尽量按照能到达到的转动角限定的铰链中间柔性片层的长度的上限精心设计。

(2)在传动机构的激光切割图纸中铰链对应的特征尺寸缝隙范围内绘制回型激光线宽的直线,迫使紫外激光沿着这些回型线条多烧蚀几轮刚性碳纤维层,确保能够清晰准确的镂空这些图案。

(3)第一轮紫外激光切割完成之后,将获得的碳纤维组件在显微镜下进行线宽测量,检查切割之后的图案是否与设计图匹配。若不匹配则继续在激光台进行重新切割,直至获得期望的图案。

(4)在进行三层材料的真空袋热压叠合时,要保准高精度的对准,同时用吹气囊进行灰尘清理,最好在净化间环境下进行叠合,避开粉尘的影响。设定合适的温控程序实现真空热压叠合之后(该工序是能够保证高温挥发出来的环氧树脂等高分子可被抽走不滞留固化的最优温控工序),打开真空袋后仍需检查叠合之后的三层结构是否存在铰链缝隙被高分子室温固化残留物堵塞,如果堵塞,需在后续第二轮紫外激光切割中进行清理。

(5)完成第二轮紫外激光切割释放单个组件结构之后,在叠合之前仍需对各个组件的铰链缝隙进行检查。不管是哪个环节都需要保证柔性铰链的缝隙是清晰透光,凹型镂空的碳纤维层没有被碎屑或者残留物等颗粒堵塞。

对传动机构的二维组件按照三维设计图纸进行折叠,并对需要刚性连接的层间和插指直角接头等采用瞬干胶进行固化锁定,便形成期望的三维柔顺传动机构。图 8-32 给出了实验中在精细镊子帮助下手工微装配折叠获得的有效实物。

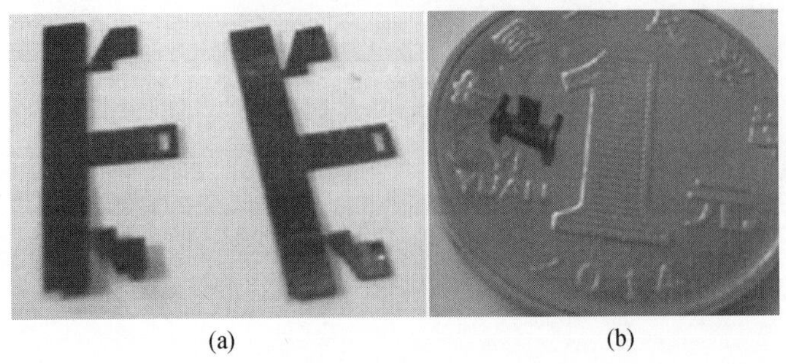

(a) (b)

图 8－32 传动机构的实物图
(a)折叠前的二维平面；(b)折叠后的三维结构。

8.4 仿昆翅膀的设计和制造工艺

8.4.1 仿昆翅膀的设计

仿昆翅膀的设计和制造工艺在仿昆 FWMAV 的研制中也起着重要的作用，因为翅膀的气动性能和质量属性将直接决定仿昆 FWMAV 能否获得合适的共振频率，并产生足够的能够克服其自身重量的气动升力。有关双翅目类昆虫(比如果蝇)的翅膀的形貌学参数化研究在前面的第二、三和四章都有详细的描述，这里不做重点介绍。针对昆虫尺度的实际仿昆 FWMAV 的仿昆翅膀，鉴于其较低的惯性张量和质量，忽略了气弹耦合效应对其气动性能的影响，所以这里都假设翅膀在该尺度下是刚性的二维平面。因而在设计实际翅膀时，需要考虑的几何重要参数分别是，翅膀的俯仰扭转轴的位置、翅膀的前后缘轮廓、翅膀的展向有效长度、翅膀的平均弦长、翅膀的展向和弦向刚度以及翅膀的质量和惯性张量。

自然界中的昆虫翅膀有很多在现有的实验条件下难以完全仿照设计的特征和属性，比如复杂的几何形貌，非均匀的翅脉和翅膜分布，由各向异性和分布不均匀的材料构成的翅膀的展向和弦向的刚度是不一致的，甚至还存在一些即将退化的辅助小翅膀，比如蝉翅(见图 8－33(a)为其虫体，图 8－33(b)至(e)为其六只翅膀)。解剖蝉翅脱离虫体后可以看到蝉包含三对六只翅膀，其中一对大翅膀(接近 3cm 长)参与翅拍的主翅，另外的两对起辅助作用的将退化的小翅膀紧附在其虫体上。关于这些小翅膀的作用，目前还没有看到文献对其进行详细的研究。鉴于自然界昆翅的复杂性，所以在实际的设计中需要采用前面提及的刚性翅参数化假设。

针对这里设计的仿昆 FWMAV,其翅膀轮廓仿照了食蚜蝇的翅膀几何形貌。如果初步选定翅膀的俯仰扭转轴为直线,并且是翅根至翅尖的连线的话,根据数字化图像轮廓检测方法[283],可以对解剖食蚜蝇获得的翅膀进行涂深色颜料(这里选用了红色水性墨水)之后的高清图片进行边缘轮廓检测和二维平面重构(见图 8-33(f):食蚜蝇的虫体,(g)至(j):一对翅膀)。对二维重构获得的翅平面轮廓进行坐标数据离散化,然后对这些离散化的数据点进行拟合获得其多项式表达式,再根据前后缘轮廓的多项式表达式计算出翅膀的基本参数,比如翅膀的有效长度、平均弦长、面积、一阶和二阶面积矩等。

图 8-33 蝉和红头苍蝇的虫体和翅膀以及采用图像处理算法提取红头苍蝇翅膀的外形轮廓
(a)蝉的虫体;(b)和(c)蝉的一对主翅膀;(d)蝉的一对副翅膀;(e)蝉的一对附着虫体上的即将退化的小翅膀,几乎不含次级翅脉;(f)红头苍蝇的虫体和翅膀;(g)和(h)为染有红色颜料的红头苍蝇的左侧翅膀即其外形轮廓;(i)和(j)为染有红色颜料的红头苍蝇的右侧翅膀即其外形轮廓。

由于没有可获得的测试翅膀展向和弦向刚度的实验设备,并且假设了翅膀是刚性二维平面翅,所以忽略了必定存在的形变对翅膀气动性能和质量属性计算的影响。获得翅膀的二维平面轮廓之后,根据第四章针对扑翼悬飞能耗最小时翅膀形貌和运动参数的优化中设计动态比例缩放机械翅膀的保形参数化描述方法,针对当前设计的 80mg 左右的仿昆 FWMAV,根据最优化结果,对食蚜蝇翅膀的轮廓进行初步的比例放大(见表 7-2)。然后,由放大之后的翅膀的轮廓绘制了二维和三维 CAD 模型,其中二维 CAD 图用于实际翅膀轮廓的加工图纸,而三维 CAD 软件(UG NX7.5)中绘制的模型则用来估算翅膀的质量属性,比如质心位置和惯性矩张量等,这些参数用于理论分析。翅膀的轮廓设计完成之后,需采用微加工工艺进行制造。根据早期文献报道的结论[5],制造好的翅膀需要具备较高的刚重比(翅膀的弦向和展向刚度与其总量的比值),才能有利于翅拍动力学系统获得较高的共振频率,从而获得较高的气动升力。

8.4.2 仿昆翅膀的制造工艺

一旦确定了翅膀的几何形貌轮廓和基本特征参数之后,即可对其进行实际的工艺制作。针对该尺度的翅膀,同样采用了与压电驱动器和柔顺传动机构的加工工艺相同的智能复合叠层真空袋热压工艺[288-290]。拟设计和制造的翅膀采用了聚合物薄膜,比如聚酰亚胺作为翅膜;采用了高模量的碳纤维预浸料作为翅脉。在图纸设计和工艺实现时,需要重点关注的是,翅膜的厚度和翅脉的分布。我们关心的翅膀的性能指标:翅膀的刚重比要足够高,即翅膀的质量尽可能低的同时刚度要足够高。这两个参数一般来说是矛盾的,但是通过合理的选材和翅脉分布的设计可以取得较高的刚重比。正如前面说的,翅膀的质量决定翅膀的转动惯量,从而决定着翅拍动力学系统的共振频率和翅膀被动俯仰扭转的频率,所以要尽可能低。在当前的工艺实验中,选择了在市场上可以购买到的最薄的聚酰亚胺(7.5μm)(国外还可以购买到更薄,1.5μm 的聚酯薄膜)。翅膀的刚度主要通过前缘主翅脉和辐射式分布的次级翅脉的厚度和宽度来决定。当前的翅膀设计和工艺实验中,根据国内可以购买到的碳纤维预浸料,翅脉采用了单层最薄的(40μm)的碳纤维预浸料叠合在翅膜上。由于碳纤维预浸料是由单向碳纤维丝和环氧树脂等高分子聚合物构成,所以是各向异性复合材料。在实验图纸设计时,尽量保证高强度的碳纤维丝沿着各翅脉的长度方向平行分布,这样可以增加碳纤维材料的抗撕裂强度,否则,不考虑碳纤维丝的方向,任意布置形成翅脉的话,将出现无数段碳纤维丝散乱形成的翅脉在激光切割和翅膀高频负载时出现撕裂而导致的刚度急剧下降。鉴于刚性均匀分布的翅膀假设,翅脉的辐射式分布角度需要仔细选定来获得较好的刚度和质量分布。

根据已报道的文献关于刚柔性人工仿昆翅膀的最优设计参数[3-5,180,280-282,284],如图 8-34(a)所示,选定了第一级辅翅脉,第二级辅翅脉和第三级翼尖附近的辅翅脉与前缘主翅脉的轴向的夹角分别为 60°,45°和 15°,其中这些翅脉的宽度分别选定为 60μm、50μm 和 40μm。前缘主翅脉的宽度为 70μm。值得注意的是,双翅目类昆翅的辐射式翅脉在沿着翅根向四周辐射分布的同时,翅脉的宽度和厚度都是不断变窄和变薄的。这里考虑到紫外激光器可以加工的线宽和碳纤维材料丝分布的致密性,我们选定了主辅翅脉的宽度沿着长度方向的宽度是一致的,这样可以带来制造的便利性和可实现性。

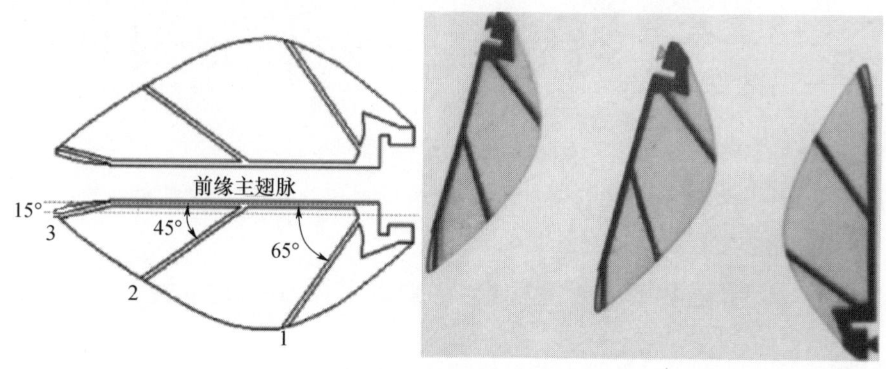

图 8 - 34 翅膀设计图纸和层压叠合工艺获得翅膀实物

翅膀的微加工工艺主要由紫外激光切割工序和真空袋热压叠合工序组成。翅膀的真空袋热压叠合工序如图 8 - 35 所示。首先按照设计图纸加工好的含有翅膀前后缘轮廓和翅脉的碳纤维层铺在钢板的底层(见图 8 - 35(a)),并在对准孔上放置小磁铁固定该层结构在钢板上不动;然后铺上聚合物薄膜(比如超薄的聚酰亚胺或者聚酯薄膜),形成翅膀的翅膜(见图 8 - 35(b));紧接着在翅膜上再次铺上含翅脉的碳纤维层(见图 8 - 35(c));最后制作与压电驱动器工艺相同的真空袋,进行最终的真空热压叠合,温控程序也是相同的。完成这些真空叠合工序之后,将三层结构再次放到激光切割台上按照最终的翅膀图纸进行切割,从而获得我们需要的轻量级刚性翅膀(见图 8 - 34(b))。真空袋热压叠合含环氧树脂的碳纤维预浸料翅脉和聚酰亚胺翅膜,也属于异种高分子材料的键合,工艺成功与否的衡量指标是翅脉与翅膜是否形成高强度的粘接,即不至于在后续的翅拍试验中出现翅脉和翅膜的脱落,甚至撕裂。同时,值得注意的是,在第二轮紫外激光切割最终翅膀的轮廓以便释放获得单个翅膀时,切割各级翅脉和翅膜必须采用不同能量密度的激光。因为有些地方切割的是一层碳纤维,比如各级辅翅脉;有的地方切割的是两层碳纤维,比如前缘主翅脉;而有些地方只需切割一层聚酰亚胺薄膜。否则的话,如果采用相同的能量密度和切割次数,则会造成翅膜的融化和破裂。因此,在这轮激光微加工工序中,要适当地调整紫外激光器的能量密度和切割次数,以便获得具有比较完美的轮廓的翅膀。

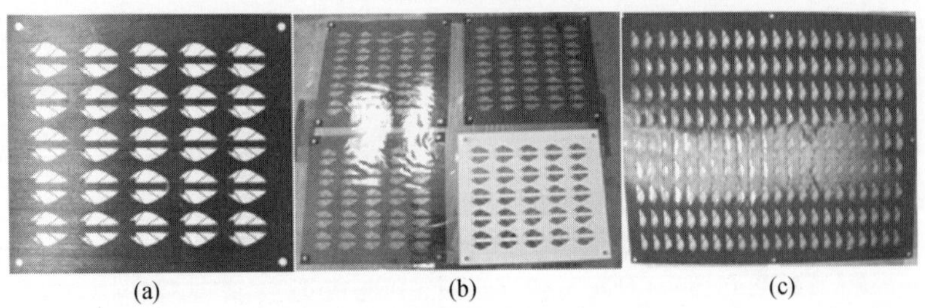

图 8 - 35　翅膀真空袋工序

(a)第一轮激光加工后的翅脉层;(b)固定在钢板上的双层结构;(c)叠好的三层结构。

8.5　压电驱动仿昆 FWMAV 样机的装配和振翅试验

利用紫外激光切割工艺和真空袋热压叠合工艺成功制造了压电驱动器(见图 8 - 36(f))、柔顺传动机构(见图 8 - 36(b)、(e)、(f))、翅膀(见图 8 - 36(a))、机身(见图 8 - 36(c)、(e)、(f))四大组件之后,在瞬干胶(乐泰 454)和精细镊子的辅助下,用手工成功装配出仿昆 FWMAV 的样机(见图 8 - 36(g)、(h)),并进行了固定机身的振翅实验和样机沿导轨攀升测试实验。

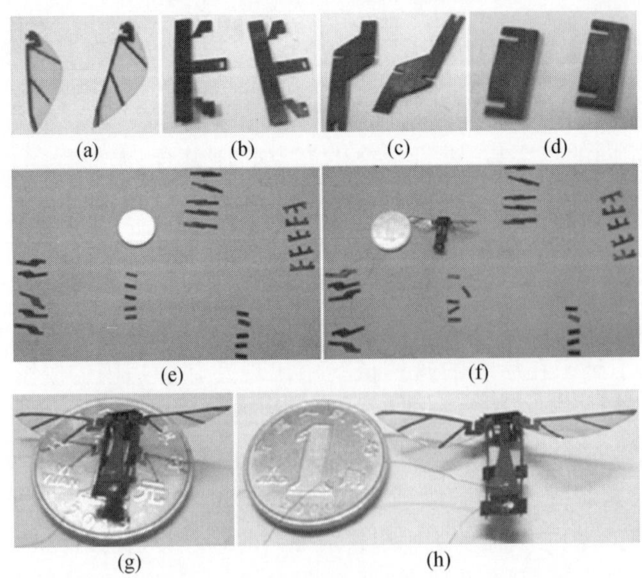

图 8 - 36　仿昆 FWMAV 各组件构成和装配好的样机

(a)翅膀;(b)动力学传动机构;(c)两侧机身;(d)前段横向加强筋;(e)、(f)各组件和装配好的样机与 1 角硬币的尺度对比;(g)、(h)样机分别与 1 元和 1 角硬币的尺度对比。

针对当前研制的仿昆 FWMAV，根据合理的设计，采用前面介绍的针对各组件的微加工工艺制造的各组件的实物如图 8－36 所示。对这些组件和最终装配好的样机，采用电子称称取了它们的质量，如表 8－5 所列。由该表的实测数据可知，采用当前可购买的材料和可实现的微加工工艺，获得的各组件和样机的质量与文献报道的哈佛大学的仿昆 FWMAV 的指标相比要稍重些。当前研制的仿昆 FWMAV 样机的总重量平均为 109mg，即便是通过设计迭代和工艺改善之后获得样机的质量也达到了 93.5mg。因此考虑到若要实现举升悬飞的典型仿昆 FWMAV，后续的工作需要大幅地降低关键组件的质量（尤其是翅膀的质量和导线以及机身的质量），以便获得仿昆 FWMAV 的翅拍动力学系统可以达到的较高的共振驱动频率（由翅膀转动惯量决定）和获得足够高的可以克服仿昆 FWMAV 重量的升力。

表 8－5　仿昆 FWMAV 样机的各组件质量和整机质量

（单位：mg）

测试型号	翅膀	传动	驱动器	导线	机身	整机
仿昆 FWMAV1	2.05×2	8.4	40.3	8.1×3	32.8	110
仿昆 FWMAV2	2.2×2	7.9	40.5	8.2×3	32.6	110
仿昆 FWMAV3	2.15×2	8.4	39.7	7.7×3	32.4	108
仿昆 FWMAV4	2.08×2	8.1	40.2	8×3	32.5	109
仿昆 FWMAV5	2.3×2	5.9	39.3	8×3	19.7	93.5
哈佛大学的仿昆 FWMAV①	0.25×2	4	40	4.5	11	60
①参考了来自文献报道的数据[5]						

8.5.1　三轴移动平台和举升悬飞测试平台

为了便于压电驱动器和仿昆 FWMAV 样机的翅运动规律和气动力以及力矩的快速稳定测试，我们还设计了可用于仿昆 FWMAV 关键部件定位对准测试的三轴移动平台，如图 8－37(a)所示。该三轴移动平台由四部分构成，即带有螺纹孔、垂直于 z 方向导轨和水平 x 方向导轨的底座，可在底座水平 x 方向导轨上移动的大滑块（上面带有水平 y 方向导轨），可在水平 y 方向导轨上移动的两个小滑块以及可在底座垂直 z 方向导轨上移动的回型滑块（用于固定压电驱动器的近端）。三种滑块分别带有相同直径的螺纹孔，旋入平端十字平头螺丝钉后可以分别固定在相应的导轨上，从而实现需要的定位装配要求（见图 8－37(a)）。该三轴移动平台可用于仿昆 FWMAV 研制早期的关键组件定位对准和初步的性能指标测试,比如压电驱动器的位移输出测试和翅膀拍打角的观测。

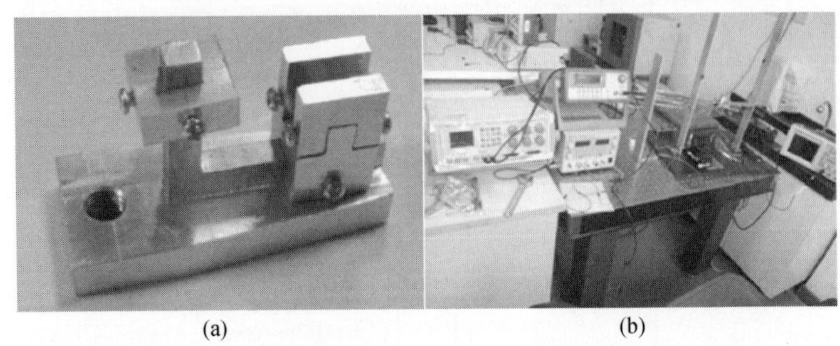

(a) (b)

图 8－37 仿昆 FWMAV 样机测试装置
(a)三轴移动平台;(b)举升悬飞测试平台。

当在该三轴移动平台的任意滑块上或直角边上贴上绝缘塑料板后,可以将压电驱动器的近端用环氧胶贴在其上形成悬臂式驱动器,从而在加载电信号后对其进行性能评估测试——即末端的位移输出(见图 8－37(a))和力输出;当该三轴移动平台用于固定压电驱动器和提前连接装配好的动力学传动机构时,可当作仿昆 FWMAV 的刚性机身使用,在振动试验中将提高系统整体的稳定性。

为了对仿昆 FWMAV 样机进行沿导轨的单向悬飞攀升测试,我们还设计了含支架和平行垂直导轨的测试平台(见图 8－37(b))。该平台两侧支架上设有导向定位滑块和紧固螺栓,用于调整垂直导轨的平行距离和垂直绷紧度。当仿昆 FWMAV 的机身背侧含有挂钩固定梁时,样机可以很容易地约束在该导轨上,从而在初级阶段保证仿昆 FWMAV 样机仅沿着垂直方向实现举升悬飞测试,其他自由度的力和力矩全部被导轨给约束掉了。

8.5.2 仿昆 FWMAV 的实时振翅实验和举升悬飞测试

采用前面提及的已经测试过压电弯曲执行器和提前连接装配好的动力学传动机构,以及临时制作的塑料机身和固定夹具,我们装配了一台仿昆 FWMAV 的样机并将其固定在三轴移动平台上进行测试(见图 8－38(a))。对压电弯曲执行器施加电压信号激励后,驱动器成功实现了驱动动力学机构的运动,最终带动两侧翅膀的振动,两翅的振动过程用普通的卡片相机记录了,通过对视频的初步分析可以看出,两翅均有不同程度的振动峰峰幅值,左侧翅膀近似为 15～20°;右侧翅膀近似为 25～30°(见图 8－38(b))。此外,还将该样机固定在更为结实的夹具上进行热测试,同样观察到,两侧翅膀实现了不同幅值的拍打运动(见图 8－38(c))。两侧翅膀的振动幅值大小不同主要是由于装配不对称导致的,这些不对称性既有来自压电驱动器与传动机构的底横梁的装配没有对准，也有来自传动机构两侧机身约束支座连杆和与夹具临时制作的匹配机身固定的不对称性，还有中间的一些柔性连杆的连接锁定时没有形成直角，以及两翅的刚性和惯性不一致等带来的。不过总体来说，取得了不错的效果，这是我们第一次证实该技术路线和工艺方案用于制造仿昆 FWMAV 是可行的。

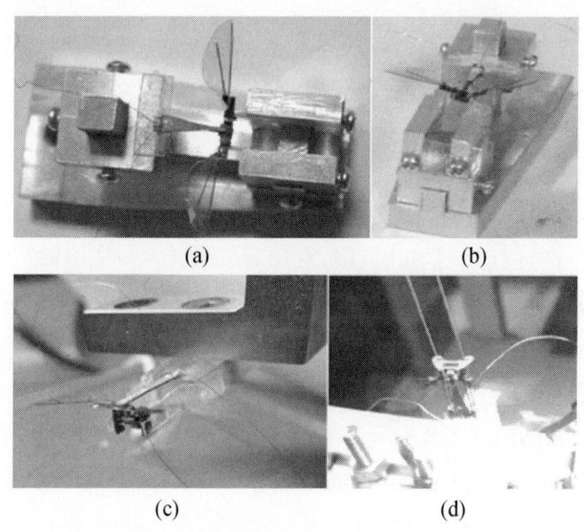

图 8-38　仿昆 FWMAV 的振翅和悬飞攀升实验测试(固定在三轴移动平台上的动力学传动系统，含翅膀、压电驱动器和传动机构)

(a)俯视；(b)右视图；(c)动力学传动系统固定在夹具上待测试；(d)装配好后的样机悬置在垂直的双导轨上进行测试。

为了显著地降低机身和传动机构的质量，在图纸设计上，我们减小了传动机构的宽度，并对机身的外形和刚度进行了权衡，减小用于压电驱动器固定的机身的材料和机身中断面附近的横向加强筋梁的宽度。重新设计后，采用同样的微加工工艺和手工装配，可获得整机重量稍轻的样机，详见表 8-5 中的仿昆 FWMAV5。该样机的总质量为 93.5mg。对该样机加载外部驱动电压信号之后，将机身的下端固定在镊子上，可以看到它实现了较高幅值的振翅运动(见图 8-39(a)和(b))。

直观显示表明翅膀的拍打角峰峰值达到了近 90°，翅拍动力学系统的共振驱动频率在 60Hz 左右。针对整机振翅测试实验结果(见图 8-39(a)和(b)，图片采用 Canon 卡片机博秀 G12 拍摄)，可观察到压电驱动仿昆 FWMAV 取得了峰峰值近 90°的拍打幅值，翅膀被动扭转获得的攻角的幅值接近 40°，样机测试系统共振频率近 60Hz。采用激光近程位移传感器测试压电驱动器的动载位移表明，其振幅输出达到了 528μm(当样机在 50Hz 左右振翅时)。

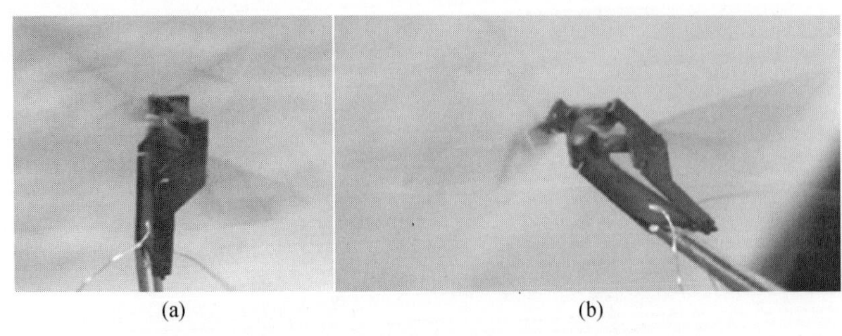

(a) (b)

图 8－39 压电驱动仿昆 FWMAV 的高频高幅值拍打测试

此外,针对这批可以产生上述翅拍频率和拍打角输出的柔顺传动机构和翅膀,我们重新设计了与其尺寸可以匹配的但是背侧含挂钩横梁的更轻的机身,并重新装配了新的样机。将该样机放置到图 8－38(d)所示的垂直双导轨上进行了翅拍测试。同样采用上面提及的相机对实验过程进行了拍摄,由图 8－38(d)可以看到,该样机也实现了较大的翅拍运动角度输出($\Phi \approx 100°$),翅拍频率接近 65Hz。尽管如此,该仿昆 FWMAV 没有获得足够的升力将其举升。这可能是多方面的因素造成的:①该仿昆 FWMAV 整机略重,并且翅膀的重量与文献报道的已实现攀升悬飞的哈佛大学的仿昆 FWMAV 的翅膀的重量相比也过重(见表 8－5),这直接降低了翅拍共振系统的频率;②相比哈佛大学的仿昆 FWMAV 而言,当前样机翅拍动力学系统的共振频率低,拍打幅值不够大(对比表 8－5),所以无法有效地利用扑翼非稳态的气动力机制获得足够高的升力。③翅膀的被动俯仰角过小也是影响气动升力的重要因素。这很可能是因为被动扭转铰链长度过短,导致翅膀的俯仰运动被铰链的止挡块堵死了,因而扭转角过小,没有获得有利的气动攻角。

本书给出的设计方法、建立的智能复合叠层微加工图纸设计思路、搭建的真空袋热压叠合工艺和针对压电驱动器性能指标测试以及样机翅拍测试的实验平台,为后续仿昆 FWMAV 研制的迭代优化和微加工工艺的改进提供了借鉴。

8.6 小结

本章介绍了本书开展仿昆 FWMAV 研制的目标。随后从五个方面开展了仿昆 FWMAV 各组件的设计、微加工制造和样机的装配,以及最终样机的振翅测试和沿导轨举升攀飞测试。下面对这五方面的工作进行了概略性的总结。

1)仿昆 FWMAV 的驱动方式的选择

仿昆 FWMAV 要求微驱动器在厘米至毫米的尺度具有高的能量密度。为此本章第 8.1 节分析了重量等于 100mg 的仿昆 FWMAV 的可选的潜在微驱动器类型,并初步探讨了其驱动方式和驱动电源设计的可实现性要求。本节基于现有的相关技术文献和理论成果,针对仿昆 FWMAV 的微驱动动力装置类型和关键性能进行了对比筛选与评估,为驱动器的方案选择提供依据,同时也为仿昆 FW-MAV 微驱动动力装置的设计提供前期的可行性分析和关键指标的评估方案。

2)压电驱动器的设计原理、制造工艺和测试

本章第 8.2 节针对仿昆 FWMAV 所采用的悬臂梁式弯曲压电驱动器进行了完整设计原理分析,制造工艺设计和性能指标测试。首先,基于压电材料的工作原理,进行了压电驱动器构型和材料的选择,然后进行驱动方式的选择,并确定了采用双晶片压电悬臂梁式弯曲型驱动器构型。其次,利用复合材料的层叠板理论,详细地建立了压电驱动器的静态模型,给出了压电驱动器末端的峰值位移和阻塞力的预测公式,并获得了最优的设计尺寸。再次,针对压电驱动器的非线性工况,建立了集总参数化模型,以便预测其动态特性和共振频率。然后针对高场驱动下压电陶瓷的蠕变、迟滞和饱和等非线性因素,建立了压电驱动器的静力学非线性预测模型,以便更为准确地预测其输出位移和阻塞力,还给出了一些非线性因数改善的工艺改进措施。最后介绍了压电驱动器制造的完整工艺和性能指标测试。

3)柔顺传动机构的设计分析和制造工艺

本章第 8.3 节对翅膀仿生柔顺传动机构的设计原则和被动铰链的设计进行了介绍,这为简化的二自由度翅拍运动学的实现提供了可行的设计方案。针对选用的柔顺四连杆传动机构进行了等效曲柄滑块机构的简化,并对其正运动学进行了分析。以正运动学给出的翅膀拍打角与四连杆机构的各杆件的长度、压电驱动器的输入位移之间的函数关系为出发点,建立了有关柔顺传动机构传动效果量化的度量测度,即非线性理论传动比与近似线性传动比之间的差的平方,以此来反映柔顺传动机构的传动线性度。为了达到最佳的传动线性度,以该测度为目标函数对传动机构的杆件在给定压电驱动器峰值位移输入下的最优杆长进行了优化。最优化获得了各杆件的长度,并且对目标函数关于单参数的灵敏性进行了分析,给出一些定量设计参考依据。此外,还对非线性翅拍预测公式的最优线性度和近似线性度进行了对比分析,结果表明,前者能够更逼真地反映传动机构在最优杆件长度尺寸下可获得最优线性度和最高的传动比。最后针对柔顺传动机构的微加工制造工艺进行了介绍,并对其中遇到的工艺问题提出一些参考建议。

4)仿昆翅膀的设计和制造工艺

翅膀的设计和制造工艺在仿昆 FWMAV 的研制中也起着重要作用,因为翅

膀的气动性能和质量属性将直接决定仿昆 FWMAV 能否获得合适的共振频率。根据第二、三和四章介绍过的翅膀形貌学参数化的方法和数字化图像轮廓检测方法,本章第 8.4 节仿照自然界中的双翅目类昆虫的翅膀(这里是食蚜蝇翅)建立了拟设计的仿昆 FWMAV 翅膀的形貌学参数,即翅膀的有效长度、平均弦长、翅膀的前后缘轮廓。随后根据第四章中针对规定重量的仿昆 FWMAV 刚好能够实现悬飞时的最优的翅膀形貌参数,采用三维 CAD 软件绘制了拟设计的人工翅的二维轮廓和三维计算机几何模型。进一步地采用该三维软件预测了三维翅膀模型的质量属性(质心位置和惯性矩张量等)。这些参数被用于气动力和力矩的理论分析和预测。紧接着,根据二维最优轮廓参数开展了人工翅的设计和材料的选择。鉴于刚性翅的假设,期望获得翅膀应具有足够高的刚重比(以便保证刚度的同时提高翅拍动力学系统的共振频率),为此对人工翅的翅脉和翅膜的材料进行了选择,并初步确定了翅脉的基本尺寸和布置。最后通过紫外激光切割和真空袋热压叠合工艺组合的微加工工艺制造了人工翅膀。

5)压电驱动仿昆 FWMAV 样机的装配和振翅试验

在采用上述的组合微加工工艺成功制造了仿昆 FWMAV 的压电驱动器、柔顺传动机构、翅膀、机身(机身的设计和制造需保证刚度的同时尽量降低质量)四大组件之后,本章第 8.5 节介绍了仿昆 FWMAV 样机的装配和具有固定机身的振翅实验以及样机的沿导轨攀升测试实验。装配之前,对各组件的质量进行了称量,以便与文献已报道的指标进行对比,同时为后续的改进设计提供参考。为了便于快速地进行压电驱动器性能指标(比如输出位移)和不含机身的翅拍动力学系统进行翅拍动态特性(如翅拍运动角和共振频率)的测试,我们设计了三轴移动平台。在仿昆 FWMAV 样机整体装配之前,该平台还可用于关键组件的高精度微装配和折叠对准锁定。这样可以方便评估装配的翅拍动力学系统时具有好的灵活性。随后为了对仿昆 FWMAV 样机进行沿导轨的单向悬飞攀升测试,我们还设计和搭建了含支架和平行垂直导轨的测试平台。针对仿昆 FWMAV 的实时振翅实验和悬飞攀升测试结果表明,迭代优化设计和制造好的 93.5mg 的仿昆 FWMAV 能够在外加交直流电压峰值接近 250V 时产生较大的翅拍运动角度输出($\Phi \approx 100°$),其中压电驱动器驱动的翅拍动力学系统的激励共振频率(也是翅拍频率)接近 65Hz。随后针对该样机未能成功实现期望的举升悬飞的重要因素进行了分析和探讨,以便为后续的迭代设计和微加工制造工艺改进提供参考性建议。由于缺乏现成和商业可购买到的测微力和力矩传感器,样机翅拍振动时产生的气动力和气动力矩无法测量。翅膀运动规律也需采用高速相机测试系统来测定以便为动力学传动机构的改进提供量化参数数据。尽管如此,采用组合智能微加工制造和折叠微装配工艺成功研制了样机总质量初步达标和翅拍动力学机构灵活的仿昆 FWMAV 样机实物。外加交直流激励信号后的压电驱动仿昆 FWMAV 样机实时振翅实验和悬飞攀升测试也取得了初步客观的结果。这些工作在一定程度上表明了当前的技术研究路线和研制工艺方案是可行的。后续要成功实现仿昆 FWMAV 的研制目标还需开展样机系统级的理论分析优化和探索更为成熟的制造技术工艺方案。

总之,当前开展的针对仿昆 FWMAV 各组件的设计方法、组合智能微加工制造工艺和样机的微装配工序为后来成熟的仿昆 FWMAV 样机的研制提供了先锋性的技术路线。而期间搭建的组合智能微加工工艺平台和测试平台为后续的研制能够实现沿导轨攀升悬飞的仿昆 FWMAV 提供了坚实的前提保证和技术支撑。

第九章　本书总结与未来工作展望

9.1　本书总结

微小型扑翼飞行器,尤其是昆虫尺度的微飞行器,因其仿照飞行昆虫的扑翼翅运动模式,有望实现与扑翼飞行昆虫相似的悬飞能力和机动性。与较大尺度的扑翼飞行器相比,它有很多显著的优点:个体小、低噪声(隐蔽性)、轻量级、低功耗(长时间定点侦察和监管)、制造成本低(可望如集成电路技术那样批量化生产,因而可以一次性使用)、机动灵巧抗阵风扰动性、协同式工作(机械昆虫群编队工作,因而可望作为物联网的网络传感节点)、交通和环境检查及监管,狭小空间的灾难搜救,农业植物授粉,国防安防,军事侦察和定点投放以及干扰等。因而国外一些重要科技部门、重点研发单位和风险投资公司都极为重视仿昆扑翼微飞行器(FWMAV 或称为机械昆虫(MFI, Micromechanical Flying Insect))的研究。

针对第一章确定的研究目标和研究内容,本书系统深入地开展了有关仿昆扑翼飞行的计算流体动力学建模和数值求解方法、气弹性噪声和降噪机制、扑翼悬飞气动力分析、气动参数的最优化设计、仿昆 FWMAV 概念设计和样机微加工制造等科学与工程问题的论述和研究。为此,本书从以下六个方面开展了系统详细的论述。

9.1.1　扑翼仿生工程学中存在的重要问题的探究

第一章全面地介绍了双翅目昆虫翅拍模型的研究概况,这为仿生翅拍机构的设计提供灵感来源。该章系统地介绍了仿昆 FWMAV 的国内外研究近况。按照时间顺序依次介绍了压电驱动仿昆 FWMAV 的设计和研制历程。这些仿昆 FWMAV 的设计具有一些共同点,比如采用压电驱动,都仿照悬飞翅拍运动模式去实现二自由度的翅膀运动,基本上都采用了刚柔新材料来设计柔顺机构。由于起初期望的动机和目的不一样,仿昆 FWMAV 的设计经历了由复杂到简单,然后又到复杂的过程。基于翅膀的俯仰扭转的主动和被动实现原则以及简化设计最快地实现仿昆 FWMAV 的克服自重悬飞,在近期,仿昆 FWMAV 的设计基本上采用了柔性铰链来保证翅膀被动扭转俯仰的维持和实现。尽管如此，基于昆虫学家和生物流体动力学家的观测和研究，双翅目类扑翼飞行昆虫的翅膀运动的俯仰扭转有可能是以主动或者半被动的方式实现的，为此，作者提炼出悬飞翅拍动力学的俯仰可调控动力学问题。毕竟这一问题在早期众多文献中进行过探讨，但是缺乏系统的理论分析和可实现的设计依据。也就是说，在第一章，针对仿生工程学中存在的重要问题，作者系统地缕清了该问题的研究历程和用于仿昆 FWMAV 设计的重要学术问题，这为相关研究人员开展后续研究提出了值得探究的重要问题。随后介绍了本书的研究目标和主要研究内容。

9.1.2　昆虫扑翼飞行的计算流体动力学(CFD)

第二章针对当前流行的几种昆虫扑翼飞行计算流体动力学(CFD)问题的建模、数值求解算法以及获得部分研究结果进行了较为全面的论述。昆虫扑翼飞行是低雷诺数非稳态的气动力行为，由于其翅膀具有三自由度往复式高可变攻角的运动模式，因而它与空气的相互作用是非稳态非定常的涡量场交换过程。昆虫拍翼飞行的问题可以通过 CFD 数值解决。计算流体动力学(CFD)能精确地模拟复杂的非定常流场行为，计算出可与实验测试结果有很好一致性的气动力系数、气动力矩系数、气动功耗以及速度场、压力场和涡量场等瞬时波动历程，此外，CFD 还可重复有效地应用于研究飞行昆虫的飞行模式、飞行气动力、动力学及稳定性等问题。为了论述该方法在昆虫扑翼飞行领域的研究概况和工程应用价值，本章从当前流行的几个知名团队分别展开了概述。这些团队采用不同的建模理论和数值求解算法来解决他们各自关心的学术和工程问题。

针对昆虫扑翼飞行的三维流场数值模拟，刘浩教授首次构建了具有多块面元网格几何结构的三维集成模型，用于评估在中间雷诺数范围内扑翼飞行的惯性和气动力、扭矩和消耗的功率，并通过案例研究验证了其有效性和准确性。针对昆虫悬飞，Wang Zane J. 教授等使用一种专门开发的新的分析和数值相关方法研究了平板在二维幂律流中以固定入射速度从静止加速产生的空气动力。他们的结果在一组特定的前提下，提出了一种基于非定常涡旋升力和附加质量相结合的动态失速的机制。此外，他们针对昆虫悬飞时二维翅膀模型建立了可以控制椭圆坐标中涡度的二维纳维—斯托克斯方程，围绕该二维翅膀模型附近的流场的数值计算采用了以涡度—流函数公式表述的纳维—斯托克斯方程的四阶有限差分格式。该格式在具有适当边界条件的椭圆坐标中实现，以便考虑翅膀运动。针对昆虫翅膀的典型参数，他们评估了通过涡旋理论预测的每单位跨度的气动力和力矩，并且发现数值模拟结果与实验测试结果有着很好的一致性。值得注意的是，基于计算涡量场和涡动力理论，孙茂教授等在惯性坐标系下建立了昆虫扑翼飞行的无量纲三维不可压缩非定常纳维—斯托克斯方程,采用计算流体动力学法数值计算了 Dickinson 博士报道的机械果蝇翅的翅拍运动产生的流场。他们在翅拍冲程开始和结束时出现的较大的升力峰值可以用短时间内涡量的产生来解释。在这两阶段的涡量的快速产生分别是由翅膀的快速平动加速和快速俯仰向上转动引起的。Wei Shyy 教授等则采用了具有恒定密度和黏度的非定常三维无量纲纳维—斯托克斯方程,建立了扑翼飞行不可压缩流体的控制方程。采用 Loci - STREAM 求解了该控制方程组,这是一种采用 Loci 架构编写的三维非结构化压力基有限体积求解器。它采用隐式一阶或二阶时间步进,并使用二阶迎风格式处理对流项,使用二阶格式处理压力和黏性项。此外,他们使用基于密度的公式,并使用滤波技术处理与高阶(第六阶或第八阶)格式相关的数值不稳定性。他们获得数值计算结果与实验测试结果也有很好的一致性。为了处理非定常力和流场结构,陆夕云教授等使用浸入式边界—格子玻耳兹曼法求解二维不可压缩纳维—斯托克斯方程,这可以方便地处理拍打翅膀的边界。在他们的研究中,使用了多块浸入式边界—格子玻耳兹曼法来求解方程组。格子玻耳兹曼法提供了一种解决黏性流体流动的替代方法。最后,在本章的最后一节列表对比了这些团队分别采用的 CFD 模型和数值方法的不同点,以供研究人员和仿生流体动力学设计工程师参考这些不同的 CFD 建模方法和数值算法来解决不同的科学问题和工程设计技术问题。

9.1.3 扑翼飞行的气弹性噪声

昆虫飞行的气动和气弹性声音的声学特征和相关的产生机制,不仅对于昆虫生理学和进化的基础研究,而且对于它们的仿生应用均具有不可忽视的重要意义。扑翼飞行产生的结构颤振声音和气动声音在飞行生物体的进化史和生存形态中发挥着不可替代的物种繁衍、躲避捕食者、获得某种生存技能等重要作用。从仿昆 FWMAV 的设计角度出发,研究人员往往希望达到某种噪声降低的效果,以解决该类微飞行器在军事侦察或者民用领域的低噪声隐蔽部署的效果。

正如前面描述和概括总结的那样,第三章分别针对不同物种(昆虫类绿头苍蝇和熊蜂、低噪飞行的猫头鹰、蜂鸟、野鸽子等)的扑翼或翅飞行的气弹性发声机制和降噪机制进行详细的阐述和讨论。首先,论述了悬飞苍蝇周围的气动声音辐射实验研究。[114](Sueur, et al. 2005)(Sueur, et al. 2005)扑翼产生了由一系列谐波组成的声波,这些声波源于翅膀在空气中的振荡。悬飞苍蝇周围产生的气动声音的频率和幅度特征可以被苍蝇在不同的行为环境中使用。其次,介绍了熊蜂扑翼飞行时周围气动声音产生机制的数值模拟研究。针对悬飞熊蜂,扑翼声音是由两种不同的发声机制产生的。通过翅膀的横向运动在翅膀拍频处产生初级偶极音,而在切向运动期间通过涡旋边缘散射产生其他更高频率的偶极音。此外,由于翅膀的扭转角运动,主音调是定向的。再次,综述了一些经典的有关猫头鹰静音降噪飞行的研究工作,简述了有关猫头鹰的静音低噪飞行研究成果以及仿生降噪工程设计创意,例如锯齿波形或锯齿形后缘,梳状或刷状流体可渗透的后缘或多孔翼型。随后,描述了近期来自刘浩教授团队的仿猫头鹰梳齿状前缘的降噪研究成果。紧接着,较为全面地综述了蜂鸟飞行时羽毛和尾羽的气弹性发声机理。因为通过探究这些蜂鸟以及野鸽的气弹性发声原理和机制,可以找到和发现抑制或降低这些声音的原理和方法。因而,该节分别从蜂鸟飞羽和尾羽发声机制、气弹性颤振发声机理、气弹性颤振的模态分析、鸟类飞行时羽毛气弹性颤振和非嗓声交流的演变几个方面,对蜂鸟扑翼飞行发声原理和机制进行论述。有关的研究结果表明,蜂鸟飞羽和尾羽发声伴随着强谐波的颤振,多种颤振模式和其他几种非线性效应共同表明:①颤振不是简单的涡旋诱导的振动,其中伴随的声音不是涡旋哨声;②颤动是气动弹性的,其中羽毛的结构(惯性/弹性)特性与气动力不断地相互作用产生了不同的声学结果。之后,介绍了野鸽飞行时羽翼的气弹性发声机制。有关的研究和实验结果表明,野鸽的 P_9 和 P_1 羽毛从不产生音调,颤动主要发生在野鸽羽毛的 P_{10} 区域,且 P_{10} 羽毛仅产生高于临界速度的音调。当 P_{10} 羽毛以峰值角速度下旋转时,它的合成气动力系数(C_R)明显低于以平均角速度旋转时产生的气动力系数值,表明音调声音的产生会引发气动力的损失。P_9 和 P_1 羽毛在合成气动力系数中没有显示出这种差异。这些机械结果表明,P_{10} 羽毛产生的音调声音不是偶然的,假设独特的羽毛形态和声音产生之间是有关联的的话,这些音调可能在通信中发挥作用。总之,这些不同物种的发声机制和降噪机制为昆虫学家、仿生流体动力学家、仿昆 FWMAV 的仿生降噪工程设计提供了重要的设计理念和参考价值,也为他们进一步开展更深入的研究提供了依据。

9.1.4　扩展准稳态气动力和惯性力及力矩模型的建立和验证

第四章概述了扑翼悬飞气动力分析模型的研究历程,这些模型既有经典的准稳态模型和改进的准稳态模型,也有非稳态模型。它们分别基于不同的高升力气动机制和相应的气动力系数建立起来,但是都借助于叶素片元法来实现气动升阻力的预测。有的模型相对简洁,却也能反映一些重要的稳态气动机制;有些模型则相对复杂,还有很多模型或多或少存在忽略一些弱的气动力机制。针对大部分准稳态气动力模型中所采用的平动气动升阻力系数随攻角的变化情况进行了可视化对比,以便表明这些模型所采用的平动气动力系数相对于实验测试拟合的曲线的差异。由此为仿昆 FWMAV 设计人员提供了选用模型的参考。

是要选择较为准确的平动气动力系数和气动力模型,还是选择相对简便但是平动气动力系数不那么准确的预测模型,同时考虑复杂性和计算成本,这是个值得权衡的问题。

为了后面建立较为准确又便捷实现的气动力模型提供翅膀气动参数,本章对典型的双翅目果蝇的翅膀进行了形貌学参数化。根据已报道针对果蝇翅膀和其动态比例缩放机械模型翅的数据,在初步确定翅膀的俯仰轴位置之后,建立了翅膀的前后缘无量纲轮廓的描述。这两个参变量结合翅膀平均弦长和翅膀的有效长度,完整地建立了翅膀无量纲形貌学参数化描述。这些参变量不仅为气动力模型的建立提供了基本输入参数,也为后续开展悬飞能耗最小化时的翅膀几何学和翅膀运动学参数的组合优化提供了依据。随后针对实测的果蝇近似稳态悬飞时的翅拍运动模式,建立了完整的翅膀运动学的参数化描述。目的也是为气动力模型的建立提供运动学的输入参变量。

基于现有文献报道的气动力模型,建立了扩展准稳态气动力和惯性力以及力矩模型。该模型与早期的改进准稳态模型有三点不同:①包含了沿着翅平面弦向轴线的气动阻尼力矩(该力矩是翅膀俯仰运动时每个片条上的弦向微元的速度梯度差引起的压阻力);②引入了关于平动环量和转动环量压心的弦向位置分布一致的假设(注意,这里压心所在的展向特殊片条的中心线的位置是不同的)来简化转动环量气动力矩的计算;③包含了翅膀自身运动时产生的惯性力和力矩。在已知果蝇的翅膀形貌学参数和近似稳态悬飞时的翅拍运动学参数作为扩展准稳态模型的输入的情况下,分别对各种机制的瞬时气动力和气动力矩以及惯性力和力矩进行了预测和可视化,结果表明,惯性力和惯性力矩在翅膀快速俯仰逆反区间段不可忽略,并且幅值接近虚拟附加质量力和力矩。

最后针对当前建立的扩展准稳态气动力和惯性力及力矩模型进行了验证。将理论预测的数据与实验测得气动力和气动力矩数据进行对比发现,当前的扩展准稳态气动力和惯性力以及力矩模型能够较好地预测实测数据,这反过来验证了当前的扩展准稳态模型在预测悬飞扑翼气动力的有效性和适用性。

9.1.5 仿昆 FWMAV 悬飞翅拍动力学问题的建模和数值求解

翅运动的产生直接决定着扑翼气动力和力矩以及惯性力和力矩。这些力和力矩的总效果影响着扑翼飞行昆虫和旨在实现高机动性的微飞行器的动态不稳定性和可控性。第五章完整地介绍了扑翼悬飞果蝇的二自由度翅拍运动的产生机制和俯仰运动的可调控规律。首先,基于扩展的准稳态气动力和惯性力以及相应的力矩模型推导了二自由度翅拍动力学微分方程(ODEs)。然后,通过采用常规的 ODEs 数值求解算法、边界值问题求解格式和最小二乘优化算法，成功地求解二自由度高度耦合的非线性翅拍动力学微分方程，获得了二自由度非线性耦合翅拍动力学问题的数值解。数值求解获得翅膀运动输出与实验测得的有很好的一致性。这反过来证实了关于压心的假设是合理的。在该压心的假设中，假设平动气动力和转动环量气动力的压心的弦向位置分布是一致的。该一致性的结果也反过来证实了所采用的数值求解算法和优化算法的有效性。与此同时，通过成功求解该微分方程组还获得了最优的驱动力矩参数、最优的翅膀拍打铰链和扭转铰链刚度系数。这些工作为解决高度耦合的非线性翅拍动力学问题和仿昆 FWMAV 的翅膀扭转俯仰运动的可调控设计提供了新颖的求解方式。尤其是在仿生扑翼微飞行器具有被动或者半被动俯仰扭转柔性铰链维持高可变攻角的情况下，需要实现翅膀扭转俯仰运动的可调控时的情况。

最后，通过引入翅膀俯仰频率和拍打频率的频率比，作者探究了翅膀俯仰角相对于拍打角的相位偏置的可调控规律。从定量分析计算的角度，正如早期文献报道的那样，作者也发现了相位偏置间接地受频率的调控，或者直接地受翅膀俯仰铰链刚度系数的调节，即相位偏置的数值随着频率比的增加由正向负变化，这同时也意味着随着俯仰铰链刚度系数的增加将产生提前的翅膀俯仰运动，而俯仰铰链刚度系数的下降将导致延迟的翅膀俯仰出现。此外，作者还发现，翅膀俯仰角的峰值随着俯仰铰链刚度系数的增加而单调下降。

9.1.6　扑翼悬飞消耗最小能量时翅膀几何参数和运动参数的优化

在第六章，通过采用针对刚性薄翼扩展的准稳态气动力模型和混合遗传优化算法，我们进行了翅膀几何参数（WGP）或/和翅膀运动参数（WKP）的单独优化和组合优化，以便实现扑翼悬飞时能量的消耗的最小化。本章首次建立了具有无量纲保形特征的动态比例可缩放的参数化方法，该方法为涉及翅膀几何参数的优化提供了一种简单的方式。根据功率密度模型形成了优化目标函数，该模型含有附加惩罚项，比如升重比、边界约束，单翅展弦比（AR）和雷诺数（*Re*）。随后将优化获得的最优化参数序列分别代入功率模型再次预测瞬时气动力和功率消耗。与针对其他情况的优化结果相比，我们发现针对翅膀几何参数和翅膀运动学参数的组合优化的情况获得拍打频率要低些，而且功率密度值也要低些。这些结果可能源于通过展弦比和雷诺数表现出来的翅膀几何参数和翅膀运动学参数之间的强耦合关系对升力必须平衡重力下的功率密度最小化的影响。此外涉及翅膀几何参数优化的最优拍打角模式呈现出谐波轮廓，而俯仰扭转角具有圆角梯形轮廓，并具有一定的俯仰逆转快变时间尺度。在涉及翅膀几何参数的优化中，我们还采用了基于三维升力曲线斜率构建的平动气动力系数，该系数考虑了任何翅膀几何形状的可能影响。最优化结果表明,该平动气动力系数对升力和功率的影响很小。总之,该组合优化概念框架模型为仿昆 FWMAV 的基本参数设计提供了一种新颖的方法。

9.1.7 悬飞仿昆 FWMAV 的概念设计

为了初步选定仿昆 FWMAV 的驱动方式和确定各主要组件的基本参数,基于准稳态气动力模型和集总参数化线性模型,第七章建立了扑翼悬飞概念设计框架。本章一开始介绍概念设计所产生的问题背景。随后针对仿昆振翅动力学系统中的动力学问题进行线性化的建模和分析。分别对翅膀拍打运动和翅膀的被动俯仰扭转运动的动力学实现和维持进行物理学的简化建模。忽略其中存在的众多非线性问题,针对这两类动力学问题,对其建立了有关二阶动力学方程的集总参数化模型,并分析了其中涉及的频率特性和幅值特性,获得翅拍动力学系统的共振频率和翅膀被动俯仰的相位可调控频率比与铰链刚度系数之间的关系式。这为高度耦合的二自由度非线性振翅动力学系统的共振特性和驱动频率的选择提供了设计依据。紧接着,本章开展了针对压电驱动仿昆 FWMAV 的悬飞能耗、压电驱动器尺寸化、飞行时长和飞行速度和航程开展了初步研究,目的是为了探究仿昆 FWMAV 实现悬飞时的能量转换和消耗情况,以及建立仿昆 FWMAV 以低前进比前飞时巡航性能指标预测模型。这为基于任务级需求的 FWMAV 的主要参数设计提供了参考。此外,考虑到翅膀的惯性属性决定了翅拍频率,采用悬臂梁模型初步地分析了刚性翅膀的结构和惯性效率,并给出了其测度预测关系式。针对振翅动力学系统共振频率预测关系式中存在的翅膀的转动惯量,初步地给出了其简化预测公式,这为仿昆 FWMAV 在悬飞平衡频率下可设计的最短翅膀的长度提供了设计下限值。基于线性化的准稳态气动力模型和针对振翅二阶动力学系统建立的集总参数化模型以及仿昆 FWMAV 悬飞能耗平衡关系,作者开发了扑翼悬飞概念设计软件。该软件为仿昆 FWMAV 的初步概念设计阶段的基本参数确定提供了便利的计算途径。最后,本章介绍了采用扩展的准稳态气动力模型预测仿昆 FWMAV 在悬飞和低速前飞实现最大航程时翅膀几何学和运动学参数的组合最优化结果。这为具有规定重量的、能够悬飞的并且要求实现最大航程的仿昆 FWMAV 的设计提供了较为准确的设计参数预估。

9.1.8 悬飞仿昆 FWMAV 的样机研制

第八章一开始介绍了当前本书开展的仿昆 FWMAV 研制的目标。紧接着针对仿昆 FWMAV 的微驱动动力装置类型和关键性能进行了对比筛选分析与评估。由于仿昆 FWMAV 要求微驱动器在厘米至毫米的尺度具有高的能量密度,并且具有较宽的频率特性和便于设计与制造，最终选择压电驱动器作为动力换能器。随后，依次从四个方面开展了仿昆 FWMAV 各组件的设计、微加工制造和样机的装配，以及最终样机的振翅测试和沿导轨攀飞测试。下面对这四方面的工作进行了概略性的总结。

1. 压电驱动器的设计原理、制造工艺和测试

本章第 8.3 节针对仿昆 FWMAV 的所采用的悬臂梁式弯曲压电驱动器进行了完整设计原理分析和制造工艺设计和性能指标测试。首先，基于压电材料的工作原理，进行了压电驱动器设计构型和材料的选择，然后进行驱动方式的选择，并确定了采用双晶片压电悬臂梁式弯曲型驱动器构型。其次，利用复合材料的层叠板理论，详细地建立了压电驱动器的静态模型，给出了压电驱动器末端的峰值位移和堵死力的预测公式，并获得了最优的设计尺寸。再次，针对压电驱动器的非线性工况，建立了集总参数化模型，以便预测其动态特性和共振频率。然后针对高电场驱动下压电陶瓷的蠕变、迟滞和饱和等非线性因素，建立了压电驱动器的静力学非线性预测模型，以便更为准确地预测其输出位移和堵死力。此外，还给出了一些非线性因数改善的工艺改进措施。最后介绍了压电驱动器制造的完整工艺和性能指标测试。设计和制造好的压电驱动器是否具有较高能量密度是决定具有规定重量的压电驱动仿昆 FWMAV 能否成功实现悬飞的前提。本课题组基本具备制作悬臂式压电弯曲驱动器的成熟技术方案，对其振动测试取得不错的结果，峰峰位移输出 $\delta_{pp}=401\mu m$，该指标已接近国际一流研究组报道的数据（$406\mu m$）。

2. 柔顺传动机构的设计分析和制造工艺

本章第 8.4 节一开始对翅膀仿生柔顺传动机构的设计原则和被动铰链的设计进行了介绍，随后针对选用的柔顺四连杆传动机构进行了等效曲柄滑块机构的简化，并对其正运动学进行了分析。从翅膀拍打角与四连杆机构的各杆件的长度、压电驱动器的输入位移之间的函数关系为出发点，建立了有关柔顺传动机构传动效果量化的度量测度，即非线性理论传动比与近似线性传动比之间的差的平方，以此来反映柔顺传动机构的传动线性度。为了达到最佳的传动线性度，以该测度为目标函数对传动机构的杆件在给定压电驱动器峰值位移输入下的最优杆长进行了优化。最优化获得了各杆件的长度，并且对目标函数关于单参数的灵敏性进行了分析，给出一些定量设计参考依据。此外，还对非线性翅拍预测公式的最优线性度和近似线性度进行了对比分析，结果表明，前者能够更逼真地反映传动机构在最优杆件长度尺寸下可获得最优线性度和最高的传动比。最后针对柔顺传动机构的微加工制造工艺进行了介绍，并对其中遇到的工艺问题提出一些参考建议。

3. 仿昆翅膀的设计和制造工艺

本章第 8.5 节一开始仿照自然界中的双翅目类昆虫的翅膀(这里是食蚜蝇翅)建立了拟设计的仿昆 FWMAV 翅膀的形貌学参数,即翅膀的有效长度、平均弦长、翅膀的前后缘轮廓。随后根据第四章中针对规定重量的仿昆 FWMAV 刚好能够实现悬飞时的最优的翅膀形貌参数,采用三维 CAD 软件绘制了拟设计的人工翅的二维轮廓和三维计算机几何模型。进一步采用该三维软件预测了三维翅膀模型的质量属性(质心位置和惯性矩张量等)。这些参数被用于气动力和力矩的理论分析和预测。紧接着,根据二维最优轮廓参数开展了人工翅的设计和材料的选择。鉴于刚性翅的假设,期望获得翅膀应该具有足够高的刚重比(以便保证刚度的同时提高翅拍动力学系统的共振频率),为此对人工翅的翅脉和翅膜的材料进行了选择,并初步确定了翅脉的基本尺寸和布置。最后通过紫外激光切割和真空袋热压叠合工艺组合的微加工工艺制造了人工翅膀。

4. 压电驱动仿昆 FWMAV 样机的装配和振翅试验

本章第 8.6 节介绍了仿昆 FWMAV 样机的装配和具有固定机身的振翅实验以及样机的沿导轨攀升测试实验。装配之前,对各组件的质量进行了称量,以便与文献已报道的指标进行对比,同时为后续的改进设计提供参考。为了便于快速地进行压电驱动器性能指标(比如输出位移)和不含机身的翅拍动力学系统进行翅拍动态特性(如翅拍运动角和共振频率)的测试,我们设计了三轴移动平台。在仿昆 FWMAV 样机整体装配之前,该平台还可用于关键组件的高精度微装配和折叠对准锁定。这样可以方便评估装配的翅拍动力学系统时具有好的灵活性。随后为了对仿昆 FWMAV 样机进行沿导轨的单向悬飞攀升测试,我们还设计并搭建了含支架和平行垂直导轨的测试平台。仿昆 FWMAV 的实时振翅实验和悬飞攀升测试结果表明,迭代优化设计和制造好的 93.5mg 的仿昆 FWMAV,能够在外加交直流电压峰值接近 250V 时产生较大的翅拍运动角度输出($\Phi \approx 100°$),其中压电驱动器驱动的翅拍动力学系统的激励共振频率(也是翅拍频率)接近 65Hz。尽管如此,采用组合智能微加工制造和折叠微装配工艺成功研制了总质量初步达标和翅拍动力学机构灵活的仿昆 FWMAV 样机实物。此外,外加交直流激励信号后的压电驱动仿昆 FWMAV 样机实时振翅实验和悬飞攀升测试也取得了初步客观的结果。这些工作在一定程度上表明当前的技术研究路线和研制工艺方案是可行的。

总之,第八章开展的针对仿昆 FWMAV 各组件的设计方法、组合智能微加工制造工艺和样机的微装配工序为后来成熟的仿昆 FWMAV 样机的研制提供了先锋性的技术路线。而期间搭建的组合智能微加工工艺平台和测试平台,为后续的研制能够实现沿导轨攀升悬飞的仿昆 FWMAV 提供了坚实的前提保证和技术支撑。

9.2 本书论述的仿昆 FWMAV 几个关键技术

9.2.1 扩展准稳态气动力和惯性力及力矩模型

本书对扑翼昆虫和微飞行器悬飞时涉及的具有往复式拍动运动和变攻角特征的翅膀与周围流场产生的非稳态气动力,开展了系统深入的研究。基于现有文献报道的准稳态气动力模型,建立了扩展准稳态气动力和惯性力以及力矩模型。针对其中涉及的目前有理论模型或者经验公式的可预测的各种气动力机制对应的压心,通过引入一致环量附着涡机制的假设,作者探究了各气动力压心随着时空变化的可能规律,推导出这些机制对应的特征展向压心的弦向瞬时分布动态预测公式。此外,该模型与早期的准稳态气动力模型有三点不同:①包含了沿着翅平面弦向轴线的气动阻尼力矩;②引入了关于平动环量和转动环量压心的弦向位置分布一致的假设来简化转动环量气动力矩的计算;③包含了翅膀自身运动时产生的惯性力和力矩。在已知果蝇的翅膀形貌学参数和近似稳态悬飞时的翅拍运动学参数作为扩展准稳态模型的输入的情况下,理论预测结果表明,惯性力和惯性力矩在翅膀快速俯仰逆反区间段不可忽略,并且幅值接近虚拟附加质量力和力矩。进一步地,通过与采用动态机械比例果蝇翅模型测得的气动力和力矩的对比,当前扩展的准稳态气动力和惯性力/力矩模型的适用性得到了验证。

9.2.2 仿昆 FWMAV 悬飞翅拍动力学分析

针对扑翼悬飞的翅运动模式的动力学实现机制,作者基于经典欧拉动力学理论和扩展的准稳态气动力和惯性力/力矩模型,首次建立了扑翼悬飞时二自由度翅拍动力学完整方程,采用常用非线性常微分方程求解算法、边界值问题求解数值算法和最小二乘优化算法,首次成功地给出二自由度非线性高度耦合的微分方程的数值解,并获得了一系列驱动力矩和铰链刚度系数等设计参数。数值求解获得翅膀运动输出与实验测得的有很好的一致性,这反过来证实了当前扩展的准稳态气动力和惯性力/力矩预测模型的适用性和所采用数值求解算法和优化算法的有效性。此外,通过引入翅膀俯仰频率和拍打频率的频率比,作者探究了翅膀俯仰角相对于拍打角的相位偏置的可调控规律。研究结果表明,随着俯仰铰链刚度系数的增加，翅膀将产生提前的俯仰运动；而俯仰铰链刚度系数的下降将导致翅膀产生延迟的俯仰运动。这为探索翅膀俯仰扭转动力学实现半被动或者主动调控设计，提供了至关重要的解决方案，从而为未来轻量简洁的和完全自主可控的仿昆 FWMAV 研制提供了值得借鉴的控制机制。

9.2.3 扑翼悬飞消耗最小能量时翅膀几何参数和运动参数的优化

从分析角度首次建立了具有无量纲保形特征的动态比例可缩放的参数化方法，该方法为涉及翅膀几何参数的优化提供了一种简单可行的描述方式。通过采用针对刚性薄翼的扩展的准稳态气动力模型，建立了仿昆 FWMAV 悬飞功率密度模型。根据功率密度模型形成了优化目标函数，该模型含有附加惩罚项，比如升重比、边界约束、单翅展弦比（AR）和雷诺数（*Re*）。进一步地采用混合遗传优化算法，作者首次进行了扑翼悬飞功率密度最小化的翅膀几何参数（WGP）和翅膀运动参数（WKP）的组合优化，并获得了最终的最优化设计参数。最优化结果表明，涉及翅膀几何参数优化的最优拍打角模式呈现出谐波轮廓，而俯仰扭转角具有圆角梯形轮廓，并具有一定的俯仰逆转快变时间尺度。该组合优化概念框架模型为仿昆 FWMAV 的基本形貌学和运动学参数设计提供了一种新颖的方法。

9.2.4 悬飞仿昆 FWMAV 的概念设计和样机研制

本书分别采用适用条件合理的线性化准稳态气动力模型和较为准确扩展的准稳态气动力模型，开展了较为全面的仿昆 FWMAV 的概念设计和理论分析，为样机研制和最终的自主可控飞行提供基本能量预算、重量预算，以及航程以及巡航时长的计算。此外，本书还探索并搭建了合理可行的用于仿昆 FWMAV 样机研制的微加工、微装配工艺和压电驱动器测试平台。在微加工制造技术中，采取该领域当前新兴的介观尺度智能微加工技术和复合材料，开展了仿昆 FWMAV 样机各组件的设计和制造，以及整机的折叠装配，并对装配好的样机进行了翅拍振翅测试和沿垂直导轨的攀升悬飞测试。这些工作为开展仿昆 FWMA 工程样机的研制和最终成功实现攀升悬飞提供坚实的前提保证。

9.3 未来研究展望

本书仅仅开展仿昆 FWMAV 在能够实现攀升悬飞时的气动力理论分析、低前进比前飞和悬飞的概念设计以及单个功率肌肉——压电驱动器驱动的仿昆 FWMAV 的样机，还没有探索与仿昆 FWMAV 动不稳定悬飞能力和高机动飞行稳定性相关的理论模型,也没有探究翅体耦合多体动力学和气动力模型的建立和分析,没有开展有关六自由度可控的控制策略的研究,也没有开展以实现六自由度可控为目的的仿昆 FWMAV 的设计和研制。所以未来还有众多相关的研究工作需要开展。下面概略性地简介几个近期需要开展研究的重要问题。

9.3.1 扑翼飞行动力学问题和操控策略的研究

关于仿昆 FWMAV 的飞行动力学问题,其中涉及翅体耦合的气动力问题的处理和飞行动力学稳定性的探讨,以及机动性的发起等。针对这些问题有必要采用更为先进的理论预测模型,比如邓新燕教授等建立的反抗阻尼力和反抗阻尼力矩气动力预测模型,来建立扑翼飞行动力学模型,以便为控制策略的设计和控制算法的实现提供先决性数学描述。目前已报道的可行的针对仿昆 FWMAV 样机的控制策略是带偏置调节的恒定周期冲程劈裂操控机制,因此未来为了尽快实现仿昆 FWMAV 的多自由度力矩可控,还需开展针对该操控机制的研究。

由于缺乏测微力和力矩传感器,样机翅拍振动时产生的气动力和气动力矩目前还无法测量。鉴于控制参数的获取和调节都需要参考实验测得的气动力和力矩数据,所以多轴微力和力矩传感器以及相关的测试平台有待设计和搭建。此外,为了获得翅膀的运动学数据,还需搭建高速相机测试系统,这样可以为动力学传动机构和翅膀扭转铰链的改进设计提供量化的参数数据。

9.3.2 自主飞行可控的仿昆 FWMAV 的设计

最终期望的仿昆 FWMAV 必定要实现完全自主的可控飞行。为此必须开展以可实现六自由度可控为目的的仿昆 FWMAV 的驱动方式和设计构型的研究。目前可借鉴的技术是开展双压电驱动仿昆 FWMAV 设计,其中压电驱动器的布置采取背靠背的模式,柔顺动力学传动机构采用球面四连杆机构(见图 1 – 21 和图 1 – 22 的设计构型)。

此外,有必要探索刚柔性材料以及智能材料复合而成的铰链的研制。该类铰链的刚度可以半被动调控和主动控制,这样的铰链布置在翅膀与翅拍前缘连接附近形成翅膀俯仰扭转的第二自由度半被动调控或者主动控制。

9.3.3 仿昆 FWMAV 样机研制的微加工制造技术

要成功实现仿昆 FWMAV 的研制目标,还需探索更为成熟的制造技术和工艺方案。当前采用的微加工制造技术依然存在众多的手工工序,这为仿昆 FWMAV 的可重复性和大批量制造带来诸多限制,所以将来有必要开展快速批量化高精度制造和弹射式自组装工艺的开发,当然能够实现可控的样机也必须实现一体化设计,然后在弹射式辅助脚手架机构的帮助下实现自折叠和自组装。这样可以大大提高制造效率和可重复性。

此外,如果期望实现可控的仿昆 FWMAV 的驱动方式仍然采用双晶片压电悬臂梁型弯曲驱动器的话,为了研制出具有较高能量密度同时具有较长的全生命周期的压电驱动器,其设计方案和微加工制造工艺还有很多优化的空间需要改进,这在第六章压电驱动器的制造工艺部分已经进行了详细的总结,这里就不再赘述了。为了评估压电驱动器的能量密度,还需设计能够测试其驱动力输出的微力测试传感器。

9.3.4 电力电子电路

从整体样机的质量预算和节约功耗的角度来看,针对压电驱动器输入端,升压变换电路采用交替式驱动电路将比同步式驱动电路更有优势,因为前者功耗更小。采用这种驱动技术节约的能量将提高仿昆 FWMAV 的可负载重量下能够实现的巡航航程和续航时间。因此有必要开展针对这种交替驱动技术的电路设计和开发。为了实现无线通信,还需设计和研制具有能量局限的超微型信号处理电路。

9.3.5 轻量级航电系统的研制问题

最终的仿昆 FWMAV 飞行能够实现完全自主可控飞行将直接取决于其所能携带的超微型轻量级航电系统。典型的航电系统包含惯性测试单元(比如加速度传感器和先进的 MEMS 陀螺仪或者仿平衡棒的陀螺仪)、磁强计和光流传感器。鉴于有些微传感器在当前商业上还无法购买到,所以有必要开展针对这些微传感器的设计和研制工作。

参考文献

[1] Fearing R S, Chiang K H, Dickinson M H, et al. Wing transmission for a micromechanical flying insect[C]. IEEE International Conference on Robotics & Automation. San Francisco: IEEE, 2000: 1509 – 1516.

[2] Steltz E, Avadhanula S, Fearing R S. High lift force with 275 Hz wing beat in MFI[C]. IEEE/RSJ International Conference on Intelligent Robots and Systems (IROS). San Diego: IEEE, 2007: 3987 – 3992.

[3] Wood R J. Liftoff of a 60mg flapping – wing MAV[C]. IEEE/RSJ International Conference on Intelligent Robots and Systems (IROS). San Diego: IEEE, 2007: 1889 – 1894.

[4] Wood R J. Design, fabrication, and analysis of a 3DOF, 3cm flapping – wing MAV[C]. IEEE/RSJ International Conference on Intelligent Robots and Systems (IROS). San Diego: IEEE, 2007: 1576 – 1581.

[5] Wood R J. The first takeoff of a biologically inspired at – scale robotic insect[J]. IEEE Transactions on Robotics, 2008, 24: 341 – 347.

[6] Fearing R S, Wood R J. Challenges for 100 Milligram Flapping Flight[M]. Berlin Heidelberg: Springer, 2009.

[7] Hines L, Arabagi V, Sitti M. Free flight simulations and pitch and roll control experiments of a sub – gram flapping – flight micro aerial vehicle[C]. IEEE International Conference on Robotics and Automation. Shanghai: IEEE, 2011: 1 – 7.

[8] Arabagi V, Hines L, Sitti M. Design and manufacturing of a controllable miniature flapping wing robotic platform[J]. International Journal of Robotics Research, 2012, 31: 785 – 800.

[9] De Croon G C H E, Groen M A, De Wagter C, et al. Design, aerodynamics and autonomy of the DelFly[J]. Bioinspiration & Biomimetics, 2012, 7: 25003 – 25018.

[10] Roll J A, Cheng B, Deng X Y. An electromagnetic actuator for high – frequency flapping – wing micro air vehicles[J]. IEEE Transactions on Robotics, 2015, 31: 400 – 414.

[11] Armanini S F, Caetano J V, Croon G C, et al. Quasi – steady aerodynamic model of clap – and – fling flapping MAV and validation using free – flight data[J]. Bioinspiration & Biomimetics, 2016, 11: 046002.

[12] Zhang J, Cheng B, Deng X Y. Instantaneous wing kinematics tracking and force control of a high – frequency flapping wing insect MAV[J]. Journal of Micro – Bio Robotics, 2016, 11: 67 – 84.

[13] Dickinson M H, Lehmann F O, Sane S P. Wing rotation and the aerodynamic basis of insect

flight[J]. Science,1999,284:1954 – 1960.

[14] Sane S P. Review: The aerodynamics of insect flight[J]. Journal of Experimental Biology, 2003,206:4191 – 4208.

[15] Shyy W, Aono H, Chimakurthi S K, et al. Recent progress in flapping wing aerodynamics and aeroelasticity[J]. Progress in Aerospace Sciences,2010,46:284 – 327.

[16] Taha H E, Hajj M R, Nayfeh A H. Flight dynamics and control of flapping – wing MAVs: A review[J]. Nonlinear Dynamics,2012,70:907 – 939.

[17] Chin D D, Lentink D. Flapping wing aerodynamics: from insects to vertebrates[J]. Journal of Experimental Biology,2016,219(7):920 – 932.

[18] Liu H, Ravi S, Kolomenskiy D, et al. Biomechanics and biomimetics in insect – inspired flight systems [J]. Philosophical Transactions of the Royal Society of London, 2016, 371 (1704):20150390.

[19] Orlowski C T, Girard A R. Dynamics, stability, and control analyses of flapping wing micro – air vehicles[J]. Progress in Aerospace Sciences,2012,51:18 – 30.

[20] Sun M. Insect flight dynamics: stability and control[J]. Reviews of Modern Physics,2014,86: 615 – 646.

[21] Taha H E, Tahmasian S, Woolsey C A, et al. The need for higher – order averaging in the stability analysis of hovering, flapping – wing flight[J]. Bioinspiration & Biomimetics, 2015, 10:016002.

[22] Shyy W, Kang C K, Chirarattananon P, et al. Aerodynamics, sensing and control of insect – scale flapping – wing flight[J]. Proceedings of the Royal Society A Mathematical Physical & Engineering Sciences,2016,472:20150712.

[23] Hedrick T L, Cheng B, Deng X Y. Wingbeat time and the scaling of passive rotational damping in flapping flight[J]. Science,2009,324:252 – 255.

[24] Cheng B, Deng X Y. Translational and rotational damping of flapping flight and its dynamics and stability at hovering[J]. IEEE Transactions on Robotics,2011,27:849 – 864.

[25] Wood R J, Steltz E, Fearing R S. Optimal energy density piezoelectric bending actuators[J]. Sensors and Actuators A: Physical,2005,119:476 – 488.

[26] Wood R J, Steltz E, Fearing R S. Nonlinear performance limits for high energy density piezoelectric bending actuators[C]. IEEE International Conference on Robotics and Automation (ICRA). Barcelona: IEEE,2005:3633 – 3640.

[27] Boettiger E G, Furshpan E. The mechanics of flight movements in Diptera[J]. The Biological Bulletin,1952,102:200 – 211.

[28] Pfau H K. Short communication: critical comments on a 'novel mechanical model of Dipteran flight' (Miyan & Ewing,1985)[J]. Journal of Experimental Biology,1987,128:463 – 468.

[29] Thomson A J, Thompson W A. Dynamics of a bistable system: the click mechanism in dipteran flight[J]. Acta Biotheoretica,1977,26:19 – 29.

[30] Miyan J A, Ewing A W. Is the 'click' mechanism of dipteran flight an artifact of CCl_4 anaesthesia? [J]. Journal of Experimental Biology, 1985, 116:313 – 322.

[31] Miyan J A, Ewing A W. How Diptera move their wings: a re-examination of the wing base articulation and muscle systems concerned with flight[J]. Philosophical Transactions of the Royal Society B Biological Sciences, 1985, 311:271 – 302.

[32] Ennos R A. A comparative study of the flight mechanism of diptera[J]. Journal of Experimental Biology, 1987, 127(1):355 – 372.

[33] Nalbach G. The gear change mechanism of the blowfly (Calliphora erythrocephala) in tethered flight[J]. Journal of Comparative Physiology A, 1989, 165:321 – 331.

[34] Muller M. A novel classification of planar four – bar linkages and its application to the mechanical analysis of animal systems[J]. Philosophical Transactions of the Royal Society B Biological Sciences, 1996, 351:689 – 720.

[35] Dickinson M H, Tu M S. The function of dipteran flight muscle[J]. Comparative Biochemistry & Physiology Part A Physiology, 1997, 116:223 – 238.

[36] Dickinson M H. The initiation and control of rapid flight maneuvers in fruit flies[J]. Integrative and Comparative Biology, 2005, 45:274 – 281.

[37] Miyan J A, Ewing A W. Further observations on dipteran flight: Details of the mechanism[J]. Journal of Experimental Biology, 1988, 136:229 – 241.

[38] Ennos R A. The inertial cause of wing rotation in diptera[J]. Journal of Experimental Biology, 1988, 140:161 – 169.

[39] Ennos R A. The importance of torsion in the design of insect wings[J]. Journal of Experimental Biology, 1988, 140:137 – 160.

[40] Walker S M, Thomas A L, Taylor G K. Operation of the alula as an indicator of gear change in hoverflies[J]. Journal of the Royal Society Interface, 2012, 9:1194 – 1207.

[41] Bergou A J, Xu S, Wang Z J. Passive wing pitch reversal in insect flight[J]. Journal of Fluid Mechanics, 2007, 591:321 – 337.

[42] Berman G J, Wang Z J. Energy – minimizing kinematics in hovering insect flight[J]. Journal of Fluid Mechanics, 2007, 582:153 – 168.

[43] Andersen A, Pesavento U, Wang Z J. Unsteady aerodynamics of fluttering and tumbling plates [J]. Journal of Fluid Mechanics, 2005, 541:65 – 90.

[44] Andersen A, Pesavento U, Wang Z J. Analysis of transitions between fluttering, tumbling and steady descent of falling cards[J]. Journal of Fluid Mechanics, 2005, 541:91 – 104.

[45] Whitney J P, Wood R J. Aeromechanics of passive rotation in flapping flight[J]. Journal of Fluid Mechanics, 2010, 660:197 – 220.

[46] Desbiens A L, Chen Y F, Wood R J. A wing characterization method for flapping – wing robotic insects[C]. IEEE/RSJ International Conference on Intelligent Robots and Systems (IROS). Tokyo: IEEE, 2013:1367 – 1373.

[47] Suzuki K, Shimoyama I, Miura H. Insect – model based microrobot with elastic hinges[J]. Journal of Microelectromechanical Systems, 1994, 3:4 – 9.

[48] Shimoyama I. Scaling in microrobots[C]. IEEE/RSJ International Conference on Intelligent Robots and Systems. Tokyo: IEEE, 1995:208 – 211.

[49] Cox A G, Garcia E, Goldfarb M. Actuator development for a flapping microrobotic microaerial vehicle[C]. Part of the SPIE Conference on Microrobotics and Micromanipulation. Boston: SPIE, 1998:102 – 108.

[50] Cox A G, Monopoli D J, Goldfarb M, et al. Development of piezoelectrically actuated micro – aerial vehicles[C]. Part of the SPIE Conference on Microrobotics and Microassembly. Boston: SPIE, 1999:101 – 108.

[51] Cox A G, Monopoli D, Cveticanin D, et al. The development of elastodynamic components for piezoelectrically actuated flapping micro – air vehicles[J]. Journal of Intelligent Material Systems & Structures, 2002, 13:611 – 615.

[52] Dickinson M H, Lehmann F O, Gotz K G. The active control of wing rotation by Drosophila [J]. Journal of Experimental Biology, 1993, 182:173 – 189.

[53] Finio B M, Shang J K, Robert J. Wood. Body torque modulation for a microrobotic fly[C]. IEEE International Conference on Robotics and Automation. Kobe: IEEE, 2009:3449 – 3456.

[54] Finio B M, Whitney J P, Wood R J. Stroke plane deviation for a microrobotic fly[C]. IEEE/RSJ International Conference on Intelligent Robots and Systems(IROS). Taipei: IEEE, 2010: 3378 – 3385.

[55] Finio B M, Wood R J. Distributed power and control actuation in the thoracic mechanics of a robotic insect[J]. Bioinspiration & Biomimetics, 2010, 5:045006.

[56] Finio B M, Wood R J. Open – loop roll, pitch and yaw torques for a robotic bee[C]. IEEE/RSJ International Conference on Intelligent Robots and Systems (IROS). Vilamoura – Algarve: IEEE, 2012:113 – 119.

[57] Doman D B, Oppenheimer M W, Sigthorsson D O. Wingbeat shape modulation for flapping – wing micro – air – vehicle control during hover[J]. Journal of Guidance Control & Dynamics, 2010, 33:724 – 739.

[58] Oppenheimer M W, Doman D B, Sigthorsson D O. Dynamics and control of a biomimetic vehicle using biased wingbeat forcing functions[J]. Journal of Guidance, Control, and Dynamics, 2011, 34:204 – 217.

[59] Anderson M L, Cobb R G. Implementation of a flapping wing micro air vehicle control technique[J]. Journal of Guidance Control & Dynamics, 2014, 37:290 – 300.

[60] Mateti K, Byrnedugan R A, Tadigadapa S A, et al. Wing rotation and lift in SUEX flapping wing mechanisms[J]. Smart Materials & Structures, 2012, 22:014006.

[61] Mateti K, Byrne – Dugan R A, Rahn C D, et al. Monolithic SUEX flapping wing mechanisms for pico air vehicle applications[J]. Journal of Microelectromechanical Systems, 2013, 22:

527 – 535.

[62] Ma K Y, Felton S M, Wood R J. Design, fabrication, and modeling of the split actuator microrobotic bee[C]. IEEE/RSJ International Conference on Intelligent Robots & Systems. Vilamoura: IEEE, 2012: 1133 – 1140.

[63] Ma K Y, Chirarattananon P, Fuller S B, et al. Controlled flight of a biologically inspired, insect – scale robot[J]. Science, 2013, 340: 603 – 607.

[64] Chirarattananon P, Ma K Y, Wood R J. Adaptive control of a millimeter – scale flapping – wing robot[J]. Bioinspiration & Biomimetics, 2014, 9(2): 025004.

[65] Fuller S B, Karpelson M, Censi A, et al. Controlling free flight of a robotic fly using an onboard vision sensor inspired by insect ocelli[J]. Journal of the Royal Society Interface, 2014, 11: 369 – 386.

[66] Sun M, Tang J. Unsteady aerodynamic force generation by a model fruit fly wing in flapping motion[J]. Journal of Experimental Biology, 2002, 205: 55 – 70.

[67] Sun M, Tang J. Lift and power requirements of hovering flight in Drosophila virilis[J]. Journal of Experimental Biology, 2002, 205(16): 2413 – 2427.

[68] Guo Q, Hu M L, Wei R X, et al. Hovering control based on fuzzy neural networks for biomimetic flying robotic[C]. International Conference on Information and Automation. Changsha: IEEE, 2008: 504 – 508.

[69] Hu M L, Wei R X, Shi Z Z, et al. Controllability issues for insect like flapping wing micro – air vehicle[C]. 7th World Congress on Intelligent Control and Automation(WCICA). Chongqing: IEEE, 2008: 6365 – 6368.

[70] Meng K, Zhang W P, Chen W Y, et al. The design and micromachining of an electromagnetic MEMS flapping – wing micro air vehicle[J]. Microsystem Technologies, 2012, 18: 127 – 136.

[71] Liu Y P, Sun M. Wing kinematics measurement and aerodynamics of hovering droneflies[J]. Journal of Experimental Biology, 2008, 211: 2014 – 2025.

[72] Liu H. Integrated modeling of insect flight: From morphology, kinematics to aerodynamics[J]. Journal of Computational Physics, 2009, 228: 439 – 459.

[73] Liu H, Aono H. Size effects on insect hovering aerodynamics: an integrated computational study [J]. Bioinspiration & Biomimetics, 2009, 4: 015002(13).

[74] Pullin D I, Wang Z J. Unsteady forces on an accelerating plate and application to hovering insect flight[J]. Journal of Fluid Mechanics, 2004, 509: 1 – 21.

[75] Wang Z J, Birch M J, Dickinson H M. Unsteady forces and flows in low Reynolds number hovering flight: two – dimensional computations vs robotic wing experiments[J]. Journal of Experimental Biology, 2004, 207: 449 – 460.

[76] Sun M, Tang J. Unsteady aerodynamic force generation by a model fruit fly wing in flapping motion[J]. Journal of Experimental Biology, 2002, 205: 55 – 70.

[77] Shyy W, Lian Y, Tang J, et al. Aerodynamics of Low Reynolds Number Flyers[M]. New York:

Cambridge University Press,2008.

[78] Tang J,Viieru D,Shyy W. Effects of Reynolds number and flapping kinematics on hovering aerodynamics[J]. AIAA Journal,2008,46:967 –976.

[79] Kamakoti R,Thakur S,Wright J,et al. Validation of a new parallel all – speed CFD code in a rule – based framework for multidisciplinary applications [C]. 36th AIAA Fluid Dynamics Conference and Exhibit. San Francisco:AIAA,2006:2006 –3063.

[80] Liu Y J,Liu N S,Lu X Y. Numerical Study of Two – Winged Insect Hovering Flight[J]. Advances in Applied Mathematics and Mechanics,2009,1:481 –509.

[81] Zhang J,Liu N S,Lu X Y. Locomotion of a passively flapping flat plate[J]. Journal of Fluid Mechanics,2010,659:43 –68.

[82] Nakata T,Liu H. A fluid – structure interaction model of insect flight with flexible wings[J]. Journal of Computational Physics,2012,231:1822 –1847.

[83] Pesavento U,Wang Z J. Falling paper:navier – stokes solutions,model of fluid forces,and center of mass elevation[J]. Physical Review Letters,2004,93:144501

[84] Xu S,Wang Z J. An immersed interface method for simulating the interaction of a fluid with moving boundaries[J]. Journal of Computational Physics,2006,216:454 –493.

[85] Bergou A J,Xu S,Wang Z J. Passive wing pitch reversal in insect flight[J]. Journal of Fluid Mechanics,2007,591:321 –337.

[86] Sun M,Du G. Lift and power requirements of hovering insect flight[J]. Acta Mechanica Sinica,2003,19:458 –469.

[87] Sun M,Wu J H. Aerodynamic force generation and power requirements in forward flight in a fruit fly with modeled wing motion[J]. Journal of Experimental Biology,2003,206:3065 –3083.

[88] Sun M,Lan S L. A computational study of the aerodynamic forces and power requirements of dragonfly(Aeschna juncea) hovering[J]. Journal of Experimental Biology,2004,207:1887 –1901.

[89] Sun M,Yu X. Aerodynamic force generation in hovering flight in a tiny insect[J]. AIAA Journal,2006,44:1532 –1540.

[90] Aono H,Liang F Y,Liu H. Near – and far – field aerodynamics in insect hovering flight:an integrated computational study[J]. Journal of Experimental Biology,2008,211:239 –257.

[91] Rogers S E,Kwak D. Upwind – differencing scheme for the time – accurate incompressible Navier – Stokes equations[J]. AIAA Journal,1990,28:243 –262.

[92] Rogers S E,Kwak D,Kiris C. Numerical solution of the incompressible Navier – Stokes equations for steady – state and dependent problems[J]. AIAA Journal,1991,29:603 –610.

[93] Rogers S E,Thomas H. Pulliam. Accuracy enhancements for overset grids using a defect correction approach[C]. 32nd Aerospace Sciences Meeting and Exhibit. Reno:AIAA,1994.

[94] Kang C K,Aono H,Cesnik C,et al. A scaling parameter for the thrust generation of flapping

flexible wings[C]. 49th AIAA Aerospace Sciences Meeting including the New Horizons Forum and Aerospace Exposition. Orlando:AIAA,2011.

[95] Kang C K,Aono H,Cesnik C E S,et al. Effects of flexibility on the aerodynamic performance of flapping wings[J]. Journal of Fluid Mechanics,2011,689:32 – 74.

[96] Luke E A,George T. Loci:A rule – based framework for parallel multi – disciplinary simulation synthesis[J]. Journal of Functional Programming,2005,15:477 – 502.

[97] Kamakoti R,Shyy W. Evaluation of geometric conservation law using pressure - based fluid solver and moving grid technique[J]. International Journal of Numerical Methods for Heat & Fluid Flow,2004,14:851 – 865.

[98] Visbal M R,Gaitonde D V. High – order – accurate methods for complex unsteady subsonic flows[J]. AIAA Journal,1999,37:1231 – 1239.

[99] Visbal M R,Gaitonde D V. On the use of higher – order finite – difference schemes on curvilinear and deforming meshes[J]. Journal of Computational Physics,2002,181:155 – 185.

[100] Charles P S. The immersed boundary method[J]. Acta Numerica,2002,11:479 – 517.

[101] Qian Y H,D'Humières D,Lallemand P. Lattice BGK Models for Navier – Stokes Equation [J]. Europhysics Letters(EPL),1992,17:479 – 484.

[102] Peng Y,Shu C,Chew Y T,et al. Application of multi – block approach in the immersed boundary – lattice Boltzmann method for viscous fluid flows[J]. Journal of Computational Physics,2006,218:460 – 478.

[103] Smith M,Wilkin P,Williams M. The advantages of an unsteady panel method in modelling the aerodynamic forces on rigid flapping wings[J]. Journal of Experimental Biology,1996, 199:1073 – 1083.

[104] Smith M J C. Simulating moth wing aerodynamics – towards the development of flapping – wing technology[J]. AIAA Journal,1996,34:1348 – 1355.

[105] Liu H,Ellington C P,Kawachi K,et al. A computational fluid dynamic study of hawkmoth hovering[J]. Journal of Experimental Biology,1998,201:461 – 477.

[106] Liu H,Kawachi K. A Numerical Study of Insect Flight[J]. Journal of Computational Physics, 1998,146:124 – 156.

[107] Mittal R,Utturkar Y,Udaykumar H S. Computational modeling and analysis of biomimetic flight mechanisms[C]. 40th AIAA Aerospace Sciences Meeting & Exhibit. Reno:AIAA,2002.

[108] Ramamurti R,Sandberg W C. Computational study of 3 – D flapping foil flows[C]. 39th AIAA Aerospace Sciences Meeting & Exhibit. Reno:AIAA,2001:1 – 10.

[109] Ramamurti R,Sandberg W C. A three – dimensional computational study of the aerodynamic mechanisms of insect flight[J]. Journal of Experimental Biology,2002,205:1507 – 1518.

[110] Ramamurti R,Willuam C. Sandberg. A computational investigation of the three – dimensional unsteady aerodynamics of Drosophila hovering and maneuvering[J]. Journal of Experimental Biology,2007,210:881 – 896.

[111] Wu J H, Sun M. Unsteady aerodynamic forces of a flapping wing[J]. Journal of Experimental Biology, 2004, 207:1137 – 1150.

[112] Gilmanov A, Sotiropoulos F. A hybrid Cartesian/immersed boundary method for simulating flows with 3D, geometrically complex, moving bodies[J]. Journal of Computational Physics, 2005, 207:457 – 492.

[113] Viieru D, Tang J, Lian Y S, et al. Flapping and Flexible Wing Aerodynamics of Low Reynolds Number Flight Vehicles[C]. 44th AIAA Aerospace Sciences Meeting and Exhibit. Reno: AIAA, 2006.

[114] Sueur J, Tuck E J, Robert D. Sound radiation around a flying fly[J]. The Journal of the Acoustical Society of America, 2005, 118:530 – 538.

[115] Robert D, Göpfert M C. Acoustic sensitivity of fly antennae[J]. Journal of Insect Physiology, 2002, 48:189 – 196.

[116] Lighthill M J. Sound Generated Aerodynamically[J]. Proceedings of the Royal Society A: Mathematical, Physical and Engineering Sciences, 1952, 211:564 – 587.

[117] Seo J H, Moon Y. Perturbed compressible equations for aeroacoustic noise prediction at low Mach numbers[J]. AIAA Journal, 2005, 43:1716 – 1724.

[118] Seo J H, Moon Y J. Linearized perturbed compressible equations for low Mach number aeroacoustics[J]. Journal of Computational Physics, 2006, 218(2):702 – 719.

[119] Youngmin B, Moon Y J. Aerodynamic sound generation of flapping wing[J]. The Journal of the Acoustical Society of America, 2008, 124:72 – 81.

[120] Seo J H, Mittal R. A high – order immersed boundary method for acoustic wave scattering and low – Mach number flow – induced sound in complex geometries[J]. Journal of Computational Physics, 2011, 230:1000 – 1019.

[121] Dudley R, Ellington C P. Mechanics of forward flight in bumblebees. II. Quasi – steady lift and power requirements[J]. Journal of Experimental Biology, 1990, 148:53 – 88.

[122] Dudley R, Ellington C P. Mechanics of forward flight in bumblebees. i. kinematics and morphology[J]. Journal of Experimental Biology, 1990, 148:19 – 52.

[123] Mascha E, Über Die Schwungfedern. Zeitschrift für wissenschaftliche Zoologie[J]. BHL Journal 1904, 77:606 – 651.

[124] Graham R R. The silent flight of owls[J]. Journal of the Royal Aeronautical Society, 1934, 38:837 – 843.

[125] Sarradj E, Fritzsche C, Geyer T. Silent Owl flight: bird flyover noise measurements[J]. AIAA Journal, 2011, 49:769 – 779.

[126] Neuhaus W, Bretting H, Schweizer B. Morphologische und funktionelle Untersuchungen über den 'lautlosen' Flugder Eulen(Strix aluco) im Vergleichzum Flug der Enten(Anas platyrhynchos)[J]. Biologisches Zentralblatt, 1973, 92:495 – 512.

[127] Chen R, Ikeda T, Nakata T, et al. Owl – inspired leading – edge serrations play a crucial role

in aerodynamic force production and sound suppression[J]. Bioinspiration & Biomimetics, 2017,12:046008.

[128] Chen R,Liu H. Aerodynamic robustness in owl - inspired leading - edge serrations:a computational wind - gust model[J]. Bioinspiration & Biomimetics,2018,13:056002.

[129] Clark C J,Feo T J. The Anna's hummingbird chirps with its tail:a new mechanism of sonation in birds[J]. Proceedings of the Royal Society B:Biological Sciences,2008,275(1637):955 -962.

[130] Clark C J,Elias D O,Richard O P. Aeroelastic flutter produces hummingbird feather songs[J]. Science,2011,333:1430 - 1433.

[131] Clark C J,Elias D O,Girard M B,et al. Structural resonance and mode of flutter of hummingbird tail feathers[J]. Journal of Experimental Biology,2013,216:3404 - 3413.

[132] Clark C J,Elias D O,Prum R O. Hummingbird feather sounds are produced by aeroelastic flutter, not vortex - induced vibration[J]. Journal of Experimental Biology, 2013, 216:3395 - 3403.

[133] Clark C J,Prum R O. Aeroelastic flutter of feathers,flight and the evolution of non - vocal communication in birds[J]. Journal of Experimental Biology,2015,218:3520 - 3527.

[134] Christopher J C. Fluttering wing feathers produce the flight sounds of male streamertail hummingbirds[J]. Biology Letters,2008,4:341 - 344.

[135] Niese R L,Tobalske B W. Specialized primary feathers produce tonal sounds during flight in rock pigeons(Columba livia)[J]. Journal of Experimental Biology,2016,219:2173 -2181.

[136] Osborne M F M. Aerodynamics of flapping flight with application to insects[J]. Journal of Experimental Biology,1951,28:221 -245.

[137] Shimoyama I,Miura H,Suzuki K,et al. Insect - like microrobots with external skeletons[J]. IEEE Control Systems Magazine,1993,13:37 -41.

[138] Sun M. Aerodynamic force generation and power requirements in forward flight in a fruit fly with modeled wing motion[J]. Journal of Experimental Biology,2003,206:3065 -3083.

[139] Liu H,Aono H. Size effects on insect hovering aerodynamics:an integrated computational study[J]. Bioinspiration & Biomimetics,2009,4:1 - 13.

[140] Wang Z J. Vortex shedding and frequency selection in flapping flight[J]. Journal of Fluid Mechanics,2000,410:323 -341.

[141] Wang Z J. Two Dimensional Mechanism for Insect Hovering[J]. Physical Review Letters, 2000,85:2216 -2219.

[142] Wang Z J,Birch J M,Dickinson M H. Unsteady forces and flows in low Reynolds number hovering flight:two - dimensional computations vs robotic wing experiments[J]. Journal of Experimental Biology,2004,207:449 -460.

[143] Ellington C P,Van Den Berg C,Willmott A P,et al. Leading - edge vortices in insect flight[J]. Nature(London),1996,384:626 -630.

[144] Sane S P, Dickinson M H. The control of flight force by a flapping wing: lift and drag production[J]. Journal of Experimental Biology, 2001, 204: 2607 – 2626.

[145] Sane S P, Dickinson M H. The aerodynamic effects of wing rotation and a revised quasi – steady model of flapping flight[J]. Journal of Experimental Biology, 2002, 205: 1087 – 1096.

[146] Walker J A. Rotational lift: something different or more of the same? [J]. Journal of Experimental Biology, 2002, 3792: 3783 – 3792.

[147] Zbikowski R. On aerodynamic modelling of an insect – like flapping wing in hover for micro air vehicles[J]. Philosophical Transactions of the Royal Society A: Mathematical, Physical and Engineering Sciences, 2002, 360: 273 – 290.

[148] Zbikowski R, Ansari S A, Knowles K. On mathematical modelling of insect flight dynamics in the context of micro air vehicles[J]. Bioinspiration & Biomimetics, 2006, 1: 26 – 37.

[149] Sedov I L. Two – dimensional problems in hydrodynamics and aerodynamics[M]. New York: Interscience Publishers, 1965.

[150] Fung Y C. An Introduction to The Theory of Aeroelasticity[M]. New York: Dover, 1969.

[151] Khan Z A, Agrawal S K. Force and moment characterization of flapping wings for micro air vehicle application[C]. American Control Conference. Portland: IEEE, 2005: 1515 – 1520.

[152] Khan Z A, Agrawal S K. Modeling and simulating of flapping wing micro air vehicles[C]. Proceedings of IDETC/CIE'2005 ASME International Design Engineering Technical Conferences. Long Beach: ASME, 2005: 871 – 879.

[153] Birch J M, Dickson W B, Dickinson M H. Force production and flow structure of the leading edge vortex on flapping wings at high and low Reynolds numbers[J]. Journal of Experimental Biology, 2004, 207: 1063 – 1072.

[154] Polhamus E C. Predictions of vortex – lift characteristics based on a leading – edge suction analogy[J]. Journal of Aircraft, 1971, 8: 193 – 199.

[155] Nabawy M R A, Crowther W J. On the quasi – steady aerodynamics of normal hovering flight part II: model implementation and evaluation[J]. Journal of the Royal Society Interface, 2014, 11: 20131197.

[156] Nabawy M R A, Crowther W J. On the quasi – steady aerodynamics of normal hovering flight part I: the induced power factor[J]. Journal of the Royal Society Interface, 2014, 11: 20131196.

[157] Taha H E, Hajj M R, Beran P S. State – space representation of the unsteady aerodynamics of flapping flight[J]. Aerospace Science & Technology, 2014, 34: 1 – 11.

[158] Taylor G K, Zbikowski R. Nonlinear time – periodic models of the longitudinal flight dynamics of desert locusts Schistocerca gregaria[J]. Journal of The Royal Society Interface, 2005, 2: 197 – 221.

[159] Taylor G K, Thomas A L R. Dynamic flight stability in the desert locust Schistocerca gregaria [J]. Journal of Experimental Biology, 2003, 206: 2803 – 2829.

[160] Ansari S A, Knowles K, Zbikowski R. Insectlike flapping wings in the hover part II: effect of wing geometry[J]. Journal of Aircraft, 2008, 45: 1976 – 1990.

[161] Hua S W, Cesnik C E S. Nonlinear Aeroelasticity of a Very Flexible Blended – Wing – Body Aircraft[J]. Journal of Aircraft, 2010, 47: 1539 – 1553.

[162] Peters D A, Boyd D D, He C J. Finite – State Induced – Flow Model for Rotors in Hover and Forward Flight[J]. Journal of the American Helicopter Society, 1989, 34: 5 – 17.

[163] Peters D A, Karunamoorthy S, Cao W M. Finite state induced flow models. I – Two – dimensional thin airfoil[J]. Journal of Aircraft, 1995, 32: 313 – 322.

[164] Nibbelink B D, Peters D A. Flutter calculations for fixed and rotating wings with state – space inflow dynamics[C]. 34th Structures, Structural Dynamics and Materials Conference. La Jolla: AIAA, 1993: 1 – 11.

[165] Phlips P J, East R A, Pratt N H. An unsteady lifting line theory of flapping wings with application to the forward flight of birds[J]. Journal of Fluid Mechanics, 1981, 112: 97 – 125.

[166] Lentink D, Muijres F T, Donker – Duyvis F J, et al. Vortex – wake interactions of a flapping foil that models animal swimming and flight[J]. Journal of Experimental Biology, 2008, 211: 267 – 273.

[167] Lentink D, Dickinson M H. Biofluiddynamic scaling of flapping, spinning and translating fins and wings[J]. Journal of Experimental Biology, 2009, 212: 2691 – 2704.

[168] Lentink D, Dickinson M H. Rotational accelerations stabilize leading edge vortices on revolving fly wings[J]. Journal of Experimental Biology, 2009, 212: 2705 – 2719.

[169] Yan X Y, Zhu S N, Su Z D, et al. Added mass effect and an extended unsteady blade element model of insect hovering[J]. Journal of Bionic Engineering, 2011, 8: 387 – 394.

[170] Hu M J, Yan X Y, Mu L J. A flying insect model for wind tunnel Expriments[C]. International Conference on Computer Science and Automation Engineering. Shanghai: IEEE, 2011: 566 – 568.

[171] Hu M J, Yan X Y, Mu L J. A control system for pitch attitude control investigation of insect inspired MAV[C]. International Conference on Computer Science and Automation Engineering. Shanghai: IEEE, 2011: 562 – 565.

[172] Wood R J, Whitney J P, Finio B M. Mechanics and actuation for flapping – wing robotic insects[J]. Encyclopedia of Aerospace Engineering, 2010, 357: 1 – 14.

[173] Muijres F T, Elzinga M J, Melis J M, et al. Flies evade looming targets by executing rapid visually directed banked turns[J]. Science, 2014, 344: 172 – 177.

[174] Meng X G, Xu L, Sun M. Aerodynamic effects of corrugation in flapping insect wings in hovering flight[J]. Journal of Experimental Biology, 2011, 214: 432 – 444.

[175] Arabagi V, Hines L, Sitti M. A simulation and design tool for a passive rotation flapping wing mechanism[J]. IEEE/ASME Transactions on Mechatronics, 2013, 18: 787 – 798.

[176] Lehmann F O, Dickinson M H. The changes in power requirements and muscle efficiency during elevated force production in the fruit fly Drosophila melanogaster[J]. Journal of Ex-

perimental Biology,1997,200:1133 – 1143.

[177] Ellington C P. The aerodynamics of hovering insect flight. II. morphological parameters[J]. Philosophical Transactions of the Royal Society of London B Biological Sciences,1984,305: 17 – 40.

[178] Taha H E,Hajj M R,Nayfeh A H. Wing kinematics optimization for hovering micro air vehicles using calculus of variation[J]. Journal of Aircraft,2013,50:610 – 614.

[179] Deng X Y,Schenato L,Wu W C,et al. Flapping flight for biomimetic robotic insects:part I – system modeling[J]. IEEE Transactions on Robotics,2006,22:776 – 788.

[180] Zhao L,Huang Q F,Deng X Y,et al. Aerodynamic effects of flexibility in flapping wings[J]. Journal of the Royal Society Interface,2010,7:485 – 497.

[181] Dickson W B,Straw A D,Poelma C,et al. An integrative model of insect flight control[C]. 44th AIAA Aerospace Sciences Meeting and Exhibit. Reno:AIAA,2006:1 – 19.

[182] Dickson W B,Straw A D,Dickinson M H. Integrative model of Drosophila flight[J]. AIAA Journal,2008,46:2150 – 2164.

[183] Huang W T,Liu H,Wang F X,et al. Experimetal study of a freely falling plate with an inhomogeneous mass distribution[J]. Physical Review E,2013,053008:1 – 7.

[184] Wang W B,Hu R F,Xu S J,et al. Influence of aspect ratio on tumbling plates[J]. Journal of Fluid Mechanics,2013,733:650 – 679.

[185] Arabagi V,Sitti M. Simulation and analysis of a passive pitch reversal flapping wing mechanism for an aerial robotic platform[C]. IEEE/RSJ Int. Conf. on Intelligent Robots and Systems. Nice:IEEE,2008:1260 – 1265.

[186] Hu R F,Wang L F. Motion transitions of falling plates via quasisteady aerodynamics[J]. Physical Review E,2014,013020:1 – 9.

[187] Fry S N,Sayaman R,Dickinson M H. The aerodynamics of free – flight maneuvers in Drosophila[J]. Science,2003,300:495 – 498.

[188] Dickson W B,Polidoro P,Tanner M M,et al. A linear systems analysis of the yaw dynamics of a dynamically scaled insect model[J]. Journal of Experimental Biology,2010,213:3047 – 3061.

[189] Elzinga M J,Dickson W B,Dickinson M H. The influence of sensory delay on the yaw dynamics of a flapping insect[J]. Journal of the Royal Society Interface,2012,9:1685 – 1696.

[190] Fontaine E I,Zabala F,Dickinson M H,et al. Wing and body motion during flight initiation in Drosophila revealed by automated visual tracking[J]. Journal of Experimental Biology,2009,212:1307 – 1323.

[191] Ristroph L,Berman G J,Bergou A J,et al. Automated hull reconstruction motion tracking (HRMT) applied to sideways maneuvers of free – flying insects[J]. Journal of Experimental Biology,2009,212:1324 – 1335.

[192] Bergou A J,Guckenheimer J,Ristroph L,et al. Fruit flies modulate passive wing pitching to

generate in - flight turns[J]. Physical Review Letters,2010,104:1189 - 1195.

[193] Cheng B,Fry S N,Huang Q F,et al. Aerodynamic damping during rapid flight maneuvers in the fruit fly Drosophila[J]. Journal of Experimental Biology,2010,213:602 - 612.

[194] Beatus T,Cohen I. Wing - pitch modulation in maneuvering fruit flies is explained by an interplay between aerodynamics and a torsional spring[J]. Physical Review E, 2015, 022712:1 - 13.

[195] Song J L,Luo H X,Hedrick T L. Wing - pitching mechanism of hovering Ruby - throated hummingbirds[J]. Bioinspiration & Biomimetics,2015,10:016007.

[196] Fry S N,Sayaman R,Dickinson M H. The aerodynamics of hovering flight in Drosophila[J]. Journal of Experimental Biology,2005,208(12):2303 - 2318.

[197] Wood R J,Whitney J P,Finio B M. Mechanics and actuation for flapping - wing robotic insects[J]. Encyclopedia of Aerospace Engineering,2010,357:1 - 14.

[198] Hines L,Campolo D,Sitti M. Liftoff of a Motor - Driven,Flapping - Wing Microaerial Vehicle Capable of Resonance[J]. IEEE T. Robot. ,2014,30:220 - 232.

[199] Roll J A,Cheng B,Deng X Y. An Electromagnetic Actuator for High - Frequency Flapping - Wing Microair Vehicles[J]. IEEE T. Robot. ,2015,31:400 - 414.

[200] Norberg R Å. The pterostigma of insect wings an inertial regulator of wing pitch[J]. J. Comp. Physiol,1972,81:9 - 22.

[201] Ennos A R. The importance of torsion in the design of insect wings[J]. J. Exp. Biol. ,1988, 140:137 - 160.

[202] Ennos A R. The inertial cause of wing rotation in diptera[J]. J. Exp. Biol. ,1988,140: 161 - 169.

[203] Ellington C P. The aerodynamics of hovering insect flight. IV. aerodynamic mechanisms[J]. Phil. Trans. R. Soc. Lond. B,1984,305:79 - 113.

[204] Bergou A J, Sheng X, Wang Z J. Passive wing pitch reversal in insect flight[J]. J. Fluid Mech. ,2007,591:321 - 337.

[205] Whitney J P, Wood R J. Aeromechanics of passive rotation in flapping flight[J]. J. Fluid Mech. ,2010,660:197 - 220.

[206] Ishihara D,Horie T,Denda M. A two - dimensional computational study on the fluid - structure interaction cause of wing pitch changes in dipteran flapping flight[J]. J. Exp. Biol. , 2009,212:1 - 10.

[207] Ishihara D,Yamashita Y,Horie T,et al. Passive maintenance of high angle of attack and its lift generation during flapping translation in crane fly wing[J]. J. Exp. Biol. ,2009,212: 3882 - 3891.

[208] Zhang J,Liu N S,Lu X Y. Locomotion of a passively flapping flat plate[J]. J. Fluid Mech. , 2010,659:43 - 68.

[209] Ishihara D,Horie T,Niho T. An experimental and three - dimensional computational study on

the aerodynamic contribution to the passive pitching motion of flapping wings in hovering flies [J]. Bioinspir. Biomim. ,2014,9:046009.

[210] Wang Q, Goosen J F L, Van Keulen F. A predictive quasi – steady model of aerodynamic loads on flapping wings[J]. J. Fluid Mech. ,2016,800:688 – 719.

[211] Robert J W. The first takeoff of a biologically inspired at – scale robotic insect[J]. IEEE T. Robot. ,2008,24:341 – 347.

[212] Finio B M, Wood R J. Distributed power and control actuation in the thoracic mechanics of a robotic insect[J]. Bioinspiration biomimetics,2010,5:045006.

[213] Pérez – Arancibia N O, Ma K Y, Galloway K C, et al. First controlled vertical flight of a biologically inspired microrobot[J]. Bioinspir. Biomim. ,2011,6:036009.

[214] Chirarattananon P, Ma K Y, Wood R J. Adaptive control of a millimeter – scale flapping – wing robot[J]. Bioinspir. Biomim. ,2014,9:025004.

[215] Dickinson M H, Lehmann F O, Götz K G. The active control of wing rotation by Drosophila [J]. J. Exp. Biol. ,1993,182:173 – 189.

[216] Dickinson M H, Tu M S. The function of dipteran flight muscle[J]. Comp. Biochem. Physiol. ,1997,116:223 – 238.

[217] Beatus T, Cohen I. Wing – pitch modulation in maneuvering fruit flies is explained by an interplay between aerodynamics and a torsional spring[J]. Phys. Rev. E,2015,92:1 – 13.

[218] Song J L, Luo H X, Hedrick T L. Wing – pitching mechanism of hovering Ruby – throated hummingbirds[J]. Bioinspir. Biomim. ,2015,10:016007.

[219] Desbiens A L, Chen Y F, Wood R J, A wing characterization method for flapping – wing robotic insects[C]. IEEE/RSJ Int. Conf. on Intelligent Robots and Systems. Tokyo: IEEE, 2013:1367 – 1373.

[220] Fei F, Roll J A, Deng X Y. Design principle of wing rotational hinge stiffness[C]. IEEE Int. Conf. on Robotics and Automation. Seattle: IEEE,2015:1049 – 1054.

[221] Chen Y F, Gravish N, Desbiens A L, et al. Experimental and computational studies of the aerodynamic performance of a flapping and passively rotating insect wing[J]. J. Fluid Mech. , 2016,791:1 – 33.

[222] Peters H J, Goosen J F L, Van Keulen F. Methods to actively modify the dynamic response of cm – scale FWMAV designs[J]. Smart Mater. Struct. ,2016,25:055027(14).

[223] Finio B M, Shang J K, Wood R J. Body torque modulation for a microrobotic fly[C]. IEEE Int. Conf. on Robotics and Automation. Kobe: IEEE,2009:3449 – 3456.

[224] Sahai R, Galloway K C, Wood R J. Elastic element integration for improved flapping – wing micro air vehicle performance[J]. IEEE T. Robot. ,2013,29:32 – 41.

[225] Arabagi V, Hines L, Sitti M. A simulation and design tool for a passive rotation flapping wing mechanism[J]. IEEE – ASME T. Mech. ,2013,18:787 – 798.

[226] Arabagi V, Sitti M. Simulation and analysis of a passive pitch reversal flapping wing mecha-

nism for an aerial robotic platform[C]. IEEE/RSJ Int. Conf. on Intelligent Robots and Systems. Nice: IEEE, 2008: 22 – 26.

[227] Finio B M, Pérez – Arancibia N O, Wood R J. System identification and linear time – invariant modeling of an insect – sized flapping – wing micro air vehicle [C]. IEEE/RSJ Int. Conf. on Intelligent Robots and Systems. San Francisco: IEEE, 2011: 1107 – 1114.

[228] Tanaka H, Whitney J P, Wood R J. Effect of Flexural and Torsional Wing Flexibility on Lift Generation in Hoverfly Flight[J]. Integr. Comp. Biol., 2011, 51: 142 – 150.

[229] Shampine L F, Kierzenka J, Reichelt M W. Solving Boundary Value Problems for Ordinary Differential Equations in MATLAB with bvp4c[J]. *Tutorial Notes*, 2000: 1 – 27.

[230] MATLAB, Software Package Ver. R2011b, ed. Natick, MA[M]. USA: Mathworks, Inc., 2011.

[231] Ke X J, Zhang W P, Cai X F, et al. Modeling and numerical simulation for the problem of hovering wingbeat dynamic of fruit fly[J]. Journal of Shanghai Jiao Tong University, 2016, 50: 83 – 92.

[232] Zou C J, Zhang W P, Ke X J, et al. Efficient flexures for insect – like flapping – wing micro aerial vehicle[J]. Journal of Shanghai Jiaotong University, 2014, 48: 439 – 443.

[233] Dickinson M H, Lehmann F O, Sane S P. Wing rotation and the aerodynamic basis of insect flight[J]. Science, 1999, 284: 1954 – 1960.

[234] Wood R J, Finio B M, Karpelson M, et al. Progress on ‘pico’ air vehicles[J]. International Journal of Robotics Research, 2012, 31: 1292 – 1302.

[235] Hines L, Campolo D, Sitti M. Liftoff of a motor – driven, flapping – wing micro aerial vehicle capable of resonance[J]. IEEE Transactions on Robotics, 2014, 30: 220 – 232.

[236] Whitney J P, Wood R J. Conceptual design of flapping – wing micro air vehicles[J]. Bioinspiration & Biomimetics, 2012, 7: 036001.

[237] Hedrick T L, Daniel T L. Flight control in the hawkmoth Manduca sexta: the inverse problem of hovering[J]. Journal of Experimental Biology, 2006, 209: 3114 – 3130.

[238] Rakotomamonjy T, Ouladsine M, Moing T L. Modelization and kinematics optimization for a flapping – wing micro air vehicle[J]. Journal of aircraft, 2007, 44: 217 – 231.

[239] Wang Z J. Aerodynamic efficiency of flapping flight: analysis of a two – stroke model[J]. Journal of Experimental Biology, 2008, 211: 234 – 238.

[240] Pesavento U, Wang Z J. Flapping wing flight can save aerodynamic power compared to steady flight[J]. Physical Review Letters, 2009, 103: 118102.

[241] Kurdi M, Stanford K B, Beran S P. Kinematic optimization of insect flight for minimum mechanical power[C]. 48th AIAA Aerospace Sciences Meeting Including the New Horizons Forum and Aerospace Exposition. Orlando: AIAA, 2010.

[242] Nabawy M R, Crowther W J. Aero – optimum hovering kinematics[J]. Bioinspiration & Biomimetics, 2015, 10: 044002.

[243] Jones M, Yamaleev N K. Adjoint – based optimization of three – dimensional flapping – wing

flows[J]. AIAA Journal,2015,53:934 – 947.

[244] Nielsen E J,Diskin B. Discrete adjoint – based design for unsteady turbulent flows on dynamic overset unstructured grids[J]. AIAA Journal,2013,51:1355 – 1373.

[245] Van Schrojenstein Lantman M,Fidkowski K J. Adjoint – based optimization of flapping kinematics in viscous flows[C]. Fluid Dynamics and Co – located Conferences,21st AIAA Computational Fluid Dynamics Conference. San Diego:AIAA,2013:1 – 15.

[246] Tuncer I H,Kaya M. Optimization of flapping airfoils for maximum thrust[J]. AIAA Journal, 2005,43:2329 – 2336.

[247] Stanford B K,Beran P S. Analytical sensitivity analysis of an unsteady vortex – lattice method for flapping – wing optimization[J]. Journal of aircraft,2010,47:647 – 662.

[248] Culbreth M,Allaneau Y,Jameson A. High – fidelity optimization of flapping airfoils and wings [C]. 29th AIAA Applied Aerodynamics Conference. Honolulu:AIAA,2011:1 – 11.

[249] Soueid H,Guglielmini L,Airiau C,et al. Optimization of the motion of a flapping airfoil using sensitivity functions[J]. Comput. Fluids,2009,38:861 – 874.

[250] Gogulapati A,Friedmann P P,Martins J R R A. Optimization of flexible flapping – wing kinematics in hover[J]. AIAA Journal,2014,52:2342 – 2354.

[251] Milano M,Gharib M. Uncovering the physics of flapping flat plates with artificial evolution [J]. Journal of Fluid Mechanics,2005,534:403 – 409.

[252] Khan Z A,Agrawal S K. Design and optimization of a biologically inspired flapping mechanism for flapping wing micro air vehicles[C]. IEEE International Conference on Robotics and Automation. Roma:IEEE,2007:373 – 378.

[253] Khan Z A,Agrawal S K. Optimal hovering kinematics of flapping wings for micro air vehicles [J]. AIAA Journal,2011,49:257 – 268.

[254] Wood R J,Whitney J P,Finio B M. Mechanics and actuation for flapping – wing robotic insects[J]. Encyclopedia of Aerospace Engineering,2010,357:1 – 14.

[255] Ansari S A,Knowles K,Zbikowski R. Insectlike flapping wings in the hover part II:effect of wing geometry[J]. Journal of Aircraft,2008,45:1976 – 1990.

[256] Meng X G,Xu L,Sun M. Aerodynamic effects of corrugation in flapping insect wings in hovering flight[J]. Journal of Experimental Biology,2011,214:432 – 444.

[257] Norberg R A. The pterostigma of insect wings an inertial regulator of wing pitch[J]. Journal of Comparative Physiology A,1972,81:9 – 22.

[258] Lehmann F O,Gorb S,Nasir N,et al. Elastic deformation and energy loss of flapping fly wings [J]. Journal of Experimental Biology,2011,214:2949 – 2961.

[259] Dickinson M H,Lighton J R. Muscle efficiency and elastic storage in the flight motor of Drosophila[J]. Science,1995,268:87 – 90.

[260] Zakaria M Y,Taha H E,Hajj M R. Shape and kinematic design optimization of the Pterosaur Replica[C]. 14th AIAA Aviation Technology,Integration,and Operations Conference. Atlan-

ta:AIAA,2014:1 – 14.

[261] Kruyt J W,Van Heijst G F,Altshuler D L,et al. Power reduction and the radial limit of stall delay in revolving wings of different aspect ratio[J]. Journal of the Royal Society Interface, 2015,12:20150051.

[262] Bergou A J,Ristroph L,Guckenheimer J,et al. Fruit flies modulate passive wing pitching to generate in – flight turns[J]. Physical Review Letters,2010,104:1189 – 1195.

[263] Ellington C P. The aerodynamics of hovering insect flight. IV. aeorodynamic mechanisms[J]. Philosophical Transactions of the Royal Society of London B Biological Sciences,1984,305: 115 – 144.

[264] Okamoto M,Azuma A. Aerodynamic characteristics at low reynolds number for wings of various planforms[J]. AIAA Journal,2011,49:1135 – 1150.

[265] Ansari S A,Zbikowski R,Knowles K. Aerodynamic modelling of insect – like flapping flight for micro air vehicles[J]. Progress in Aerospace Sciences,2006,42:129 – 172.

[266] Elzinga M J,Van B F,Dickinson M H. Strategies for the stabilization of longitudinal forward flapping flight revealed using a dynamically – scaled robotic fly[J]. Bioinspiration & Biomimetics,2014,9:025001.

[267] Yan Z M,Taha H E,Hajj M R. Effects of aerodynamic modeling on the optimal wing kinematics for hovering MAVs[J]. Aerospace Science & Technology,2015,45:39 – 49.

[268] Chen Y F,Gravish N,Desbiens A L,et al. Experimental and computational studies of the aerodynamic performance of a flapping and passively rotating insect wing[J]. Journal of Fluid Mechanics,2016,791:1 – 33.

[269] Margerie E D,Mouret J B,Doncieux S,et al. Artificial evolution of the morphology and kinematics in a flapping – wing mini – UAV[J]. Bioinspiration & Biomimetics,2007,65:65 – 82.

[270] Ma K Y,Chirarattananon P,Wood R J,Design and fabrication of an insect – scale flying robot for control autonomy[C]. IEEE/RSJ International Conference on Intelligent Robots and Systems. Hamburg:IEEE,2015:1558 – 1564.

[271] Kruyt J W,Van Heijst G F,Altshuler D L,et al. Hummingbird wing efficacy depends on aspect ratio and compares with helicopter rotors[J]. Journal of the Royal Society Interface, 2014,11:20140585.

[272] Finio B M,Wood R J. System identification and linear time – invariant modeling of an insect – sized flapping – wing micro air vehicle[C]. IEEE/RSJ International Conference on Intelligent Robots and Systems(IROS). San Francisco:IEEE,2011:1107 – 1114.

[273] Ishihara D,Horie T,Denda M. A two – dimensional computational study on the fluid – structure interaction cause of wing pitch changes in dipteran flapping flight[J]. Journal of Experimental Biology,2009,212:1 – 10.

[274] Ishihara D,Yamashita Y,Horie T,et al. Passive maintenance of high angle of attack and its lift generation during flapping translation in crane fly wing[J]. Journal of Experimental Biol-

ogy,2009,212:3882 –3891.

[275] Karpelson M,Wei G Y,Wood R J,A review of actuation and power electronics options for flapping – wing robotic insects[C]. IEEE International Conference on Robotics and Automation(ICRA). Pasadena:IEEE,2008:779 –786.

[276] Tanaka H,Whitney J P,Wood R J. Effect of flexural and torsional wing flexibility on lift generation in hoverfly flight[J]. Integrative and Comparative Biology,2011,51(1):142 –150.

[277] Wood R J,Finio B,Karpelson M,et al. Progress on 'pico' air vehicles[J]. International Journal of Robotics Research,2012,31:1292 –1302.

[278] Jafferis N T,Smith M J,Wood R J. Design and manufacturing rules for maximizing the performance of polycrystalline piezoelectric bending actuators[J]. Smart Materials & Structures, 2015,24:065023.

[279] Jafferis N T,Lok M,Winey N,et al. Multilayer laminated piezoelectric bending actuators:design and manufacturing for optimum power density and efficiency[J]. Smart Materials & Structures,2016,25:055033.

[280] Sahai R,Galloway K C,Wood R J. Elastic Element Integration for Improved Flapping – Wing Micro Air Vehicle Performance[J]. IEEE Transactions on Robotics,2013,29:32 –41.

[281] Zou C J,Zhang W P,Ke X J,et al. Efficient flexures for insect – like flapping – wing micro aerial vehicle[J]. Journal of Shanghai Jiao Tong University,2014,48:439 –444.

[282] Fei F,Roll J A,Deng X Y. Design principle of wing rotational hinge stiffness[C]. IEEE International Conference on Robotics and Automation(ICRA). Seattle:IEEE,2015:1049 –1054.

[283] Hedrick T L. Software techniques for two – and three – dimensional kinematic measurements of biological and biomimetic systems[J]. Bioinspiration & Biomimetics,2008,3:1 –7.

[284] Zhao L,Deng X Y,Sane S P. Modulation of leading edge vorticity and aerodynamic forces in flexible flapping wings[J]. Bioinspiration & Biomimetics,2011,6:1 –7.

[285] Ke X J,Zhang W P,Shi J H,et al. The modeling and numerical solution for flapping wing hovering wingbeat dynamics[J]. Accepted by Aerospace Science and Technology, 2021 (110),106474.

[286] Ke X J,Zhang W P,Cai X F,et al. Wing geometry and kinematic parameter optimization of flapping wing hovering flight for minimum energy[J]. Aerospace Science and Technology, 2017(64):192 –203.

[287] Ke X J,Zhang W P. Wing geometry and kinematic parameter optimization of flapping wing hovering flight [J]. Applied Sciences,2016,6(390),1 –35.

[288] ZouY,Zhang W P,Ke X J,et al. The design and microfabrication of a sub 100 mg insect – scale flapping – wing robot[J]. Micro & Nano Letters,2017,12(5):297 –300.

[289] Zou Y,Zhang W P,Zhou S,et al. Monolithic fabrication of an insect – scale self – lifting flapping – wing robot[J]. Micro & Nano Letters,2018,13(2):267 –269.

[290] Zhou S,Zhang W P,Zou Y,et al. Piezoelectric driven insect – inspired robot with flapping wings capable of skating on the water[J]. Electronics Letters,2017,53 (9):579 –580.

内 容 简 介

本书共9章。首先阐述了研究背景和工程意义、双翅目类昆虫翅拍模型的研究概况和仿昆扑翼微飞行器的国内外研究现状,提炼出工程设计面临的重要问题。其次概述昆虫扑翼飞行计算流体动力学(CFD)的建模理论和数值求解方法,并介绍了扑翼飞行气弹性噪声的研究现状,重点论述了不同扑翼飞行物种的发声机制和降噪机制。建立了扩展准稳态气动力和惯性力及力矩模型,用于解决扑翼悬飞翅拍动力学问题和悬飞能耗最小时气动参数最优化问题。再次基于准稳态气动力模型和集总参数化线性模型建立了扑翼悬飞概念设计框架。从工程原型样机研制的角度,系统阐述了悬飞仿昆扑翼微飞行器的设计、制造和测试等工程技术路线。最后总结本书的主要内容并展望了未来的研究方向。

本书结构清晰,注重前瞻性和系统性,突出理论问题和工程应用的结合。既可作为高等院校微飞行器设计、航空航天和微机电系统等相关专业的高年级本科生和和研究生教材,也可以作为相关领域的航空工程师和科研人员的参考用书。

The book is divided into nine chapters. Firstly, the research background and engineering significance, the research situation of the dipteran insect wingbeat model and the domestic and international research status of the insect - inspired flapping wing micro air vehicle(FWMAV) are elaborated, and the important problems faced by engineering design are extracted. Then the modeling theory and numerical method of computational fluid dynamics of insect flapping wing flight are summarized, and the research status of the aeroelastic noise of flapping wing flight is introduced. The sounding mechanism and noise reduction mechanism of different flapping wing species are discussed. An extended quasi - steady aerodynamic and inertial force and moment model was established to solve the problem of wingbeat dynamics and optimal aerodynamic parameters for flapping wing hovering flight with minimum energy consumption. Then, based on the quasi - steady aerodynamic model and the lumped parameterized linear model, the conceptual design framework of the flapping wing hovering flight is established. From the perspective of the development of engineering prototypes, the engineering and technical routes such as the design, manufacture and testing of the insect - inspired FWMAV are systematically expounded. Finally, the main contents of this book are summarized and the future research directions are prospected.

The book is structured in a clear – cut manner, focusing on forward – looking and systematic, highlighting the combination of theoretical issues and engineering applications. It can be used as a senior undergraduate and graduate textbook for micro air vehicle design, aerospace and micro – electromechanical systems, etc. , as well as a reference book for aviation engineers and researchers in related fields.